인도에서 살며 사랑하며

SIDEWAYS ON A SCOOTER:Life and Love in India

LIFE AND LOVE IN INDIA

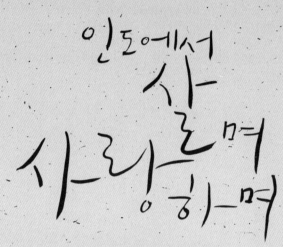

인도에서
살며
사랑하며

미란다 케네디 지음

송정애 옮김

도서
출판 프리뷰

옮긴이 **송정애**는 서울대 국어국문학과와 같은 학교 대학원을 졸업했다. 정신여중과 명성여고에서 교사로 일했고, 한국어판 리더스 다이제스트 창간 멤버로 참여해 이 잡지의 편집장과 주필을 지냈다. 30년 넘게 리더스 다이제스트와 함께 하며 우리 글 번역의 차원을 한 단계 높이는 데 기여했다. 한일강제병합을 놓고 벌인 美·日제국주의의 추악한 밀거래를 파헤친 『임페리얼 크루즈』를 우리말로 옮겼다.

인도에서 살며 사랑하며

초판 1쇄 인쇄 | 2012년 6월 15일
초판 1쇄 발행 | 2012년 6월 22일

지은이 | 미란다 케네디
옮긴이 | 송정애
펴낸이 | 이기동
편집주간 | 권기숙
마케팅 | 이동호 유민호
주소 | 서울시 성수 2가 300−1 삼진빌딩 8층
이메일 | icare@previewbooks.co.kr
블로그 | http://blog.naver.com/previewbooks
홈페이지 | http://www.previewbooks.co.kr

전화 | 02)3409−4210
팩스 | 02)3409−4201
등록번호 | 제206−93−29887호

교열 | 이정우
편집디자인 | 에테르
인쇄 | 상지사 P&B

ISBN 978−89−972010−5−1 03980

차례

제1장

여자 혼자 산다고?

나는 단순한 여행객이 아니라 일거리를 찾아 인도로 가기로 결심했다.
그래서 공공 라디오 프로그램의 프로듀서로 일하면서 번 돈을 모두 저축했다.
직접 해외로 나가 프리랜서 해외주재원이 되도록 시도해 보기 위해서였다.

델리의 퀴퀴한 4월의 공기가 목 안으로 휘감겨 들어왔다. 수백만 인도인들의 입에서 입으로 돌고 돌았을 공기는 숨을 쉴 때마다 더 뜨겁고 끈끈해졌다. 얼굴을 가리는 부르카를 입으면 이런 느낌이 들 것이라고 나는 생각했다. 먼지투성이 공기를 폐 속으로 퍼 담으려 애를 쓸 때 검은 색 목면 천으로 머리에서 발끝까지 둘러싼 채 입을 가린 천을 들이마시는 것 같은 기분이 들었기 때문이다.

"손님, 자연의 에어컨! 완전 통풍이죠, 헬리콥터 탄 기분입니다!"

삼륜 오토바이로 만든 오토릭샤가 내 옆으로 푹푹거리며 나가왔을 때 나는 너무나 기분이 언짢아 운전사의 말에 귀를 기울일 수 없었다. 인도에 온 지는 두 주밖에 안됐지만 델리의 오토 릭샤꾼들이 무더운 여름 일곱 달 동안은 땀에 흠뻑 전 채 뒷좌석에 큰 대자로 드러누워 낮잠을 잔다는 걸 알고 있었다. 기온이 화씨 100도(섭씨 37.8도)를 웃돌면 그들은 인색한 고객들보다는 차라리 평화로운 낮잠을 확보하기 위해 요금을 갑자기 올린다. 그런데 그 운전기사는 돈에 몹시 궁했음이 틀림없었다. 그는 얼굴에 비해 너무나 작은 플라스틱제 안경이 더 어울리지 않아 보일 정도로 과장되게 장사꾼 같은 미소를 지어보였고, 별 실랑이질 없이 괜찮은 가격에 합의했다. 릭샤 안으로 몸을 밀어 넣자마자 릭샤의 캔버스천 지붕이 햇볕을 가려주고, 양 옆이 트인 그의 '헬리콥터' 안으로 가벼운 바람까지 제법 불어오는 통에 나는 안도감을 느꼈다.

릭샤 운전기사인 릭샤 왈라가 금속 상자에서 잎으로 만 '판'을 꺼내서 이로 물어뜯자 빈랑나무 열매의 얼얼한 냄새가 코를 자극했다. 씹는 담배처럼 매우 강한 자극제인 판은 인도 전역의 노동자, 배달 소년, 가게 점원들의 치아와 입을 뻘겋게 물들인다. 남아시아 지역을 처음 방문했을 때 우리 어머니는 길거리에다 피를 내뱉는 남자들을 보고 그들 모두 결핵으로 죽어가고 있다고 생각했다. 그때 어머니는 스물세 살이었는데 내가 여기 처음 도착했을 때의 스물일곱 살보다 나이도 어렸고 훨씬 더 순진했다. 사실 판은 크게 해롭지 않은 기호품이다. 한 친구가 나중에 알려줬듯이 일하는 사람들이 하루의 피로를 이겨내는 방법 쯤으로 생각하면 된다. 인도 도시의 무질서와 불쾌함을 중산층이 에어컨과 기사 딸린 자가용에 의존해 견뎌내듯, 형편이 어려운 사람들은 판과 손으로 만 담배 '비디', 발리우드 영화 등 값싸고 접근하기 쉬운 방법으로 그것을 해소한다.

릭샤는 돈 없는 여행자들이 주로 찾는 지저분한 거리인 파하르간지를 타닥거리며 지났다. 영국식 악센트가 구아바 행상인들이 큰 소리로 말하는 힌디어와, 붉은색 셔츠를 입고 끈질기게 들러붙는 짐꾼 쿨리들의 외침에 뒤섞여 들린다. 뉴델리 기차역 인근인 이 지역은 군복무 의무를 마친 후 긴장을 풀기 위해 온 이스라엘인들, 아프가니스탄제 헤로인이나 러시아 매춘부를 찾는 타락한 유럽인들이 몰려오는 곳이다. 파하르간지는 '진정한 인도'는 아니지만 70년대에 히피 열풍을 따라 이곳 인도까지 왔던 우리 부모님이 당시 찾았을 풍광의 한 변형이라 불릴 만하다. 그곳은 내가 책에서 읽고, 케이블 TV에서 본, 맥도날드사가 맥티키 알루를 파는, 세계화가 진행 중인 인도의 이미지와 부합하지 않았다.

나는 요가는 하지만 그렇다고 인도의 뉴에이지 풍 아쉬람 체험에는 별 관심이 없다. 하지만 어찌된 일인지 나는 델리에서 그런 분위기로 옷을 입었다. 구슬이 달려 있는 오렌지 빛 롱스커트와 작은 구멍의 자수 장식이 있는 검은 면으로 만든 몸에 달라붙는 상의는 델리에서 그다지 점수를 따는 매무새가 아니었다. 델리에서 간결한 차림새는 극빈자와 조금 덜 가난한 자를 구별해 주는 유일한 표시일 때가 종종 있다. 갓 다림질한 실크 사리, 자그마한 구슬 슬리퍼를 신고, 베이비 파우더와 팜오일 향내를 풍기는 델리의 숙녀와 비교할 때 나는 너저분한 히피처럼 보였다.

로즈 호텔에서 아침 식사를 하는데 식당 벽으로 반투명 도마뱀붙이 대여섯 마리가 지나갔다. 도마뱀붙이들 사이로 붉은 색과 핑크 색으로 유쾌하게 그린 힌두 신들의 프레스코화가 보였다. 나는 앞에 놓인 파파야 조각과 몽글몽글 덩어리진 요구르트를 내려다보며 성사시키고 싶은 인터뷰 목록, 착수해야 할 숙소 물색 등등 그날 할 일에 정신을 집중하려 애쓰고 있었다. 그러나 내가 어떤 나날을 보내건 관계없이 나름대로 소용돌이치며 흘러가는 혼돈스런 도시에, 마약중독자 여행객들이 찾는 싸구려 호텔들이 있는 주변 환경을 고려해 볼 때, 이 모든 일들은 지나치게 야심적이고 이상할 정도로 부적절해 보였다. 나는 낙담해서 게코원숭이들에게 눈을 돌렸다. 원숭이들 사이로 힌두 신들의 프레스코화가 눈에 들어왔다.

나는 단순한 여행객이 아니라 일거리를 찾아 인도로 가기로 결심했다. 그래서 공공 라디오 프로그램의 프로듀서로 일하면서 번 돈을 모두 저축했다. 직접 해외로 나가 프리랜서 해외주재원이 되도록 시도해 보기 위해서였다. 당시 나는 뭔가 변화시킬 힘이 되어 줄 탁월한 경험이 부족해 실망스러웠고, 남자친구가 나로부터 멀어질까 걱정을 하고 있었다. 먼 곳, 내가 상상할 수 있는 가장 이국적인 장소에 떨어져 있으면 그에게 내가 좀 더 매력적으로 보이지 않을까 하는 기대도 있었다.

인도가 그렇게 하기에 마땅한 곳이라는 데에는 추호도 의심의 여지가 없었다. 우리 가족이 이 나라에 매혹을 느낀 역사는 영국의 외가 쪽 할머니인 이디스가 기독교 선교사로서 인도를 여행한 1930년대로 거슬러 올라간다. 어머니 쪽 가족은 긴밀하게 맺어진 소규모 방랑자 그룹이었고, 나도 늘 그들처럼 되고 싶다는 생각을 품고 살았다. 인도로 향한 것은 내 개인적인 생각과 뒤섞인 일종의 통과의례였다. 친구들은 나의 그런 결심을 제대로 납득하지 못했지만, 나는 인도에서 내 꿈을 가장 충실하고도 흥미롭게 구현할 수 있으리라고 생각했다.

나는 옮겨 다니는 것에는 이력이 나 있었다. 내가 어렸을 때 살았던 도시들의 목록을 만들어달라는 요청을 받은 어머니는 그 도시들을 죽 나열하기 위해서 종이와 펜을 꺼내들어야 했다. 나는 초등학교 일학년을 네 군데서 다녔는데 첫 번째 학교는 어머니 출신 지역인 영국에 있었다. 주위 사정이나 직업 때문에 이사를 해야만 하는 다른 가족들과 달리 우리 부모님들에게는 이주 자체가 목적이었다. 가끔 그분들은 일부러 떠날 구실을 만들어 짐을 싸곤 하셨다. 공연학 교수인 아버지는 항상 이동 중인 삶을 그린 드라마에서나, 경력을 쌓고 좋은 급여를 받는 것 같은 실제적인 일에서나 동등하게 흥미를 느꼈다. 여러 곳에서 산다는 것은 몹시 중요한 일이라 부모님은 새 냉장고나 자동차를 절대로 구입하지 않으셨다. 어머니는 천성적으로 검소했다. 어머니는 우리들에게 사과 속까지 먹으라고 하면서, 그렇게 해야 영국에 있는 친척들을 만나러 갈 비행기표를 살 수 있다고 반 농담조로 말씀하시곤 했다.

이디스 할머니는 내 나이 열한 살 때 돌아가셨다. 할머니로부터 내가 물려받은 것은 코끼리 가족을 조각한 황동상들과 밀 먹인 종이 위에 세심하게 붙인 사진들을 모아둔 가죽 장정의 앨범뿐이었다. 부모님은 피츠버그에서 제법 오랫동안 정착해 사셨기 때문에 나는 중학교와 고등학교를 한 곳에서 다닐 수 있었다. 피츠버그에서 십대 시절을 보낼 때 나는 창턱에 크기순으로 나란히 진열된 세 마리 코끼리를 바라다보며 앞으로 내 앞에 펼쳐질 삶을 상상하곤 했다. 사진 속의 할머니는 항상 끈으로 묶는 편상화를 신고, 엄한 빅토리아풍 의상을 입고 계셨다. 이디스 할머니와 선교사 자매들은 그 장소와 어울려 보이지 않았다. 야자수 숲 그늘 아래나 스리나가르의 달레이크에서 정교하게 장식된 카슈미르의 목제 선상가옥에 탄 모습이 특히 어색했다.

어떤 사진을 보면 이디스 할머니는 영양부족 상태의 인도인들이 메고 가는 지붕 있는 의자 가마를 타고 산길을 지나고 있다. 카슈미르 지방에서 공주처럼 가마를 타고 시원한 언덕 지대에 있는 여름 별장으로 이동하다니! 낭만이라고는 전혀 없는 산업화 이후의 도시에서 자란, 청춘기의 나에게 이러한 이미지들은 선교사가 된다는 것에 대해 심각하게 고려해 보도록 만드는 충분한 이유가 되었다. 물론 우리 가족은 교회에 거의 다니지 않았고, 나는 하느님을 믿지 않았다. 그러니 어머니가 내게 해외주재원 같은 덜 종교적인 일을 하는 게 어떠냐고 제안한 것은 적절한 조언이었다.

비록 울타리 저편의 잔디가 항상 더 푸른 것은 아니지만, 확실하게 하기 위해 제대로 살펴보는 것은 늘 바람직한 일이다. 이는 우리 아버지의 신념이었고 나도 그런 기질을 물려받았다. 일찍이 나는 친구를 만들되 그들과 지나치게 가까워지지 않는 게 좋은 일이라고 배웠다. 친구들 무리에 얽매이거나 학교나 이웃에 소속되는 것, 이런 일들을 우리 가족은 하지 않았다. 나는 내가 방문한 유럽 도시들의 이름을 계속 적어두고 저녁식사를 하며 세상사에 관한 내 생각을 내세우는 그런 종류의 십대 소녀였다. 아버지에게 아일랜드 더블린대학에 자리가 주어졌을 때 그곳으로 따라가 대학 학점을 그곳에서 이수하는 것은 나에게 너무나 자연스러운 일이었다. 나는 가족들이 멋지게 벌이는 국제적인 모험들을 놓치고 싶지 않았다. 그러나 여전히 아일랜드는 나 자신이 선택해 추구한 목적지는 아니었다.

대학 졸업 후 나는 부모님을 뛰어넘어 나 자신만의 의향에 따라 다시 지구를 종횡으로 누비고 싶었다. 뉴욕은 내가 바라던 모든 것을 내주었다. 뉴욕은 내가 평생 무엇을 하고 싶어 하는지 깨닫게 해 주었다. 그리고 나처럼 모험이 지닌 가치를 인정하는 남자친구를 만나게 해 주었다. 또한 뉴욕은 바퀴벌레가 드문드문 나타나기는 하지만, 잡지사와 라디오 프로그램에서 몇 년간 일한 후 인도 행 비행기표를 살 수 있을 정도로 집세가 충분히 저렴한 숙소도 제공해 주었다.

친구들이 나의 외국 행에 대해 회의적인 것은 당연했다. 뉴욕은 꿈을 품은 작가에게 기회로 가득 찬 곳이고, 내가 선택한 개발도상국은 무엇으로도 나의 경력 상승을 보장해 줄 수 없었다. 프리랜서로 해외에서 활동하기로 결심한 저널리스트들을 많이 보았지만 그들은 중동 지역 같은 주목을 끌만한 지역을 선택했다. 그런 곳의 보도는 실제로 관심을 끌었다. 인도 경제가 급성장하고 있었지만 그게 주요한 기사거리는 아니었다. 보도 책임자들에게 내 계획을 말하면서 파키스탄과 아프가니스탄을 언급하자 그들의 눈이 반짝였다. 나는 그 지역들에서 취재하는 것에도 관심을 갖고 있지만 절대로 전쟁이나 테러 전문 특파원으로 나가고 싶지는 않다고 말했다.

9.11 테러가 벌어졌을 때 나는 커널 스트리트 바로 아래 있는 라디오방송국에 있었다. 세계무역센터와 불과 몇 블록밖에 떨어지지 않은 곳이었다. 그 다음 2주일 동안 나는 그곳을 떠나지 않았다. 우리는 라디오 스튜디오에서 잠을 자고, 먹고, 일했다. 테러 현장인 그라운드제로를 떠났다가는 경찰이 다시 들여보내 주지 않을지 모른다는 걱정 때문이었다. 나는 구조대원들이 있는 데서 매일 밤을 보냈고, 이런 중요한 역사의 한 부분을 목격할 수 있어서 큰 행운이라고 느꼈다. 그러나 내가 하고 싶어 하는 일, 즉 사건들의 내부로 파고들어 뜻밖의 밝혀지지 않은 안타까운 순간들을 뽑아내기가 얼마나 어려운지를 깨닫기도 했다. 마음 한편에서 나는 아프가니스탄을 취재하고 싶었다. 그러나 동시에 나는 일간 뉴스 보도라는 험한 경쟁생활을 벗어나 내가 관심을 갖는 지역으로 가고 싶었다.

나는 남아시아 지역에서 근무할 라디오 보도기자들을 양성하기 위한 소액의 지원금을 받았고, 그 돈은 내 계획을 결행하기에 충분한 금액이었다. 그렇지만 일거리를 받는다는 보장은 없는 상태였다. 단지 내셔널 퍼블릭 라디오NPR와 몇몇 보도매체에서 겨우 관심을 표시해 왔을 정도였다. 친구들은 뉴욕 언론계에서 꾸준히 일하다 보면 언젠가는 해외특파원 자리를 얻을 수 있을 것이라고 조언해 주었다. 하지만 친구들 말이 옳다고 하더라도 마냥 기다리고 싶지는 않았다. 나는 고용주가 내게 일거리를 줄 때까지 기다리느니보다는 요지부동으로 지켜져 온 관행의 틀을 깨고, 내 힘으로 밀고 나가 해외 주재 기자가 될 수 있다는 것을 세상에 보여 주겠다고 생각했다.

나는 뉴욕에서 사는 게 편안하다는 느낌을 갖기 시작했는데, 바로 그 점이 문제였다. 나는 밤늦게까지 잠 못 들고 누워 있다가 십 년 후의 내 모습을 상상하며 불현듯이 공포에 빠져들곤 했다. 지금보다 아주 조금 더 나은 일을 하며, 지금보다 아주 조금 나은 집에서 우리 부모님들이라면 세속적이라고 간주했을, 일정표대로 진행되는 안락한 생활을 영위하는 모습 말이다. 지역사회에 속하기를 거부하며 약간은 반항적이고, 방랑벽이 있는 성인이 된 내게 인도는 거의 전설적인 전망을 지닌 장소로 부각되었다. 멀리 떨어진 낯선 나라는 내 마음 속에 일종의 안식처로 자리 잡았다. 어느 때인가부터 나는 그곳이 나 자신을 저널리스트로, 여자로, 모험가로 자리매김시키기 위해 반드시 가야 할 곳이라는 생각을 굳히게 되었다.

무엇보다도 나는 랩탑 컴퓨터를 설치하고, 기사를 작성할 작업실을 꾸밀 장소를 찾아야만 했다. 우선 명함에 넣을 주소가 필요했다. 인도에서는 명함이 필수적인 액세서리라는 걸 나는 금세 알았다. 인터뷰 시작 때 명함을 제시하지 않으면 아무도 내 신분을 믿어주지 않는 것 같았다. 나는 이미 안개 속처럼 불분명한 인도의 정치와 문화에 대해 제법 유식한 인터뷰 질문을 만들기 위해 관공서들을 한차례 돌았는데, 그때 인도 공무원들과 지식 계층에게 나를 수준 있는 기자로 인식시키는 게 몹시 어렵다는 걸 충분히 알았다.

계급제도에 철두철미하게 젖은 인도에서 내 인터뷰 대상자들이 부적절한 옷차림을 하고, 소속도 없는 여기자에 대해 의혹의 눈초리를 보내는 것은 너무나 당연했다. 그들은 뉴스 매체로부터 정식 파견된, 나보다는 훨씬 호화롭게 델리에서 사는, 나와는 다른 여건의 외국특파원을 만나는 것에 익숙했다. 예를 들어 뉴욕타임스의 특파원은 신문사가 수십 년째 소유하고 있는 식민지 시대의 넓은 별장식 방갈로에서 지낸다. 그밖에도 있으면 편리한 요소들이 많았다. 예를 들면 도시 전역을 안내해 줄 전임 통역사, 운전기사 딸린 자동차, 수입 세탁기 등이 있으면 인도에서는 큰 도움이 된다. 뉴욕타임스의 방갈로에는 건물 외부 공간을 아름답게 꾸며 주는 정원사 외에도 상주하는 직원이 한명 더 딸려 있다.

신문 광고란에서 찾은 집세가 비싸지 않은 방을 보여주자 로즈 호텔의 접수계원은 강한 어조로 추천했다. "제 1등급 구역입니다, 아씨. 톱클래스죠." 그래서 릭샤 바깥을 내다보고 나는 깜짝 놀랐다. 그곳 역시 야채 행상과 가난에 찌든 군상들이 넘쳐나고 있었던 것이다. 하수구 썩는 냄새와 튀김요리의 향신료 냄새가 한데 섞여 독한 술을 마신 뒤 같은 두통이 났다. 그때부터 나는 델리 시가지를 미국 뉴잉글랜드 지방의 예쁘고 자그마한 마을인 양 산책하며 거니는 미국인이나 영국인을 보면 저절로 웃음이 났다. 끝없이 펼쳐진 평면 같은 델리시는 갖가지 운송수단과 거지들로 꽉 차 있다. 로터리를 지나면 또 다른 로터리가 나타나고, 선명한 핑크빛 꽃이 넘실대는 부겐빌리아가 무성하게 연이어지다가 느닷없이 눈길을 어디다 두어야 할지 모를 정도로 온갖 잡동사니가 숨 막힐 듯이 넘쳐나는 혼돈스러운 시장이 나타난다.

릭샤 바깥에서 꺅꺅 거리는 소리를 듣고 나는 원숭이가 공격해 오려나 보다 생각하고 몸을 움츠렸다. 델리 중심부에 있는 국방부 청사 위로는 짧은꼬리원숭이들이 마구 기어다니고, 위협적인 원숭이에 관한 이야기는 저녁 뉴스시간에 종종 등장한다. 나는 아직도 이 광포한 영장류들에게 쫓기는 엄청난 두려움을 지니고 있다. 다시 눈을 돌려 보니 그 소리는 커다란 금속제 분마기 속으로 사탕수수 줄기를 밀어 넣고 있는 자그마한 소년이 내는 소리였다. 소년이 끽끽 하는 바퀴 손잡이를 돌리자 깔때기 밖으로 하얀 거품을 머금은 액즙이 뿜어져 나왔다. 2루피에 파는 진짜 사탕수수 즙이었다. 셔츠를 입지 않은 노쇠한 순례자가 절뚝거리며 그 앞으로 다가가 아무 말도 없이 사탕수수 즙 한잔을 받아든다. 칼로리가 몹시 필요한 사람처럼 보였다.

갑자기 릭샤 옆에서 소 한 마리가 똥이 말라붙은 꼬리를 내 얼굴 가까이에까지 휘두르는 바람에 나는 백일몽에서 깨어났다. 소똥 분말이 내 입술을 스쳤는데 흙처럼 습기가 느껴졌다. 내가 탄 릭샤는 동물, 짐마차, 스쿠터들이 뒤엉킨 좁은 길을 거침없이 내달렸다. 가옥들이 길 쪽으로 침범해 들어오고, 청소용 양동이와 빗자루, 빨랫줄에 걸려 있는 긴 천으로 된 사리와 셔츠 등 집안의 물건들이 낡아빠진 발코니 위로 넘쳐나고 있었다. 그 불안정한 구조물들을 보니 맨해튼 로어이스트사이드에 있는 19세기 셋방들 풍경이 떠올랐다. 이 집들이 진정 급성장하고 있는 인도 중산층의 집인가? 이곳이 새로운 고층 건물의 오피스 안에서 세계경제에 변화를 주면서 일하고 있는 콜센터 근무자들이 퇴근하여 낮 시간 동안에 잠자는 곳이란 말인가?

약 15분간 미로처럼 얽힌 거리를 따라 닥치는 대로 달린 후에야 나는 릭샤 왈라가 갔던 길을 한 번 이상 다시 달렸다는 걸 깨달았다. 사실 그는 자기가 어디로 가고 있는지도 몰랐다. 그는 차선도 무시하고 그저 길 가운데를 따라 용감무쌍하게 가속기를 밟아댔다. 우리 두 사람은 주소가 제멋대로 매겨지고 다닥다닥 붙은 집들을 그저 망연한 표정으로 바라볼 뿐이었다. 432-L이라고 번호가 매겨진 집이 있는데 그 옆집은 34-B였다. 나는 좌절감에 신음소리를 내고 말았다. "아니 어떻게 432-L과 34-B가 이웃이란 말인가?" 그러나 릭샤 왈라는 전혀 기가 꺾이지 않았다. 그는 망고를 실은 수레를 밀고 있는 소년에게로 다가가 우리가 찾는 번지수를 외쳤다. 오토 릭샤의 폭발할 듯 툴툴거리는 엔진소리 때문에 그의 말을 들을 수가 없는 소년은 수레를 길 옆 쪽으로 비켜섰다. 그는 주위에 대해 전혀 무심한 채 폴리에스터 바지 사이로 사타구니를 긁으며 옆걸음질을 했다.

릭샤 왈라가 모터를 끄고 나서야 비로소 다다다다 하는 오토바이 소리와 타는 듯한 열기 때문에 내 머리가 온통 쿵쾅거리고 있었다는 걸 깨달았다. 릭샤 왈라도 고통스러워하기는 마찬가지였다. 그는 더러워진 쿠르타 자락으로 얼굴을 훔쳤다. 쿠르타는 인도의 남자와 여자가 공통으로 입는 길고 느슨한 셔츠이다. 그러더니 발밑에서 종이 라벨이 한참 전에 다 벗겨진 오래 된 코카콜라 병을 꺼내입술에 병 주둥이가 닿지 않도록 유의하며 물을 입 안으로 부었다. 그는 그 병을 나한테로 권했다가 내가 거절하자 아무 말 없이, 조금도 무안해하는 기색 없이 도로 가져갔다. 인도에서 외국인들은 어떤 물인지 확인하기 전에는 절대 마시지 않는다. 그러나 망고 소년은 아주 고마워하며 그 물을 들이켰다. 병 주둥이에 입을 대지 않는 인도인 특유의 세균 방지법을 지키며 물을 마신 소년은 굶주림으로 눈이 푹 꺼져 있었다. 그런 얼굴은 델리 거리 어디에서나 보여서 이미 내게 익숙해진 모습이었다. 길을 알려준 소년은 화씨 120도(섭씨 약 49도)의 진이 다 빠질 정도로 뜨거운 봄날에 반가운 물 한 모금을 얻어 마신 것이었다.

일하기 힘들 정도로 너무 더운 오후에는, 안정된 직장을 가진 사람들은 남부 유럽인들처럼 점심을 먹은 다음 낮잠을 자러 자기 집으로 간다. 이 문명화 된 호사는 델리에 사는 불완전 취업상태의 이주자들에게는 해당되지 않는다. 그들 대부분에게는 들어가 쉴 집이 없다. 내가 2002년 인도로 오기 전 십년 간 7000만 명이 넘는 사람들이 곤궁한 오지로부터 도시로 이주했다. 그리고 그보다 더 많은 사람들이 가난한 인접국가인 네팔과 방글라데시로부터 쏟아져 들어왔다. 그들은 도시의 부와 기회를 찾아서 오지만 안타깝게도 성공하는 경우는 극히 드물고, 대부분은 찻잔을 나르거나 화장실 청소 등 닥치는 대로 일을 한다. 그런 사람들은 오후가 되면 시골 동료들을 따라 조그마한 그늘밑에 친근하게 무리지어 웅크리고 앉아 있거나, 시골소년들이 우정을 표시하는 방법 그대로 상대방 어깨에 손을 두르거나 느슨하게 손을 잡고 함께 걷는다.

무엇이든 조금이라도 특이한 게 보이면 교육을 별로 받지 못한 시골 소년들은 멈춰 서서 말똥말똥 쳐다본다. 세계에서 가장 빠르게 경제성장을 하고 있는 나라들 중 하나인 국가의 수도이지만 뉴델리는 분명코 세계화와 거리가 먼 도시이다. 한마디로 이곳은 시골의 빈곤층을 끌어들이는 자석 같은 곳이다. 5성급 호텔 안에 안전하게 몸을 숨기지 않는 한 어딜 가나 내게는 호기심 어린 시선이 꽂혔다. 힌디어로 피부가 흰 사람을 가리키는 말인 '페링기' 나 '고라' 들은 외국 이민자가 거의 없는 이 도시에서 눈에 띄는 존재다. 고라라는 말은 '희다' 는 뜻으로 에누리 없이 정직한 표현이다. 페링기라는 말의 기원은 십자군전쟁 시대로까지 거슬러 올라간다. 당시 인도의 이슬람교도들은 기독교도를 칭할 때 이 말을 썼는데, 프랑크라는 유럽계 사람을 가리키던 말에서 비롯되었다. 인도에는 수세기 동안 카스트 제도가 있어 왔고, 민족이나 피부색, 종교가 다양했다. 모든 침략과 식민지화에도 불구하고 인도의 문화는 거의 항상 다언어 문화였다.

망고 소년과 릭샤 기사는 우리가 가야 할 목적지를 놓고 궁리를 했고, 결국 다른 사람들이 슬슬 다가와 그 의논에 끼어들더니 짐짓 심각하게 이쪽 혹은 저쪽을 팔로 가리켰다. 그 가운데 한 사람이 릭샤 안에 페링기가 타고 있다는 걸 알게 되자 사람들은 모두 머리를 안으로 디밀고 나를 자세히 보았다. 우스꽝스런 인형극과 다름없었다. 남의 눈에 띄려고 대학을 졸업한 직후부터 염색해 온 내 백금색 머리와 하얀 얼굴을 뚫어지게 바라보는 그들의 표정에는 적개심은 아니고, 호기심과 놀라움이 어려 있었다. 눈에 띄려는 목적은 인도에서 확실히 달성된 셈이었다. 결국 머리를 돌려 다시 본다든가 뒤늦게 깜짝 놀라기도 하는 등의 반응을 불러일으키며 별난 유명인 취급을 두어 달 받은 다음 나는 본래의 갈색 머리로 돌아가기로 결심했다.

뒷좌석에서 나는 릭샤 왈라가 안내를 자청하며 모여든 사람들에게 고개를 끄덕이는 것을 볼 수 있었다. 그는 샌들을 벗는 등 점점 편안해 했다. 나는 집을 구경이

나 하게 될지 절망감을 느꼈다. 고작 3주 정도 배운 힌디어 실력이지만 릭샤 왈라가 사람들과 나누는 이야기는 어디로 어떻게 갈까에 대해서가 아니라 그냥 태평스런 잡담이라는 걸 알았다. 그래도 스스로 나서서 길을 물어 볼 정도로 말을 많이 배운 것도 아니고, 릭샤 왈라는 내가 초조해 한다는 것에 전혀 개의치 않으니, 그저 그들의 사교활동이 어서 끝나기만을 기다리며 뒷좌석에 파묻혀 있을 수밖에 없었다.

뉴욕 브루클린에서 칼을 휘두르는 동네 불량배에게 강도를 당했을 때처럼 나는 위기상황에서 분별력을 잃지 않는 나 자신에 스스로 만족해 왔다. 우리는 어느 정도 위험한 도시 지역에서 살았다. 나는 공립고등학교 신문에 갱단의 폭력에 관한 글을 썼다. 나는 스스로를 세상물정에 밝은 분별력 있는 사람으로 생각하고 싶었다. 하지만 점점 열기가 심해지는 찜통 속 같은 릭샤 안에 있자니 릭샤 왈라의 머리를 뜨거운 금속제 계기반에다 쾅 박아 버리는 이상한 공상도 들었다. 물론 그렇게 했다면 이미 반이나 깨어져 있는 상태인 그 오토바이의 앞 유리를 박살냈을 것이고, 나는 금발의 이상한 페링기가 아니라, 광포하고 미친 페링기 취급을 받았을 것이다.

나는 심호흡을 들이쉬고 뉴욕에 있던 인도인 친구의 충고를 떠올렸다. 만일 다듬어지지 않은 인도의 실제 상황에서 무슨 일을 이루려고 한다면 기꺼이 마음을 비우고 시간도 무한정 낭비해야 한다는 거였다. 조급한 마음을 억누르는 것 외에 달리 어찌할 방법이 없었다.

마침내 릭샤 왈라가 결핵환자가 각혈하듯 붉은 '판'을 길바닥에 내뱉었다. 그리고 "한지, 마담, 좋습니다. 첼리예!" 하고 힌디어로 외치더니 시속 20마일의 오토 릭샤 최고속도로 출발했다. 곧 우리는 한 무리의 흥분한 남자들 옆에 다시 멈췄다. 나는 목을 빼고 내다보았다. 전신주가 넘어져 있고 뒤엉킨 전선들이 길거리에 널브러져 있는데 어중이떠중이로 모인 사람들이 넘어진 전신주의 전선을 잡아당기고 있었다. '무슨 일이든 그 일은 모두의 일'이라는 인도인들의 철학이 발휘되는 중이었다.

결국 목적지인 그 집에 도착했고, 나는 갈라진 비닐 좌석에서 다리를 떼어냈다. 릭샤에서 내리는데 사이드미러에 내 모습이 흘깃 보였다. 머리카락 일부는 땀에 젖은 채 엉겨 붙어 있고, 나머지 머리칼은 바람에 날려 부풀어 있었다. 릭샤 운전기사는 엔진의 기름과 '판' 때문에 시커멓고 빨갛게 물든 손을 내밀었다. 그는 길을 돌아왔다면서 요금을 두 배로 요구했다. 그는 1달러 50센트나 되는 거스름돈을 돌려주지 않은 채 자신의 '헬리콥터' 시동을 걸어 버렸다.

나는 포기하고 집으로 향했다. 그 집에서는 한 여인이 흰색 레이스 커튼을 내리기 전에 얼핏 나를 내다보았던 것 같았다. 나는 주름 잡힌 스커트 자락을 펴고 손가락으로 엉클어진 머리칼을 다듬으려 노력하면서 벨을 눌렀다. 열두 살쯤 되어 보이는 자그마하고 까무잡잡한 피부의 일하는 소녀가 문에 나타났다. 소녀의 얼굴은 세상사를 다 안다는 듯 무표정했다. 집안에서는 오전의 기도 의식인 푸자 때 사용한 향냄새가 풍겼고, 위층 어디엔가에서는 어린아이들이 놀고 있었다.

불을 켜지 않은 복도의 어두움에 적응하느라 아직 눈을 깜빡이고 있는데 선명한 청색 터번을 두른 시크교도 남자가 성큼성큼 내 쪽으로 다가왔다. 그는 환영의 뜻으로 짧게 고개를 끄덕였는데 갑자기 단정치 못한 내 옷차림이 너무 달라붙고, 너무 히피 같고, 너무 서구적이라는 느낌이 들었다. 나는 소녀가 자그마한 플라스틱 쟁반에 찬 물을 들고 다시 나타나기를 희망하며 마른 목에 침을 삼켰다. 나는 이미 물 한잔을 대접한 후 잠시 쉬도록 거실로 안내하는 하인이 있는 인도 중산층의 후한 대접에 길들여진 상태였다. 거실에서는 계절에 따라 탄산수를 뜻하는 인도 영어인 콜드 드링크 또는 달콤한 차이를 대접받는다. 그런데 집주인은 복도에서 나를 맞이하고는 어디 앉으라고 권하지도 않았다.

"늦어서 죄송합니다. 우리가 여기 찾아오는 데 좀 문제가 있었어요…"

나는 말을 멈췄다. 그가 나에게서 살며시 눈길을 떼어 내 어깨 너머를 응시했기 때문이었다. 나는 그가 누구를 바라보는지 보기 위해 뒤를 돌아다보았으나 그곳엔 문틀밖에 없었다.

"우리?"

나는 그 한 단어만 듣고도 그의 영어가 인도의 엘리트 예비교에서 배우는 영국식 영어 투임을 알 수 있었다. 그의 눈썹은 아치형이었다. 나는 어디로 시선을 둬야 할지 몰랐다.

"저하고 릭샤 운전기사라는 뜻입니다."

"흠, 그럼 당신은 혼자이십니까?" 그가 문틈에 대고 말했다.

나는 잠시 멈추었다. 어두컴컴한 복도에서 풍채가 당당한 인물이 발언한 질문은 실존적인 위기감을 느끼게 하기 위해 일부러 던지는 것처럼 보였다. 사실 그것은 가족이나 인간관계에 대해 보통의 인도인이 갖는 생각과 내 생각이 상당히 다르다는 하나의 증거였다. 내가 만난 대부분의 인도인들은 내가 가족으로부터 이렇게 멀리 떨어져 살기로 선택했다는 사실을 도저히 이해할 수 없는 일로 받아들였다. 나이 스물일곱이면 자녀는 아니더라도 이미 남편을 포함하는 가족을 가지고 있어야 했다.

집을 마련하려면 최소한 의지할 부모나 형제자매가 있어야 했다. 새롭게 세계화 된 인도에서조차도 가족이 대부분 사람들의 삶을 좌우한다. 델리에서 사회적, 경제적 지위를 향상하고자 하는 많은 여성들의 겉모습은 대학에 블루진을 입고 가고, 여자 친구들과 토요일 밤에 영화를 보러 외출하는 등 독립성을 갖추고 있었다. 그러나 그들은 결혼하기 전에 부모의 집으로부터 나오려는 계획은 갖고 있지 않았다. 결혼을 하면 그들은 직장을 그만두고 남편 부모의 집으로 들어간다.

그 후 몇 년 동안 나는 내가 혼자 사는 것에 대해 여러 형태의 질문을 수도 없이 받게 되었다. "가족이 이곳에 있습니까?" 또는 "누구와 같이 있습니까?" 점차적으로 나는 내 대답을 듣고 슬픔을 나타낸 그들의 표정에 익숙해졌고, 그런 질문들에 당황하지 않게 되었다. 나는 부모, 자매, 고모들과 감정적으로 밀착된 관계를 갖고 있지만 지금은 다른 나라에서 오랫동안 떨어져 살며 가끔씩만 소식을 주고받는다는 사실이 갑자기 떠올랐다. 스스로 옳다고 했던 것에 대한 당혹감이 시크교도 앞에 서 있는 동안 나를 휘감았다.

"우리 가족은 이곳에 살고 있지 않아요. 그래서 나 혼자 지낼 장소를 찾고 있는 것입니다."

집주인은 자세를 바로잡으며 말했다.

"이 주택은 혼자 사는 여자를 위한 집이 아니오. 우리는 당신 같은 타입의 여성한테는 관심이 없습니다. 잘 가시오."

그는 정성스레 광을 낸 구두를 신은 발길을 돌렸다.

심부름 하는 소녀가 어둠 속에서 걸어 나왔다. 나는 그제야 나를 안으로 들이게 할지 아니면 밖으로 내보내게 할지 주인의 신호를 기다리며 그녀가 내내 그곳에 있었다는 걸 깨달았다. 그녀는 마치 다른 종류의 동물을 대하듯 무감각하게 나를 훑어보며 문을 열어주었다. 그 소녀가 비록 영어를 알아듣지 못하더라도 방금 그곳에서 무슨 일이 일어났는지 이해했다는 것을 나는 확실히 느꼈다. 나는 그녀에게 이렇게 간청하고 싶었다. "어떻게 하면 당신 주인이 바라는 바람직한 여성이 될 수 있나요?"

몇 달 후, 인도 여성들과 가까운 사이가 되었을 때 그들은 남편 손에 이끌리지 않고 세를 얻으려는 여자는 누구든 그런 취급을 받는다는 말을 해 주었다. 결혼하기 전에 부모 집을 떠나려고 하는 젊은 여성들이 집주인들과 싸우는 내용을 보여주는 발리우드 영화까지 있다. 뜨거운 열기 속으로 슬그머니 돌아서 나오면서 나는 등 뒤에 꽂히는 네 개의 눈으로부터 나오는 시선, 소녀와 레이스 커튼 뒤에 숨은 여성의 시선을 느낄 수 있었다.

내가 인도에 온 것과는 매우 다른 시대이긴 하지만 인도에서 일하는 독신녀들이 이겨내야 하는 과제들에 관한 얘기를 들으며 나는 성장했다. 선교사였던 이디스 할머니는 1930년부터 1966년까지 인도에서 사셨다. 심지어 대영제국이 쇠퇴하고 인도가 독립할 때와 파키스탄 분리를 이끈 피비린내 나는 유혈 폭동기에도 할머니는 인도에 남아 계셨다. 대부분의 다른 영국인들과 달리 '성경에 기반을 둔 신도들의 선교회'BCMS 소속의 이디스 할머니와 숙녀 복음전도자들은 인도를 떠나지 말도록 권고 받았다. 선교회 이름에 남성형 명사 '신도들' churchmen이 강조되어 있었지만 BCMS 선교회는 선교사업에서 가장 험한 현장은 여성들이 담당하고 있다는 점을 내세웠다.

인도 분리과정에서 대략 1백 만 명이 사망했다. 이슬람교도들은 파키스탄을 향해 서쪽으로, 힌두교도와 시크교도는 동쪽의 인도로 이동하는 와중에 종교적 폭력과 영양실조 또는 전염병으로 그 많은 사람이 목숨을 잃었다. 1천 만 명이 넘는 피난민들이 국경을 넘어 밀려왔는데, 이는 역사상 가장 큰 규모의 대량이 주였다. 많은 외국인 선교사들은 목숨을 걸고 새로 분리된 두 국가의 위험한 국경지대에서 진료소를 운영했다. 나는 이디스 할머니가 그곳에 계셨는지 여부는 모른다. 왜냐하면 할머니는 가족들과는 민감한 문제들에 관해 이야기하는 걸 피하셨기 때문이다. 이디스 할머니가 성장하던 시대의 영국 가정교육 지침에 따르면 정치적 혼란이나 타인의 종교는 토론하기 껄끄러운 문제들에 포함돼 있었다.

숙녀 복음전도자들이 쫓겨난 식민지 개척자들의 종교를 전도하는 것은 쉽지 않은 일이었다. 그렇지만 할머니 일행은 인도에서 계속 임무를 수행했다. BCMS 선교회 팜플렛에는 이렇게 쓰여져 있다. "숙녀 복음전도자들은 이상하게 생긴 힌디어 문자들과 씨름했고, 불같이 매운 인도 카레 요리 먹는 법과 무릎 통증을 참고 바닥에 앉는 법을 배워야 했다." 선교사 시절의 사진을 보면 인도 여성들은 이디스 할머니 옆에서 쪼그라든 것처럼 보인다. 이디스 할머니는 키가 183센티미터나 되었는데 그런 일을 하기에는 불리한 키였다. 할머니는 복음 임무를 수행하면서 사리 입기를 거부했다. 왜냐하면 마을 사람들이 자신을 여장 남자로 오해할까 두려웠기 때문이었다. 그렇지만 왜 스커트 착용이 이런 인상으로부터 자신을 보호해 주리라고 생각하셨는지는 그 이유를 난 잘 모르겠다.

여자다운 모습은 선교사 일을 하는 여성에게 결코 적절하지 않았다. 그들의 삶은 영국 통치시절 장교들과 그들의 부인이 살던 삶과는 달리 금욕과 엄격함으로 이루어졌다. 할머니는 발목까지 내려오는 볼품없는 드레스를 입었고, 머리는 가운데에 잔인할 정도로 곧은 선으로 가르마를 타고 뒤로 바짝 빗어 넘겨 그야말로 빵 모양으로 묶었다. 몇 년 후에 어머니의 자매이자 할머니의 조카인 수지 이모는 이디스 할머니의 머리는 실상 그녀가 비밀리에 누리는 사치였다는 말을 내게 해 주었다. 할머니는 빗에 붙은 머리카락을 모아두었다가 마치 여성성의 은밀한 창고인 양 목덜미의 묶음머리 속에 숨겨 넣었다. 그 외에 다른 사치는 하는 게 없으셨다. 할머니는 성년기의 많은 기간을 전기나 수도가 없는 시골에서 선교하며 보냈다. 약품을 나눠주고, 소녀들에게 글 읽기를 가르치고, 이교도들에게 성경을 전도하는 하느님의 일을 하기 위해 먼지투성이 북부 평원에 있는 마을들로 여행을 다녔다.

영국의 시골에서 어른들의 손에 자란 우리 어머니는 이디스 할머니가 매달 인도의 새들이 인쇄된 편지지에 써서 보내오는 편지들을 열심히 읽었다. 어머니는 부채 모양의 관모를 가진 불불과 후투티 같은 새들을 본다거나 할머니가 묘사한 검소한 인도의 시골생활을 경험하고픈 꿈을 지녔다. 그 기회는 옥스퍼드대학교에서 만난 미국인 대학원생인 우리 아버지와 결혼하자마자 곧 찾아왔다. 아버지는 미시간 주에 있는 작은 대학에서 일하고 있었는데, 우리 부모님 두 분 다 그곳을 싫어했다. 그곳을 벗어나게 해 줄지 모른다는 희망으로 아버지는 풀브라이트 장학금에 지원했다. 아버지는 인도 행을 따내지는 못했는데, 풀브라이트위원회에서는 대신 파키스탄 카라치대의 강사 자리를 제안했다. 끔찍한 내란으로 흉흉하던 그곳은 그다지 마음이 끌리는 곳은 아니었다. 하지만 그분들에게는 미시간을 벗어나게 해 줄 기회였다.

어머니가 예상했던 대로 인도로의 여행은 그녀에게 큰 영향을 끼쳤다. 우리 자매들이 다 태어난 후 어머니는 전 가족을 힌두교에 바탕을 둔 채식주의자로 변화시켰고, 우리 어린 시절 내내 채식을 고수했다. 우리 자매들이 유명 브랜드 옷이 하나도 없다고 불평하면 어머니는 인도 독립의 영웅 마하트마 간디의 검약한 생활방식에 관해 설명하셨다. 어머니에게는 늘 인도인 친구들이 있었고, 우리가 살던 모든 집을 동양에서 수집한 물건들로 꾸몄다. 가죽으로 된 사파리 체어, 고풍스런 양탄자 깔개, 그리고 불꽃이 둘러싼 가운데에서 춤추는 시바신의 황동조각상 등이었는데 아버지는 그 무거운 황동조각상을 인도 여행 내내 끌고 다녔다고 수시로 불평을 늘어놓으셨다.

내가 그곳으로 가서 지내겠다고 선언했을 때 우리 부모님은 놀라지 않았다.

"내가 만약 이렇게 안 살고 독신으로 좀 더 오래 머물렀다면 너처럼 했을 거야. 내 힘으로 앞으로 밀고 나아갔을 거야." 어머니는 언젠가 동경하는 눈빛으로 내게 이렇게 말씀하신 적도 있다.

어머니는 인도에서 어떤 옷차림이 적절한지, 그리고 카라치에서 어머니와 아버지를 반복적으로 괴롭혔던 아메바성 이질은 어떻게 피할 수 있는지에 관해 조언을 해 주셨다. 또한 가장 충격적인 일은 길거리에서 그냥 죽어가고 있는 사람들을 대했을 때의 절망감이었다고 말해주며, 인도에서 벌어지는 가혹한 삶에 잘 대응하라고 일러주셨다. 그렇지만 나는 그런 내용에 크게 주의를 기울이지 않았다. 비록 인도에 대한 나의 관심이 가족사에서 비롯되기는 했지만, 나는 내 힘으로 해나갈 생각이었다. 실수도 나 나름대로 저지르고 싶었다. 나는 여러 해 동안 인도에 관한 내용이면 거의 강박적으로 가리지 않고 읽어 댔기 때문에 인도에 관해 철저히 공부한 셈이라고 생각했다. 지난 수십 년 간 미국이나 영국에서 인도에 관한 이야기는 실제보다 한층 미묘한 뉘앙스가 가미된 형태로 만들어지고 있었다. 일 때문에 인도에 가서 살게 되면 치마처럼 두르는 '룽기'를 입고 굶어 죽어가고 있는 남자, 마술처럼 뱀을 부리는 사람들, 그리고 이 나라에 얽힌 여러 가지 진실과 불가사의한 일들에 관해 서정적인 에세이를 한두 편은 당연히 쓰는 것으로 여겨져왔다. 그러나 인도 경제가 세계에 문을 열자 관심의 차원이 달라졌다.

이제 언론들은 분명한 합의를 도출해낸 듯 보였다. 그것은 바로 이 나라가 경제적인 면과 사회적인 면 모두에서 변했다는 것이었다. 나는 수백만 명의 인도인들이 휴대전화를 처음으로 사고, 스쿠터에서 자동차로 탈 것을 바꾸는 중이라는 기사들을 읽었다. 미국 신문에 따르면 인도의 가장 낮은 카스트 계급의 사람들이 그들이 살아 온 마을과 세습되어 온 직업에서 벗어나 스스로의 신분을 상승시키고 있고, 젊은이들은 평생 반려자를 부모가 미리 정해놓은 대로 무조건 따르는 게 아니라 스스로 고르기 시작했다. 여성들은 뉴스 앵커나 법조인으로서의 경력을 쌓기 위해 전자레인지에 넣기만 하면 되는 간편한 카레요리를 사고 있다는 기사가 실렸다.

물론 이렇게 낙관적인 현상들과 함께 인도의 가난과 불결함에 관한 기사들도 실렸다. 인도의 연평균 소득은 1천 달러 미만이었다. 경제성장이 인도와 가장 자주 비교되는 중국의 연평균 소득은 인도의 세 배에 가까웠다. 인도는 이제 자국 국민을 먹이기에 충분한 식량을 생산하고 서비스에 기반을 둔 활력 넘치는 경제 성장을 이루고 있지만, 인도 특유의 비능률성으로 인해 여전히 수백만 명에 이르는 농부와 노동자들이 하루 한 끼를 먹기 위해 힘들게 일하고 있었다. 나환자들이 넘쳐나는 슬럼가에 대한 어머니의 경고는 비록 30년 전 인도에 근거한 것이지만 지금까지도 변한 게 별로 없는 것 같았다.

　나는 비행기에서 내려서 어떤 일과 맞닥뜨리게 되던 나름대로 대응할 준비가 되어 있다고 생각했는데, 인도는 자신만만하던 나의 이런 생각을 한방에 날려버렸다. 인도 땅에 발을 내딛기도 전에 비행기 안으로 무언가 거슬리는 냄새가 스며들어 왔다. 뉴욕에 9.11테러 공격이 있던 날 오후를 연상시키는 플라스틱과 금속이 섞여 타는 냄새였다. 델리에서는 타는 냄새가 말린 쇠똥을 연료로 태우는 소박한 냄새, 공항 밖의 노점에서 파는 타마린드와 라임의 톡 쏘는 냄새 등 다른 악취와 뒤섞여 있었다.

　처음 도착하던 날의 그 당황스럽던 밤에 나는 공항 입국장을 둘러보며 누가 책임자일까 하고 생각했다. 그것은 많은 다른 상황에서 스스로 묻곤 하던 질문이었다. 내 여권에 도장을 찍는 관리는 눈빛에 활기가 없고 셔츠에는 음식물 자국이 묻어 있었다. 천정에는 물이 새고, 빙빙 도는 수화물 컨베이어는 놀랍도록 구슬픈 소리를 내며 삐걱댔다. 탑승객들은 짐 찾는 일에 목숨이라도 건 듯이 치열하게 서로 밀쳐 댔다. 사리를 입은 인도 여인이 커다란 손으로 나를 밀쳐냈고, 그 바람에 나는 엎어지지 않으려고 애쓰다가 혀를 깨물고 말았다. 피에서 나는 금속성 느낌은 항상 델리에 처음 도착했던 날 밤을 생각나게 한다.

　나는 실제로 보게 된 것보다 훨씬 더 현대적이고 세계화 된 나라를 기대했다. 빈곤은 예상했지만, 그러면서도 내가 서구에서 경험한 것에 가까울 정도로 관대한 중산층이 폭넓게 자리잡고 있으리라고 생각했다. 인도 여배우들이 이브 엔슬러의 사실적인 페미니스트 연극인 '버자이너 모놀로그'를 무대에 올려 공연 중이란 얘기를 들었고, 그래서 꽤 높은 기대를 품고 있었다. 그런데 실제로 인도에서는 솔직한 게 아무 것도 없다는 것을 배우게 되었다. 그곳은 고등교육을 받은 기업가 중산층의 고향이면서 동시에 봉건적 생활원칙과 퇴행적인 관습에 얽매인 채 살아가는 수백만 명의 까막눈이 시골사람들의 고향이기도 하다. 인도는 내가 살아온 문화와는 너무나 달랐고, 어떻게 이럴 수 있을까 싶은 방식으로 나에게 문을 열었다. 그러면서 혼자 산다는 이유로 나를 매춘부로 취급한 델리의 집주인처럼 내 눈 앞에서 문을 쾅 닫아 버린 게 바로 인도였다.

제2장

남편은 미국에 있어요

나는 자연스런 기혼녀로 변신하기 위해
현지의 맞춤옷집부터 시작해 여러 조치들을 취하기 시작했다.
어쨌든 인도에서 히피 여성 같은 외관은 하나도 도움이 되지 않았다.

힌디어에는 애인이나 남자친구를 뜻하는 영어 보이프렌드boyfriend에 해당하는 말이 없다. 그래서 이 영어단어가 힌디어에 끼어들면 마치 저주처럼 들린다. 남자친구가 있다는 것은 타락하고 퇴폐적인 생활을 암시하며, 남자친구가 한명 있는 여성은 분명히 다른 남자친구도 많을 것이란 취급을 받는다. 인도에 온 첫해, 익숙치 않은 그곳의 언어는 리드미컬한 운율을 띤 이상한 소리로 내 귀에 울렸다. 그 기간 동안 나는 말뜻을 알아듣기 위해 정신을 바짝 차려야 했고, 단어 하나도 놓치지 않으려고 온 정신을 집중했다. 영어를 사용하지 않는 인도인들이 '긴장' tension, '수술' operation, '우연히' by chance 같은 영어단어나 문구를 사용할 때는 요점을 강조하거나 누군가에게 강한 인상을 주려는 경우이다. 그러나 보이프렌드는 추한 뜻을 함축하고 있어 분위기를 무겁게 만들었다.

나는 인도를 돌며 몇 달 동안 예비 답사여행을 하는 중이었고, 델리에서 혼자 있는 외국 여성에게 방을 세놓을 집주인을 계속 물색했다. 여유로운 해외 근무자 혜택을 받고 있는 외교관, 외국인 사업가, 그리고 인도의 부유층이 사는 넓은 식민지 풍의 고급 주택가 지역에서 방을 구한다면 미혼인 내 신분이 문제가 되지 않을 것이다. 그러나 중하층 인도인들이 사는 구역의 집주인들은 혼자서, 심한 경우 애인과 함께 지내는 서양 여성의 자유분방한 삶의 방식에 익숙하지 않다. 그래서 전통의 속박을 벗어나려고 하는 인도의 여성들이 받는 것과 같은 까다로운 의혹의 눈길을 나도 받았다.

델리의 불규칙한 전력 공급으로 인해 불안정한 전류는 내 노트북 컴퓨터의 배터리를 고장 냈다. 나는 타마린드 소스를 바른 감자 파이 튀김, 렌즈콩으로 만든 '달', 금속 번철에서 갓 구워낸 두터운 파라타 빵 등 길거리 음식을 사먹고 살았다. 그 음식들은 반복적으로 설사를 한 걸로 보아 내 몸에 맞는지는 모르겠으나 모두 맛이 있었다. 로즈 호텔에서는 마약 중독자인 유럽인들까지 내게 다가오려 했다. 그래서 나는 관광객들이 없는 지역의 호텔을 찾으려고 주변 사람들에게 물었다. 뉴시티 팰리스 호텔에서는 작은 싱글 룸이 1박에 4달러밖에 안 했다. 그래서 나는 로즈 호텔과 마찬가지로 이 호텔이 이름과 어울리지 않는다는 점은 개의치 않았다. 뉴시티 팰리스라는 이름에 걸맞게 궁궐다운 것은 전망이었다. 호텔은 인도의 최대 모스크인 자마 마스지드 사원을 정면으로 마주보고 있었다.

첫날 새벽이 채 되기도 전에 나는 확성기를 통해 건물 밖으로 퍼지는 기도시간을 알리는 금속성 소리에 잠이 깼다. 옷을 입고 발코니로 나가보니 붉은 사암 첨탑들에 새벽안개가 감돌고, 예배 인도자 이맘이 신도들을 안으로 끌어들이는 투박한 소리와 함께 사람의 행렬이 물결쳤다. 흰색의 헐렁한 쿠르타를 입은 남자들이 아침 예배를 드리러 모스크의 넓은 뜰로 걸어 올라가면서 붉은 사암 층계는 온통 흰색으로 뒤덮였다. 호텔 주인은 머리 위에 사발을 엎은 듯한 이슬람교도의 스컬캡을 쓴 주름 많은 남자 하인을 시켜 내게 차를 갖다 주었다. 호텔 주인은 차 심부름하는 노인이 예순 살이 넘었지만 그의 신분이 낮다는 것을 알리려고 '티 보이'라고 불렀다. 티 보이는 나하고 단 한 번도 눈을 마주치지 않은 채 주문을 받고, 잔을 다시 채워 주었다.

뉴시티 팰리스 호텔은 투숙객이 모두 인도인이었기 때문에 다른 곳보다 더 확실하게 인도 분위기를 느낄 수 있는 곳이었다. 하지만 그들 모두 엄격하게 규칙을 지키는 이슬람교도들이라 편하지는 않았다. 나는 그들이 TV 프로그램 '베이워치' Baywatch를 통해 서양여자들에 대해 알게 되었을 모든 것들을 추측해 보았다. 당혹스럽고 실망스럽게도 인도의 케이블 방송에서는 매일 그 프로그램을 방영했다. 호텔 고객들은 내가 늘 몸에 딱 붙는 비키니를 입는 것처럼 대했다. 나를 철저히 피하던가 아니면 노골적인 눈길로 나를 훑어보았다. 이제는 시크교도 집주인이 "혼자이십니까?"라고 질문한 이유를 훨씬 더 잘 알 것 같았다. 인도에서 여자들은 상품용이 아니면 혼자 지내는 일이 거의 없다. 점점 더 많은 여성들이 취업을 하고 있지만 가족을 떠나 외부로 독립해 나가는 것은 사회적으로 용납되지 않았다. 그렇기 때문에 내가 가 본 세계의 다른 어떤 나라 수도에서보다도 여성이 혼자 있다는 사실이 델리에서는 훨씬 더 잘 드러난다. 그런 상황은 나로 하여금 더 강한 모험심을 갖게 했다. 나는 그곳이 어디건 혼자 힘으로 꾸려 나갈 수 있다고 자신했다.

어느 날 아침 나는 어떻게 내 처지를 정당화할지 묘안을 생각해냈다. 호텔 직원들에게 남자친구가 미국에 있다고 말해 내가 떠돌이 매춘부가 아님을 딱 부러지게 증명하는 것이었다. 나는 그 말을 하러 호텔 접수계로 갔다. 다듬지 않은 긴 이슬람식 턱수염과 진지한 검은 눈을 가진 그 접수계원이 호텔 사장의 아들이라는 것을 나는 알고 있었다. 도덕률을 지키는 사람의 확신을 갖고 나는 문법에 맞지 않는 힌디어지만 큰 목소리로 발표하듯 말했다. "내 보이프렌드가 곧 여기로 와서 묵을 거예요."

나는 문장 속에서 강조할 필요가 있다고 생각되는 영어단어를 강조했다. 잠시 동안 그의 표정에는 아무런 변화가 없었다. 그는 내가 처음 접수계에 이르러 가장 싼 방에 들겠다고 말한 이래로 내가 호텔에 드나들 때마다 못 믿겠다는 듯 멍하니 바라보곤 했었다. 그러나 그 말은 내가 기대했던 것과는 다른 반응을 불러일으켰다. 능글맞은 웃음이 느리게 그의 얼굴에 번졌는데 그때 나는 그의 치아가 썩었다는 것, 그리고 그의 나이가 아마도 내 또래일지 모른다는 것 등 두 가지 끔찍한 사실을 알게 되었다.

나는 팔이 저릿저릿했다. 방금 그에게 나의 성적인 매력을 과시한 셈임을 깨달은 것이다. 다분히 억압되어 온 그의 세계에서는 내가 어떤 제안을 한 것으로까지 이해될 수도 있었다. 나는 방으로 돌아와 침대 모서리에 앉아 자신을 저주했다. 그날 저녁 나는 좁은 로비로 다시 가서 방문에 자물쇠를 하나 더 달아 달라고 요청했다. 객실에는 전화가 없어 프런트 데스크로 전화를 할 수가 없었다.

인도에서 체험하리라 기대했던 활기찬 특파원 생활은 그 정도에서 끝날 것 같았다. 나는 어두워진 후에는 감히 로비로 나가기가 두려워 대부분의 저녁시간을 비좁은 호텔방에 갇혀 보냈다. 모기장 아래서 인터뷰 내용을 글로 옮겨 쓰거나, 모기들이 모기장 위로 끊임없이 모여드는 모습을 지켜보고, 델리의 집주인들에게 호감을 살 계책이 혹시 있을지도 모르기에 인도 작가가 쓴 소설을 읽으며 시간을 보냈다. 그때 내가 왜 그토록 무기력했는지 잘 모르겠다. 아무튼 내 실수를 제대로 파악하는 데 몇 주일이 흘렀다. 빅토리아여왕 시대 같은 인도의 완고한 도덕체계 안에서 나에게 필요했던 것은 남자친구가 아니라 남편이었다. 뉴시티 팰리스에서 내 위신을 회복하기에는 너무 늦은 것 같았다. 그렇지만 이제부터는 뉴욕에 있는 남자친구 벤저민을 남편으로 내세우리라 결심했다. 나는 그를 여성들이 술집에 갈 때 손가락에 일부러 끼는 가짜 약혼반지 같은 존재로 만들 생각이었다. 흑심을 품은 남자를 피하기 위한 것 말고도 남편이 있다는 거짓말이 의심스런 눈초리로 파고드는 델리의 집주인들을 속일 수 있기를 바랐다. 나는 우리 둘의 관계에 일어난 이 위장 변화를 벤저민에게는 알리지 않기로 했다. 비록 멀리 떨어진 나라에서지만 결혼한 것처럼 가장한다는 것은 벤저민이 기겁해 도망가게 만들 사안임이 뻔했기 때문이었.

나는 자연스런 기혼녀로 변신하기 위해 현지의 맞춤옷집부터 시작해 여러 조치들을 취하기 시작했다. 어쨌든 인도에서 히피 여성 같은 외관은 하나도 도움이 되지 않았다. 매력적이지도 않고, 그 사회에 적응하는 데에 아무 도움이 안 되었다. 몸에 맞는 살와르 카미즈를 맞춰 입을 필요가 있었다. 느슨한 파자마 스타일의 바지인 살와르와 무릎까지 내려오는 긴 상의인 카미즈, 그리고 인도 여성들이 즐겨 입는 일상복인 쿠르타를 스카프와 함께 갖춰 입기로 했다. 옷은 지역이나 종교에 따라, 그리고 입는 여성이 얼마나 현대적이냐에 따라 조금씩 다르게 만들어진다. 보수적인 이슬람교도들은 스카프를 모발이 다 가려지게 머리 위에 걸치고, 시골의 힌두교도들은 연장자들에 대한 존경심을 드러내기 위해 얼굴을 가로질러 스카프를 드리운다. 그런가 하면 중산층 도시 여성들은 쿠르타 상의를 짧게 만들어 청바지 위에 곁들여 입는데, 얇고 가벼운 스카프를 어깨 위에 두른다.

맞춤옷집은 어둑하고 지저분했다. 몹시 지쳐 보이는 자그마한 남자 재봉사는 내가 들어서자 의자에서 일어났다. 아무 말 없이 그는 치수를 재기 위해 팔을 벌리라고 몸짓으로 알렸다. 내 몸을 따라 줄자를 조금씩 옮길 때 그는 내 피부나 옷에 닿지 않으려고 조심했는데 그 태도는 상당히 공손했다. 그가 손짓을 하자 자그마한 소년이 구석에서 나타나더니 내가 고르도록 선반에서 옷감들을 끌어내리기 시작했다. 어두컴컴한 가게에 돌연 샛노랑 사프란, 광택 있는 녹색을 띤 청색 피콕블루 등 활기 넘치는 빛깔이 넘쳐났다.

숙소를 구하러 두 번째로 나설 때 나는 전통적인 시골 스타일로 맞춘 살와르 카미즈를 입고, 스카프는 가슴께를 가로질러 조심성 있게 둘렀다. 결혼한 여성다운 분위기가 나도록 수줍은 미소를 지으며 내 소개를 했고, 곧 델리로 나를 만나러 올 '언론인 남편'에 대한 언급을 서둘러 덧붙였다. 다행히도 집주인은 내 말을 아무런 질문 없이 받아 주었다. 도덕적으로 훌륭한 면목을 갖추는 방법은 결국 아주 간단했다. 서양식 스커트를 벗어 버리고 '남편이 곧 와요'라는 뜻으로 '메흐레 파티 아웅기' 하고 한마디 덧붙이면 되는 거였다.

중하급의 집을 골라 확보한 다음 나는 도시의 이리저리 뻗어나간 동네들을 파악해 보기 시작했다. 몇 백만 명의 사람들이 빈민가에서 사는지 알아내기는 불가능했다. 엄청난 수의 인도인들이 공식 주소나 사회보장번호가 없기 때문에 추적도 안 되고 행방이 불명확하다. 델리에는 1200만 내지 1800만 명의 주민이 살고 있다고 하는데, 뉴시티 팰리스 호텔 발코니에서 끝없이 밀려가는 인파의 흐름을 내려다보면서부터 나는 델리의 인구가 그 정도는 될 것으로 생각했다.

이슬람 무굴제국 시대였던 17세기에 델리는 세계에서 가장 인구가 많은 곳이었다고 알려져 있다. 무굴인들은 그곳에 동심원 형태의 정착지를 건설했는데, 가운데 핵심부는 성벽으로 둘러싼 장엄한 도시였다. 19세기에 영국이 인도를 완전히 통치하기 시작하면서 영국인들은 델리를 석조제국으로 개조하기 위해 영국인 건축가 에드윈 루티엔스를 데려왔다. 그는 대영제국의 왕관에 박힌 보석처럼 아름다운 수도를 만들고자 했다. 루티엔스는 옛 무굴도시의 기존 구획들을 해체하고, 대신 기념비적인 건축물, 멋있는 흰색 방갈로, 격자무늬로 그어진 가로수길 등 인도라기보다는 유럽처럼 보이는 도시 중심부를 형성했다. 그러나 뉴델리로 알려져 있는 식민통치 중심 구역 이외의 다른 외부 구역에는 그런 명령을 강요하려 들지 않았다. 나중의 도시 설계가들도 그렇게 하지 못했다. 널찍한 대로에서 소비에트 스타일의 시멘트 건물들이 들어찬 좁은 골목길로 바뀌면서 도시는 급속하게 퇴락했다. 포장도로는 불결한 골목길로 바뀌고, 하수 시스템은 붕괴되었으며, 판지와 알루미늄으로 벽을 세운 움막집들이 들어찼다.

영국이 디자인한 수도의 모습에 대해 독립 인도의 첫 총리인 자와할랄 네루는 '허식과 사치스런 낭비'라고 불렀다. 말년에 일반적인 경칭인 마하트마, 다시 말해 '위대한 영혼'으로 불린 독립 지도자 모한다스 간디에게서 배운 가르침대로 독립 후의 인도를 지배하는 정서는 청렴한 도덕성이었다. 세계 지도자들과 함께 인도의 자유를 협상하기 위해 런던에 도착했을 때 간디는 셔츠도 없이 허리와 다리 둘레에 두르는 도티만 입고 있었다. 영국 총리 윈스턴 처칠은 그를 치안에 방해되는 반나체의 수도승이라고 경멸했다. 그렇지만 1930년대와 1940년대 인도에서는 간디의 전통적인 옷차림과 빈약한 채식 음식은 그가 비폭력 저항, 자치, 자립이라는 전국적인 투쟁 원칙을 실천적으로 증명하는 상징물들이었다. 현대의 물질적인 인도가 간디의 금욕 문화로부터 멀어지고 있기는 하지만, 간디는 여전히 학교 교과서에서 국부로 추앙받고 있고, 그를 묘사한 여러 전기들에서는 그의 검약한 생활방식과 인도의 고결한 정신에 대한 헌신을 높이 칭송하고 있다.

간디는 인도가 1947년에 독립을 선언하고 불과 5개월 뒤에 암살당했다. 네루를 비롯한 다른 독립운동 지도자들은 그들이 가장 사랑하는 인물이 없는 상태에서 독립국 인도를 이끌어 나가야 했다. 인도의 관료인 '바부'들은 영국 통치하에서 생겨난 무기력한 식민문화를 대대적으로 변화시키는 대신, 대영제국의 제국주의적인 관료들이 남겨놓고 떠난 것을 그대로 접수했다. 남아 있는 영국의 권력구조 속으로 새 정부가 단순히 옮겨 들어갔을 뿐이었다. 예를 들어 네루는 영국이 디자인한 뉴델리를 혐오하면서도 뉴델리를 독립 인도의 권력 중심부가 되도록 했다. 영국 총독 관저로 지은, 방이 340개나 되는 장엄한 궁은 헐지 않고 공식적인 대통령 관저로 이용하면서 산스크리트어로 대통령궁을 뜻하는 라시트라 파티 바반으로 이름을 바꾸었다. 간디가 남긴 절약정신을 미흡하게나마 따르는 뜻에서 인도의 대통령들은 그 궁의 한 동만 쓰기로 했다.

네루는 이런 상징적인 것들보다 더 큰 문제에 직면했다. 신생 독립국은 깊게 분열되어 있었고, 빈곤하고 교육수준은 낮았다. 인도가 분할되는 동안 이슬람교도들은 국경을 넘어 파키스탄으로, 힌두교도들은 인도로 도망쳐 들어가는 종교적 폭동 속에서 최소한 1백만 명이 죽었다. 이슬람 국가가 된 파키스탄으로부터는 약 8백만 명의 힌두교도 피난민들이 밀려들었다. 독립할 무렵 인도 인구의 16%만이 읽고 쓸 줄 알았는데, 그 가운데서도 글을 아는 여성은 7% 정도밖에 되지 않았다.

어느 역사가가 불가사의한 나라라고 부른 인도에 네루는 현실적이고 공평한 민주주의를 꽃 피우기로 결심했다. 그는 집권 초 사회개혁에 매진해 복혼을 금했고, 이슬람교도들에게는 법 적용을 달리 했지만 힌두교도들의 가족 재산에서 여성의 몫을 늘렸다. 1950년도 인도가 만든 헌법은 세계에서 가장 진보적이고 개화 된 헌법이었다. 그러나 이런 모든 개화 된 개혁이 여성들의 삶에는 미미한 영향밖에 끼치지 못했다는 것을 나는 알게 되었다. 지금 인도에서 용인되는 행동인가 아닌가를 결정하는 것은 국법이 아니라 수십 년 된 사회관습이다. 이 나라가 아무리 급속히 변하고 있다 해도 이러한 원칙에는 변함이 없다. 인도 사회에서 가장 확실한 것은 전통과 가족의 힘이다.

인도에 도착하고 8개월이 지난 후 나는 영국이 건설한 뉴델리 바로 외곽의 주택가인 니자무딘 웨스트로 이사했다. 나무가 많은 아늑한 주거지로 뉴시티 팰리스 호텔 주변의 가난, 혼란과는 전혀 다른 세상이었다. 이웃에는 조종사, 엔지니어, 공무원이 살았는데 그들의 집에는 깔끔하게 빗질한 뜰에 길거리 개나 거지들이 들어오지 못하도록 철제 대문이 달려 있었다. 구두장이와 전기공, 그리고 몇 개의 편의점과 벌겋게 불붙은 석탄을 채운 구식 다리미를 가지고 다림판 위로 가슴께가 움푹하게 굽은 왈라가 엎드린 자세로 일하고 있는 다리미질 왈라의 노점도 있었다. 도시의 다른 지역과 마찬가지로 니자무딘은 빈민가인 '버스티'가 부자들이 사는 구역과 엄격하게 분리되어 있는 곳이었다. 그러나 중산층 가정에 필요한 가정부, 청소부, 운전사의 집이 있는 곳이기 때문에 버스티가 부자 구역에서 멀리 떨어져 있지는 않았다. 나는 델리에 자리를 잡으면서 하인이나 카스트 제도를 무시하려고 애를 썼다. 그러나 인도 사회의 불공평성을 아무리 싫어해도 그것을 계속 외면하며 지낼 수는 없었다.

나는 지은 지 오래 된 집의 꼭대기 층으로 이사했다. 그곳에서는 조용한 골목과 동네 어린이들이 매일 오후에 크리켓 경기를 하며 노는 자그마한 공원이 내려다보였다. 집세는 한 달에 1백 달러도 안 되었다. 뉴욕에 살던 나로서는 놀라울 정도로 저렴한 가격이었다. 집주인은 꼭대기 층을 '비'라는 뜻을 가진 힌디어에서 차용해 '바르사티'라고 불렀다. 꼭대기 층은 우기에 바깥 풍경을 감상하기가장 좋은 장소이기 때문에 붙여진 이름이었다. 주방과 욕실이 실내와 연결돼있지 않은 별채라 그곳에 가려면 테라스로 나가 비를 포함해 어떤 기상상태건감수해야 하기 때문에 실제로 아주 옥외활동을 많이 하는 셈이 됐다. 비가 잠깐씩 내리고 서늘한 안개가 얇게 끼는 더운 철에는 창에 난 틈새로 먼지가 들어왔다. 찬 공기가 금세 새어 나가기 때문에 에어컨을 설치하는 것은 의미가 없었다. 우기에는 축축한 시멘트 계단 벽에서 습기가 내뿜어져 나왔다. 방의 벽에서는 회반죽 벽토가 큼직큼직하게 벗겨져 떨어지고, 부풀어 오른 문과 창은 어깨로 힘을 주어 밀어야만 여닫을 수 있었다.

나는 광고에서 자랑한 대로 욕실 푸카 양변기에 앉는 자리, 뚜껑, 수세식 설비가 제대로 갖춰져 있는지 확인했다. 푸카는 진짜라는 뜻의 힌디어이다. 바닥 높이의 세라믹에 구멍이 난 인도식 변기 위로 쭈그리고 앉는 자세에 몇 달간 적응하느라 애써 온 나에게 진정한 양변기는 굉장한 사치처럼 느껴졌다. 욕실에 물을 데우는 탱크가 있는지 확인할 생각은 나지 않았다. 이사한 첫날 아침을 맞고 나서야 샤워나 욕조, 뜨거운 물이 전혀 없고 찬 수돗물만 나오는 수도꼭지 하나뿐이라는 사실을 알게 되었다. 나는 욕실 시멘트 바닥에 서서 공동수도에서 가난한 사람들이 몸을 씻는 방식을 흉내 내느라 애를 썼다. 플라스틱 양동이에 물을 채운 뒤 바가지로 물을 퍼 가능한 한 힘차게 몸을 비비는 것이다. 모든 과정이 몇 분 안에 끝났다.

　내가 사는 집은 바깥 날씨만 침범하는 게 아니라 동물들도 침범해 들어왔다. 도마뱀붙이들이 방구석을 차지하고, 다양한 빛깔의 곤충과 바퀴벌레들이 바닥을 가로질러 황급히 지나다니는가 하면 참새가 비좁은 부엌 카운터에 내려앉기도 했다. 그렇지만 나는 도시 풍경과 끊임없이 교감하는 게 좋았다. 아침마다 나는 시장에서 가장 커피 맛에 가까운 밀크 인스턴트 커피를 마시며 테라스로부터 들려오는 델리의 생활 소음을 들었다. 야채장수의 우렁찬 외침은 가까운 기차역으로 들어오는 기차의 끼익 하는 소리와 경쟁했고, 어딘가에 있는 사원으로부터 성가 소리와 북 두드리는 소리가 항상 들려왔다. 훨씬 가까이에서는 보이지 않는 이웃들이 목욕재계하는 익숙한 소리가 들렸다. 여성이 세면대에서 세수를 하는 동안 남편은 가정부에게 목욕할 물을 데우라고 소리친다. 사람들이 내는 소음 속으로 동물 소리가 선명하게 섞여들었다. 나무들 사이로 춤추며 다니는 보석 같은 녹색을 띤 잉꼬가 만화처럼 끽끽대고, 뇌염새라는 묘한 별명이 붙은 인도의 호크쿠쿠가 끊임없이 뻐꾹뻐꾹 하는가 하면, 히치코크 영화처럼 그 동네를 지배하는 음산한 까마귀들이 까악까악 울어 댔다. 어느 날 아침에는 공격적인 까마귀 떼가 동네 나무에서 재잘거리던 원숭이 두 마리를 협박해 쫓아내는 광경을 보기도 했다.

　바르사티로 이사 온 지 얼마 되지 않아 새 세입자가 들어왔다는 소식이 가까운 빈민가로 퍼졌고, 희망에 불타는 첫 번째 가정부 후보가 플라스틱 샌들인 차팔을 신고 층계로 걸어 올라왔다. 문을 여니 영양실조에 걸린 여자가 손을 가슴께에 올려 경의를 표하고 있었는데 얼굴은 애원하는 표정을 짓느라 찡그리고 있었다. 그녀는 자신이 가진 솜씨에 대해 빠른 힌디어로 설명하기 시작했다. 쏟아지는 말 속에서 나는 '깨끗한', '빠른' 같은 익숙한 단어를 들을 수 있었다. 그러나 정상적으로 그녀와 의사소통하기는 불가능했다. 주위의 사람들이 반드시 필요하다고 했지만 나는 아직 가정부가 필요하다는 생각이 들지 않은 상태였다.

내가 본 모든 중산층 가정은 시간제 일꾼을 적어도 두 사람 정도는 부리고 있었다. 그렇지만 나는 사람을 고용하는 일이 내키지 않았다. 내가 긍지를 느끼는 미국식 사생활이 침해될 우려가 있을 뿐만 아니라 권한의 불균형이 나를 오만한 여주인으로 망쳐놓을지 몰라 겁이 났다. 그래서 나는 미안해하는 동작으로 머리를 가로저으며 '나힌, 나힌'이라고 거듭 말했다. 마침내 그녀는 슬리퍼를 끌며 층계를 내려갔는데 실망에 찬 힌디어가 한동안 들렸다. 그날 하루가 다 가도록 구인광고하지도 않은 운전기사, 정원사, 쓰레기 수거인 등등의 일자리를 맡겠다는 경쟁자들이 대여섯 명이나 찾아오는 통에 비슷한 승강이를 짜증스럽게 반복해야 했다.

며칠 후 층계를 쿵쿵거리며 올라오는 남자 발자국 소리가 들렸다. 작은 키에 가무잡잡한 피부의 남자가 잠시 숨을 가다듬더니 빌딩관리인인 조긴더 람이라고 자기소개를 했다. 그가 관리할 대상은 나보다 한 층 아래에 세 들어 살고, 열린 문을 통해 간혹 보이는 나이 많은 여자와 나 단 둘뿐이지만 그는 영어단어에 멋을 곁들여 말했다. 자신의 능력에 대한 증명으로 그는 스펠링이 몇 군데 이상했지만 영어 대문자로 자신의 업무 내용과 이름이 인쇄된 명함을 건넸다.

WORK PAINT, POLISH,PIOPE REPARING ETC.

조긴더은 제법 당당한 웃음을 지어보였는데, 그러자 얼룩다람쥐처럼 입 속에서 오물거리던 '판' 한 덩이가 드러났고, 잇몸에서 입술에까지 판의 붉은 얼룩이 번져 있었다. 그는 잘 다린 바지 위로 불룩 나온 배를 자랑스럽게 과시하는 듯했고, 머리는 회색빛 머리칼이 안 보이게 헤나로 염색을 했다. 그런 외모 덕분에 그는 원기왕성하고 긍지에 찬 분위기를 풍겼다. 그는 내가 사는 주택 옆에 붙은 다른 주택의 뒤쪽 베란다에서 살았다. 그 집 주인도 우리 집 주인인 아룬 마고였다. 마고씨는 델리에서 7백 마일(약 1127킬로미터)이나 서쪽으로 떨어진 뭄바이에 살기 때문에 조긴더에게 뒤쪽의 좁은 베란다에 살도록 해 준 것이었다. 나중에 집

주인은 델리의 임대차법은 아주 심하게 세입자에게 유리하게 되어 있기 때문에 나중에 그를 내보내지 못하게 될까 봐 더 넓은 공간을 내어주기가 꺼려진다는 말을 내게 했다.

조긴더는 주인을 '사히브', 주인의 부인을 '멤사히브'라고 부르던 식민지 시대로 되돌아간 듯 집주인을 마고 사히브라고 불렀다. 조긴더는 사히브가 관대하지 않은 것에 대해 불평하지 않았다. 왜냐하면 집주인은 몹시 가난한 이주민이었던 그를 구제해 준 사람이기 때문이다. 조긴더는 인도에서 가장 가난한 주인 비하르주에서 태어났다. 땅이 없던 조긴더의 아버지는 비하르주에서 땅 임자들을 위해 일하는 일용노동자였다. 봉건적인 인도의 대부분 지역에서 그렇듯 땅은 곧 권력이었다. 토지는 상속되고 특정 카스트 계급에게만 주어졌다. 조긴더가 자란 마을에는 버젓한 학교도 없고, 학교에 못 다닌 사람을 채용하는 공장도 없었다.

수백만 명의 다른 아버지들과 마찬가지로 조긴더의 부친에게는 일자리를 찾으라고 외아들을 도시로 보내는 방법 외에 다른 수가 없었다. 그때 조긴더는 열 살이었고 두 가지 지시를 들었다. 비하리족 사람을 찾아갈 것, 그리고 매달 집으로 돈을 보내라는 것이었다. 그는 일하려는 사람의 나이를 절대로 물어 보지 않는 날품팔이 일터인 공사장과 찻집에서 일했다. 아동 노동은 엄밀히 말하면 불법이지만 아무도 상관하지 않는다. 조긴더는 밤이 되면 공원에서 자고, 주인이 허락하면 찻집 바닥에서 웅크리고 잤다. 스물한 살 때 마고 사히브를 만나 두 채의 집을 관리해 주는 대신 뒷 베란다를 제공받았을 때 그는 마침내 성공한 기분이었다. 조리할 수 있는 공간을 밖에다 붙여 마련한 조긴더는 아내감을 찾아달라고 고향에 있는 가족에게 연락했다.

20년이 흐른 지금 조긴더는 아내 마니야를 데리고 세 자녀와 함께 산다. 무덥고 좁은 뒷 베란다 입구에 드리운 푸른색 비닐 방수포는 들이치는 비나 원숭이를 막아 주지만, 바퀴벌레와 쥐는 쉽게 드나들었다. 혼잡한 버스티로 가는 것 외엔 다른 선택이 불가능한 조긴더는 그대로 머물렀고, 가족들은 주거 공간을 베란다 밖 골목길로 확장했다. 아이들을 학교로 보내고 나면 마니야는 도로 끝에 있는 수돗가에서 빨래를 했다. 가장 뜨거운 낮 시간 동안 마니야는 간이침대인 차르포이를 골목길의 그늘진 데로 끌고 나가 허공을 바라보며 가부좌를 틀고 앉아 있었다. 그러면 그녀의 축축한 이마로 파리들이 모여들었다.

조긴더는 차르포이에서 한가롭게 시간을 보낼 수 있는 사람이 아니었다. 그는 항상 바빴다. 내 테라스에서는 그가 일꾼들과 협상을 벌이는 소리와 그의 사무실이라 할 수 있는 골목 안의 건물 그늘에서 휴대전화에 대고 외치는 소리가 다 들렸다. 한낮의 기온이 수그러들면 전기기사나 배관공과 협상을 하기 위해 시장으로 서둘러 가곤 했다. 조긴더는 재주가 넘치는 사람이고, 그래서 그는 이웃의 비하리족 사회에서 없어서는 안 될 매우 중요한 인물이었다. 저녁에는 그에게 고충을 의논하려고 기다리는 이주민들이 줄을 지어 골목에 쭈그리고 앉아 있는 일이 잦았다.

그가 또 층계를 올라오는 것을 보고 나는 중요한 볼 일이 생겼다는 것을 알아챘다.

"미스 미린다아아 마담!" 어느 날 저녁 문틈으로 그의 큰소리가 들려왔다. 내 이름은 레몬 맛이나 오렌지 맛의 인기 있는 탄산음료인 미린다로 바뀌곤 했다. 그 탄산음료의 TV 광고는 열정적인 인도인이 입을 크게 벌리고 '미린다아아아!' 하고 외치는 거였다. 인도에서 만난 사람들의 반 정도는 내 이름의 마지막 음절을 길게 발음하거나 내가 레몬과 오렌지 중 어느 맛인지 묻기도 했다. 나는 문을 열고 한 걸음 뒤로 물러섰다. 조긴더는 상대방이 저쪽 들판에 떨어져 있는 듯이 큰소리로 외치는 시골사람처럼 말하는 버릇이 있었다.

"미니멈, 미니멈으로 가정부 한명은 써야 합니다." 나는 그를 안으로 들이려고 애썼으나 그는 전달하려는 내용을 확실하게 전하려고 단단히 마음먹은 듯 머리를 가로저었다. 그는 주요한 단어를 힌디어와 영어로 반복하고 가끔씩은 강조를 해가며 혼잣말을 계속했다. "미니멈 미니멈 에크 쿠마리(최소한 한 명의 가정부). '자루-포차,' 쓸기, 걸레질, 먼지 털기를 위해. 이건 인도 숙녀나 '푸카' 영국 마담에게 가장 중요한 것입니다."

공격적인 어조는 마치 내게 폭격을 퍼붓는 듯했다.

"나는 그렇게 하고 싶지 않아요. 나는 청소는 늘 스스로 해 왔어요. 미국에서는 아무도 가정부를 두지 않아요."

조긴더는 내 뒤로 거실을 훔쳐보며 하인을 고용하는 게 얼마나 중요한지에 관해 하소연하듯 늘어놓았다.

"인도의 집들은 먼지가 아주아주 많아요, 마담. 그리고 문제가 많아요. 가스탱크도 바꿔야 합니다. 마담은 도비 일을 손으로 하고 접시도 손으로 닦아요. 아무 기계도 없어요. 모두 손으로 해야 해요."

실제로 일거리가 엄청나게 많았다. 내가 묵묵히 인정하자 조긴더는 인도인 특유의 머리 끄덕임을 했다.

"아주 좋습니다. 미스 미린다아. 훌륭한 가정부를 알고 있어요. 내 사촌 여동생라다인데 지금 비하르에서 오고 있어요. 믿어도 되는 아이예요. 내일 옵니다."

아하, 그랬구나. 그래서 그렇게 열렬히 가정부를 쓰라고 권유했던 거였구나. 동족인 비하르족을 위한 일자리, 그리고 친척을 살리는 일자리였던 것이다.

라다는 정확하게 8시에 나타났다. 문간에서 라다는 나를 오랫동안 뚫어질 듯이 쳐다보았다. 나도 마찬가지의 호기심으로 그녀를 살폈다. 마흔 살 정도 되어 보이는 것 같았지만 나이를 짐작할 수가 없었다. 만일 좀 편한 생활을 했다면 실제보다 더 어려 보였을지도 모르겠다. 그녀는 방금 다림질한 엷은 파란색 사리를 입었고, 깔끔하게 빵모양으로 묶은 머리 한쪽 위로는 사리의 끝부분을 스카프처럼 접은 팔루가 살짝 덮여 있었다. 아랫니보다 앞으로 튀어나온 윗니가 입밖으로 나와 있었다. 샌들을 벗을 때 발바닥이 두껍게 굳어 있고 발뒤꿈치는 깊게 갈라져 있는 게 보였다. 가난에 찌든 모습이 역력했지만 라다는 허리가 꼿꼿하고 품위가 있었다. 일자리를 달라고 내 문에 와서 애걸하던 여자들한테 보이던 필사적인 느낌 같은 게 없었다.

"나마스테 디디." 그녀는 언니를 칭하는 힌디어로 나를 부르며 말했다. 분명히 나보다 손위였지만 기혼 부인에게 주로 쓰는 아주머니라는 뜻의 '앤티' 대신 깍듯한 경칭을 썼다. 그리고 그 말에는 '멤사히브'에서 풍기는 아첨의 분위기도 없었다. 나에 대한 호칭을 어떻게 생각해냈는지는 모르지만 나를 가족처럼 부르는 것을 듣자 그녀에게 호감을 느끼게 되었다.

그녀는 이렇게 말을 이었다. "저는 라다이고, 브라만입니다." 나는 그녀가 힌두교의 사회계층 가운데 최상위 계급에서 태어났다는 점을 알리는 게 자신의 성을 알리는 것보다 더 중요하다고 여기는 게 분명하다고 생각했다. 그러나 그녀가 단순히 자신의 이름을 해석해 준 것이라는 사실을 나는 나중에야 깨달았다. 인도인들은 그녀의 성이 즈하라는 것을 들으면 그녀가 비하리족 브라만임을 즉각 알아챈다.

집안에 들어온 라다가 보잘것없는 내 살림살이를 보고 실망하고 있다는 것을 나는 눈치 챌 수 있었다. 나는 주석 접시와 컵 세트, 책상, 매트리스 사이로 폴리에스터 솜이 삐져나온 침대 겸용 소파 외에는 별로 구입한 게 없었다. 그녀가 빈손바닥을 들어 보이며 내게 '대체 어떻게 된 일이죠?' 하고 묻는 것처럼 어이없다는 표정을 지어보였다. 조긴더가 페링기를 위해 일할 거라는 말을 해 주었을 때 아마도 라다는 서구식 사치품이 그득한 실내, 아니면 최소한 텔레비전과 의자 몇 개는 갖추고 있을 것으로 상상했을지도 모른다. 싱크대에 있는 수세미 두 개 외에는 청소도구도 전혀 없었다. 훗날 조긴더가 그녀의 사촌 오빠가 아니라는 걸 알게 되긴 했지만 라다는 '사촌 오빠'의 신뢰를 받을 만한 능력 있는 여성이었다. 그들은 같은 비하르 지방 출신이라는 이유 하나만으로도 서로를 친척처럼 여겼는데, 라다가 조긴더가 자란 마을의 남자와 결혼을 했기에 더 그랬다.

라다는 부엌에 음식을 어떻게 보관해야 할지, 가구를 어떻게 배치해야 할지, 아침에 내가 뭘 먹어야 할지 등 여러 일에 대해 확고한 의견을 갖고 있었다. 무언가 질문을 해야 하는데 내가 욕실에 있을 경우에는 마치 특별히 주제넘게 나서는 친척처럼 문을 밀어 열었다. 샤워실에 커튼이 없기 때문에 내 벗은 몸이 그대로 노출되는 것에 대한 내 항의를 그녀는 아랑곳하지 않았고, 오히려 그대로 머문 채 수돗물을 받아 끼얹는 내 모습을 보고 낄낄댔다.

"당신 같은 페링기들은 목욕할 때와 음식을 먹을 때 인도인들이 어떻게 손을 사용하는지 배우기 힘들 거예요." 그녀는 이렇게 말하곤 했다.

라다는 나를 우둔하고 약간 고집 센 딸처럼 대했다. 인도인 고용주라면 아무도 그런 태도를 참고 견디지 않았을 것이다. 하지만 나는 그녀의 두목 같은 태도에서 편안하고 어머니다운 느낌을 받았다. 때때로 나는 너무나 다른 문화에 적응하느라 겪는 어려움들을 그녀에게 털어놓을 수 있을 정도로 힌디어를 잘 하면 좋을 텐데 하는 생각을 했다. 그렇진 않겠지만 라다가 내가 겪는 외로움을 어느 정도 이해하고 있다고 믿고 싶었다. 그녀 또한 내가 편안한 생활을 하도록 해 주겠다는 책임감을 느꼈다.

고약한 수인성 박테리아에 감염된 후 열을 식히려고 시멘트 바닥에 누워 있는 나를 발견한 사람은 라다였다. 나는 이틀간 꼬박 앓았고 라다가 일으켜 앉혔을 때 내 몸은 너무나 허약해 후들후들 떨렸다. 그녀는 소금과 설탕을 넣은 레몬수를 내 입에 부어 넣었다. 한 친구는 그런 레몬수를 '인도 슬럼 토닉'이라고 불렀는데 결핍된 소금과 미네랄을 값싸게 보충하는 방법이기 때문이었다.

얼마 후에 조긴더가 나를 내려다보며 뭐라고 재빠른 힌디어로 말하는 걸로 보아 라다가 그에게 내가 아프다는 말을 한 게 분명했다. 내가 요점을 파악할 때까지 그는 여러 번 반복해 말했다. 내 수도꼭지로 여과되지 않은 도시의 물을 공급하는 지붕 위 물탱크에 문제가 있다는 거였다. 물탱크 뚜껑이 바람에 날려갔는데 근처에 살던 까마귀 한 마리가 그곳에 빠졌다. 나는 며칠 동안 까마귀 썩은 물을 먹은 것이었다. 내가 갖고 있는 여과장치는 죽은 새의 몸에서부터 나온 박테리아를 정복할 정도로 기능이 우수하지 못했다. 한참 후 동네 배관공들이 도착했다. 그들은 지붕으로 올라가 탱크에서 죽은 까마귀를 치웠다. 회복된 후 나는 직접 그곳으로 올라가 옷걸이 철사로 입구를 완전히 봉했다.

조긴더는 라다에게 한 달에 20달러를 지불하라고 제안했다. 매일 세 시간씩 힘들게 하는 육체노동에 대해 너무나 충격적일 정도로 적은 비용이었다. 라다가 실내 청소부, 배달꾼, 도비, 말리의 일을 몽땅 다 맡아서 할 뿐만 아니라 자신은 그녀의 친척뻘 되는 사람인데도 조긴더는 현재 통용되는 액수보다 많이 주지 말라고 강조했다. 조긴더는 시장 경제에 대해 날카로운 안목을 갖고 있었다. 과분한 보수는 이웃의 다른 가정부들의 임금 질서를 뒤흔들어 놓게 된다고 지적했다. 그는 라다가 델리의 가정부 체계 내에서 꽤 낮은 급에 속한다고 했다. 그녀는 인도식 가정부에 불과하고 영어도 못하고 서양 음식도 요리할 줄 모르고, 비인도인 고용주들의 기대나 생활습관을 이해하지 못한다는 것이었다.

라다는 세탁기 같은 전기기구나 손잡이가 달린 대걸레 같은 훨씬 기본적인 도구도 없이 요리하고 청소하는 데 익숙했다. 그녀는 무릎과 손을 바닥에 댄 채 바닥을 쓸고 회향풀 냄새가 나는 천연 세정제와 헝겊 걸레를 사용해 바닥을 닦았다. 나는 그 천연 세정제가 그다지 효과가 있다고 생각지는 않았다. 그녀는 인도의 시골 강변에서 바위에다 세탁물을 내리치는 도비들처럼 내 옷과 침대시트를 욕실 바닥에 대고 내리친 후 양동이에 넣고 강하게 휘둘렀다.

여러 해에 걸쳐 죄의식에서 비롯된 관대함이 점점 커지면서 나는 라다에게 주는 임금을 조금씩 더 주다가 두 배까지 올리게 되었다. 내가 한 달 치 수고비를 건네면 그녀는 그 지폐를 사리 밑에 입는 블라우스인 촐리 안에다 챙겨 넣었는데, 그때는 그녀의 젠체하는 태도는 살짝 사라지곤 했다. 그렇지만 그녀에게 돈은 카스트 신분에 비하면 아무 것도 아니었다. 오래 된 사회적 계급제도의 최상위에 속한다는 것이 그녀의 자존심과 확신의 원천이었다. 나는 이제 인도인들이 스스로 직업을 선택하고, 다른 계급의 사람과 결혼한다는 글을 읽은 적이 있기 때문에 라다의 세계에서, 그리고 많은 인도인들의 세계에서 카스트 제도가 여전히 직업과 지위, 숙명을 결정한다는 사실에 충격을 받았다. 신분은 대부분의 사회적 상호작용에서 길잡이 역할을 하는 보이지 않는 손이다. 그것은 행동양식에 깊이 스며들어 있으며, 결코 타협의 대상이 아닌 규칙을 가지고 있다.

요즘 세계화 된 중산층은 카스트제도에 대해 당혹스러워한다. 어린이 결혼이나 효율성이 떨어지는 관료제처럼 그것은 시대에 뒤진 인도를 상징한다. 그러나 라다는 그것이 자신의 삶에서 가장 중요하다는 것에 대해 아무런 거리낌을 느끼지 않았다. 그녀는 가끔 나에게 브라만이 사회적 서열 가운데서 가장 높은 지위, 즉 힌두 카스트에서 최고의 계급이라는 점을 일깨워 주곤 했다. 야만적으로 '개고기를 먹는 사람들'이라고 불렸던 최하위 계급에서부터 브라만에 이르기까지 카스트 계급과 그 안에서 분화한 계급이 수천 가지나 된다. 영국인들은 '개고기

먹는 사람들'을 불가촉천민이라 불렀다. 그들이 상위 카스트 사람과 접촉하게 되면, 심지어 그림자만 접촉하더라도 상위 카스트 사람이 더럽혀진다고 생각했기 때문이다.

브라만은 전통적으로 성직자와 학자들이고, 수세기 동안 교육은 그들의 독점적인 권리였다.

옛날에 불가촉천민들은 글로 쓴 성전의 낭독을 듣는 것도 금지되어 있었다. 그들이 말하거나 심지어 듣기만 해도 어떤 성전이건 더럽혀진다고 상위 카스트 사람들은 믿었기 때문이다. 1857년 영국이 통치하게 될 때까지 이런 관행은 브라만에 의해 대대로 이어져 왔다. 오늘날에도 상위 카스트는 여전히 전문직 세계를 압도적으로 지배하고, 2억 명이나 되는 불가촉천민들은 가난, 영양실조, 문맹 상태에 놓여 있다. 인도에 예외 없는 규칙은 없다는 말을 증명이라도 하듯이 나의 가정부 같은 사람, 다시 말해 슬럼에 살며 하위 계층이 전통적으로 맡아 해 온 일인 방 청소를 하는 완전히 까막눈 브라만도 있다.

다른 사람의 집을 청소한다는 것은 자신의 계급보다 하위의 사람이 하는 일이라는 것을 라다는 고통스럽지만 알고 있었다. 그녀는 일의 종류에 양보할 수 없는 선을 그어 그 치욕을 보완하고자 했다. 쓰레기를 밖에 내가는 일이나 화장실 청소, 계단이나 입구 홀, 길거리 등의 바깥 청소 같은 일은 용납할 수 없는 일이었다. 동물을 다루는 일도 그 범위 밖이라는 것을 나는 알게 됐다. 힌두교에서 동물의 서열 최상위는 소인데 비폭력과 모성, 관대함의 상징으로 숭배한다. 간디는 소를 '동정同情의 시詩'라고 지칭했다. 그 다음 서열에는 말, 뱀, 원숭이가 있다. 고대 힌두 경전에서 고양이는 종교적인 위선자로 나온다. 쥐의 서열도 높은데, 코끼리 머리를 가진 힘센 신 가네쉬가 쥐를 타는 모습이 가끔 묘사되기도 한다.

도시의 교육받은 인도인들은 신분 수직상승의 상징으로 순종 혈통의 개를 애완용으로 기르기 시작했지만 고양이는 그런 혜택을 받지 못하고 있다. 델리에서 내가 본 고양이들은 험악한 표정으로 골목길을 배회하다 문지기들에게 발길질을 당했다.

새 생활에 잘 정착하려는 마음에 나는 델리에서 학대받는 고양이를 입양하려고 동물보호소를 찾아보았다. 가장 가까운 보호소는 가우샤울라였는데 델리의 길거리에 버려져 병든 채 죽어가는 소들을 보호하는 곳이었다. 소 도살은 인도의 대부분 지역에서 금지되어 있고, 소가 잘못돼 죽게 되면 격렬한 소동을 야기할 수도 있다. 소가 길을 막고 있으면 운전자는 차에서 내려 아주 조심스럽게 그 동물을 옆으로 옮겨야 한다. 그렇지만 신성한 존재에 걸맞은 대우를 항상 받는 것은 아니다. 우유를 짤 수 있는 동안에 도시의 소들은 유제품 공급을 위해 보살핌을 받지만 나이 들어 젖이 마르면 소 주인들은 소를 버린다. 그런 소들은 흙투성이가 된 채 쓰레기를 뒤지며 길을 헤맨다. 가우샤울라의 수의사는 이런 나이든 소들은 쓰레기 속에 있는 비닐봉지를 너무 많이 삼킨 나머지 위가 파열되는 경우도 있다고 했다.

그 여자 수의사는 내가 고양이를 데려다 기르고 싶다고 말하자 이상하다는 표정을 지었으나 마지못해 한 소년을 지붕으로 올려 보내며 호의를 베풀었다. 지붕에서 고양이들을 본 적이 있다고 그녀는 말했다. 소년은 눈빛이 야생 그대로인 오렌지색 얼룩고양이 한 마리를 움켜잡고 돌아왔다. 온 몸에 이와 벌레가 들끓고, 귀에는 시커멓게 먼지가 묻어 있었다. 나는 고양이를 집에 데려와 세 번 목욕을 시켜 주었다. 라다가 들어오자 새끼고양이는 바닥 위에 놓인 쿠션 위에서 귀엽게 몸을 오그렸다. 그런데 라다는 지나칠 정도로 공포를 느끼며 뒤로 물러났다. 내가 간신히 터져 나오는 웃음을 참아야 할 만큼 겁을 냈다. 그녀는 집에서 기르는 고양이를 본 적이 없었다. 그녀 눈에는 집밖으로 쫓아내야 하는 더러운 쥐를 집안에 들여놓은 것이나 마찬가지였다. 라다 같은 브라만에게 동물은 영적으로 불결한 존재였다.

수의사가 길에서 발견한 새끼고양이 한 마리를 또 집에 가져오자 라다는 자신에 대한 인격적인 모독으로 받아들였다. 나는 간신히 그녀를 달랬다. 미국에 있는 집에서 나는 고양이와 함께 성장했고, 고양이는 아주 깔끔하다는 말을 해 주었다. 페링기의 순진한 말에 라다는 이렇게 답했다. "오오, 바그완, 디디. 당신은 모르지만 나는 압니다. 인도 사람은 아무도 이런 더러운 생명을 집안에 들이지 않습니다."

내가 델리에서 유일하게 찾아낸 고양이 배변상자는 인도 정부의 애매한 애완동물 관세제도 아래에서 고액의 관세를 물고 수입된 것이었다. 그래서 나는 근처 공사장에서 퍼온 더러운 모래를 상자에 담아 배변상자를 직접 만들었다. 배변상자는 테라스 바깥에 내놓았지만 라다의 분노를 막지는 못했다. 그녀는 배신감으로 눈빛이 어두워졌고 나의 불안정한 힌디어는 뒤죽박죽이 되었다. 그녀가 그만두고 나가 버릴까 겁이 난 나는 배변상자는 내가 청소할 것이고 그녀는 배변상자를 만질 필요가 없다고 안심시켜 주었다.

쓰레기를 처리하는 일은 새로운 문제를 일으켰다. 내가 사용한 고양이 배설물을 동네 쓰레기장으로 들고 가기 시작한 지 며칠 만에 조긴더가 층계를 올라오는 소리가 들렸다.

"왜 당신이 이 일을 합니까, 마담." 그의 호통소리는 실망감 때문에 기운이 빠져 있었다.

이웃사람들이 정신 빠진 외국 여자가 고양이 배설물을 쓰레기장으로 들고 다니는 것을 웃음거리로 삼은 게 분명했다. "쓰레기 치우기는 점잖은 일이 아닙니다, 디디. 특정한 사람들만 그걸 만져야 해요."

인도 카스트 제도의 복잡한 규율이나 쓰레기 치우는 문제를 언제나 이해하게 될까 하며 나는 한숨을 쉬었다. 인도인들은 그런 문제들을 솔직하게 대놓고 토론하는 일이 드물다. 그렇지만 건물 관리인은 내 행동을 바로잡아야 한다고 생각했다. 그는 팔짱을 끼고 문에 기대 선 채 오전의 몇 분을 할애해 인도 도시에서 쓰레기 다루는 복잡한 제도에 관해 설명했다. 시는 보도 위의 쓰레기통을 수거해 가지 않으며 그래서 인도의 하위 카스트에게 그 일을 맡긴다고 그는 말했다. 델리에서 다른 많은 일들이 그렇듯이 도시 빈민은 시가 해내지 못하는 일을 마무리하는 데 유용하게 쓰인다.

"마담, 쓰레기는 청소부 카스트가 할 일이고, 이제 아무 문제없습니다! 내가 다 조정해 놓았습니다."

그런 식으로 나는 카스트 제도의 적극적인 후원자가 되고 말았다. 불가촉천민 고용원에게 한 달에 1달러 남짓을 주고 집안의 가장 더러운 일을 시키기로 동의

함으로써 나는 암암리에 나나 브라만 가정부가 그런 일을 하기에는 너무 신분이 높다고 인정한 셈이 되었다. 나는 인도에 적응하려면 인도식 생활방식을 따라야만 한다고 스스로에게 깨우치며 마음을 편히 가지려고 했다.

쓰레기 수거인이 초인종을 누르면 나는 인도의 전통에 뿌리 깊게 젖어 있는 또 다른 사람의 눈앞에서 너무 품위가 있어 보이지 않도록 주의하고 팔꿈치를 고정한 채 머뭇거리며 인사를 했다. 나는 라다가 하위 카스트 여성을 복도에서 마주치면 쉬이 하며 쫓는 것을 여러 번 보았다. 라다의 태도는 마치 내 고양이들을 대하는 태도 같았다. 그러나 이 불가촉천민은 자기 직업의 도구인 비닐봉지를 내밀며 자기소개를 할 때 함빡 웃음을 지었다. 마니시는 수세기는 계속된 듯한 영양실조로 앙상했다. 그렇게 여윈 몸은 인도에 오기 전에는 한 번도 본 적이 없다. 그녀의 살와르 카미즈는 지저분하고 구겨져 있었다. 인도의 도처에 있는 다림질 왈라는 석탄불을 넣는 구식 다리미로 옷 한 벌을 다려주고 고작 미화 2센트에 해당되는 1루피밖에 안 받기 때문에 그런 구겨진 옷은 바닥 계층의 사람임이 분명한 옷차림이었다. 마니시는 발가락에 반지들을, 팔꿈치 바로 위에는 금속 팔찌들을 하고 있었는데 그것은 결혼한 여자라는 표시였다. 그녀가 쓰레기를 수거하느라 이 방 저 방 드나들 때 그녀의 팔에서 팔찌들이 딸그락거렸다. 부끄러움이나 분노를 나타내는 법 없이 그녀는 웅크리고 앉아 맨손으로 모래를 훑어 고양이 똥을 비닐봉지에 담았다.

마니시의 남편은 아내를 때리는 술주정뱅이이고, 마니시가 대여섯 집의 쓰레기 수거, 화장실 청소, 실내 바닥 청소를 해서 남편과 두 아들을 부양한다고 조긴더가 나중에 말해 주었다. 교육을 받지 못한 불가촉천민이 할 수 있는 일은 제한돼 있다. 그들에게 부엌일을 맡기는 가정은 많지 않다. 우리 집에 고용된 두 사람은 카스트의 양극단을 대표했고, 그들이 부엌에서 웅크리고 앉아 남의 일을 수군거리고 있을 때조차도 계급의 차이는 분명히 나타났다. 한번은 라다가 마니시에게 낮은 목소리로 불가촉천민으로 사람의 배설물을 치우는 하위 계급인 발미키 출신이냐고 묻는 게 들렸다. 마니시는 자기네 가족이 대대로 쓰레기를 치워왔다고 상냥하게 인정했다.

어느새 나는 마니시가 오전에 초인종 누르는 것을 기다리게 되었다. 나는 잡담을 나누려고 문간에서 시간을 끌곤 했다. 내 힌디어가 나아지기 전인데도 그녀와의 대화는 힘들지 않았다. 그녀가 늘 똑같은 내용을 말했기 때문이었다. "디디, 고양이들 잘 있나요? 까만 고양이 아직도 아파요?" 때때로 마니시는 고양이가 가르랑거리면 겁먹은 듯 킥킥 웃으면서 고양이를 쓰다듬어 주기도 했지만 라다는 절대로 고양이 가까이 오지 않았다. 라다에게 고양이들은 항상 공포라는 뜻의 힌디어인 '샤이-탄'이었다. 그 말은 영어단어 사탄처럼 들려 나는 웃음이 나왔다. 내가 힌두교 파괴의 여신 이름을 따 칼리라고 부르는 검은 고양이가 라다의 사리 가까이 살금살금 다가가자 라다는 빗자루를 심술궂게 휘둘렀다.

나는 우리집 가정부들에게 벤저민 이야기를 어떻게 해야 할지 전략을 짜느라 애를 먹었다. 그는 델리 행 비행기표를 샀으며 나와 석 달 간 함께 지내러 오겠다는 이메일을 보내왔다. 나는 집안일을 하는 사람들이 나를 보이프렌드가 있는 여자로 보지 않도록 분명히 해둬야 했다. 그래서 나는 유용한 힌디어를 다시 생각해 냈다. "메흐레 파티 아웅기."(내 남편이 오고 있어요)

"와, 디디! 우리는 당신이 결혼한 줄 몰랐어요. 라다 디디, 당신은 알고 있었나요?" 마니시는 비뚤어진 치아를 드러내며 소리쳤다.

"아니 몰랐어요, 디디가 나한테도 말해주지 않았어요!" 나는 라다에게 몸을 돌리며 최대한 결백한 모습을 유지하려 애썼다. 그녀는 워낙 빈틈없이 예민한 사람이라 내 거짓을 눈치 챈다 해도 조금도 놀랄 일이 아니었다. 그런데 그녀는 그저 기뻐하기만 했다. 아마 나의 신분을 규정하기가 쉬워지기 때문일 거라고 나는 생각했다. 이제 나는 그냥 혼자 사는 여자가 아니라 인지할 수 있는 기본 요소를 지닌 기혼녀 클럽의 일원이 된 것이다.

며칠도 안 돼 우리 집 가정부들은 페링기 여사에게 파티가 있다는 말을 이웃에 퍼뜨렸다. 며칠 후 내가 니자무딘 시장을 지나갈 때 마마자국이 있는 전기기사가 자기 가게에서 머리를 끄덕이는 인사를 하는 바람에 나는 깜짝 놀랐다. 그 가게 앞을 매일 지나다녔지만 전에는 한번도 아는 체를 한 적이 없었기 때문이다. 그 주가 다 갈 무렵 재봉사와 그의 쌍둥이 형제가 깍듯한 어투로 '나마스테' 하고 인사를 했을 때 나는 어떤 이유에선지 의기양양한 기분이 들었다. 이웃 사람들이 나를 받아들이기 시작함에 따라 나도 이들과 잘 어울리자고 스스로에게 다짐했다. 테라스에서 아침마다 나는 냄새들은 내가 각 냄새의 차이를 인정하려고 노력하면 그다지 견디지 못할 정도는 아니었다. 집집마다 부엌에서 굽는 차파티, 상점 전면의 신전에서 태우는 향, 하수구에서 풍겨오는 시큼한 공기 등 각양각색이었다. 사람들이 빤히 쳐다보는 것도 내가 상관하지 않기로 마음만 먹으면 쉽게 무시하고 넘길 수 있었다.

자그마한 새로운 일들이 매력으로 다가왔다. 신문배달 소년들은 새벽에 길게 줄을 지어 빈 거리에 쭈그리고 앉아 신문을 지역별로 분류했다. 그 지역 택시 정거장에서 내가 제일 좋아하는 운전기사인 K.K.는 V-V-V-VIP가 통과하기 때문에 길이 통제되고 있다고 나에게 알려줄 때 백미러를 통해 눈을 깜박였다. 장관 같은 매우 중요한 요인인 VIP를 묘사할 때 그는 인도 특유의 영어 표현으로 매우very를 세 번이나 앞에 붙인다. 차 지붕에서 붉은 경광등이 매우 중요한 일인양 깜빡거리며 장관이 탄 볼 품 없는 흰색 앰배서더 자동차가 지나가도록 기다리는 동안 그는 운전석에, 나는 뒷좌석에 앉아 깔깔 웃었다. 나는 다림질 왈라가 뜨거운 석탄이 든 다리미로 구김살 하나 남기지 않고 내 옷을 다려 주는 그 정성을 사랑했다. 다림질 왈라의 딸이 다림질 된 옷을 반듯하게 개어 배달해 오면 그 옷들에서는 약간 자극적인 냄새가 풍겼다. 이들과 어울리기 위해 좋은 아내 역을 연기해야 할 필요가 있다면 기꺼이 그렇게 할 생각이었다. 나는 인도에서 소규모 가족인 두 마리의 동네 고양이, 두 명의 가정부, 그리고 자신이 고른 도시에 대해 매우 실제적인 권리가 있다고 자칭하는 한명의 가짜 아내가 기다리고 있다는 편지를 벤저민에게 썼다.

제3장

정숙한 처녀와 용감한 청년

인도 영화들은 해피엔드의 달콤하고 감상적인 멜로드라마, 노래,
호화로운 구경거리를 통해 즐기도록 만들어진 구식 교훈극이다.
선은 항상 승리하고 악은 항상 악랄하다.

    손에 자동차 열쇠가 매달려 있는 게 눈에 띄었다. 델리에서는 여성이 운전하는
모습을 거의 볼 수 없다. 여성들은 남자 친척들이 사무실까지 태워다 주거나 집
안에 고용된 운전기사가 시내를 태우고 다닌다. 나의 새 이웃 지타 쇼우리는 현
대적인 여성인 모던 걸이었다. 그 말이 때로는 경멸적인 뜻으로 쓰이긴 하지만
나에게는 희망의 징후였다. 갈색 머리칼은 멋지게 부분 염색을 했고, 길게 층이
지게 자른 형태로 손질되어 있었다. 그녀의 살와르 카미즈는 가정주부가 연상되
는 볼품없는 형태가 아니라 대학생이나 전문직 여성들이 좋아하는 몸에 꼭 맞
고, 허벅지까지 내려오는 길이의 튜닉과 몸에 딱 달라붙는 레깅스였다.

    그녀는 나무 수레를 끌고 '사브지이!' (채소요!) 하고 외치고 다니며 동네에서 야
채를 파는 채소 왈라 람과 어수룩하게 흥정하는 내 모습을 보더니 골목길에 들
어서다 말고 동정어린 미소를 내게 던졌다. 일주일에 몇 차례씩 짙은 빨간색 당
근과 뉴욕 지하철에서 피부가 우툴두툴하게 된 여인을 본 적이 있어 속으로 '피

부병 채소'라고 부르는 표면이 우툴두툴한 호박을 사는데 람이 내게 바가지를 씌우는 게 분명했다.

아침마다 수레 주위에 모여드는 이웃집 주부들은 람이 제시하는 첫 번째 가격 대로 사는 적이 없었다. 가끔 그들은 불만의 표시로 수레에다 야채를 도로 던져 넣곤 했다. 내가 그들처럼 하려 하자 람은 별로 남는 게 없다고 크게 몸짓을 해 보이며 기껏 1~2루피 정도만 깎아 주곤 했다. 그가 가격을 부풀렸다 해도 뉴욕에서 토마토를 살 때 지불한 가격의 몇 분의 1도 안 되기 때문에 나는 늘 양보했다. 그의 이마에 솟아난 종기에서 눈길을 뗄 수 없어서 나는 흥정을 오래 끌지 못했다. 만일 종기의 고름이 야채로 떨어진다면 야채를 소독해서 먹어야 할까? 내가 종기를 눈여겨본다는 걸 눈치 채지는 않을까? 다른 여자들은 어떻게 세 번째 눈같이 보이는 그의 곪은 종기를 아무렇지 않게 무시할 수 있는지 나는 이해할 수 없었다. 그들은 값을 깎는 데에 목숨이라도 건 듯이 흥정을 했고, 같은 값을 주고도 나보다 훨씬 많은 야채를 들고 갔다.

"그 토마토에 얼마를 달라고 하나요?" 다른 사람의 문제에 쉽게 끼어들곤 하는 인도인 특유의 편안한 태도로 지타가 물었다. 그녀는 부끄러운 듯 살짝 미소를 지었는데 보조개가 볼에 파여 원래 나이가 많지 않았지만 훨씬 더 어려 보였다. 20대 후반이 아닐까 나는 짐작했지만 그녀는 몸집이 자그마해서 대학생으로 통할 수도 있어 보였다.

"실례합니다만 도움이 좀 필요하신 것 같아서요."

지타는 상대방도 따라 미소 짓게 만드는 미소를 타고난 여자였다. 그러나 람이 얼마를 달라고 했는지 말하자 달콤한 미소는 그녀의 얼굴에서 싹 사라졌다.

"당신이 외국인이라 돈을 많이 받을 수 있다고 생각하나 봐요. 우리나라 이미지가 나빠지는 하나의 원인이지요. 제가 바로잡겠습니다."

그녀의 영어는 유창했지만 어색한 인도식 영어 표현이 끼어 있어 약간 딱딱하게 들렸다. 직장에서나 친구들과는 힌디어를 쓰는 모양이었다. 그녀는 냉정한 태도로 람에게 몸을 돌렸다. 한순간 그에게 미안한 생각이 들었다. 수개월 동안 내게 바가지를 씌웠다 해도 그 부당한 돈은 전부 합쳐봐야 15달러도 안 될 것이다. 슬럼가에서 온 대부분의 사람들처럼 야채장수는 영국 속어처럼 '운을 바꿔보려고 위험한 짓을 해 본 것'일 뿐이었다. 델리에서는 자신이 받을 수 있는 액수만큼 값을 올려 부른다. 가격을 비교할 수 있게 정찰제를 시행하는 연쇄점이 거의 없다. 그때그때 특별나게 벌어지는 상거래에서 상품과 서비스의 가치는 다른 어떤 것보다도 다른 사람을 앞질러 몰아대는 힘에 의해 결정되기 때문에 파악하기가 힘들다.

훌륭한 거래인처럼 지타는 흥분하지 않고도 화가 난 태도를 가장하는 법을 알고 있었다. 람 또한 당연한 분노를 나타내며 가능한 한 오래 시간을 끌며 자기 입장을 밝혔다. 그들은 자기네가 결국에는 타협을 할 것이고, 그 가운데 한명은 몇 루피를 제대로 된 방향으로 바로잡았다고 느끼며 떠나가게 될 것임을 알고 있었다. 이번의 승자는 지타였다. 몇 분이 흐른 후 지타는 의기양양하게 몸을 돌려 다시 한 번 상대를 무장해제시키는 미소를 던졌다.

"32루피만 주면 돼요. 두 배로 받으려 했더군요."

그녀는 일하러 가야 한다면서 골목길 끝에 주차된 인도제 소형 자동차 쪽으로 서둘러 갔다. 람은 가격이 깎인 채소를 나에게 건넸고 그의 이마에 난 종기는 화난 듯 고동쳤다.

며칠 후 나는 감사의 뜻을 전하러 그녀의 집으로 갔다. 정식으로 인사를 나누고 만난 사이는 아니지만 그녀가 누군지 이웃에 관한 나의 정보통인 조긴더를 통해 알고 있었다. 그는 지타가 나니마와 함께 방금 이사 왔다고 말했다. 내 아래층에 사는 사람들은 그 나이 많은 부인을 공손하게 그렇게 불렀다. 문은 조금 열려 있었다. 내가 문을 밀자 소변 냄새가 확 끼쳤다. 저녁의 희미한 빛 아래서도 바로 위층의 내가 사는 바르사티보다 실내 설계가 더 나쁘다는 걸 알 수 있었다.

"안녕하세요? 지타 계신가요?"

"아, 야단났네! 지타는 아직 안 왔어요. 가정부도 없어요. 다 가 버렸어요. 내 자식들까지 날 버렸어요. 그리고 나는 굶어죽어 가고 있어요!" 소파 쪽에서 신파극조로 악을 쓰는 소리가 들려왔다.

이 신파조에 나는 웃음이 나왔다. 왜냐하면 그 여인이 이디스 할머니에게 친숙했을 영국 식민지 시대의 학교에서 쓰는 기이한 악센트로 말을 했기 때문이었다. 또한 그녀가 영양실조로 죽어가는 사람 같아 보이지는 않기 때문이기도 했다.

"나니마, 뭘 좀 갖다드릴까요? 토스트는 어때요?"

"그래 줄래요, 비티." 아이를 다정하게 부르는 말투로 나를 부르며 그녀는 말했다.

나는 위층의 내 거처로 올라와 몇몇 가지를 챙겼다. 나는 옥외의 부엌에서 거의 요리를 하지 않았다. 벌레가 들어오기도 하고 전기 기구가 없기 때문이었다. 나는 자그마한 히터를 토스터 대용으로 활용하고 있었다. 그것은 인도제 프라이팬보다 토스트를 더 잘 만들어냈다. 얇게 썬 흰 빵에 버터와 동네가게에서 잼이라고 하기는 하는데 과일 성분이 전혀 없는 붉은 색 잼을 발라 영국-인도식 토스트를 만들어 한 접시 담아가니 늙은 부인은 환하게 웃으며 나를 반겼다.

"내가 토스트를 얼마나 좋아하는지. 이 멋진 버터 바른 영국식 토스트…"

지타의 구두소리가 들리자 그녀는 얼어붙었다.

"나니마, 이웃 분한테 음식을 가져오게 하셨나요? 토스트를 드시면 안 된다는 것 아시잖아요." 지타는 두 손을 허리에 얹고 있었지만 얼굴에 크게 내색은 하지 않았다.

나니마는 약간 무안한 표정을 지었지만 지타가 토스트를 빼앗아가지 않으리라는 것을 알아채자 다시 맛있게 먹기 시작했다. 나니마는 당뇨병 환자인데 항상 식사규정을 어긴다고 지타는 속상한 듯 말했다.

"돌보시는 게 꽤나 벅찬 일이겠어요." 내가 위로의 말을 했다.

지타는 얼굴을 찡그렸다.

"실상은 내 일이 아니랍니다. 오늘 비번이지만 전임 가정부가 있어요. 그렇지만 힘든 일이예요. 나니마의 자녀들이 근본적으로 여기다 어머니를 방치한 거예요. 돈을 보내오지만 그게 다입니다. 나니마는 모든 일을 나한테 의존해요."

나는 나니마가 지타의 친척이리라고 생각했는데 사실은 그녀 집안과 가까운 사람의 할머니였다. 지타는 자기 어머니가 혼자 거처를 얻게 허락하지 않아서 나니마와 함께 이곳으로 이사 온 것이었다. 나도 잘 알고 있듯이 혼자 사는 여자에게는 '남자친구 있는 여자'와 거의 마찬가지 수준의 낙인이 따라다닌다. 그렇더라도 나니마와 함께 산다는 것은 너무 무모한 방법이었다. 그런 선택은 지타로부터 델리에서 누릴 수 있는 삶을 박탈하는 게 분명했다. 노부인은 정서적으로 너무나 불안정해서 지타가 저녁에 한두 시간 이상 외출하면 소리 내어 울거나 소파 여기저기에다 소변을 보기도 했다. 나는 지타의 어머니가 딸의 외출을 막아 보려고 이런 상황도 계산에 넣은 게 아닐까 하는 생각까지 들었다.

지타는 나보다 3년 먼저 델리로 옮겨왔다. 그 전에는 고향인 인도 북부 펀자브주에 있는 작은 도시 파티알라를 거의 떠난 적이 없었다. 공공병원의 의사인 그녀의 아버지는 진보적인 사람이었다. 그는 지타에게 대학에 가라고 열심히 권했고, 델리로 가는 것과 졸업 후 홍보회사에 취업하는 것에도 찬성했다. 아마도 대부분의 다른 가족들은 20대의 딸이 다른 도시로 떠나 혼자 사는 것을 허락하지 않을 것이다.

"아버지가 나를 버릇없게 길렀어요. 아버지는 항상 나를 펀자브의 공주님이라고 불렀어요. 사실 그렇기도 했어요. 인도에서는 매우 드문 일인데 나는 무남독녀예요…아무래도 내 멋대로 구는 게 버릇이 됐나 봐요."

그녀는 남의 눈을 개의치 않고 살짝 웃어 보였다. 그러고는 부모님이 델리에서 2년만 지내도록 허락했다고 덧붙였다. 결혼을 위해 파티알라로 돌아오라고 부모님이 정한 최종 기한은 이미 오래 전에 지난 상태였다. 그녀의 웃음은 끝머리에서 살짝 약해졌는데 기운차고 태평해 보이는 겉모습과는 다른 무엇이 있는 게 분명했다. 그녀는 가족을 그리워하고, 집에서 지내는 안락함과 편안함뿐만 아니라, 자신이 관습에 맞게 바르게 살고 있다는 인정도 받고 싶어 하는 것 같았다. 나는 그녀가 독립적인 도시 여성으로서의 정체성을 굉장히 강조하려는 것에 감명을 받았다.

나도 그녀의 생각에 공감이 갔다. 델리에서 나는 평생 처음으로 완전하게 자유로웠다. 직장 상사, 친구, 가족, 심지어 남자친구와 드문드문 만나는 일도 없었다. 이제 더 이상 스케줄에 얽매이지 않았다. 일하는 곳의 에디터에게 취재 아이디어에 관해 간단히 말하고는 취재여행을 떠났다. 내가 이틀을 나가 있든, 열흘 동안 취재를 하던 아무도 상관하지 않았다. 나는 글 쓸 아이디어를 찾기 위해 통역과 함께 이 마을 저 마을 돌아다니다 그중 한 마을에 며칠씩 머물며 기사를 썼다. 그리고 시외버스를 타고 움직였으며, 힌두교 사원이 있는 지역의 값싼 게스트하우스에서 머물며 여행을 계속했다. 나는 우리 가족이 내게서 바라는 유형의 인물이 되도록 나를 뜯어고칠 수 있으리라는 생각에서 인도로 왔다. 즉 용감한 모험가이자 문화의 기록자가 되고 싶었던 것이다. 나는 '아웃 오브 아프리카'의 주인공인 덴마크 작가 아이작 디네센이 묘사했듯이 낭만적인 방식으로 해외이주자의 삶을 포용하리라 예상했다. "여기서 마침내 모든 인습에 대해 조금도 개의치 않는 상태가 되었다. 전에는 꿈에서나 찾을 수 있었던 새로운 종류의 자유였다."

물론 늘 자유로운 것은 아니었다. 가끔 침대 위에서 맴도는 모기처럼 내가 공중에 붕 떠 있는 것 같은 느낌이 들었다. 이제는 전에 나 자신의 특성을 규정해주던 친구, 일, 활동 같은 외적인 것들에 둘러싸여 있지 않았기 때문에 삶이 마치 정지된 것 같았다. 불과 몇 달 전 뉴욕에서, 퇴근 후 요가교실로 서둘러 가거나 친구들과의 저녁모임에 끊임없이 지각을 하는가 하면, 꾸벅꾸벅 졸면서 지하철을 타고 집으로 돌아오던 생활 속에서 감당할 수 없을 정도로 바쁘다고 느꼈던 일이 생각났다. 이제는 시간을 채우는 게 힘들었다. 취재와 기사 작성만으로는 부족했다. 낯선 사람을 인터뷰하는 일은 사람들과의 교감이 필요한 나를 거의 충족시키지 못했다. 인도에서 나는 아무도 자신의 존재를 몰라주는 기괴한 백인 유령이었다.

자신에 대해 회의가 들자 나는 이 차분하지 못하고 들뜨는 경향은 타고난 유전이라고 스스로를 타일렀다. 숙명적인 것이라고 생각하니 좀 위안이 되었다. 수지 이모는 늘 정상적인 생각을 거부했고 똑바로 난 길을 택하려고 하지 않았다. 이모는 어렸을 때 오페라 가수로 키우려는 아버지에게 반항했고, 20대와 30대의 많은 시간을 유럽을 여행하며 지냈다. 내 어릴 적 공상 속에서 이모는 멋지게 위로 빗어 올린 머리를 하고, 얇고 고운 천으로 된 드레스를 입고는 무대를 휘어잡는 빛나는 메조소프라노였다. 수지 이모는 공연하던 때의 힘든 일을 내게 가끔 말해 줬다. 연달아 몇 개월씩 여행을 하고 나면 다음 공연을 위해 준비해야 하고, 무대 위에서 성공하기 위해 스스로를 단련해야 하는 오페라 가수로 여러 해 활동하고 나자 스트레스는 그녀가 감당하기 힘들 정도가 됐다. 그녀는 열 살 때 이래로 자신이 오페라 가수가 되기 위해 태어났다고 믿었지만 마흔이 될 무렵, 그것이 단지 강요된 이미지일지 모른다는 것을 깨닫기 시작했다.

나는 자신이 누구인지 풀어나가기 시작한 수지 이모의 그 다음 인생을 되새겨 보는 게 늘 좋았다. 그녀는 런던에서 정신요법가로서 제 2의 진로를 잡았는데 암에 걸리는 바람에 변화가 왔다. 회복된 후 이모는 3주 동안 대체요법 치료사들과 함께 하와이로 여행을 갔다. 그리고 그것은 수년간에 걸친 모험여행의 오디세이로 이어졌다. 런던 집을 팔고 아끼던 애견을 남에게 주어 버리고 정신요법가로서의 치료업무도 포기한 후 예의 바른 영국인 이모는 완전히 격에 맞지 않게 행동하기 시작했다. 오토바이 폭주족인 남자친구 일행을 따라 애리조나주 유마에서 할리 데이비슨 오토바이를 타고 총질을 해댔다. 소매틱 명상수련을 하고 서부에 있는 제과점에서 케이크 장식 법을 배웠다. 유행에 뒤진 이름인 수전을 수재너로 바꾸었다. 이름 바꾸는 것은 내가 십대 때부터 찬성한 일이었고, 새 이름은 내가 아는 열정적이고 고상한 이모에게 훨씬 더 잘 어울렸다. 나이 오십에 이모는 산타페에서 시인과 결혼했다.

나는 무질서하고 충동적이지만 내 인생이 이모처럼 인습타파적이고 자유분방하게 될 것이라는 기대는 하지 않았다. 하지만 자신의 길을 스스로 개척하려는 수지 이모의 결의 같은 것이 나로 하여금 델리로 떠날 용기를 주었다고 나는 확신한다. 일단 인도로 오니 이모가 오페라 가수로 지낸 기간에 자신이 아는 모든 것으로부터 떨어져 유럽에서 무엇을 느꼈을지 궁금했다. 이모는 공연여행을 다니며 방향상실증 같은 것을 겪었고, 그 때문에 피아니스트와 지휘자들이 해오는 로맨틱한 제안에 쉽게 마음이 흔들리기도 했다는 말을 했다. 수지 이모는 그러한 제안들 대부분에 응하지는 않았다. 그런데도 나는 이모가 유럽에서 지낸 매혹적인 세월에 대해 나름대로 상상의 날개를 폈고, 그것은 나로 하여금 여행자에게 당연히 수반될 것 같은 해외에서의 우연한 연애를 직접 겪어 보리라는 기대에 휩싸이게 했다.

　내가 기한도 정하지 않은 채 인도에 머물기로 결심했을 때 벤저민과 나는 겨우 6개월을 함께 지냈을 뿐이었다. 나는 1년간 유효한 비행기표를 샀고, 일이 잘되면 그 이상 머물지도 모른다고 통고했다. 그를 휴대가 가능한 말끔한 보이프렌드 형태로 포장을 잘 해서 함께 데리고 가고 싶었는지도 모르겠다. 그러나 그가 내 모험여행에 따라붙지 않을 것임은 더 말할 나위도 없고, 그는 같은 도시에 살 때 두목 행세하려는 내게 쉽게 굴복하지도 않았다. 나는 그가 나를 따라오지 않을 것이고, 또한 따라와서도 안 된다는 것을 잘 알고 있었다. 내가 인도로 떠난 것은 사실 내 방식으로 나의 독립성을 주장한 것이었다.

　인도로 떠나기 며칠 전에, 우리는 헤어지지 말자는 점에 서로 동의했다. 그는 그렇다면 우리가 굳이 일부일처제를 고집하지 않는 게 더 나을 거라고 말을 넌지시 했다. 그 말에 동의를 안 해 주면 모험심이 없고, 겁쟁이 취급을 받을 것 같았다. 자유연애에 관해 실험해 보는 것 또한 여권운동 이후에 시도하는 반란처럼 느껴졌다. 사회의 기대로부터 나 자신을 분리함으로써 나 자신, 그리고 내가 맺고 있는 관계를 해방시킬 수 있고, 두 사람 모두 스스로에게 정직한 자신이 될 수 있을 거라고 나는 생각했다. 국제적인 삶을 영위하는 여성에게 있어서 여러 사람과 연예관계를 갖는 것은 자연스런 단계 같았다. 그렇지만 그런 합의는 우리 둘 다 받아들이기에 거북했다. 출발하기 전에 우리는 이 문제에 대해 한 번 더 논의했다. 그리고 만약의 경우 '그렇게 할 수 있다' 는 데 동의했지만 두 사람 모두 실제로 그런 일이 일어나리라고 진정으로 믿지는 않았다. 자유결혼처럼 상대방이 다른 사람과 연애를 해도 좋다고 인정하는 개방적인 관계는 서로에게 상처를 입힌다는 것을 나는 분명히 알고 있었다. 나는 각자 별도의 모험을 할 수 있고, 그리고 다시 합쳐질 수 있을 정도로 서로를 신뢰한다는 환상에 초점을 맞추고 싶었다.

　인도에서 나는 독립적이고, 지나친 요구를 하지 않을 것이며, 질투하지 않는다는 우리의 관계에 관한 규약을 지키겠다고 결심했다. 내가 용기 있고 강하며, 그렇지 않다면 나를 사랑하지 않았을 거라는 벤저민이 나에 대해 갖고 있는 이미지를 손상시키고 싶지 않았다. 나는 새로운 생활에 얽힌 우스운 이야기와 이국적인 일화를 그에게 이메일로 보냈고, 외롭거나 겁이 날 때는 절대로 그에게 전화를 걸지 않았다. 무덥고 활기 없는 밤에 벤저민 생각 대신 천정 한 구석에 있는 반투명 눈을 가진 도마뱀붙이들과 눈싸움을 하며 시간을 보냈다. 그것은 별로 효과적인 계책이 아니었다. 그에 대한 갈망은 불가피하게 그가 저지르고 있을지 모를 행위에 대한 가상의 질투심으로 바뀌었다. 마침내 나는 다른 남자들과 연애를 시작함으로써 한 남자만 연모하며 애를 태우는 짓을 끝내기로 결심했다. 나의 불성실함에 대해 죄의식이나 슬픈 감정이 들면 나는 우리의 합의에서 내가 지킬 부분을 따르는 것이라고 자신을 타일렀다. 내 마음 한구석에서는 보이프렌드는 그대로 유지한 채 연애는 연애대로 하는 것을 환영했다. 벤저민은 보이프렌드 이상의 존재는 아닐지 몰라도 내가 뉴욕 생활로 돌아갈 수 있는 중요한 하나의 연결고리였다.

인도에서 연애를 하는 데에는 또 다른 이유가 있었다. 왜 그런지는 아직도 명확히 모르겠지만 인도는 내가 가 본 곳 중에서 가장 열정적이고 감정이 넘치는 장소였다. 자그마한 차이 판매대에서 울려 퍼지는 매력적인 영화음악에는 무언가 묘한 분위기가 있다. 여인들의 옷은 선명한 샛노랑과 심홍색, 그리고 이루 말할 수 없이 다양한 빛깔로 빛난다. 태양빛은 만물에 내리쬐고, 10월과 11월의 축제 기간에는 활기에 찬 흥분이 넘쳐난다. 그 흥분은 결혼 시즌에도 계속되는데 모든 사람들이 밤늦도록 결혼잔치를 즐기고, 어디에나 금이 넘친다. 신부의 금장신구와 여성들이 입은 사리에 들어간 금줄 무늬가 번쩍인다. 인도인들이 자신의 어머니나 할머니, 남편에 대해 얘기할 때는 다정다감하기가 그지없다. 목소리는 갈라지고 눈에서는 눈물이 넘쳐흐른다. 인도의 일상생활에서 힌두신들은 얼마나 인간적이고 얼마나 현세적인지 깜짝 놀랄 정도였다. 시타, 라마, 라다, 크리슈나 등등 신들의 이름은 신화 속에서 짝지어 쌍을 이루고 만트라처럼 암송된다. 가슴은 터질 듯 풍만하고 몸매는 잘 다듬어져 있는 신들의 형상은 관능적이고 풍만하기까지 하다. 신의 모습은 광고판, 자동차의 계기반 위, 상점 진열장 등 곳곳에서 눈에 띄었다. 침실의 신단 앞에서 혼자 또는 사원 안에서 여럿이 함께, 여성들은 신에게 기도의 노래를 불렀는데 그 기도 내용은 간절한 기도라기보다는 사랑의 노래처럼 들린다.

> 사랑의 신은 망설이지 않아요!
> 그 분은 새처럼 자유롭고 단호해요.
> 사랑하는 구름을 향해 날아가요.
> 나는 그분이 벌이는 미칠 듯한 묘기를 기억해요.
> 내 가슴은 욕망으로 걷잡을 수 없이 타오르고.
> 두려움은 아직 찾아오지 않아요!

보이프렌드는 남몰래 비밀리에 가져야 하고 결혼한 커플조차도 길에서 손을 잡지 않는 델리에서 부적절한 관계를 추구하겠다고 한 나의 결심은 좀 아이러니한 면이 있었다. 대부분의 젊은이들이 결혼 전에는 부모님과 산다는 사실 때문에 연애는 까다롭고 복잡한 일이다. 인도에서 혼전 동거는 가장 진보적인 가족들에게서나 허용되는 일이다. 가난하기도 하고 가족생활이 너무 비좁은 공간에서 이루어지다 보니 결혼한 부부들도 서로 애무조차 하기 힘든 경우가 흔하다. 그 결과 공공장소는 연인을 위한 장소가 되었고, 해변이나 커피숍, 쇼핑몰은 매우 인기가 있다. 한 인도 관리가 쇼핑몰을 '손 잡는 안식처'라고 비난한 것은 틀린 말이 아니다. 델리의 쇼핑센터는 서로 끌어안은 십대나 부부들로 가득 차 있다. 뭄바이의 한 고가도로는 애무 장소로 악명이 높다. 어둑해지면 항상 이삼십대의 스쿠터와 오토바이가 길가에 세워져 있는데, 좌석에는 커플들이 뒤엉켜 있다. 그 도로를 내려다보는 주택의 주민들은 시당국에 음란한 광경을 단속해달라고 수시로 항의한다.

델리의 연인들이 선호하는 장소는 무성한 꽃밭이 여기저기 있고, 16세기의 기념물들이 있는 로디 가든 공원이다. 델리에 도착하고 몇 개월 뒤였는데, 잔디밭 위의 키 작은 관목들에 지나칠 정도로 눈부시게 화려한 꽃들이 피어 있는 게 보였다. 황혼의 어스름한 빛 속에서 가까이 다가가 살피던 나는 그게 꽃이 아니라 관목 위를 뒤덮은 여자의 사리라는 걸 알았다. 펼친 사리 밑에서는 잔디밭에 누운 연인들의 속삭임이 들려왔다. 나는 호기심을 억누를 수 없어 근처를 어슬렁거리다 결국 한 커플이 내가 '보이프렌드 덤불'이라고 이름붙인 한 곳에서 모습을 드러내는 것을 보았다. 남자는 먼저 일어나더니 셔츠를 청바지 속에 밀어 넣으며 조심스럽게 주위를 살폈다. 색 바랜 느낌을 주기 위해 스톤 워시 가공을 한 몸에 꼭 끼는 청바지였다. 가난한 사람들 사이에 대유행이라 내가 '슬림 컷'이 아니라 '슬럼 컷'이라고 이름 붙인 스타일이었다. 1분 후 그의 뒤로 여자가 나타났다. 옷은 다 갖춰 입었지만 머리는 헝클어진 채였다. 여자는 땅바닥을 바라보며 머리를 뒤로 넘기고 구겨진 사리를 걷어 올렸다. 그들에게는 쾌활함이 없었다. 여자의 입술에는 미소가 느껴지지 않았다. 이미 불편한 그들에게 내가 그곳에 있다는 것이 그들을 더욱 불편하게 하지 않았길 나는 바랬다. 그들의 비밀 정사 현장을 떠나 걸으면서 나는 이유를 알 수 없는 비애를 느꼈다.

내 자신이 인도에서 한 연애에는 그들과 마찬가지로 비행을 저지르고 있다는 생각과 당혹감이 뒤섞여 있었다. 나는 동료 페링기한테 빠져 지낼 때도 주위의 가정부들 뒤편으로 몰래몰래 움직였다. 겉으로는 남편에 대한 꾸며낸 이야기를 내가 속한 새로운 사회에 성공적으로 퍼트리면서 그 짓을 했다. 나는 그 꾸며낸 이야기를 망치고 싶지 않았다. 서로 잘 아는 친구를 통해 만난 젊은 기자 라피는 내가 처음으로 관계를 맺은 인도인이었다. 우리는 두 달 정도 커피와 저녁을 함께 했는데 그런 만남을 통해 내가 그의 걸프렌드 자격을 얻었다는 것을 나는 알게 되었다. 인도에서 데이트하는 것은 중학교 수준이었다. 우리는 '도사'라는 남인도식 팬케이크로 저렴한 저녁을 먹었고, 그는 나를 자신의 스쿠터에 태우고 델리의 혼잡한 교통체증을 뚫고 집에다 데려다 주었다. 그는 자신의 뒤에 어떻게 앉을지 알려주었다. 품위 있는 인도 숙녀에게는 꼴사나운 모습이니 두 다리를 벌리고 앉지 말라는 것이었다. 그곳에 두 달쯤 살다 보니 두 다리를 벌리고 남자 뒤에 앉아 스쿠터를 타는 것은 내가 보기에도 저급하게 느껴지기 시작했다. 차량의 흐름 속으로 떨어질 것 같은 겁이 나더라도 나는 두 다리를 모아 도로 쪽으로 흔들거리도록 옆으로 앉는 데 익숙해지려 노력했다.

사실은 내가 스쿠터에 어떻게 앉건 라피는 나를 품위 있는 숙녀로 생각했다.

그는 가족은 고사하고 친구들에게 내 얘기를 해 볼까 엄두조차 내 보지 못했을 것이다. 우리의 만남이 인도에서 정해진 고결한 한계를 벗어나 라피의 셋방으로 옮겨간 후에는 더욱 그랬다. 그도 역시 가족으로부터 독립해 살았다. 그는 델리에서 가장 큰 자와할랄 네루대 학교 가까이에 있는 세입자들이 몰려 사는 곳에서 창이 하나 달린 축축한 시멘트 상자 같은 방에서 지내고 있었다. 쭈그리고 앉아야 하는 변기를 사용할 때는 숨을 멈추는 것도 배웠다. 차를 올려놓고 끓일 스토브가 없어서 대학 근처의 쇼핑단지로 나가 플라스틱 컵에 차를 담아 돌아오곤 했다. 밤에는 바닥에 매트리스를 깔고 목판을 찍어 염색한 그의 시트 아래서 서로에게 애처롭게 곱송그리며 파고들었다. 그도 나만큼 가정을 그리워하며 외로울 거라고 생각했다. 그리고 관계에 관한 나의 규칙은 내가 바라는 대로 하게끔 허락했고, 이것은 내가 원하는 모험적인 삶이라고 스스로에게 말하곤 했지만, 라피는 내가 벤저민을 더욱 더 그리워하게 만들었다. 아침이 되면 나는 마치 '보이프렌드 덤불'에서 살금살금 기어 나오는 기분이었다. 시트를 재빨리 접고 방을 떠나고 싶은 마음이 간절했다.

라피는 내가 자기 집에 드나드는 것을 이웃이 볼까 봐 불안하다고 했다. 그는 나보고 스카프를 써서 페링기라는 게 드러나지 않게 하라고 제안했다. 그러면 나를 자신의 누이라고 말할 수 있기 때문이었다. 만약에 누군가가 미혼남인 그가 여자와 단 둘이서 밤을 지낸다고 고자질하면 실제로 그는 쫓겨날 수도 있었다. 그렇게 말하는 그에게 어떻게 대응해야 할지 나는 몰랐다. 얼마 후 우리는 친구로 남기로 결정했다. 나는 사람 그 자체보다 그의 생각을 더 이해하기 힘들었다. 어떤 생각을 하고 사는지 알 수 없었다. 델리에서 보낸 처음 몇 달 동안 이루어진 사람들과의 만남은 내 눈에 비현실적인 것으로 비쳤다. 나는 사람들과 만나는 데 이렇게 힘든 적이 결코 없었다.

그러는 사이에 지타를 알게 된 것이다. 우리는 가까이 산다는 것과 외롭다는 것 외에는 별 공통점이 없지만 말을 하지 않고 그저 같이 앉아 있는 것만으로도 만족스러워 보이는 인도인 가족이 생각나게 했다. 나는 친구나 가족과 함께 있을 때도 활기차고 재미있어야 하고, 미래에 대한 멋진 계획을 들려줌으로써 나 자신의 존재를 증명해 보이려고 했다. 지타와 나니마는 그런 압박감에서 나를 해방시켰다. 우리는 그저 둘러앉아 TV를 보기만 했다. 우리 히피 부모님이 어린 시절에 TV 시청을 근본적으로 금지했기 때문에 내게는 TV 시청만으로도 굉장한 호사였다.

나는 지타가 퇴근해 집으로 돌아오면 아래 층 그녀의 집으로 찾아갔다. 하루가 끝나갈 무렵에는 종종 외딴 감방 같은 생각이 드는 나의 먼지투성이 바르사티를 벗어난다는 것에 안도감을 느꼈다. 여행을 하지 않을 때에는 꼭대기 층에서 혼자 일했다. 어느 날 밤 지타는 '라시'라는 거품 많은 펀자브 지방의 밀크셰이크를 준비했다. 우리는 나니마의 소파에 자리 잡고 앉아 TV 채널을 이리저리 돌렸다. 지타가 CNN을 지나 계속 다음 채널을 눌렀다. 파키스탄 기도 채널에 근엄한 표정의 율법학자 물라가 나타나고, 인도 뉴스쇼 채널에 과장된 모습의 앵커가 나왔다.

"이 모든 걸 보세요. 내가 태어난 이래로 얼마나 많이 인도가 변했는지 놀라울 지경이라니까요." 지타는 지난 20년 동안 인도가 얼마나 많이 진보했는지 내게 인식시키는 것을 자신의 의무로 생각하는 것 같았다. 마치 변화된 인도는 더 이상 선진화 된 나라로부터 무시당하지 않을 것이라고 확신시키는 것이 자신의 본분이라도 되는 듯 보였다. 자기가 어렸을 때는 채널이 하나밖에 없었다고 했다. 1959년에 첫 TV 방송을 한 이래 국영 도다샨 네트워크가 방송전파를 독점해 왔다.

"정말 끝도 없이 정부의 테이프커팅 기념식 장면이 이어졌어요. 얼마나 따분했는지 모를 거예요." 어릴 때에는 도다샨 방송국에서 30분간 영화음악을 방영하는 수요일 저녁 기다리는 것을 삶의 보람으로 삼았다고 지타는 말했다.

대법원이 방송에 대한 정부의 독점을 위헌이라고 선언하고 민영방송 시설이 대거 출현한 것은 1995년에 이르러서였다. 내가 인도에 왔을 무렵에는 한 달에 4달러인 케이블 수신료만 내면 인도에서 사용되는 십여 종의 언어로 뉴스, 리얼리티쇼, 황금시간대의 연속극 등 수백 가지 프로그램을 시청할 수 있었다. 그러나 아무리 TV방송의 사정이 나아졌다고 해도 텔레비전은 인도 대중문화의 최선봉을 차지하는 영화를 결코 대체하지 못할 것이다. TV 보급률은 두 가구당 한 대꼴에 지나지 않지만 약 1억 2천 만 명이 매일 영화를 보러 간다. 그들이 영화를 보는 곳은 대도시의 복합영화관일 수도 있고, 건물 벽에 친 시트를 스크린 삼아 개봉영화를 보여주는 시골의 사원일 수도 있다.

인도에서 영화는 발리우드 영화를 뜻한다. 인도 영화가 처음 만들어진 곳인 봄베이를 할리우드와 결합시켜 붙인 이름으로 인도의 영화 산업을 뜻한다. 식민지 시대 잔재를 걷어내기 위해 봄베이가 뭄바이로 이름이 바뀐 뒤에도 발리우드라는 이름은 그대로 남아 매년 영화를 2백편 넘게 찍어낸다. 인도 영화는 편당 할리우드 영화 평균가격의 6분의 1에 지나지 않는 1백만 달러 미만의 제작비를 들여 만들어진다. 대중적이고 노래가 끝없이 흘러나오며, 감정이 풍부하게 실리는 발리우드 영화는 흔히 세 시간이 넘을 정도로 길다. 그래서 영화마다 중간 휴식 시간이 있고, 그 동안에 극장 매점은 채식 버거인 사모사와 캐러멜 팝콘 같은 '미국 간식'을 팔아 큰돈을 번다.

영화 사운드트랙은 발리우드 최고의 홍보 수단이다. 큰 영화사의 개봉에 앞서 몇 주 동안 영화음악 뮤직비디오가 TV 채널들을 점령한다. 그 노래들은 보이지 않는 한 무리의 녹음 전문 가수들에 의해 녹음되며, 그 노래를 립싱크하는 배우들과 영구히 관련을 맺게 된다. 지타가 새 영화에 나오는 가락을 흥얼거리는 것을 들은 바로 그날 조긴더의 휴대전화에서 그 곡이 흘러나오기도 했다. 인도의 강박적일 만큼 집요한 스타 문화는 미국보다 그 정도가 훨씬 심하다. 할리우드에는 유명 연예인 웹사이트 TMZ가 있지만, 인도에서는 종종 발리우드 가십이 저녁뉴스의 주요 뉴스가 된다. 많은 영화배우에게는 그들을 위해 지어진 신전이 실제로 있다. 그들이 정말로 숭배의 대상은 되지 않는다 하더라도 그들의 얼굴은 치약 TV 광고에서부터 시골의 비포장도로에 나붙은 손으로 그린 영화포스터에까지 어디에서나 볼 수 있다.

발리우드에서 가장 로맨틱한 남성은 '킹 칸'이라고 알려진 샤 룩 칸이다. 지타는 그보다는 덜 아첨하는 호칭인 SRK를 쓰는 편이었다. 그는 이미 60편이나 되는 영화에 등장했다. 그가 뉴스위크로부터 '세계에서 가장 영향력 있는 인물 50인'에 선정되었을 때 인도 언론에서는 그 일을 국가적인 경사로 다루었다. 그가 골든 글로브 상을 시상하도록 초청받았을 때 인도의 아나운서들은 점점 커지는 인도의 국력을 반영하는 것이라고 거품을 물었다. 아마도 그의 이슬람식 이름 때문이었겠지만 2009년 그가 뉴어크 공항에서 조사를 받았을 때 TV방송들은 그 사건을 국가적 수치로 다뤘다.

처음에 나는 발리우드 현상이 이해가 안 됐다. 인도 영화에는 서양인들이 영화에서 기대하는 현실성, 시니컬함, 섹스 등의 요소가 거의 없다. 인도 영화들은 해피엔드의 달콤하고 감상적인 멜로드라마, 노래, 호화로운 구경거리를 통해 즐기도록 만들어진 구식 교훈극이다. 선은 항상 승리하고 악은 항상 악랄하다. 인도의 초창기 영화제작자 겸 감독인 S. S. 바산은 자신의 영화를 시골 농부들을 위한 화려한 구경거리라고 표현했다. 그러나 발리우드 영화를 봄으로써 나는 인도 문화에 익숙해지게 되었다. 영화는 지타를 이해하는 데 도움을 주었고, 그 결과 우리 둘은 여러 일을 쉽게 할 수 있었다. 지타는 자신의 부모가 바라는 기대사항을 설명하는 대신 영화 줄거리를 인용했다. 영화는 문화를 이해하는 지름길이었던 셈이다. 발리우드에는 세 가지 타입의 전형적인 여주인공이 있다고 지타는 알려주었다. 아름답고 훌륭한 아가씨, 정숙한 주부, 그리고 남자를 유혹하는 요부가 그것이다. 아주 최근까지도 요부의 배역을 연기한 여배우는 주류의 성공 가도에서 배척당했다.

지타는 SRK의 영화가 과장되고 환상적이라는 것을 알면서도 그것과는 상관없이 발리우드의 음악을 전화 수신 벨소리로 내려 받을 정도로 열렬한 애호가였다. 영화를 같이 보면서 사치스러운 주택과 청결한 거리가 우리 주변의 인도 모습이 아니라고 내가 말하면 지타는 이렇게 영화를 옹호했다.

"미란다, 사람들을 극장으로 모으려면 스토리를 단순화해야 해요. 인도에서는 그래야 효과가 있거든요. 가난한 릭샤 기사들이 대형 화면에서 가난에 찌든 자기네들의 슬럼을 보고 싶어 할까요? 사람들은 현실에서 벗어나기 위해 영화를 본답니다."

2008년도 영화 '슬럼독 밀리어네어'는 8개 부문에서 오스카상을 거머쥐었지만 그 영화가 가난한 현실을 과감하게 그대로 드러낸 것에 대해 인도에서는 성난 항의가 이어졌다. 영화계의 가장 유명한 스타이고 인도에서는 '빅 B'로 널리 알려진 아미타브 바흐찬은 그 영화가 인도를 제3세계의 더럽고 어두운 빈민굴 나라로 표현했다고 비난하면서 "민족주의자와 애국자들에게 고통과 혐오감을 불러일으켰다"고 말했다.

1990년대 후반까지 발리우드의 가장 섹시한 장면은 물보라 속에서 물에 젖어 몸에 착 달라붙은 사리를 입은 여주인공을 찍은 영상이었다. 현재까지도 누드 장면은 인도 검열위원회에 의해 금지되어 있다. 키스는 공식적으로는 불법이 아니지만 많은 배우와 감독은 가장 목소리가 높을 뿐만 아니라 영향력도 강한 힌두교 보수주의자들을 화나게 하지 않도록 열정적인 장면을 자체 검열한다. 그 결과 샤룩 칸은 한 번도 입술로 키스를 한 장면이 없다. 지타와 나 같은 팬에게는 심히 유감스런 일이다. 그는 스크린 밖에서도 건전한 인물로, 문화적으로 허용되는 수준을 유지하기 위해 신경을 쓴다. 그가 양성애자라는 소문이 끝없이 나돌고 있지만 SRK는 1950년대 할리우드 스타들처럼 인도에서 남자다움의 상징이다.

성적 특색이 강조되는 요즘의 발리우드에서 특히 놀랍도록 모순되는 일은 발리우드의 신인 여배우들은 당연히 순결의 표상이 되도록 요구받는다는 점이다. 여주인공이 순결한 처녀 역을 할 때조차도 무언가 암시하듯 핫팬츠와 어깨끈 없는 브래지어 같은 의상을 걸치고 춤을 추는 걸 보면 이상하다는 생각이 든다. 인기 높은 토요일 저녁 TV 프로그램 '카란과 함께 커피를'Koffee with Karan에서 신인 여배우들은 남자 배우들과의 로맨틱한 관계는 절대 없다고 단언한다. 프로그램의 진행자 카란 조하르는 섹스에 대한 발리우드의 이중 잣대를 보여주는 산 증인이기도 하다. 스마트하고 잘 생긴 데다 미혼인 그에게는 누구누구와 연인 관계라는 소문이 끊이지 않는다.

평소에 별로 냉소적이지 않은 지타가 발리우드 톱 여배우들이 단 한 번도 연애를 해 본 적이 없다고 부인하는 걸 듣더니 야유를 던졌다. 영화업계의 정숙한 이미지에도 불구하고 가십을 다루는 쇼와 잡지들은 그렇고 그런 소문을 도배질하다시피 한다. 인도인들이 아쉬라고 부르는 발리우드 최고의 스타 아쉬와리야 라이는 오랫동안 언론의 추적을 받았는데, 그녀는 33세가 될 때까지 결혼을 미루었다. 그녀를 둘러싼 루머는 결혼 발표에도 사그라들지 않았다. 보통의 인도 여성에게 33세 결혼은 너무 늦은 나이지만 결혼은 여배우 생활의 종지부를 의미하기 때문에 발리우드에서는 늦은 나이에도 미혼이 용납된다. 기혼 여성이 처녀역을 하면 관객들이 도저히 실감 나게 받아들이지 않는다고 영화업계에서는 생각한다. 그런 제약은 남자배우들에게도 마찬가지로 적용된다. SRK가 뭄바이에서 처음 배역을 맡기 시작했을 때 제작자들은 청춘극의 로맨틱한 주인공으로 떠오르는 배우의 앞길을 망치지 않기 위해서 그에게 결혼 사실을 비밀에 부치라고 권했다. 아쉬는 발리우드의 선배 스타들과는 달리 아미타브 바흐찬의 아들과 결혼한 이후에도 연기를 계속했다. 그러나 아쉬에게는 부인 역이 주어졌고, 연기할 때는 사리 안에 살색 옷을 입었다. 팔과 배의 진짜 피부를 가리는 것은 남편과 시댁 가족에 대한 존중심의 표시였다.

이런 모든 상황에도 불구하고 인도 관객은 변하고 있었다. 약간만 편집한 '섹스 앤 더 시티'가 인도 케이블방송에서 재방송되는 가운데 몇몇 발리우드 제작자들이 인도 영화의 인기가 그대로 유지될지 우려했다. 그들은 섹시한 영화를 연달아 제작하기 시작했다. 이들 영화 가운데 가장 먼저 나오고, 가장 모험적인 영화는 '크와히시'(소원)였는데, 여주인공 말리카 셰라와트는 무려 열일곱 번이나 키스를 했다. 신문의 사설과 논평기사들은 열일곱 번의 키스를 거듭 언급하며 도덕관념이 실종되었다고 질타했다. 모두 이 영화로 인해 신예 여배우는 파국을 맞게 될 거라고 예상했지만 말리카는 이 영화로 스타덤에 올랐다. 극장은 최고의 성적 체험을 하게 돼 기뻐하는 소년들로 꽉 찼다. 60세 미만의 인도 남성 가운데 이 영화를 안 본 사람은 아마 없을 것이다.

말리카는 매력적인 요부를 자신의 이미지로 삼았고, 그 이미지를 확고하게 심기 위해 공개적인 자리에서는 항상 유혹적인 의상을 입는 등 전력을 다했다. 2005년 뭄바이에서 이브 엔슬러의 '버자이너 모놀로그' 100회 공연을 할 때는 빨간 미니 스커트를 입고 무대에 올랐다. 인터뷰를 할 때는 아쉬나 다른 훌륭한 아가씨 타입의 여배우들처럼 순결한 처녀답게 카메라를 피하기보다는 자신의 남자친구들에 관해 넌지시 비추는 언급을 한다. 말리카는 교훈적인 대작 영화에서 예쁘고 순결한 아가씨 배역을 맡게 되지는 않을 것이다. 관객들이 그럴싸하다고 믿지 않을 게 너무나 명확하기 때문이다. 하기야 말리카는 발리우드에서 요부 역할을 맡아도 성공할 수 있음을 이미 증명했으니 이제 더 이상 그런 얌전한 역할은 맡을 필요가 없는 셈이다.

지타는 발리우드에는 여성 등장인물이 너무나 제한되어 있다고 불평했지만 말리카가 영화 속에서 보여주는 수많은 키스와 에로틱한 비디오는 그녀에게는 너무 지나친 내용이었다.

지타는 그보다 더 도덕적인 영화, 사회적, 경제적 지위의 향상을 지향하는 인도인과 외국에 거주하는 인도인을 겨냥해 제작한 영화를 선호했다. 이런 영화에 등장하는 여성 인물은 대개 대학생이거나 전문직 여성이다. 주로 SRK가 현대의 복잡한 성적 관심에 얽힌 문제를 잘 처리하는 남자 주인공으로 나온다. 그가 연기하는 인물들은 자주 해외로 가는데 그곳에서 그들은 인도의 전통을 지키려고 애쓰거나 혼외 연인과 다툰다. 지타는 이런 종류의 영화를 보고 편안하게 느끼는 것 같다. 마지막에 남자 주인공은 항상 본질적으로 인도적인 자신의 감수성을 회복하고 여자 주인공은 항상 자신의 훌륭한 품성을 증명해 보인다. 우리가 SRK의 대작 영화를 함께 감상할 때 지타는 정체성, 사랑, 결혼 때문에 자신이 겪고 있는 난관을 어떻게 해결할지 실마리를 얻기 위해 그들을 세밀히 살피는 것 같았다. 지타는 최소한 이론적으로는 현대적인 삶을 살고 싶어 하지만 동시에 델리에서의 생활이 정숙한 처녀라는 자신의 이미지를 손상시킬까 봐 걱정했다.

나니마의 거처에서 나는 지타에 관해 많은 것을 알게 됐다. 그녀는 가끔 나를 자기 침실로 데리고 가 여러 상자에 든 사진들을 보여주었다. 그녀는 최고 교육을 받은 브라만 가족을 자랑스럽게 여기는 것을 알 수 있었다. 그녀의 고향인 펀자브주는 여성에 대해 비교적 개방적이라고 그녀는 말했다. 그리고 그녀의 할머니는 여성 교육이 전혀 평범한 일이 아니던 시절에 다섯 딸을 모두 학교에 보냈다. 심지어 오늘날에도 대부분의 인도 여성들이 결혼한 후에는 직장을 그만두는데도 지타의 어머니는 지타가 어렸을 때 학교 교사로 근무했다.

지타의 가족은 다른 일에 비해 결혼에 대해서만큼은 훨씬 더 전통적인 견해를 가지고 있다. 그러나 그것은 인도에서는 당연한 현상이다. 인도에서는 약 90%가

가족이나 결혼중매인을 통한 중매결혼을 한다. 대부분의 결혼이 여전히 카스트와 종교적 배경이 동일한 두 가족 간의 결합이다. 인도에서는 결혼을 놓고 완곡한 어법이 많이 있다. 부모가 '서로 맞는 상대'를 찾는다고 말하면 그것은 종교적, 점성학적인 조건들이 모두 합당한 상대라는 뜻이다. 지타는 자신의 가족이 이미 여러 해 동안 자신을 좋은 가정의 남자, 즉 동등한 신분의 가족 출신인 펀자브 브라만과 중매결혼 시키려고 해 왔다고 말했다.

중매결혼과 관련된 어휘를 보면 신랑 신부 후보를 '라르케'와 '라르키야'라고 하는데 '소년들'과 '소녀들'이라는 뜻이다. 오랜 세월 동안 결혼이 사춘기에 확정되고 승인되어 왔기 때문에 붙은 이름이다. 마하트마 간디는 일곱 살에 약혼하고 열세 살에 결혼했다. 인도 정부는 일찍이 1929년에 결혼 가능 연령을 남성은 21세, 여성은 18세로 올렸지만 아무도 그런 법규에 크게 신경 쓰지 않는다. 2007년도 유엔 통계에는 인도 여성의 47%가 18세 이전에 결혼한 것으로 나타났다. 그러나 현대적인 의식을 가진 도시의 중산층 인도인들은 전보다 늦은 나이에 결혼한다. 지타는 자신이 속한 사회 계층에서는 20대 중반까지 결혼을 미루는 게 가능하다고 말했다. 그러나 유감스럽게도 그녀는 30세가 다 되어 갔고, 무엇 때문에 그렇게 늦어졌는지 궁금했다.

어느 날 저녁 지타가 청바지 천으로 된 미니스커트 차림에 힐을 신고 찾아왔을 때 나는 놀라움을 감출 수 없었다. 서양식 스커트 가운데서도 무릎길이라는 게 놀라운 일이었다. 지타도 내가 스커트 하단을 바라보는 것을 눈치 챘다.

"대학 때 친구하고 오늘 밤 춤추러 갈 거예요. 우리는 항상 스커트를 입어요." 그녀는 자신감이 흔들리는지 이렇게 덧붙였다. "너무 짧은가요?"

나는 어떻게 답을 해야 할지 몰라 눈썹을 올렸다. 바로 며칠 전만 해도 지타는 편한 살와르 카미즈 입는 것을 좋아하지만 나이 든 여성들이 주로 입는, 보다 더 전통적인 의상인 사리를 갖춰 입으면 직장에서 더 존중받는다고 말한 적이 있다. 가끔 지타는 쇼핑몰이나 고급 극장에 갈 때에 한해서 서양식 의상을 입곤 했는데, 지타는 청바지와 블라우스를 그렇게 불렀다. 그런 장소에서는 노출이 꽤 되는 탱크탑이나 짧은 스커트를 입은 여성들, 즉 다른 인도인들과는 달리 여유가 있는 중상위 계층의 여성들을 흔히 볼 수 있다. 그들이 오성급 호텔에 있는 커피숍이나 나이트클럽으로 운전기사가 딸린 자가용으로 모셔진다면 델리의 혼잡한 시장에서 사람들이 눈을 휘둥그레 뜨고 쳐다본다거나 갑자기 건드리거나 하는 위험한 일은 발생하지 않을 것이다. 지타는 그 정도의 상류층은 아니었지만 그렇게 되기를 동경했다.

"이 스커트 입고 춤추러 나간 적 많아요. 여자들이 이런 옷 입는 게 델리에서는 아무렇지 않아요. 옛 생각만 고집하는 사람은 많지 않답니다."

지타는 억지로 무심한 체하며 머리칼을 손으로 뒤로 넘겼다. 나는 지타가 자신의 평판이나 조국에 대해 방어적인 자세를 취하게 될까 봐 놀라움이 드러나지 않게 억제하려고 애썼다.

그러나 지타의 그런 도전적인 행동은 피상적인 수준에 그쳤을 뿐이다. 사실 그녀는 자기 차 있는 데까지 같이 걸어가 달라고 부탁하려고 들렀다고 고백했다. 클럽에서는 아무도 그녀를 괴롭히지 않을 테지만 이 지역에서는 옛날 사고방식을 고집하는 사람들이 이웃에 모여들 경우에 대비해 도덕적인 지원이 필요했다. 길에서 어떤 노인이 미니스커트를 입고 있는 그녀에게 그따위로 옷을 입다니 부끄러운 줄 알라고 꾸짖으며 고함을 친 적이 있다고 지타는 말했다. 나는 아래 베란다에 사는 조긴더와 이웃 사람들을 생각해 보았는데 그녀의 복장에 대해 나쁘게 생각하지 않을 사람은 거의 없는 것 같았다. 지타와 동반해 길모퉁이를 돌며 나는 니자무딘 시장 사람 가운데 아무도 나를 알아보지 말았으면 하고 희망했다. 어쨌든 나에게도 유지해야 할 이미지가 있으니까.

나는 지타가 지닌 순박하고 고지식한 처녀, 그리고 영리하고 세계화 된 여성이라는 두 가지 정체성 사이에서 잘 대응하기가 어려웠다. 그녀는 나니마에게 시중드는 것에 대해 불평을 했지만 동시에 그 일은 모든 사람으로부터 버림받은 나이 든 부인을 위해 희생하는 자신을 스스로 치켜세우는 효과를 준다고 나는 생각했다. 그녀의 모친은 그러한 주거환경이 미래의 시댁 식구들에게 좋은 인상을 줄 거라고 믿었다. "엄마들이 생각하는 방식이 우습지 않아요?" 지타는 이렇게 말하며 웃었다. 그러나 여전히 그녀의 마음 속 한 부분은 전통적인 신붓감으로 세상에 보이는 것이 괜찮은 생각이라고 동의한다는 걸 나는 눈치 챌 수 있었다.

지타의 존재방식이 미니스커트 모드일 때는 나도 꽤 터놓고 얘기할 수 있지만, 파티알라에서 온 보수적인 처녀일 때는 무슨 얘기를 해야 할지 어림잡기가 어려웠다. 나는 델리에서 겪은 연애들에 대해 그녀에게 말하고 싶지 않았다. 내가 인도 남성과 키스하는 걸 생각만 해도 그녀는 놀라서 기겁할지 몰랐다. 내가 벤저민이 오면 몇 달 동안 같이 살 거라고 했을 때 지타는 쿨한 표정을 지으며 전혀 놀라지 않았다.

"미란다, 나는 프렌즈를 여러 편 봤어요. 미국에서는 우리랑 다르게 지낸다는 거 알아요."

나는 내 생활이 인간관계를 너무 단순화해 표현한 TV드라마 '프렌즈'에 비교되는 게 그다지 좋지 않았지만 그녀가 무얼 말하려는지는 이해할 수 있었다. 시대에 뒤진 미국 시트콤들이 지타에게는 중요한 평가 기준이었다. 때로는 국제화된 자신의 판단력의 증거로 쓰기 위해, 그리고 자신의 생활이 나보다 훨씬 복잡하다고 확신시키려고 그런 시트콤들을 예로 들었다. 물론 그녀의 말이 맞을지도 모르지만 그녀의 생활은 나와는 다른 방식으로 복잡했다. 그녀가 하는 모든 일은 면밀히 관찰되고, 사회적 관습이라는 검정 펜으로 뚜렷하게 표시된다.

지타에 대해 알면 알수록 그녀의 생활이 아주 뚜렷이 다른 두 가지 양상 사이에 놓여 있다는 것이 보였다. 지타는 결혼생활보다는 현대화 된 델리 여성의 정체성을 우선시키기로 결심하지는 않았지만 관습적인 선택을 하려고 하지도 않았다. 지타는 발리우드 영화 속 아쉬처럼 영원히 순결한 신부가 되고 싶어 했지만 말리카처럼 보여지는 것은 두려워하는 것 같았다. 가끔 그녀의 얼굴에 깃드는 우수어린 표정 때문에 나는 그녀에게 나에게 털어놓은 것 이상의 사정이 있지 않나 하고 생각했다.

어떤 측면에서 지타는 전통을 경멸했다. 지타의 부모는 심지어 그녀가 대학을 졸업하기 전부터 십여 차례 중매결혼을 위한 맞선 자리, 즉 부모님이 승인한 미팅에 지타를 내보냈다. 지타는 맞선을 안 보겠다고 거절하는 것보다는 응하는 것이 쉽기 때문에 그 자리에 늘 참석하는 편이었다고 했다. 그러나 상대방 남자한테서 항상 뭔가 잘못된 점을 찾아냈다. 이제 지타는 여자의 적정 결혼연령의 상한선 가까이 이르렀지만 결혼에 대한 태도는 냉담해 보였다. 마치 자신이 무엇이 되어야 하는지 암시해 줄 징후를 기다리는 것 같았다. 운명은 지타에게 몹시 실제적인 것이어서 그녀는 거의 모든 일에서 운명의 손이 작용한다고 보았다. 내가 보기에 평범한 우연의 연속일 뿐인데도 지타는 피할 수 없는 숙명이라고 해석했다. 계절에 맞지 않게 비가 왔다든가 옛 동료와 우연히 만난 일들이 그녀의 얘기 속에서는 작은 기적으로 바뀌었다. 많은 힌두교도들처럼 그녀는 살아가면서 겪는 일들이, 모든 일은 과거에 지은 일에 의해 설명될 수 있다는 우주의 영원한 규범인 다르마에 의해 결정된다고 믿었다. 그러한 믿음은 그녀에게 자신이 결혼을 하기에는 너무 현대적이라는 두려움만 더 조장해 주는 것 같았다.

마찬가지 갈등이 발리우드의 대표적인 명화 '딜왈레 둘하니아 레 자엥게'(용감한 자가 신부를 데려가리)의 중심축을 이룬다. 이 영화의 제목은 너무 길어서 제목을 이룬 힌디어 단어의 머리글자를 따서 DDLJ라고 줄여 말한다. 이 영화가 1985년에 개봉되었을 때 지타는 대학 친구들과 함께 극장에서 여러 차례 이 영화를 감상했고, 지금까지도 TV에서 방영될 때마다 본다고 했다. 이 영화는 발리우드 역사상 최고의 흥행 수익을 올렸을 뿐만 아니라 최장기 상영기록을 가진 영화이기 때문에 TV 방영도 잦은 편이다. 아직도 뭄바이의 한 극장에서는 이 영화를 상영하고 있고, 2008년 뭄바이 테러 공격이 있었을 때에도 상영은 중단되지 않았다.

영화의 용감한 주인공은 샤 룩 칸이 맡았고, 그 역이 바로 그가 맡은 가장 유명한 배역이다. 런던에 사는 주인공 라즈는 부유한 인도인 이민 2세이다. 서구화한 그는 모터사이클 재킷을 입고 으쓱거리며 다니고 인도인들이 즐기는 취미인 크리켓 경기나 시타르 연주보다는 축구를 하고 피아노를 친다. 영화의 초기 화면에서 라즈는 여섯 개 들이 맥주캔을 내놓으라며 같은 인도인 이민자인 런던의 가게 주인을 괴롭힌다. 그것만으로도 그가 인도의 전통으로부터 너무나 멀리 벗어난 비뚤어진 인물임을 알 수 있다. 전형적인 발리우드 방식으로 그에게는 개과천선할 기회가 주어지는데 그것은 아름답고 훌륭한 아가씨의 형태로 나타난다. 여주인공 시므란에 대해 초반에 알 수 있는 것들 가운데 하나는 그녀가 동 트기 전에 가족의 힌두교 신단에서 기도한다는 점이다. 그녀의 아버지는 딸이 인도인다운 덕목을 다 갖추고 있다고 생각한다. 그가 딸에게 중매로 들어온 혼담을 받아들였다고 말하자 그녀는 놀라서 방을 뛰쳐나간다. 그것을 보고 아버지는 이렇게 말한다. "아, 부끄러워서 저러는구나. 그게 바로 우리의 예절이고 문화지. 런던 한복판에서 나는 인도가 살아 있도록 지켜낸 거야!"

휴식 시간이 되기 전에 라즈는 자신은 시므란과 함께할 운명임을 깨닫고 서구적인 악행으로부터 벗어나 자신을 되살리기 시작한다. 전통적인 힌두교 신앙에 의하면 만일 사제와 지역사회와 점성가가 결혼을 승인하면 그 결혼은 운명적으로 결정된 것이며, 그 다음 일곱 번의 생에서까지도 지속된다. 그래서 그녀의 가족에게 자신이 그녀와 함께 해야만 한다고 증명하고 싶은 희망에 라즈는 시므란을 따라 인도로 간다. 나는 두 사람이 노란색 꽃을 단 겨자가 바람에 흔들리는 펀자브 지방의 벌판에서 다시 만났을 때 영화가 클라이막스에 근접하고 있다고 추측했다. 주인공 역을 아주 건전한 배우 SRK가 맡았기 때문에 그들은 당연히 입술을 대지는 않지만 서로 정열적으로 껴안는다. 시므란은 라즈에게 자신을 데리고 도망가 달라고 애원한다.

"나는 당신을 훔치러 이곳에 온 게 아니오. 나는 당신 아버지가 당신의 손을 내게 건네줄 때에만 당신을 데려가겠소. 우리들의 인생은 그분들이 우리들보다 훨씬 더 잘 결정할 수 있어요. 우리만의 행복을 위해 그분들을 슬프게 할 권리가 우리에게는 없어요."

두 사람이 함께 할 운명이라는 것을 시므란의 가족이 마침내 깨닫게 되기까지는 그로부터 한 시간이 더 걸리지는 않는다. 시므란의 아버지가 그 사람한테 가라고 딸에게 말하자 딸은 그제서야 다가오는 기차를 향해 플랫폼에서 달려가는데 그 순간 우리의 주인공은 그야말로 피와 눈물이 줄줄 흐르는 가운데 움직이는 기차의 문에 서 있다. DDLJ는 몹시 달콤하고 감상적인 발리우드 영화다. 그렇지만 영화가 사회에 대해 던지는 메시지는 나에게 강한 충격을 주었다. 나는 DDLJ를 처음 보았을 때 마지막 자막이 올라가는 동안 내내 울었다.

제4장

위스키 마시는 여자

파르바티는 저녁 모임에서 위스키를 여러 잔 마시고 최소한 한 갑 정도의 담배를 피웠다.
내가 술 취한 상태에서 봐도 그 모습은
전통을 파기하려는 그녀의 신조를 상징하는 것처럼 보였다.

델리 국제공항 터미널에서 입국장에 늘어선 사람들 쪽으로 나가며 나는 무척 초조했다. 그곳에는 유니폼을 입은 호텔 종업원들이 꽉 차 있었다. 그들은 손으로 글씨를 쓴 종이쪽지를 들고 새벽 비행기를 기다리는 중이었는데 입국 통로 옆에서 서로 농담을 주고받았다. 그러다 입국심사가 끝나면 자신의 표지판이 가장 눈에 잘 띄게 하려고 서로 팔꿈치로 밀며 몰려오는 인파에 시선을 집중했다. 그들은 외국인 승객한테 가장 관심을 쏟았다. 외국인들은 자기 이름을 찾으며 자신들에게는 생소한 갈색 얼굴들을 약간 당황스런 눈길로 훑어보았다.

나는 알지도 못하는 이 외국인들에게 약간 질투심을 느꼈다. 이들 중 대다수는 인도가 그들의 회사에 제공하는 가능성에 대해 낙관적인 견해를 가지고 인도에 드나들기 시작한 비즈니스맨들이었다. 그들은 지친 데다 당황해하지만 곧 자기들을 맞이하는 표지판을 발견하게 된다. 호텔 포터들은 운전사가 딸린 자동차로 외국인 손님을 안내하면서 표준화 된 질문을 던진다. "어느 나라에서 오셨지요?

인도에는 며칠 계시나요?' 아침에 그들은 뷔페로 차려진 호텔 조식을 먹고 첫 번째 업무회의를 하러 간다. 그들이 인도를 접하게 되는 과정은 깔끔하고 간단하다. 아니 최소한 그렇게 보인다. 남편은 아니고 아마도 나의 보이프렌드인 사람이, 내가 예상했던 것보다 훨씬 깊이 나를 끌어들인 이 나라에 입국하는 것과 비교하면 그렇다는 말이다.

내가 뉴욕을 떠나게 된 이유 중 하나가 벤저민이라고 생각했던 게 부끄러웠는지 모르겠다. 내가 그로부터 도망치려고 한 게 아니라 인도로 떠나옴으로써 나도 그 사람만큼 태평하다는 사실을 입증하고 싶었던 것이다. 그는 대학을 졸업한 후 화물열차에 무임승차하고, 뉴욕의 지역 공원을 보전하자는 행위연극으로 시위를 하고, 브루클린에 있는 예술가 공동체에서 살며 몇 년을 보냈다. 잡지사에서 일하고 여행 기사를 쓰며 지탱하는 생활방식이었다. 우리가 함께 지낸 몇 달 동안 나는 그의 이상과 방랑벽을 공유한다는 것만으로는 내가 그에게 부족하다는 사실을 실망스럽게도 알게 되었다. 내가 인도로 떠나기 직전에도 그는 파트너가 다른 사람과 관계를 맺어도 괜찮다고 서로 동의하는 오픈 릴레이션십, 즉 개방적인 관계의 이로운 점을 내게 납득시키려 했다. 페미니스트 운동 이후의 이론을 아무리 갖다 대도 나는 그것이 마음에 들지 않았다. 그래서 그를 억압할 생각이 없다고 스스로를 설득하기에도 지쳐서 나는 짐을 꾸려서 지체 없이 떠났다.

떠나기 전 몇 주 동안 그 결정은 바람직한 영향을 끼치는 것 같았다. 벤저민은 나와 동행하지 않는 것에 주저하는 마음이 생기기 시작했고, 결국 우리 둘의 관계에 관해 다시 이야기하자고 했다. 우리는 우리가 서로 다른 나라에 있을 때에 한해 타인과 연애관계를 갖기로 약속하며 우리의 합의에 한계선을 그었다. 함께 있을 때에는 그런 합의는 지워 없애기로 서로 약속했다. 그는 인도로 파견돼 기사를 작성하는 일을 얻어 해마다 나하고 일정 기간을 같이 보낼 수 있게 하겠노라고 했다. 각자 연애와 모험을 한 뒤 나는 미국으로 돌아갈 것이고, 우리는 버몬트에 있는 무질서한 집에 아이들과 동물들을 가득 채울 생각이었다.

계획이 막연하다는 점도 우리 둘 다에게 맞았다. 우리가 서로 결혼하기를 원하는지 아닌지는 두 사람 가운데 아무도 확신할 수 없지만 함께 지내고 싶어는 한 다고 우리는 생각했다. 그 아이디어를 잘 간직해두는 게 좋은 방법 같았다. 내가 아는 많은 여자들이 스물여섯 일곱에는 자리를 잡고 정착하기 시작했는데, 나는 그러고 싶은 마음이 들지 않았다. 결혼이나 아이에 대해서도 유동적이었다. 나 는 어느 특정한 나이에 결혼을 하고 자녀를 가져야겠다는 계획을 한 번도 가져 본 적이 없다. 나는 뉴욕의 모든 것으로부터 내 자신이 절연된다는 걱정도 할 필 요 없이 그저 인도로 가서 나만의 경험을 쌓고 싶었다.

공항 터미널에 나타났을 때 벤저민은 무거운 짐 때문에 등을 구부렸는데도 내 가 기억하는 것보다 키가 더 커 보였다. 우선 떠오른 생각은 라다가 나의 미국인 남편을 보면 깊은 인상을 받을 것이란 점이었다. 잠시 나는 그녀의 눈으로 그를 바라보았다. 흰 피부, 좋은 체격, 짙은 빛깔의 머리, 옅은 빛깔의 눈, TV에서 재 방송되는 베이워치에서 그녀가 본 남자배우와 같은 모습이었다. 입국장 홀을 걸 어오는 그를 보며 갑자기 그 사람과 나 사이에, 그리고 뉴욕에서의 내 삶과 지금 의 나 사이에 거리감이 느껴졌다. 인도에서의 생활은 내가 아직 파악도 하지 못 한 방식으로 나를 변화시켰다. 그리고 잠깐 동안이지만 나의 옛 생활이 지금의 나와 관련되기를 내가 바라고 있는지 아닌지도 알 수 없었다. 그러나 별 도리가 없었다. 그가 이곳에 온 것이다.

나에게 키스하려고 몸을 기울일 때 그는 다시 친숙하고 멋있는 사람이 되었다. 자신감 있게 싱긋 웃는 그의 입매는 크게 바나나 같은 곡선을 그렸고, 그의 옷에 서는 세탁이 좀 필요한 듯한 냄새가 났다. 니자무딘으로 향하는 택시는 텅 빈 도 로에서 빨간 신호등을 무시하고 달렸고, 회색빛 스모그로 덮인 델리의 새벽을 바라보는 그의 얼굴은 마치 소도시 소년이 경탄하는 것처럼 빛났다. 벤저민은 인도에서 최고의 길동무였다. 그는 혼란함, 쓰레기, 불편함 같은 것들을 언짢아 하지 않았다. 시장에 있는 남자들이 자신의 헐렁한 짧은 바지를 빤히 쳐다봐도 신경 쓰지 않았다. 그런 바지는 그를 얼빠진 사람으로, 그리고 반쯤 벗은 사람으 로 보이게 했다. 델리에서는 남자들이 거의 다 다리를 가린다. 벤저민에게 인도 는 모험적인 그의 인생에서 그저 또 하나의 다른 나라일 뿐이었기 때문에 그는 인도에 맞추려고 노력해야 한다는 압박감 없이 자유로웠다. 이웃이 나를 어떻게 생각할까 강박적으로 신경 쓰는 나에게는 반가운 휴식인 셈이었다.

벤저민은 도착하고 나서 곧 모양새 없고 무거운 인도제 자전거를 샀다. 예사로 나쁜 짓을 한다고 악명이 높은 오토 릭샤 운전사와의 가격 흥정을 피할 좋은 방법이라 생각한 것이다. 나는 그에게 델리에서 하루에 1달러 이상을 버는 유일한 자전거 여행자가 될 거라고 경고했다. 인도는 다른 모든 일에서처럼 도로에도 카스트 제도가 있는데 자전거는 거세한 수소가 끄는 짐수레나 낙타보다 계급이 낮다.

벤저민은 어느 날 오후 자전거를 타 보겠다고 나갔다가 지저분하기 짝이 없고 땀에 흠뻑 젖은 상태로 귀가했다. 화려하게 페인트칠을 한 데다 짤랑짤랑하는 장식품들을 매단 '짤랑짤랑 트럭'이 위협적으로 그를 길 한 쪽으로 몰아넣는 바람에 도로를 따라 자전거를 끌고 걸어서 온 것이었다.

"이 정신 없는 곳에서 잠깐이라도 시간을 보내야 한다면 인도의 교통 계급 제도에서 내 등급을 몇 눈금이라도 높여야겠어." 결국 그는 내가 그에게서 매력적인 면이라고 느끼는 특유의 허세를 부리며 뉴욕에서 혼다 나이트호크 750 오토바이를 몰던 것을 나에게 상기시켰다. 며칠 후 골목길에서 경적소리가 들려 테라스로 나갔더니 벤저민이 헬멧도 쓰지 않고 은빛 오토바이 로열 엔필드 불릿 마치즈모의 회전 속도를 올리고 있는 게 보였다. 오토바이 이름은 그의 남성성을 회복시켜 주기에 적합했다.

오전에 그는 고결한 마음을 품고 조긴더의 집으로 갔다. 그는 알루미늄 문을 두드리고 자전거를 선물했다. 조긴더는 그 선물에 감명을 받지 않았다.

"나는 관리자입니다, 사히브. 나에게는 자전거가 적합하지 않습니다. 사히브도 자전거를 타서는 안 됩니다." 조긴더가 기껏 해 줄 수 있는 일은 자전거를 다른 데에 기증하는 것이었다. 그는 자전거를 동네 식품점에서 일하는 비하리족 소년들에게 주었다. 그 후 몇 년 동안 나는 그들이 물건을 담은 캔버스 천 가방을 어깨에 둘러메고 그 커다랗고 투박한 자전거에 올라타는 것을 보았다.

기대도 못했던 기증을 한 마음 좋은 외국인에 대한 소문은 니자무딘에 금방 퍼졌다. 이제 벤저민이 시장 쪽으로 걸어가면 이웃의 소년들이 주위에 모여들었다. 마치 베이워치에 나온 진짜 배우를 대하는 듯했다. 자신에 차 보이는 그의 걸음걸이와 비하리 출신 이주자들이 그에게 느끼는 경외감 덕분에 그에게서는 베이워치의 스타 연기자인 데이비드 핫셀호프가 연상되었다. 벤저민은 버몬트주 출신이기 때문에 서프보드를 탔을 것 같지는 않았다. 그러나 그가 옆구리에 보드를 끼고 셔츠를 벗은 채 내가 사는 델리의 동네 길을 뽐내며 걷는 모습을 상상하는 것은 즐거웠다. 가끔 그는 강한 맛 때문에 시골에서는 남성적인 음료로 간주되며, 마시고 난 빈 병은 반환해야 하는, 인도에서 만든 콜라인 섬즈업을 니자무딘의 남자들에게 한 순배 샀다. 그들은 친근함이 감도는 가운데 말없이 가게 밖 길에 서서 섬즈업을 마셨는데, 가게주인이 손님들한테 병을 즉시 반환하라고 우기기 때문이었다. 그들 가운데 한명이 비디 담배에 불을 붙이면 그들은 그걸 마치 마리화나처럼 서로 돌려가며 피웠다.

델리를 떠나기 전 몇 주일 동안 벤저민은 동네 남자들과 맺은 형제 같은 우정이 무척 그리울 것 같다고 말했다. 상호교류에 제한이 있었음에도 불구하고 그는 그들과 정이 깊이 들었다. 남아시아 지방에서는 쉽게 형성되는 데다 또한 흔히 확고하게 자리 잡기도 하는, 말로 군이 표현하지는 않지만 서로 상당히 밀착되는 그런 관계였다. 그는 상점 배달 소년 가운데 가장 어린 소년인 아르준에게 특히 매혹되었다. 시골에서 온 지 얼마 안 되는 아르준에게는 냉소적인 태도가 아직 없었다. 델리의 슬럼가에 사는 좀 더 나이든 사람들 가운데 많은 사람들은 냉정할 정도로 냉소적이었다. 아르준이 우유와 빵을 가지고 오면 벤저민은 그에게 과도하게 팁을 주었다. 호감은 둘 다 가지고 있었다. 나는 벤저민이 떠난 후 그 가게에 물건을 주문하기가 두려웠다. 아르준은 문간에 서 있는 동안 혹시 내 남편이 집안에서 나타나지 않을까 하는 희망을 품고 내 어깨너머를 살피곤 했다. 나밖에 없다는 걸 알아차리면 그는 낙담한 얼굴로 내가 준 비교적 빈약한 팁을 주머니에 넣고 층계를 내려간다.

인도에 가면 인간의 불행에 대해 둔감하게 된다고 모두들 말한다. 델리에서 첫

해를 보내는 동안 나는 그런 변화가 나에게 일어나기를 간절히 기다렸다. 그러나 그것은 너무 긴 시간이었다. 차를 타고 거리를 지나가면서 나는 손발이 없는 거지들, 쓰레기를 뒤져서 무언가를 먹는 어린이들, 절망에 빠진 사람을 학대하는 또 다른 절망적인 사람을 보며 슬픔을 느꼈고 그 슬픔은 공포와 메스꺼움으로 이어졌다.

벤저민이 있는 동안 우리는 뭄바이의 하지 알라 사원에 갔다. 해변에서 떨어진 작은 섬에 솟아 있는 하얀 회칠이 된 뾰족탑에 흥미를 느껴 우리는 긴 둑길을 걷는 순례자들의 행렬을 따라갔다. 둑길 양쪽에는 적선을 구걸하는 사람들이 줄지어 있었다. 정말로 19세기 때 기형인을 내세워 벌인 흥행쇼나 다름없었고, '마담 터소 밀랍인형 박물관'에 있는 '전율의 방'을 연상시켰다. 거지들이 줄지어 있는 가운데 풍선처럼 몸이 부풀어 오른 여자가 있었다. 전신의 피부는 상피병으로 팽창해 있었다. 그리고 한 남자는 가슴에 구멍이 뚫려 있었는데 맹세컨대 그 구멍을 통해 누구나 그의 왼쪽 폐를 들여다볼 수 있을 정도였다. 그 사람들 앞에는 루피가 아닌 동전 무더기가 놓여 있는데 그 동전은 100분의 1루피에 해당하는 파이사였다. 구걸해 번 돈은 다해 봐야 미국 돈으로 몇 센트도 안 되어 보였다. 둑길이 거의 끝나는 데에서는 다리와 팔이 없이 몸통뿐인 사람들 네 명이 땅바닥에서 꿈틀꿈틀 기어가고 있었다. 몸통에 붙은 머리에서는 알라에게 바치는 열렬한 기도가 흘러나왔다. 모스크에 가까이 이를 무렵 내 다리는 걷잡을 수 없이 떨렸다. 그 후로도 몇 년 동안 어떻게 팔다리 모두를 잃을 수 있으며, 그리고도 어떻게 살아 있을 수 있는지 내내 의아했다. 인도 정부는 풍토병, 동맥질환, 화상, 부상, 기형, 마비 등이 원인이 되어 팔다리를 잃은 사람이 약 1천만 명에 이른다고 밝히고 있다.

지타는 내게 만약 인도에 살려고 한다면 서구식의 지나친 예민함을 극복해야만 한다고 냉정하게 잘라 말했다. 나는 비참한 일들을 대하는 데 있어 점점 더 단련되어 갔다. 그리고 거의 매일 일간지에 등장하는, '버스 사고로 82명 사망', '홍수로 수백 명 실종' 같이 끔찍한 교통사고나 자연재해에 대한 보도를 건너뛰고 읽게 되었다. 미국에서라면 1면에 실릴 만큼 사망자 집계 수치가 엄청난 사건도 인도에서는 안쪽 지면으로 밀린다. 그런 사건이 너무 많기 때문이다.

그렇지만 나는 카스트 제도 관련 폭행기사는 공포어린 관심 속에 늘 읽게 된다. 인도에 도착하고 얼마 되지 않아 신문에는 인도 북부 하리아나주의 몇몇 불가촉천민이 연관된 사건이 실렸다. 그들은 죽은 소를 다루는 일이라 천민 가운데서도 가장 낮은 천민에게 주어진 일인 가죽 염색을 하는 사람들이었다. 그들이 시장에 소가죽을 팔러 가는데 경찰이 그들을 제지했다. 가죽 염색을 하려고 소를 죽였다는 혐의였다. 인도 대부분의 주에서는 소의 도살이 금지돼 있다. 그 시골 사람들은 소가 자연사했다고 주장했지만 경찰은 그들을 잡아들였고, 소문은 급속하게 퍼져 나갔다. 군중이 경찰서로 모여들었고 경찰서 건물로 몰려 들어가 다섯 명을 끌고 나왔다. 그들은 경찰서 건물 바로 앞에서 두들겨 맞고 목숨을 잃었다.

영자 신문은 1면에 '다섯 남자=소 한 마리'라는 제목의 기사를 실었다. TV 대담 프로에서는 인도 독립 60년이 되었지만 카스트의 불평등성이 과연 개선되었는지에 관해 진지하게 다뤘다. 격렬하게 호소하는 한 논평기사는 이렇게 시작되었다. "상위 카스트 자격증 덕에 나는 먹고 살기 위해 소가죽을 벗길 필요가 없다. 내가 속한 집단의 구성원은 아무도 사원 출입을 허락받지 못하거나 마을 우물물을 마시지 못하게 제지당하지 않으며 동네 찻집에서 특별히 표시된 잔만 사용하도록 강요받거나, 신이 내리는 벌인 인간의 배설물을 먹어야 하는 벌을 받지는 않는다."

나는 그 논평을 쓴 기자를 찾아갔다. 주름진 이마, 머리털이 빠져 뒤로 물러선 머리선, 책 넣는 가방을 어깨에 둘러멘, 나이가 좀 들어 보이는 비제이 무케르지는 사려 깊은 마르크스주의자 같은 풍모를 지니고 있었다. 공산주의가 아직 정계에서 유력한 힘을 발휘하고 수백만 명의 추종자를 갖고 있는 인도에서는 그다지 이상한 스타일이 아니었다. 그는 자신이 편집 부책임자로 일하는 인도에서 최고로 잘 팔리는 영자 신문사가 있는 현대적인 고층건물과는 어울리지 않아 보였다. 그러나 첫 인상과 달리 그는 내 마이크 앞에 앉아 카스트 제도에 관해 한 시간 반 동안 열렬히 설명했다. 에어컨이 가동되고 있었지만 녹음기를 무용지물로 만들 정도로 책상을 쾅쾅 치며 땀을 뻘뻘 흘렸다.

　카스트라는 말은 인도의 두 가지 개념, 즉 공동사회나 씨족 또는 서로 결혼이 가능한 부족을 뜻하는 '자티'와 이 집단이 힌두 경전에 의해 정해진 계급 서열에서 차지하는 위치를 뜻하는 '바르나'가 결합된 말이라고 그는 말했다. 전통적으로 교육자와 성직자를 맡아 온 브라만이 최상위이고, 그 아래로 왕과 무사, 상인과 농민, 육체노동을 하는 사람으로 나뉘는 네 가지 주된 바르나가 있다. 가장 낮은 카스트 아래로는 카스트 제도에 끼지도 못하는 불가촉천민이 있다.

　인도의 학자들은 카스트 계급제도는 종교적인 순수성이 힌두교의 중심 사상으로 됨에 따라 점차 진화했다고 생각한다. 기독교 사상이나 이슬람 사상과는 달리 힌두교는 종교의 원리를 정하는 규범이 하나만 있는 게 아니다. 윤리와 이야기를 갖춘 신화집들이 여러 권 있고, 규율과 관련해 힌두교도들은 BC 1세기 때부터 '마누스므리티'(마누의 법)를 참조해 왔다. 마누스므리티에는 BC 1500년부터 BC 200년에 이르는 베다 시대에 실생활에 도입된 힌두 카스트 규약이 엄밀하고 잔혹할 정도로 상세하게 기록돼 있다. 이 책의 저자인 마누는 교육을 받은 유일한 카스트인 브라만으로 태어났다. 그는 매우 면밀하게 사회적 계급에 대한 분류학 저서에서 자신의 종족이 지닌 탁월함이 유지되도록 했다. 그는 불가촉천민을 '개고기를 먹는 사람들'이라고 불렀다. 그들이 하는 일에는 시신을 처리하고 사형집행을 담당하는 일이 포함된다고 명기되어 있다. 그들은 처형된 죄수의 옷을 입고 마을 밖에서 살아야만 한다.

　비록 그가 살던 당대에 그 규칙들이 얼마나 엄밀하고 폭넓게 적용되었는지 알려져 있지는 않지만 마누는 여전히 다르마의 사회적, 종교적 의무와 카스트에 관한 최고의 권위자로 여겨진다. 카스트 계급 분류를 그가 구체화했다는 것에는 논란의 여지가 없다. 오늘날까지도 힌두교도의 결혼에 관한 규약은 그가 정한 원칙에 근거하고 있다. 인도를 점령했을 때 영국인들은 카스트 제도가 더 확고해지도록 도왔다. 브라만 계급은 이미 교육을 받은 상태라 영국인들은 제국의 관료 및 판사에게 조언을 해 줄 종교적 조언자로 그들을 식민통치 기관에 투입했다.

마하트마 간디는 1920년대 들어 카스트 제도를 개혁하려는 오랫동안 기다려 온 운동을 시작했다. 그는 영국인들이 카스트 제도를 인도에 대한 분리 통치 정책의 일환으로 이용하고 있다고 비난하며 이 문제를 인도의 독립 쟁취에 연결지었다. 간디는 처음으로 이 문제를 공개적인 문제로 삼았다. 그는 불가촉천민을 '신의 아이들'이라는 뜻을 가진 '하리잔'으로 불러야 한다고 선언했다. 기자들은 간디가 불가촉천민들과 그들의 슬럼에서 바나나 잎 접시에 담은 음식을 함께 먹는 사진을 찍었다. 그가 상위 카스트 계급 출신이기 때문에 그 모습은 충격적이었다. 카스트가 다른 사람들이 함께 식사하는 일은 이제껏 듣지도 보지도 못한 일이었다.

불가촉천민의 지도자 B. R. 암베드카르는 간디의 행동을 생색내기용 제스처로 생각했다. 암베드카르는 세습적으로 화장실의 오물을 치우고 시신을 지키는 일을 해야 하는 가정에서 태어났고, 해외에서 교육받은 첫 번째 불가촉천민이었다. 공부를 마치고 돌아온 뒤 그는 급진적인 사회개혁을 주창하는 정치 지도자로 떠올랐다. 그는 인도의 새로운 민주주의가 카스트 제도를 철폐해야 한다고 주장했다. 그는 인도가 자치를 하고 자립을 해야 한다는 간디의 목표에는 찬동했지만, 힌두교의 틀 안에서는 진정한 자치와 자립이 이루어지기 어렵다고 생각했다. 특권 카스트 계층의 힌두교도인 간디는 불가촉천민을 위해 말하거나 그들의 권리를 논할 자격이 없다고 그는 말했다. 그는 하리잔이라는 명칭을 거부하고, 스스로를 '짓밟힌' 혹은 '산산조각 난'이라는 뜻을 가진 '달리트'라고 불렀다.

변호사인 암베드카르는 1950년에 인도 헌법을 제정하는 데 중추적인 역할을 했다. 헌법은 불가촉천민이라는 신분을 불법으로 선언했다. 나는 그 후 50년이 더 지나서 인도에 왔지만 여전히 곳곳에서 카스트 제도를 목격했다. 예를 들어 카스트가 다른 사람들 간의 결혼은 공식적으로 합법이지만 아직도 자기들 나름대로 정한 잣대를 휘두르는 가족들에 의해 늘 금지되고 처벌을 받는다. 옛날 상위 계급의 힌두교도들은 화장실의 오물을 치우고 소의 가죽을 벗기는 일을 하는 사람들한테 접촉을 당하면 끔찍한 정신적 육체적 재앙이 뒤따른다고 믿었다. 오늘날 어떤 힌두교 학자는 불가촉천민과의 접촉으로 인한 오염에 대한 두려움을 미국인들이 에이즈 바이러스를 가진 사람에게 가하는 테러에 비유한다. 지금도 어떤 동물이든 동물을 죽였다거나 하급 카스트 사람과 물 컵을 같이 사용함으로써 자신의 상위 카스트 신분을 더럽혔다고 생각하는 힌두교도들은 음식을 구걸하거나 하루에 세 번 목욕하는 속죄의식을 행해 자신을 정화한다.

암베드카르는 학교 다닐 때 별도의 '불가촉천민 컵'을 사용해야만 했다. 물 따르는 사람은 그 컵에 물을 따를 때 컵으로부터 오염되는 것을 막기 위해 높은 곳에서 따랐다. 지금도 달리트들에게 별도의 우물물을 먹도록 하는 마을이 있다. 옛날에 달리트들은 상위 카스트들이 오염되지 않도록, 신발을 벗어 신발 바닥을 손바닥 치듯 부딪혀 소리를 내 자신들이 왔다는 것을 사람들에게 알려야 했다. 요즘도 어떤 지역에서는 달리트들이 상위 카스트 사람의 집 앞을 지나갈 때 신고 있는 샌들인 차팔을 벗어 손에 들고 가야만 한다. 길을 오염시키면 안 되기 때문이다. 델리와 뭄바이에 있는 카페와 식당에서는 카스트가 다른 사람들이 함께 식사하는 일이 흔하지만, 시골에서는 높은 카스트 사람과 낮은 카스트 사람이 결혼은 말할 것도 없고 함께 식사하는 일도 거의 없다.

암베드카르는 아무리 좋은 법률이라 하더라도 법만으로는 카스트 제도로 인한 차별을 없애지 못 한다고 경고한 첫 번째 인물이다. 헌법이 발효되면 인도는 모순으로 가득 찬 나라가 될 것이라고 그는 말했다. 왜냐하면 정치적으로는 평등이 보장되겠지만 사회적, 경제적 생활에서는 얼마나 오랫동안 평등이 부정될지 모르기 때문이라는 것이었다.

이것은 오늘날에도 유효한 지적이다. 인도의 신흥 경제는 능력에 따른 사회적 이동을 가능하게 하고 있다. 과거에는 결코 없었던 일이다. 그러나 카스트에 의한 차별은 역사가 길고 뿌리가 깊다. 그것은 마치 남북전쟁 이전에 미국 남부에서 인종차별주의가 그랬던 것처럼 모든 감정과 관습에 스며들어 있다. 미국 남부의 많은 주에서 외부인이 인종에 관해 솔직한 이야기를 듣기 어렵다면, 인도에서는 카스트에 관한 이야기가 그렇다. 이런 대화를 아주 안 한다는 게 아니라, 사적인 자리에서조차도 그런 대화는 본심을 드러내지 않고 쉬쉬하기 때문이다.

내가 카스트를 화제로 꺼내면 진보적인 사고를 가진 지식인, 경제인, 정치인들조차 그것을 노예제도나 인종차별과 비교하는 것에 대해 맹렬히 반대한다. 인도의 경제적, 사회적 발전에 관한 이야기가 주류를 이루는 분위기에서 태어나면서부터 부여되는 권리에 근거한 뿌리 깊은 차별 제도는 애써 외면당하고 있는 것이다.

사람들은 "카스트 제도는 옛 인도에 있던 문제이며 지금은 상황이 바뀌었다." 혹은 "도시에서는 이미 해결되었고, 지금은 단지 시골에서만 문제가 될 뿐이다"는 식으로 말한다. 나는 상대의 기분을 상하게 하지 않기 위해서, 그리고 내가 결코 전문가가 아닌 주제에 대해 논쟁을 벌이지 않으려고 입을 다물고 가만히 있는 편이다. 그러나 나는 그 사람들의 말을 믿지는 않는다. 인도의 카스트 제도는 오늘날 세계화와 도시화에 의해 더욱 더 위장되고 가려지고 있다. 세계에서 가장 급속하게 경제가 성장하고 있는 나라의 수도에 있는 나의 집에서는 두 명의 가정부가 카스트의 가장 기본적인 불공평을 몸소 보여주고 있다.

내가 녹음 장비를 집어 들자 비제이는 질문할 틈을 주지 못한 것 같다고 사과했다.

"보셔서 알겠지만 이 문제에 대해 내가 너무 흥분했지요? 좀 더 침착하게 토론해야 하는데. 이번 주말에 델리 프레스 클럽에 오셔서 친구들을 몇 명 만나보는 건 어떻겠습니까? 내 친구 파르바티를 만나 보면 좋아하실 것 같은데요."

그런 제안은 나한테 굳이 물어볼 필요도 없었다. 나는 사교생활에 너무 굶주려 있었기 때문에 그가 카스트, 크리켓, 발리우드 춤동작에 대해 밤새도록 떠들어대건 말건 상관이 없었다. 그저 외출한다는 것만으로도 흥분이 되었다. 야간활동이 델리에서는 놀라울 정도로 어렵다는 걸 나는 이미 알고 있었다. 조긴더를 포함해 나의 택시 운전기사 K.K.에 이르기까지 누구나 똑같은 조언을 해 주었다. "어두워진 후에는 여자 혼자 밖에 나가면 안 됩니다." 신문에는 거의 고정적으로 성희롱을 실제보다 완화해 부르는 인도식 완곡어인 '야간 집적거리기' 사건이 보도됐다. 정부 통계에 의하면 여성에 대한 폭력사건이 2003년 이래로 실제로 급증하는 추세였다. 아마도 점점 더 많은 여성들이 직장이나 다른 공적인 공간에 진출하게 됨에 따라 강간사건이 30% 이상, 납치나 유괴사건이 50% 이상 증가했다는 것이다. 지타도 그녀의 표현대로 '시골남자'들한테 공공버스에서, 심지어 사원 안에서도 몸 더듬기나 괴롭힘을 당한 적이 여러 번 있었다.

벤저민이 나한테 와 있는 동안 그는 델리의 엉덩이 꼬집는 사람들로부터 나를 상당히 많이 보호했다. 짝을 지어 외출하는 것이 훨씬 더 안전할 뿐만 아니라 사회적으로도 훨씬 더 용인되는 일이었다. 그러나 델리시에는 밤에 나가 즐길 만한 일이 거의 없었다. 기껏해야 5성급 호텔의 값비싼 칵테일 또는 우리가 좀처럼 초대받지 못하는 가정집의 파티와 가족모임 정도였다. 바는 너무나 새로운 문화라서 아직 활성화되지 않은 단계였다. 2009년 한 무리의 여성들이 대학촌에 있는 바에서 보수적인 힌두 집단으로부터 신체적인 공격을 당했다. 그 사람들은 피해 여성들이 '인도인답지 않다'고 비난했다. 정부 관리는 그 폭력사건을 규탄했지만, 며칠 후 인도의 보건장관은 기자회견을 열고 전국적으로 술집은 금지되어야 한다고 주장하며 이렇게 선언했다. "주점 문화는 끝내야 합니다. 그것은 우리의 문화가 아닙니다."

내가 그곳에서 지낸 여러 해 동안 델리는 세계적인 영향에 대해 더욱 문호를 개방함으로써 도시의 공공생활은 놀라울 정도로 개선되었다. 그러나 젊은이들이 쇼핑몰이나 바에 이전보다 훨씬 많이 드나들기는 하지만 인도에서는 여전히 사회생활의 핵심은 가족에 있다. 모임의 장소가 가정 안이고, 술은 인도의 주요 종교인 힌두교와 이슬람에서 금지되어 있기 때문에 보통은 주요한 관심사가 되지 못한다. 2세기 때부터 내려온 마누의 힌두교 법전에는 술에 취하는 것이 금을 훔친 죄, 종교 교육자의 '침대를 더럽힌 죄', 브라만을 죽인 죄와 함께 네 가지 가장 나쁜 중범죄에 포함돼 있다. 그리고 여성은 음주 자체가 금지되어 있다.

독립 후 몇몇 주에서는 술 판매와 소비를 금지시켰다. 간디의 고향인 구자라트 주에서는 그의 절대금주주의 원칙에 대해 경의를 표하기 위해 술은 여전히 불법이다. 금주 조치는 술을 밀조하는 위험한 산업을 키우게 되었다. 2009년 구자라트에서는 불법으로 잘못 제조된 술이 130명 이상의 목숨을 앗아갔다. 한 달 동안 그런 사건이 여러 건 발생했다. 야자, 쌀, 사탕수수를 증류하여 집에서 만드는 술인 '아락'은 값이 싸고 구하기도 쉽다. 내가 사는 곳에서 몇 구획 떨어진 곳에 있는 술가게 밖으로 포테이토칩 봉지만한 비닐봉지에 들어 있는 '타이리'라는 독주를 사려고 빈민가 주민들이 줄을 서 있는 것을 쉽게 볼 수 있다. 가게가 정오에 문을 열면 그곳은 10루피 지폐를 들고 필사적으로 흔들어대는 바짝 마른 팔들이 혼잡하게 뒤엉킨다. 독주 상인한테 20센트에 해당하는 돈을 내밀며 그들은 날카롭게 소리를 지른다. 그들은 몸에 착 달라붙는 바짓가랑이 속으로 술 봉지를 밀어 넣고는 손님을 기다리는 동안 자기네 릭샤 안에서 술을 빨아 먹는다.

하층민들과 달리 델리의 중산층은 와인은 거의 팔지 않으면서도 이름이 영국 와인 가게인 곳에서 술을 산다. 인도에서는 수입 와인에 대한 세금이 무겁고 국내 와인 산업은 늦게 시작되었다. 그렇게 늦어진 이유 가운데에는 인도인들은 식사 전에는 술을 마시지만 식사 중에는 술을 마시지 않는다는 점이 포함된다. 위스키 한 병 가격이 국내산 와인의 3분의 1밖에 안 된다. 위스키는 알코올 도수도 세 배나 높다. 이곳에서 영국 와인은 실제로는 '인도에서 만든 외국 술'을 뜻하는 말이다. 영어를 말하는 인도인들이 흔히 줄여서 IMFLIndian Made Foreign Liquor이라고도 하는 관료식의 어색한 용어다. IMFL에는 스미르노프나 고든스 같은 익숙한 이름의 상품명이 붙는다. 맛은 다 똑같은데 왜냐하면 곡류나 서양에서 보드카와 진을 만들 때 쓰는 주니퍼 열매가 아니라 당밀을 증류하기 때문이다.

술 맛에 대해 식견이 있는 델리의 애주가들은 미국 평균가의 열 배가 넘는 수입주류를 선택하거나 델리 골프 클럽같이 회원을 엄선하는 클럽의 회원권을 확보한다. 목재로 칸막이를 한 그 클럽 내부는 무굴 제국의 기념물들이 곳곳에 흩어져 있는 골프장처럼 꾸며져 있다. 이곳에서는 유니폼을 입은 웨이터들이 '봄베이 사파이어 진'을 내놓는다. 이 술의 이름은 인도에 있던 영국인 통치자들 사이에서 진이 애호되었다는 것을 알려주지만, 이 술은 인도가 아닌 지역에서 제조된 것이다. 영국 통치자들은 토닉워터에 든 키니네 때문에 말라리아를 예방하려고 이 술을 토닉과 함께 마셨다. 클럽 회원권은 과거에 영국 관리들이 그랬듯이 오늘날에도 인도인들이 선망하는 대상이다. 회원권은 회사 경영자와 고위 장성들 사이에 대대로 전해진다. 내 이웃 가운데 한 사람은 자기네 부모가 델리 골프 클럽 회원권을 그녀의 지참금에 포함시켜야겠다고 하는 농담을 들으면 제일 기분이 좋다고 했다.

델리 프레스 클럽은 골프 클럽보다는 덜 엄격하게 회원을 받는 곳으로 대부분이 남성인 인도 언론인들이 회원이다. 그들은 술이 세고 줄담배를 피우며, 1950년대의 미국 신문기자들처럼 입이 거칠다. 그들은 구겨진 셔츠 차림으로 클럽으로 몰려들어 정치 스캔들을 경쟁적으로 쏟아내며 위스키와 함께 향신료를 넣은 봄베이 믹스를 입에 털어 넣는다. 클럽은 낡은 데다 창이 없고, 힌디어 뉴스 채널을 크게 틀어놓은 TV까지 있어 무질서하고 소란하다. 내가 걸어 들어가자 연기가 자욱한 그곳에 짧은 순간 정적이 흘렀다. 남자들이 난데없이 페링기 여성이 그들 가운데로 들어오자 잠시 주목한 것이었다. 하지만 힐끗 바라보는 정도였고, 곧이어 자기네가 하던 얘기로 되돌아갔다.

나는 바깥 테라스 쪽을 둘러보았고 날이 어둑어둑해지는 가운데 앉아 있는 비제이를 발견했다. 그는 클럽 안의 유일한 다른 여성과 동석하고 있었고, 나는 그녀가 파르바티라는 걸 알 수 있었다. 파르바티는 흰색 살와르 카미즈를 입고 10월 하순의 쌀쌀한 날씨에 대비해 모직 숄을 어깨에 두르고 있었다. 그녀는 인기 있는 서구식 아이섀도와 립글로스 대신 지타가 경멸하는 인도 전통식 화장을 하고 있었다. 여러 세기 동안 인도 여성들은 라지푸트 토후국의 왕비나 1930년대의 발리우드 여주인공처럼 콜이라는 강렬한 검은 색 아이라인을 그려 왔고, 이마에는 검정이나 붉은 색의 둥근 점 빈디를 칠했다. 파르바티는 다소곳한 처녀 같은 차림새였지만 그녀의 테이블 앞에는 골드 플레이크 담배 한 갑, 탄산수 한 병, 황갈색 위스키가 담긴 잔이 놓여 있었다.

비제이는 손을 크게 휘두르며 파르바티를 소개했다. 그녀는 델리 최고의 정치 전문기자 중 한명이고 프레스 클럽 가입을 요청받은 몇 안 되는 여성 중 한명이라고 그는 자랑했다. "이 사람은 진정으로 문제의식이 투철한 사람이에요. 여기서 당신이 만나는 대부분의 언론인들에게는 드문 일이지요." 술에 취한 그가 하는 말은 불분명했고, 영어에는 불경한 힌디어들이 마구 뒤섞이고 있었다. 인터뷰를 할 때는 그런 말을 자제했던 게 분명했다. 힌디어 욕설은 델리 프레스 클럽에 있는 저널리스트 사이에서는 필수적인 액세서리라는 것을 나는 곧 알게 되었다.

파르바티는 비제이가 쏟아내는 칭찬에 콜로 라인을 그린 눈을 굴리며 말했다.

"아이 참, 두목님도. 아마 그렇겠지요. 그렇지만 내가 너무 게을러 입회서류를 작성하지는 않았어요." 그녀는 나에게로 몸을 돌리며 이렇게 덧붙였다. "우리는 이 클럽에 수년 동안 다니고 있어요. 하지만 아직 나는 비제이의 회원권을 사용하고 있어요. 입회 요청을 받은 것만으로도 큰 영광이지요."

그녀는 수십 년 간 사회주의 체제였던 인도에 아직 남은 흔적인양 근로자들이 유니폼으로 종종 입곤 하는 회색 인민복을 입고 떠들썩한 테이블 사이로 달음박질하듯 다니는 웨이터를 보았다.

"데브!" 나는 갑자기 힘주어 말하는 그녀의 큰 목소리에 깜짝 놀랐다. 그녀의 목소리는 이미 담배와 술로 굵어진 상태였다. 데브는 잽싸게 우리 테이블로 다가왔다. 나는 무엇을 주문할지 몰라 머뭇거렸다. 파르바티는 아주 잠깐 내 대답을 기다리더니 곧바로 나섰다. "채식 스낵으로 시작해요. 알루 차트. 감자로 만든 건데 어때요? 마실 것은?"

"마시고 계신 게 뭐예요?" 나는 그녀에게 물었다.

"시그램스 블렌더스 프라이드에 소다수를 넣은 것이에요." 그녀는 인도식 영어 표현을 써가며 말했다. "인도에서 만든 최고의 위스키에요. 아니 마실 만한 유일한 위스키라고 하는 게 낫겠네요."

"그건 진짜 인도 위스키가 아닙니다." 비제이가 테이블 너머로 자기 잔을 내밀며 선언했다. "이게 진짜지. 로열 챌린지."

나는 앞에 놓인 잔 두 개를 어리둥절해서 바라보았다. 파르바티가 나서서 설명했다. 자기가 마시는 시그램스는 당밀이 아니라 곡물로 증류한 몇 안 되는 인도 위스키라는 것이었다.

"외국 시장에서 우리 브랜드 로열 챌린지는 위스키 취급도 못 받아요. 믿을 수 있겠어요? 당밀로 만든 위스키는 유럽에서 팔 수 없어요. 다른 이름을 붙이면 몰라도요."

한 모금을 마셔보고 나는 놀라지 않았다. 달콤하고도 자극적이었는데, 맛은 내가 아는 스카치나 버번 맛이 전혀 아니었다. 나는 공손하게 웃고는 그들이 마시는 것에 휘말리지 않기로 결심했다. 비제이가 카스트 제도에서처럼 술에 대해서도 자기주장이 너무 강했기 때문이다. 나는 맥주를 주문했다.

웨이터가 우리 잔을 플라스틱 테이블에 툭 하고 내려놓자 파르바티는 내 쪽으로 몸을 기울였다. 고백을 하기에는 좀 이른 밤이었지만 그녀는 자기 자신에 대해 매우 설명하고 싶어 하는 것 같았다. 아마도 내가 보수적인 인도 사회에서 그녀의 위치를 파악하려고 애쓰는 걸 눈치 챘을 것이다. 아니면 자기 자신을 국외자로 간주하기 때문에 나에게 친근감을 느꼈을 수도 있다.

"내가 담배를 피우고 술을 마시는 것을 보고 내가 특정한 부류의 여자려니 하고 쉽게 추측하는 사람들이 많습니다. 하지만 나는 이 깨끗하고 순결한 인도에 아무런 누를 끼치지 않아요. 보시다시피 나는 몹시 서구화되었다거나 하는 게 전혀 아니에요. 나는 그저 왜 어떤 식으로 행동해야 한다는 규범에 따라야 하는지 그 이유를 모를 뿐입니다."

"이 사람은 멋대로 판단하는 델리의 왈라들이 자신에 대해 어떻게 생각하든 전혀 신경 쓰지 않아요." 비제이가 끼어들었다.

"신경 쓰지 않는 법을 터득한 건 맞아요. 내가 델리의 부유한 가정에서 자라지 않았다는 것을 알면 사람들은 놀랍니다. 그런 집 여성들이 사회의 기대를 배반할 가능성이 훨씬 많거든요. 나는 시골에서 자랐어요. 정말로 히말라야 산기슭의 작은 마을 출신이에요." 그녀는 내가 귀 기울여 듣는지 확인하는 듯 내 얼굴을 살폈다. 그녀의 눈은 내가 처음에 생각했던 대로 그냥 갈색이 아니라 훨씬 복잡 미묘했다. 황록색과 담갈색 얼룩이 어린 두 눈은 빛이 마주칠 때 고양이 눈처럼 빛을 냈다.

"아버지는 정부에서 일하셨고 집에 돈이라곤 없었어요. 하지만 우리 가족은 상위 카스트입니다. 아버지는 평생 옷 속에 브라만의 신성한 매듭을 걸쳤지요. 마을 사람들은 그것을 다 알고 있었어요. 그분의 성이자 나의 성이기도 한 판데는 명백한 브라만 이름이랍니다."

파르바티에 의하면 마을에서 파르바티 집안이 고귀했기 때문에 어린시절 그녀의 선생님들은 다른 학생들은 가혹하게 벌을 주면서도 자기는 나쁜 행동을 해도 너그럽게 봐주었다고 한다. 그녀는 뭐든지 해낼 수 있다고 믿으며 성장했고, 지금도 바라는 것은 성취할 수 있다고 생각한다.

"나는 모범생이 아니었지만 든든한 집안 이름이 있었지요. 그래서 남들보다 쉽게 대학에 갈 수 있었어요. 아버지는 내게 영어를 가르쳤고 대학에 들어가도록 도와 주셨어요. 그렇지 않았으면 여기에 이렇게 있을 수 없었을 겁니다. 당신한테 영어로 말하는 게 불가능했을 거예요."

비제이가 그 말에 덧붙였다. "또한 부친께서는 자기 딸이 결혼에 얽매이지 말고 야망을 가져야만 한다고 생각하셨대요. 그렇지만 어떻게 그분이 그런 생각을 하셨을까요? 여자들한테 그런 믿음을 가졌을까요?" 그는 대답을 기다리며 빤히 쳐다보았다. 내가 머리를 가로젓자 그는 참을 수 없다는 듯 손을 흔들고는 스스로 답을 했다. "부친 역시 교육을 받았기 때문이지요. 그래서 그렇게 된 겁니다. 이들 작은 마을에서는 요즘에도 오직 상위 카스트들만 제대로 교육을 받거든요."

여러 세기에 걸쳐 상위 카스트는 인도의 제도를 지배해 왔다고 비제이는 말했다. 인도가 독립할 무렵 어떤 지방에서는 달리트가 인구의 25%에 이르렀는데, 의회에서는 불가촉천민 출신 장관 단 한명이 그들을 대변했다. 인구의 2%뿐인 브라만은 의석의 3분의 2를 차지했다. 인도의 총리들 대다수는 브라만들이었다. 영국 총리 윈스턴 처칠은 인도의 정치를 경멸했는데 이유는 '단 하나의 주류 집단'이 지배하기 때문이었다.

최근 수십 년 간의 차별 철폐 정책과 개선된 교육 기회는 인도 정치에 대한 상위 카스트의 완전지배 형태를 약화시켰고, 아직 소수이지만 상당히 중요한 의미를 지니는 달리트 중산층이 출현하는 데 일조했다. 1997년에는 달리트가 실제 권력은 거의 없지만 상징적 중요성이 매우 큰 인도 대통령에 임명되었다. 인도에서 가장 힘 있는 정당 중의 하나인 BSP 당은 달리트의 존엄성과 자존을 기반으로 해 성장한 정당이다. 그 정당의 지도자 마야와티는 즉각 인도 전국에 그녀의 이름을 알리게 되었다. 그녀는 자신을 억압받은 자들의 옹호자로 내세웠다. 초기 정치집회에서 그녀는 동료 달리트들에게 신발로 상위 카스트 사람들을 때리라고 종용했다는 유명한 일화가 있다. 그녀는 인도에서 가장 큰 주인 우타르 프라데시주의 주 총리로 연속 당선되고 있다.

파르바티는 어깨 둘레로 숄을 당겼다. 시간이 늦었다.

"쌀쌀한 날씨는 내가 자란 곳의 구릉이 생각나게 해요." 파르바티는 비제이에게 꿈결 같은 눈길을 던졌다.

그는 부끄러운 듯 머리를 숙였다.

"파르바티의 이름은 '산 속의 그녀'란 뜻입니다. 멋있지 않아요? 우리는 둘 다 산기슭의 구릉을 좋아해요. 그곳의 생활여건이 그렇게 척박하지만 않다면…" 그의 목소리가 잦아들었다.

그 두 사람의 관계에 대해 의아해 한 것은 처음 만난 그날 저녁만이 아니었다. 그들에게는 서로의 사연을 여러 번 들어 온 커플들만의 자연스런 편안함이 있었다. 그러나 저녁 내내 그는 그녀의 손도 잡지 않았다. 술이 꽤 취했는데도 그들의 의자는 아주 반듯한 거리를 유지했다. 그들은 결혼을 할 것 같지는 않았다. 그러나 파르바티는 나보다 한두 살 위일 뿐이고, 비제이는 마흔이 다 됐기 때문에 만일 그가 그녀의 보이프렌드라면 그것은 더 이상했다.

그러나 파르바티가 수수께끼를 풀어주는 바람에 나는 오랫동안 기다릴 필요가 없었다.

"오늘 밤 우리 집에 묵으세요. 내가 비제이를 집에 내려주고 나면 우리 둘이서 아침에 실컷 얘기 나눌 수 있어요."

명백히 그녀는 그와 따로 살 뿐만 아니라 그를 집까지 태워다 주었다. 밖으로 나오자 그녀는 클럽 바깥에 주차돼 있던 자그마한 흰색 차 운전석에 올라탔다. 나는 새로 사귄 친구가 인도의 규범을 깨는 과정을 내내 지켜보느라 애를 쓰며 비좁은 뒷좌석에 발을 구부리고 앉아 있었다. 파르바티는 여성의 음주나 흡연에 대해 낙인을 찍는 인도의 관행에 도전하기로 한 자신의 결심에 유례없이 자신만만해 보였다. 지타가 이따금 미니스커트를 입고 남자들과 어울리는 것이 생각났는데 지타의 반항적인 행동은 파르바티의 것과 비교해 보면 너무나 약소했다. 때때로 지타는 남자 친구한테 많은 델리 여대생들이 좋아하는 달콤하기만 하고 별로 알코올이 들어 있지 않은 '올드 몽크 럼 앤 코크'를 사달라고 했다. 마치 자신의 까다로운 성격을 강조하려는 듯 지타는 늘 한 모금만 마셔도 취한다고 했다. 반면 파르바티는 저녁 모임에서 위스키를 여러 잔 마시고 최소한 한 갑 정도의 담배를 피웠다. 내가 술 취한 상태에서 봐도 그 모습은 전통을 파기하려는 그녀의 신조를 상징하는 것처럼 보였다. 그녀는 마치 주류의 규범과 가치를 벗어나 자기 자신만의 도덕 세계를 갖고 있는 것 같았다.

나는 이러한 사실들에 너무나 마음을 빼앗긴 나머지, 위스키를 마시는 새 친구와 야간 주행을 하는 것은 신중하지 못한 행동일 수 있다는 생각은 전혀 하지 않았다. 주간에 델리의 교통은 델리만의 유기적인 논리에 따라 작동했다. 자전거가 끄는 릭샤, 노점상 수레, 수입 BMW 자동차의 흐름이 차선을 사이에 두고 빈틈없이 만나고 미끄러진다. 그들은 끼어들 때 서로 경적을 거의 울리지 않는다. 혹시 부딪혔을 때 큰 손상을 입힐 정도로 빨리 달리지도 않는다. 그러나 야간에는 낮을 지배하던 도로 위의 불문율이 사라진다. 빈 길에서 모든 수송 수단의 속도가 빨라지고 새로운 장애물이 활개를 친다. 파르바티는 떼 지어 배회하는 개들, 도로 한가운데의 중앙 분리 지대에서 잠을 자려고 쭉 뻗고 누운 노숙자들에게 주의를 기울이는 것 같지 않았다. 그녀는 백미러를 통해 나한테 눈길을 던지는가 하면, 계속 빠르게 말을 하면서 빨간 불이 켜져 있는 데도 차를 몰고 지나갔다.

나는 기겁을 했다. 회색빛 밤안개 속에서 쿵쿵 걷는 코끼리의 회색빛 엉덩이가 갑자기 나타났다. 밤공기 속에서 코끼리의 형태가 전혀 드러나지 않았던 것이다. 코끼리 위 높은 곳에서는 코끼리를 타고 있는 사람의 빨간색 터번이 깐닥깐닥 움직이고 있었다. 파르바티는 차를 옆으로 부웅 꺾었다. 그 바람에 깜빡 졸고 있던 비제이가 깨어났다. 우리가 탄 차의 헤드라이트 불빛 속에서 나는 코끼리의 꼬리에 매단 손으로 그린 표지판을 보았다. 모양이나 크기가 자동차 번호판과 같은 그 표지판에는 '나는 인도를 사랑한다'라고 적혀 있었다.

제5장

브라만은 브라만이 만든 것만 먹는다

그녀는 자기 손으로 직접 만든 음식이나 사원 마당에서
다른 브라만이 준비한 음식만 먹었다.
몇 년 전 남편과 사별한 뒤부터 라다의 식사 원칙은 한층 더 엄격해졌다.

타는 듯한 붉은 꽃이 피기 때문에 '숲의 불꽃'이라고도 부르는 굴모하르 나무 꼭대기 가지에서 까마귀들이 까악까악 하고 기를 쓰고 울어댔다. 내가 이사 들어 올 무렵 그 나무는 내가 사는 건물 위로 우아하게 드리워져 있었다. 그러나 온 나무를 뒤덮고 있던 꽃을 바람이 날려 버린 지금은 우아함이라고는 전혀 찾아볼 수 없었다. 까마귀들이 쿵쿵 소리를 내며 콘크리트 바닥 위로 내려앉았다. 8월의 우기 폭풍이 다가오고 있었다. 하늘이 컴컴해지고 새들이 사라지고, 공기는 무겁고 적막감이 돌았다. 맹그로브 늪지대 속 같았다. 곧 이어 창문을 세차게 내리치며 비가 쏟아졌다. 금방 배수구가 막히고 거리에는 빗물과 하수, 오물이 넘쳐났으며 고약한 하수구 냄새가 코를 찔렀다.

조긴더가 시장 쪽으로 달려가는 것이 보였다. 머리에는 비닐봉지를 쓰고 있었다. 자전거를 탄 배달 소년이 교통흐름이 정지된 도로 위에서 비틀거리며 움직였다. 그는 좌우 양쪽에 커다란 휘발유 통을 달고 위태롭게 균형을 잡고 있었다.

택시 한 대가 홍수 사이로 흔들흔들 움직였다. 운전기사는 방향을 잡기 위해 창밖으로 머리를 내밀고 있었는데 머리칼은 비에 흠뻑 젖어 있었다. 앞 유리가 물에 덮여 앞을 볼 수가 없었다. 와이퍼가 고장 난 게 틀림없었다. 저녁이 되자 마지막으로 남아 있던 굴모하르의 두툼한 꽃잎들은 도로 위에 붉은 흔적을 길게 남겼다.

나는 살고 있던 니자무딘의 낡은 바르사티 집으로부터 모퉁이를 돌면 되는 곳으로 이사를 했다. 새 거처의 구조는 모두 실내에서 생활하도록 되어 있었지만, 습도가 높은 철에는 습기와 벌레가 스며들어 왔다. 항아리에 담아 놓은 양념들이 눅눅해졌다. 라다가 구운 차파티 빵에는 몇 시간도 안 돼 곰팡이가 피고, 창턱을 따라 푸른색 곰팡이가 띠 모양을 이루며 생겨났다. 벽에는 노래기가 종종걸음을 치고, 싱크대 주변에는 모기가 떼를 지어 선회했다. 투명한 도마뱀붙이들은 부엌에서 하루 종일 벌레를 잡아먹으며 포식했다.

델리에서 두 번째로 얻은 거처는 바르사티보다 네 배나 비쌌다. 미국식 낭비에나 혼자 매달 4백 달러를 쓰려고 한다는 사실에 지타는 큰 충격을 받았다. 그래서 나는 그녀에게 방세를 일부 내고 우리 집으로 들어오면 어떻겠느냐고 물어보았다. 처음에는 나니마를 버리고 떠나면 어머니한테 혼날까 겁이 나 그녀는 망설였다. 나는 그녀를 초대해 집안을 보여주었더니 온 가족이 쓰고도 남을 집안 크기를 보고 그녀는 놀랐다. 방이 세 개에다 양식 변기를 갖추고 샤워도 가능한 화장실 세 개, 거기다 거의 모든 방에 에어컨 시설이 되어 있었다. 혼자 지내는 여자 혼자서 쓸 집이 아니었다. 나는 벤저민이 그렇게 오랫동안 와서 있으리라고 전혀 기대하지는 않았지만 집주인에게는 남편이 매년 반년 정도는 와서 지낼 거라고 구실을 댔다.

내가 새 집에서 제일 반한 것은 상류층에서나 사용하는 호화스러운 변환기 인버터였다. 도대체 인버터도 없이 인도에서 어떻게 2년을 지냈을까 하는 생각이 들 정도였다. 도시의 불안정한 전기 공급 때문에 델리에서 인버터는 창의 방충망과 천정 선풍기만큼이나 필수 품목이다. 인버터는 배터리 전력을 축전하고 있다가 전기가 끊어지면 자동으로 돌아가는데, 대부분의 인버터는 에어컨을 가동시킬 수 있을 정도로 전력이 세지 못하지만 선풍기를 돌릴 정도는 된다. 거의 매일 정전이 되는 여름에 선풍기 바람은 천사의 날개에서 불어오는 축복처럼 감미롭다.

나는 지타에게 델리 전기국에서 어서 전기를 흐르게 해 주기를 기다리면서 땀을 뻘뻘 흘리며 무기력하게 눈을 뜨고 누워 있었던 밤 얘기를 했다. 어떤 때는 몇 시간씩 기다리다 못해 심야에 조금은 더 시원한 나니마의 집으로 도망치듯 내려가곤 했다. 공기가 순환되지 않으면 잠은 도저히 이룰 수 없었다. 지타와 나는 미풍이라도 불어왔으면 하는 희망으로 창을 밀어 열고 이웃 사람들이 뜰에서 왔다 갔다 하는 모습을 바라보았다. 마치 한낮인 것처럼 조긴더와 그의 가족은 간이 침대 차르포이를 골목으로 끌어내 놓곤 했다. 가로등의 가느다란 광선이 있었지만 칠흑 같은 어둠은 여전했다.

새 집에 들어오고 나서부터 나는 정전이 되는지 안 되는지도 모르고 밤새 푹 잘 수 있었다. 나는 지타에게 집 안 구경을 시켜 주면서 굳이 새 집 자랑을 늘어놓을 필요도 없었다. 그녀의 맘이 이미 새 집에 기울어 있다는 것을 알았기 때문이다. 지타는 새 집의 남는 방에 들어와 살고 싶었지만 나니마를 떠날 수가 없었다. 그렇지만 앞으로 많은 시간을 그 방에 와서 지내겠다고 했다. 지타는 나보고 바르사티에서 지낼 때보다는 집 안 일에 더 신경을 써야 할 것이라고 몇 번이나 당부했다. 그 집에서는 일손도 부족하고 집 안이 너무 엉망이었다는 것이었다. 지타는 니자무딘의 새 집에서 자기가 일종의 집사 같은 역할을 하겠노라고 했다. 나는 그런 사람은 필요 없다는 생각이었지만, 지타는 내가 집 안 일을 제대로 챙기기에는 아직 멀었다는 생각이 확고했다.

지타가 제일 먼저 한 일은 내게 집 안 일을 제대로 가르쳐 줄 인도 여자를 한명 구하는 것이었다. 그 일은 어렵지 않았는데, 지타는 같이 일하는 자기 친구인 프리야를 우리 집의 빈 방에 들어오도록 했다. 지타처럼 그녀도 중산 계급 출신의 현대 여성이었는데, 여러 해 동안 델리에서 '혼자 사는 여자'였다. 부모는 델리에서 자동차로 두 시간 거리에 살았고, 프리야도 주말은 대부분 자기 부모 집에 가서 지냈다. 지타는 프리야한테 주중에는 우리 집에서 지내며 내게 집 안 일을 가르치라는 임무를 부여했다. 그것은 지타가 생각한 것처럼 여러 모로 잘 한 일이었다. 나는 한 가족이 살아도 될 넓은 집에 혼자 살며 외로움을 느끼지 않게 됐고, 한 달에 4백 달러 하는 집세에 조금이라도 보탬이 되니 경제적으로도 괜찮은 방안이었다. 지타는 나 혼자서 집세로 4백 달러를 쓰는 것은 지나친 낭비라고 생각했다.

이사하는 날 라다는 나와 함께 걸어서 왔다. 깡마른 이웃 소년들이 짐 나르는 값으로 3달러씩을 벌기 위해 폴리에스터 셔츠 위로 땀을 흘리며 내 옷이 들어 있는 상자를 머리에 이고 우리를 지나 잽싸게 나아갔다. 라다는 내가 야옹대는 고양이들을 담아 나르고 있는 금속제 고양이 상자 쪽으로 가끔씩 찡그린 얼굴을 돌려 가며 내 옆에서 쿵쿵 무겁게 움직였다. 그녀는 기분이 언짢았다. 그날 아침 라다는 나더러 고양이를 두고 가라고 했다. 하지만 나는 고양이들이 두 번째 집을 더럽히지 않게 하겠다는 전제를 달기는 했지만, 끝까지 우겨서 그 논쟁에서 라다를 눌렀기 때문이다.

집 안으로 들어서자 그녀의 화나는 마음은 바뀌었다. 그녀는 고딕 양식의 대성당에 들어선 것처럼 경외감 속에 말을 잃었다. 그러더니 혼잣말로 감탄하며 빈 방을 둘러보았다. 실내는 내가 기억했던 것보다 넓어 보였고, 흰 타일이 깔린 긴 바닥을 보니 가정부가 쓸고 걸레질을 해야 할 것이라는 생각이 들었다. 모든 벽장문을 다 들여다보고 나서야 라다는 웅크리고 앉아 사태를 정리해 보기 시작했다.

"디디, 일이 아주 많겠는데요…" 그녀가 올려다보며 이런 말을 꺼내자 나는 사과의 말을 꺼내려 했다. 그런데 그녀의 눈은 기대치 못했던 자긍심으로 빛나고 있었다. "그렇지만 참 아름답네요. 디디, 이보다 더 아름다운 집은 본 적이 없어요."

라다는 내가 거처를 더 좋은 데로 바꾼 것을 내가 이 세상에서 격이 높아지는 걸로 받아들였고, 자신의 격도 똑같이 올라간 것으로 생각했다. 어쩌면 자신의 부유한 페링기 고용주가 이사해 들어간 집에 대해 친구들에게 자랑할지도 모른다는 생각이 들었다. 그러면 타인의 집에서 청소를 한다는 굴욕감이 일부나마 완화될 것이다.

함께 살 인도 여자가 한명 있다는 소식에 라다의 기쁨은 한풀 꺾이고 말았다.

인도인 고용주가 생기면 집안에서 자신이 휘둘어 온 지휘권이 끝장날 판이었기 때문이다. 라다의 버릇없는 태도를 묵인해 줄 인도 여자는 없었다. 실제로 지타는 오래 전부터 라다가 주인이 자기를 제대로 부릴 줄 모르는 것을 이용해 제멋대로 행동한다는 의심을 해 왔다. 또한 지타는 내가 너무 적은 인원에게 집안일을 모두 맡기는 것은 얼빠진 짓이라고 생각했다. 그녀는 이참에 잘못된 것을 바로잡아야 한다고 생각하고는 일할 사람부터 늘리라고 했다. 지타는 전형적인 인도 마님들처럼 나한테 집안일을 어떻게 이끌어 나가야 될지 가르치기 시작했다. 지타는 중간 계급의 집처럼 일하는 사람을 갖추지 않으면 프리야가 불편해 할 것이라며 근무자 명단을 더 늘리라고 다그쳤다.

"미란다, 이것은 인도에서 누리는 이점 중의 하나예요. 당신을 위해 일해 줄 사람이 더 있어야 해요. 사람을 부리는 데 대해 죄의식을 느낄 필요가 없다고요."

지타는 아주 빨리 고용인원을 늘리는 일에 착수했다. 곧 지타의 자동차를 닦아 줄 아제이, 계단을 청소할 아스마가 왔고, 택시 정류장에서 내가 가장 좋아했던 운전기사인 K.K.가 우리의 비상근 운전기사로 일하게 되었다. 우리에게 필요한 일을 해 줄 사람을 찾는 것은, 아무리 그 일이 특수한 것이라 해도, 만성적인 실업자가 넘쳐나는 이 도시에서는 결코 어려운 일이 아니다.

그렇게 되니 내 생활은 더 힘들어졌다. 지타와 프리야가 도와준다고 해도 주위에 하인들을 부리는 것은 보통 복잡한 일이 아니었다. 인도인 일꾼들 사이의 복잡한 카스트 순위를 파악해 조정하는 일은 차치하고라도, 지금까지 누굴 부려본 적이라고는 한 번도 없기 때문이다. 하인들을 부리려면 얼마나 많은 인내와 기술이 필요한지 알고는 깜짝 놀랐다. 그제서야 나는 인도 주부들이 너무 일이 많다고 불평하는 것을 이해할 수 있게 되었다. 그들이 과로하는 원인은 일상의 잡일 때문이 아니라 단순히 일꾼들 다루는 일 때문이다. 또한 나는 해외 근무자들이 돈을 더 많이 주더라도 대사관 추천을 받은 일꾼을 선호하는 이유도 알게 되었다. 그런 일꾼들은 경찰에서 발급한 신분증도 있고, 페투치네 알프레도 같은 파스타 요리도 만들 수 있는데 무엇보다도 중요한 사항은 그들은 자신의 일에 대해 전문가적인 태도를 지녔다는 점이다.

대체적으로 인도 하인들은 일 년 간 노예가 되기로 동의한 가난한 사촌처럼 행동한다. 전임 요리사 한명, 시간제 가정부 두 명, 운전기사가 있는 환경에서 성장한 지타와 프리야에게 주인과 하인의 관계는 아주 자연스러운 일이었다. 두 사람 모두 중간 계급의 브라만 가정에서 자랐기 때문에 다른 누군가가 자기들 대신 더러운 일을 맡아서 하는 걸 지극히 당연한 일로 받아들였다. 하지만 두 사람의 가족은 중간계급 중에서 제일 낮은 쪽에 속했기 때문에 마을의 나이 어린 일꾼들에게 의존했다. 그런 일꾼들은 임금도 싸고, 쉽게 구할 수 있으며 고분고분하다. 인도의 많은 가정에서 일꾼은 본질적으로 노예 계약을 맺은 하인이다. 그들은 주인집 뒤편에 있는 비좁은 숙소에 살며 밤낮 가리지 않고 주인이 부르면 금방 달려올 태세를 갖추고 있다. 먹는 것도 쉬는 것도 주인의 처분에 따라야 한다. 그러나 이러한 관계는 인정으로 유지되는 경우가 많다. 예를 들어 지타의 어린 시절 요리사는 지타가 살아오는 과정에서 일어난 모든 중요한 일을 곁에서 지켜보았다. 물론 그 일에 끼어들지는 않았다. 지타는 그 사람을 가족의 일원으로 여겼고 지금까지도 그 사람을 그렇게 대한다.

"당신이 손가락 하나를 주면 그들은 팔을 가져갈 거예요. 아무리 좋은 일꾼이라 해도 누가 관리자인지 알려줄 필요가 있어요. 라다에게 한 것처럼은 안돼요." 지타는 내게 이렇게 말했다. 나는 라다가 좋은 일꾼이라고 항변했지만 내 집사로 자청한 지타는 그 말에 꿈쩍도 안했다. "미란다, 인도에서는 어려운 일이 많아요. 하지만 훌륭한 일꾼은 얼마든지 있어요. 라다에게 주는 돈은 집안일을 혼자서 다 하는 일꾼한테 주는 만큼 돼요. 라다는 당신이 마음이 연약한 페링기니까 자기를 해고하지 않으리라는 것, 그리고 자기가 뭐든지 멋대로 할 수 있다는 것을 알고 있어요."

맞는 말이었다. 나는 라다에게 엄한 마님 역을 제대로 하지 못했다. 지타의 권유에 따라 시간제로 K.K.를 고용했는데, 그를 제대로 다루는 일도 배우기가 거북하기는 마찬가지였다. 그렇더라도 그를 가까이 두는 것은 델리에서 혼자 지내는 여성에게 닥치는 많은 난관을 해결해 주는 만병통치약 같은 효험을 발휘했다. 그는 내가 릭샤 왈라와 요금 문제로 실랑이를 벌이며 허비할 시간을 절약하게 해 주었고, 영어 악센트가 있는 내 힌디어를 알아들었다. 나는 인터뷰를 하기 위해 델리 곳곳을 다녀야 하는데 그는 내가 늘 쩔쩔매는 델리의 길을 잘 알고 있었다. K.K.는 또한 늦은 밤에 성추행을 당하지 않도록 나를 지켜 주었다. 내가 심야에 바에서 나오면 그는 항상 밖에서 나를 기다려 주었다. 졸음이 쏟아지는 시각에 그는 고향에 있는 아내나 어린 딸과 종종 대화했고, 나는 자동차 창을 톡톡 두드려 달콤한 대화를 방해했다. 그는 눈을 반짝이며 나를 쳐다보곤 했는데, 아무리 내가 늦어도 결코 멋대로 판단한다거나 화를 낸 적이 없었다.

"저는 기다리기 때문에 돈을 받는 걸요, 마담." 내가 사과하면 그는 늘 이렇게 말했다.

라다는 내가 어떤 빛깔의 속옷을 입고, 아침에 자고 일어나면 어떤 모양새인지를 안다면, K.K.는 다른 친밀한 방식으로 나를 아는 셈이었다. 그는 내가 얼마나 오랫동안 외부에 나가 있는지 누구와 같이 있는지를 알았다. 그는 내가 좌절감을 느끼고 있는지, 슬픈 마음인지 파악할 수 있었다. 가끔씩 그는 내 기운을 북돋우려고 백미러에 비친 나에게 농담을 던졌고, 나는 우리가 같은 나이라는 사실을 깨닫고 갑자기 유대감을 느꼈다. 우리 사이의 이 간단한 공통점에 대해 나는 늘 이렇게 언급했다. "당신한테는 세 명의 자녀가 있고 나한테는 없어요!" "당신은 시골에 집이 두 채인데 나는 뉴욕에 자전거 한 대밖에 없다고요." 그러면 그는 카리스마가 있는 미소를 살짝 지어 보였고, 나는 마음이 좀 누그러진 모습을 백미러에 비춰줄 수 있었다.

그의 아내와 자녀에 대해 아무리 많은 질문을 던져도 그가 나에 대해 아는 것 정도 이상을 알아낼 길이 없었다. 우리 관계를 동등한 관계로 만들려고 내가 아무리 노력해도 그것 역시 늘 제자리걸음이었다. 그래도 그는 그저 묵묵히 내 질문들을 참고 견디기만 하는 라다와 달리 자신의 생활을 공개하려는 노력은 보였다. 한번은 우리 어머니가 인도에 오셨을 때였는데 K.K.는 우리를 델리 밖으로 세 시간이나 태우고 "인도에서 최고로 좋은 마을!"이라며 자신의 고향 마을로 갔다. 그리고 주말 내내 가족의 농가에 묵게 했다. 그는 페링기들은 시골 우물의 물을 못 먹는다는 걸 알기 때문에 병에 든 생수를 구입해 두었다. 또한 예민한 나의 영국계 어머니가 로열 챌린지를 마시리라는 생각 자체가 터무니없는 것이었지만, 서양 여자들은 술을 마신다는 것을 알기 때문에 위스키도 구비해 놓았다.

우리가 도착하자 K.K.는 자기 아내를 보내 갓 짠 물소의 젖을 때 묻은 금속제 컵에 담아오게 했다. 박테리아가 우글거리는 컵에다 살균처리도 하지 않은 우유를 따라 마신다면 병에 든 생수를 먹는 게 아무 의미가 없었지만 어머니와 나는 거품투성이에다 미지근하고 동물 냄새까지 나는 우유를 마셔야만 했다. 내가 맛있다고 칭찬하자 K.K.의 얼굴에 나타난 만족한 표정은 며칠 동안 설사로 탈진할 만한 가치가 있었다. 어머니가 내 생각에 동의할지는 모르지만 말이다. 어머니는 주말 내내 핼쑥하고 창백했다. 물소들이 우는 소리와 헛간에서 나는 심한 냄새가 농가 창틈으로 스며들어와 어머니의 속을 울렁거리게 했다.

농가에서 K.K.는 자기 영역을 지배하는 확신에 찬 주인이었다. 그는 아내로부터 발 마사지를 받았으며, 남동생들에게는 우리에게 들판을 구경시켜 주라고 명령했다. 그러나 우리에 대한 존경을 표하기 위해 남동생들과 함께 우리가 먹는 모습을 지켜보며 우리 옆에 앉아 있다가 우리가 식사를 끝낸 다음에야 식사를 했다. 식사 때마다 K.K.의 아내는 우리 뒤에서 시중을 들었다. 그녀의 튼튼한 몸은 긴장돼 있었고 손에는 음식을 더 떠서 담아주려고 스푼이 들려 있었다. 남자들 가운데 어느 한명이 우리 접시에 공간이 생기는 걸 보기만 하면 그녀에게 머리를 끄덕였고, 그녀는 계란 카레 요리인 마타르 파니르를 더 담아 주었다. 어머니는 창밖에서 버팔로 우는 소리만 들리면 비틀거리며 서양식 화장실 푸카로 가야 했다. K.K.는 좌변기와 문 잠금장치가 갖춰진 '진짜' 서양식 화장실이라고 자랑했다. K.K.와 그의 형제들이 쳐다보는 가운데 나는 이인 분 음식을 혼자 다 먹어야 했다.

아침에 아내가 만들어 준 콜리플라워나 감자로 속을 채워 튀긴 두툼한 빵인 파란타로 우리를 배불리 먹인 다음 K.K.는 차이 몇 모금을 마시고는 농가 입구에 모인 가족들에게 작별인사로 고개를 끄덕였다. 그리고는 두 명의 멤사히브들에게 차 문을 열어 주었다. 나는 더 이상 그의 집에 온 손님이 아니라 다시 그의 고용주 입장으로 돌아온 것이다.

파키스탄이나 아프가니스탄에 취재차 함께 가면 운전기사들은 격식을 차리지 않는 식당에 나와 함께 들어가 케밥을 먹기도 했다. 그러나 계급의식이 투철한 인도에서는 그런 일이 용납되지 않았다. K.K.는 항상 식당에서 나와 한 테이블에 앉는 것보다 운전기사용 간이식당이 좋다고 고집했다. 공공장소에서 함께 식사를 한 적은 단 한 번뿐이었다. 값싼 길가 카페에서였는데 계급의식이 어찌나 확고한지 운전기사가 내 옆에 앉아 차이 한 잔을 시키자 차를 나르는 소년은 대놓고 비웃었다. 나는 그 소년을 철썩 때려 주고 싶었으나 K.K.가 눈을 내리깔고 수치심을 참고 있었기 때문에 나도 참았다. 페링기 여성이 나서서 자기를 방어해 준다는 것은 그에게 아무런 도움이 되지 않았을 것이다.

지타와 프리야가 공모해 어떤 일을 꾸몄다. 어느 날 아침 프리야가 나한테 오더니 지타와 의논해서 라다에게도 집 열쇠를 주기로 했다는 말을 하는 것이었다.

"라다에게 집안일에 좀 더 책임감을 갖도록 하는 게 좋다는 생각을 했어요." 프리야는 이렇게 말했다.

나는 오래 전부터 집안일에 관해서는 그 두 사람에게 전적으로 일임했다. 특히 일꾼을 부리는 일에 있어서는 두 사람 말이 늘 옳았다. 내가 열쇠를 건네주자 라다는 그것을 촐리 안에 집어넣으며 드물게 보기 환한 미소를 지어 보였다. 그 미소는 마치 그녀의 사리 블라우스 안에서 내뿜어져 나오는 공기처럼 품 하고 터져 나왔다.

"이제는 아씨가 일어나서 문을 열어 줄 때까지 문 앞에서 기다리지 않아도 되겠군요." 그녀는 이렇게 말했다.

하지만 프리야는 라다가 그 흐뭇함에 계속 빠져 있게 두지 않았다. 프리야와 지타는 명확한 다단계 행동계획을 세워놓고, 그것에 따라 그날 아침에는 라다에게 새로운 신분과 그에 따라오는 새로운 의무에 대해 일러주었다. 이제부터 채소를 사오고, 책장과 책상을 매일 청소할 책임이 라다에게 있다고 알렸다. 그리고 '도비' 뿐만 아니라 다림질 왈라의 역할도 해야 되는데, 우리 옷을 세탁해 걸어서 말린 다음 다림질까지 도맡아서 해야 했다. 이제 더 이상 우리 옷에서 다림질 왈라의 석탄 냄새가 나서는 안 된다고 프리야는 말했다. 프리야는 우리 집으로 이사 오면서 전기다리미를 가져왔는데, 며칠 동안 아침마다 라다에게 플러그 꽂는 법과 버튼을 돌려 온도 맞추는 법을 가르쳤다.

그리고 나서 프리야는 라다에게 우리를 위해 요리를 해 주는 영광을 가져달라고 부탁했다. 상위 계급 힌두교도들은 집 안에서 부엌을 가장 신성하고 정결한 곳으로 간주한다. 그래서 브라만이 아닌 사람은 부엌에 발도 못 들여놓게 하는 게 보통이라고 프리야는 말했다. 그러니 요리 일을 맡는 것은 엄청난 영광일 거라는 사실을 라다에게 알아듣게 하느라 프리야는 애를 썼다.

"나는 자랄 때 집에 브라만 요리사가 있었고, 브라만이 만드는 음식만 먹었어요. 우리가 당신한테 요리를 맡기는 것도 당신이 브라만 출신이기 때문이란 걸 알아주었으면 해요. 앞으로는 지타도 여기서 먹을 거예요. 지타도 나 못지않게 전통을 중시하는 사람인데, 사실 나니마가 쓰는 가정부는 당신 같은 브라만이 아니거든요."

라다는 엄숙한 표정으로 머리를 끄덕였다. 얼마나 중요한 순간인지 잘 알겠다는 표정이었다. 새 브라만 주인이 자기한테 브라만으로서의 책임을 안겨주는 순간이었던 것이다. 그렇지 않아도 라다는 부엌의 청결성을 유지하는 것에 대해 가장 엄격한 상위 계급의 원칙을 고수하는 사람이었다. 그녀는 자기 손으로 직접 만든 음식이나 사원 마당에서 다른 브라만이 준비한 음식만 먹었다. 몇 년 전 남편과 사별한 뒤부터 라다의 식사 원칙은 한층 더 엄격해졌다. 왜냐하면 브라만 과부는 스스로 불편한 생활을 하도록 되어 있기 때문이었다. 아무리 더운 날씨에도 그녀는 정결하지 않은 곳이 분명한 우리 부엌에서는 물 한 잔도 마시지 않았다. 갈증을 참고 굳이 자기 집 부엌에 가서 물을 마시는 것이다. 그녀 집의 물은 우리 집 수돗물과 똑같이 불결한 물이기 때문에 그녀의 행동은 이치에 닿지 않았다. 하지만 그녀는 브라만이 아닌 사람의 주방에서 나오는 물이 아니기 때문에 자기 집 물이 더 정결하다고 믿는 것 같았다.

나는 이런 나의 일꾼을 관리하는 임무는 집사인 프리야에게 맡길 수밖에 없었다. 라다는 업무량을 늘려 준 대해 프리야에게 진심으로 고마워했다. 라다는 더 일찍 일하러 나왔고, 콧노래를 흥얼거리며 야채를 조리대 위에 올려놓고, 식단을 짰다.

우리는 라다가 준비한 첫 번째 식사에 지타를 초대했다. 라다가 준비한 첫 음식은 시금치를 넣은 팔라크 파니르. 약간 달짝지근한 토마토 처트니와 손으로만 차파티였다. 같이 사는 브라만의 정결한 손으로 만든 순수한 북인도 채식 요리였다. 지타는 덥석 먹으려고 들지 않았다.

"비하리 음식은 구미가 당기지 않아요." 지타는 '비하리' 라는 말을 할 때 경멸하는 식으로 입을 삐죽 내밀었다. "우리 어머니한테서 배운 조리법에 따르면 내가 자란 펀자브 지방 음식이 진짜 음식이죠. 너무 맵지도 않고 너무 기름지지도 않아요. 앞으로 프리야가 잘 가르쳐 줄 거에요. 프리야도 나 못지않게 자기 지방 음식에 일가견이 있어요."

프리야는 그렇다는 듯이 고개를 끄덕여 보였지만, 지타보다는 잘 먹는 것 같아 나는 다소나마 안심이 되었다. 나는 그날 아침 두 사람이 왜 음식을 그렇게 많이 남겼는지에 대해 라다에게 위로의 말을 하느라 애를 먹었다. 나로서는 그들이 라다가 만든 요리를 왜 그렇게 못 먹는지 이해가 안 되었다. 내 입에는 펀자브 지방의 채식요리나 비하리 요리나 맛의 차이가 거의 없었다. 그러나 나중에 알았지만 많은 인도인들이 몹시 정확한 입맛을 갖고 있었다. 라다는 우리에게 음식을 만들어 먹이는 걸 영광스럽게 생각했지만, 그것은 자기가 자랄 때 먹은 음식을 만드는 한 그렇다는 말이었다. 지타는 비하리 음식이 펀자브 음식보다 더 낫다고 열을 올리며 설명했다. 그것은 너무도 당연한 사실이라는 표정이었다.

인도에서 음식은 지역과 종교 및 카스트의 특성을 오랫동안 담아 왔다. 그러나 세계화의 여파로 지난 삼십 년 동안 인도의 요리는 획일화 되기 시작했다. 지타도 델리에 사는 여러 해 동안 친구나 동료들과 어울려 수시로 외식을 했다. 식당마다 '1백 퍼센트 채식' '순수 브라만 요리' 등등 나름대로 광고를 했지만, 주방에서 일하는 사람들의 카스트가 뭔지는 알 길이 없다. 지타는 이런 일을 인도 현대화의 부정적인 측면이라고 하는 생각을 분명히 했다. 그래도 지타는 라다만큼 순수주의자는 아니었다. 지타는 '밖에 나가 외식을 함으로써' 정신을 오염시키는 일은 한 번도 한 적이 없다고 주장했다.

파르바티는 집에서 조리한 채식 음식을 좋아한다는 점을 제외하고는 라다 같은 여자와 공통점이 거의 없었다. 파르바티와 비제이는 프레스 클럽에 가면 신나게 위스키를 마셨지만, 두 사람 모두 그곳에서 식사는 하려고 들지 않았다. 식당 음식은 품질과 청결도가 떨어진다고 여기기 때문이었다. 파르바티는 자기 부엌에 세계화 물결이 밀려들지 않도록 하려고 극단적인 자세를 취했다. 라다와 마찬가지로 파르바티는 상점에서 파는 포장된 재료는 피했다. 그녀의 부엌에는 비닐에 싸인 것은 거의 없었다. 그녀는 신선한 우유로 요구르트를 직접 만들었고, 밀가루를 대량으로 구입해 놓고 차파티를 만들어 먹었다. 채소는 신선하고 그 지역에서 기른 것만 썼다. 부엌은 라다의 부엌과 마찬가지로 주방기기가 별로 갖춰져 있지 않았고 전통적이었다. 파르바티는 오직 양철 냄비 세 개로만 요리했고 전기 믹서도 없었다.

파르바티는 기를 쓰고 자신의 요리 대부분을 직접 했다. 주방 보조에 해당되는 일만 가끔 시간제 가정부에게 맡겼다. 요리책은 절대로 보지 않고, 어릴 때 어머니를 지켜보며 배운 요리법을 모두 기억했다. 렌즈콩 '달', 콩 요리, 야채 커리 등 그녀가 조리하는 북인도 요리에는 대여섯 가지의 향신료가 들어가 미묘한 향이 복합적으로 어우러졌다. 매일 저녁 같은 향신료를 사용하는데도 요리마다 맛이 조금씩 달랐다. 그녀는 향신료를 절구와 공이를 이용해 갈고 볶았다. 그런 다음 향이 제대로 섞이도록 특별한 순서로 튀기곤 했다. 그녀는 맛과 냄새를 따라 손가락으로 집거나, 손으로 한줌 잡거나 뚜껑 가득 담는 식으로 재어서 직감적으로 양념을 넣었다.

전혀 다른 두 여성이지만 향신료를 갈고 튀기고 휘젓는 모습에는 서로 통하는 점이 있었다. 우리가 자랄 때 어머니가 꽤 복잡한 채식 요리와 여러 가지 인도 요리를 우리한테 만들어 주었지만 그 과정은 이들 두 여성의 요리와는 비교도 되지 않았다. 서양에서는 불가피하게 비용과 조리 시간을 절약하기 위해 통조림에 들어 있거나 가공한 재료를 사용한다. 친구들이 뉴욕 브루클린의 우리 집에 왔을 때 나는 와인 한 잔과 견과류 이상을 대접한 적이 거의 없다.

그런데 델리에서는 어떤 사교적인 초대에서든 항상 제대로 된 더운 음식을 손님에게 대접한다는 사실을 알고 몹시 놀랐다. 대부분의 사람이 요리사를 두고 있는 도시에서는 부담스럽지 않은 일이겠지만, 라다와 함께 주요 요리를 무엇으로 할까 고민하며 하루를 시작하는 것은 내 능력을 뛰어넘는 일이었다. 미국인이라 몰라서 그렇다고 변명을 하거나 파르바티더러 나를 초대해 달라고 하는 게 더 편했다.

비제이의 집이 더 넓었기 때문에 우리는 일주일에 두 번 정도 저녁 시간을 그곳에서 보냈다. 나는 어둑어둑해지는 창밖으로 저 멀리 도심에서 흰빛으로 빛나는 16세기에 지어진 후마윤 묘지의 둥근 돔을 바라보는 것을 좋아했다. 비제이의 집에 가면 우리는 외출 때 신고 간 신발을 벗고 비제이가 문간에 쌓아놓은 플라스틱 샌들을 신었다. 파르바티는 살와르 카미즈를 티셔츠와 무릎까지 오는 반바지로 갈아입었다. 그녀는 우리 셋 이외의 다른 사람이 있을 때는 다리를 결코 노출하지 않았다. 그렇더라도 나는 분위기가 보수적인 델리에서 이미 2년을 지낸 뒤라 그녀의 다리를 보는 게 당황스러웠다.

어느 날 밤 파르바티는 1950년대의 발리우드 음악 카세트테이프를 플레이어에 꽂았다. 두 사람은 아이포드는 고사하고 CD플레이어도 사려고 하지 않았다. 우리는 비제이가 직장에서 퇴근하기 전에 요리를 준비하려고 부엌으로 향했다. 부엌 창문은 꽉 닫히지 않는 데다 찬장이 그릇을 넣어둘 정도로 공간이 넓지 않았기 때문에 내가 할 일은 냄비 위에 앉은 먼지를 닦는 것이었다. 파르바티는 무딘 칼로 양파를 썰었다. 나는 서구인들이 부엌에서 쓰는 간편한 도구들을 떠올리며 요리에 대한 경험이 그녀와 나는 너무 다르다고 생각했다. 도시에 사는 대부분의 미국인들은 다양한 종류의 음식을 먹으며 자라고, 어디서 수입되었는지는 전혀 따지지 않고 채소를 구입한다고 얘기하자 파르바티는 놀랐다.

"우리는 미국이나 유럽에 비해 아직 매우 고립된 나라인 것 같네요. 아마도 인도가 천년 동안 식민지배를 받았기 때문이 아닐까요? 처음에는 무슬림 침략자, 그리고 이어서 영국인에게요. 우리는 우리의 지역적, 종교적 차이를 유지할 수 있는 것에 집착해 왔어요. 그래서 대부분의 인도인들은 쌀이나 차파티가 없으면 제대로 된 식사가 아니라고 생각합니다." 파르바티는 복잡한 심사를 이렇게 드러냈다.

"그렇지만 이제는 상황이 완전히 바뀌었잖아요." 내가 끼어들었다.

"맞아요. 우리는 미국의 패스트푸드에도 빠졌어요. 대학생들은 수업이 끝나면 맥알루 티키를 먹으러 맥도날드로 달려가죠. 그렇지만 단언하건데 그 학생들도 집으로 가면 가족과 함께 쌀밥과 로티 빵만 먹어요. 제대로 된 인도 음식을 안 먹고는 못 배기지요."

맥도날드가 인도 시장을 뚫고 진입하는 데는 수십 년이 걸렸다. 브랜드를 인도화한 다음에야 비로소 성공할 수 있었다. 맥도날드는 '너와 나처럼 인도인답게'라는 광고 문구를 채택하고 인도인의 입맛에 맞게 쇠고기가 들어 있지 않은 버거를 포함해 향신료가 들어간 여러 가지 채식 메뉴를 개발했다. 그 결과 지금 델리의 맥도날드 상점은 인도식 세계화를 예찬하는 십대들로 붐비고 있다. 예상한 대로 파르바티는 그런 현상을 못마땅해 했다.

"이런 일들은 내가 구시대 인도에 속해 있다고 느끼게 만들어요. 내가 대학에 가기 전에는 인도 음식 외에는 아무 것도 맛본 게 없는 것 아세요? 대학 공부를 시작하려고 대도시에 왔을 때 내가 맨 먼저 한 일 중의 하나는 중국 패스트푸드 식당에 가 보는 것이었어요. 그때까지 먹은 것과는 전혀 다른 그 기름진 국수 맛을 아마 평생 못 잊을 겁니다."

파르바티와 나는 단 둘이 있게 되면 화제는 우리 둘 다 좋아하는 어린 시절 이야기로 돌아갔다. 인습에 얽매이지 않는 생활 태도를 가졌음에도 불구하고 그녀는 전통적인 지방에서 자라며 배운 것이 많은 점에서 옳다고 믿고 있었다. 그런 이야기를 통해 자신이 얼마나 변했고, 어떤 사람이 되었는지 대비시키려는 것처럼 보였다.

"우리는 대가족이었어요. 어머니와 함께 아주머니뻘 되는 분들은 엄청난 분량의 음식을 요리해야 했지요. 하루에 몇 차례씩 제대로 만든 더운 음식을 만들었어요. 처음부터 일일이 다 손수 만들었지요. 나는 어머니가 그린망고 처트니를 만들 때가 좋았어요. 어머니는 덜 익은 망고를 얇게 저며 소금을 뿌린 다음 마당에 펼쳐 놓고 햇빛에 말렸는데 나는 어머니가 보시지 않을 때 그걸 살짝 집어다 먹곤 했답니다."

나는 정부에서 지급한 교복을 입은 시골 소녀 파르바티의 모습을 상상해 보았다.

"어머니는 내 머리를 자른 적이 한 번도 없어요. 매일 어머니는 내 머리를 땋아 주셨어요. 십대가 될 무렵 머리는 허리께까지 자랐답니다. 시골에서 자라는 소녀들은 다 그런 모습이었고, 그래서 나는 그게 아주 싫었어요. 나는 버스를 타고 옆 도시로 가서 머리를 짧게 잘랐어요." 어머니는 며칠 동안 아무 말도 안 했다고 말하며 그녀는 옛 추억에 잠겨 밝게 미소 지었다.

나는 파르바티가 성인이 되어서 시골 소녀 때의 헤어스타일로 돌아갔다는 사실이 놀라웠다. 그녀는 늘 등 뒤로 길게 머리를 딴 모습이었다.

나는 가족의 틀에서 벗어나고 싶어 하는 십대의 심리를 이해할 수 있었다. 나역시 부모님의 인생관에 저항하려고 몸부림을 쳤지만 고약하게도 나의 심미적이거나 정치적인 선택들은 번번이 부모님이 선택한 길과 몹시 닮았다. 부모님은 내가 머리를 붉은색으로 염색하고, 얼음조각과 감자를 이용해 귀에다 구멍을 여러 번 뚫고, 고등학교 때 펑크록 쇼에 가서 격렬하게 춤을 추며 주말을 보냈을 때도 별로 당황하지 않으셨다. 나는 수업을 빼먹거나 알코올 중독자인 고교 중퇴자와 데이트를 하는 등 그분들을 질리게 만들 방법을 찾아내려고 열심히 연구해야만 했다. 물론 파르바티의 반항이 실제로 가족의 전통을 기반부터 뒤흔들어놓은 반면 내가 벌인 일들은 그렇게 심각하지는 않았다.

이미 겨자와 커민 열매로 향기가 넘치는 냄비에 파르바티는 양파 썬 것을 던져 넣으며 십대 때 자신의 브라만 씨족 족장인 할아버지와 한 번 맞부딪힌 적이 있었다고 말했다. 할아버지가 가계도를 보여주었는데 파르바티의 남자 형제들은 아버지 이름 아래 올라 있는데 자신의 이름은 빠져 있기에 할아버지에게 그 이유를 물었다.

"할아버지는 이렇게 말씀하셨어요. '얘야, 비티, 여자들은 그렇게 하는 거란다. 네가 결혼하면 너는 다른 집안으로 가게 되고 더 이상 이 이름을 갖지 않는 거야.' 그래서 나는 아주 공손하게 말했어요. '다다, 저는 아무 데도 안 갈 거예요. 여기가 내 가족입니다. 내 이름을 넣어 주세요.' 그리고 할아버지는 그렇게 해 주셨어요. 아버지 이름 아래 내 이름을 적어 넣으셨지요."

그 이후 파르바티는 만일 결혼을 하더라도 남편의 성을 따르지 않겠다고 선언했다. 또한 결혼은 시골 처녀가 택할 수 있는 유일한 운명이었지만, 그녀는 결혼시킬 생각을 하지 말라고 부모에게 부탁했다.

"아버지는 내가 하고 싶은 대로 하도록 가족들을 설득하셨어요. 아버지는 내가 다르다는 걸 늘 이해해 주신 분이예요. 이제 와 생각하니 가족들은 나를 가망 없는 존재로 여긴 것 같아요. 아버지는 나한테 용기를 내어 비제이에 관해 물으셨던 유일한 분입니다. 다른 가족들은 나를 두려워하지요."

그녀가 눈을 비비자 '콜'의 진한 라인이 기이한 형상으로 번졌다. 그녀는 아버지를 몹시 존경했고, 2년 전 돌아가시기 전에 내가 자기 아버지를 만났더라면 참 좋았을 거라고 한 말 외에는 아버지에 관해 거의 말을 하지 않았다. 부친의 사망 때문에 가족의 기대를 저버리기가 더 쉬워지지 않았을까 하고 나는 생각했다.

파르바티와 비제이는 4년을 함께 지냈는데도 나는 두 사람이 내 앞에서 손을 잡는다거나 바싹 달라붙는 모습을 본 적이 없다. 프레스 클럽의 친구들은 그들이 커플일 거라고 추측했지만, 나는 파르바티가 어느 누구에게도 그에 관해 말했으리라고 생각하지 않는다. 내가 알아낸 바에 의하면 인도에서는 애정 관계에 대해서는 '묻지도 말하지도' 않는다. 아주 가까운 여자 친구들끼리도 애정 생활에 관해 서로 털어놓지 않는다. 가끔 파르바티는 비제이를 힌디어 애칭으로 불렀지만 그는 그런 식의 애정표현을 좋아하지 않았다. 어쩌다 그의 집에서 모임이 끝나갈 무렵 파르바티가 그에게 슬그머니 다가가면 그는 항상 자기 자리에서 꼿꼿한 자세를 유지하고 있었다. 그런 일들을 보면서 나는 다른 건 다 그만두고 실용적인 측면에서만 보더라도 왜 두 사람이 결혼을 하지 않는지 의아했다.

콜리플라워 커리의 짙은 냄새가 부엌에 꽉 찼다. 파르바티는 커리는 끓게 놔두고 다음 요리를 하기 위해 팬에다 액체 버터인 '기'를 부었다. 나는 용기를 내 이렇게 물었다.

"당신들은 동거를 고려해 본 적은 없나요?"

파르바티는 큐민 열매를 한 줌 절구에 넣고 공이에 힘을 주어 가루로 빻았다.

"저 있잖아요. 콜센터나 패스트푸드 같은 건 아무 것도 아니에요, 알았죠? 이 나라는 많은 면에서 중세시대에 머물러 있어요. 여기서 당신이 집을 구하며 겪은 어려움 같은 건 아주 흔한 일이에요. 내가 비제이와 함께 살려고 한다면, 두 사람이 결혼한 사이라고 말해야 돼요. 그렇지 않으면 아주 일이 곤란해져요." 그녀의 목소리에 분노가 가득했다.

파르바티가 몇 년 동안 혼자 살아왔는데도 집주인은 언제 가족이 남편감을 찾을 거냐고 여전히 묻는다고 그녀는 말했다. 이웃 사람들은 사무실에 나가 일하고 자가용차를 운전하고 정기적으로 남자 손님을 대접하는 미혼의 여성을 더러 입방아에 올린다. 이웃 여자들은 계단에서 들려오는 파르바티의 발자국 소리에 귀를 기울이고 있다가 문을 확 열고는 차이 한잔 마시자며 불러들이기도 한다고 했다.

"항상 나는 그 사람들에게 너무 바빠서 곤란하다고 둘러 대요."

"그게 나쁜 건 아니잖아요." 나는 이렇게 말해 주었다. "나는 그런 공동체 의식이 좋아요."

파르바티는 짜증이 나면 흐트러진 머리카락을 손가락으로 뒤로 휙 넘기는 버릇이 있었다.

"미란다, 그들이 나한테서 어떤 말을 듣고 싶어 하는지 당신은 몰라요. 이웃 간의 인정 때문에 그러는 게 아니라니까요. 나보고 왜 혼자 사는지 같은 걸 물을 게 뻔하다고요. 그러다 나에 대해 조금이라도 알게 되면 그 소문은 금방 퍼질 겁니다. 그 다음에는 내 등 뒤에다 대고 매춘부라는 험담을 늘어놓을 거고요."

그런 일이 있을 수 있구나 하는 생각이 들었다.

"방벽을 많이 쌓아야 한다는 뜻이군요."

파르바티는 주위 사람들끼리 서로 모든 일을 다 알고 지내는 지방 출신이다. 델리로 탈출해 온 그녀는 주위의 사람들에게 자기 자신에 대해 설명해 줄 의도가 전혀 없었다. 그러나 나의 일탈은 아무 데도 특별히 소속되지 않는 삶으로부터의 탈출이었다. 브루클린에 살 때 내가 이웃에 유일하게 말을 거는 때는 복도에 쓰레기를 내다 놓은 사람이 누구냐고 불평하기 위해서였다. 니자무딘에서부터 나는 뉴욕과 다르다는 것을 알았다. 이곳 사람들과 진정으로 어울리기는 힘들 것이라는 걸 알면서도 나는 이들과 허물없이 지낼 수 있게 되지 않을까 하는 희망을 버릴 수가 없었다.

파르바티는 부엌 조리대 위에서 병을 집어 위스키를 꿀꺽꿀꺽 들이붓듯 마시고는 내게 쓴웃음을 던졌다.

"좀 더 있어 봐요. 그러면 알게 될 거예요. 델리는 공격적이고 보수적인 곳이에요. 혼자 힘으로 살아남으려면 '나쁜 여자'가 될 수밖에 없어요."

힌두교 최대의 축제인 디왈리가 다가오고 있었다. 델리 사람들은 디왈리를 '빛의 축제'로 부르지만, 온통 소음으로 가득 찬 시끄러운 축제라고 지타는 주의를 주었다.

"옛날에는요." 특정된 과거가 아닌 과거의 인도를 지칭할 때 그녀는 이렇게 말을 시작한다. "모든 사람들이 자기 집 창에 촛불만 켜놓았어요. 선이 악을 이긴 것을 축하하는 의미라고 해요. 그런데 지금은 사람들이 돈이 너무 많아요. 폭죽을 터뜨리느라 난리거든요."

축제가 시작되기 일주일 전, 나는 고향 파티알라로 가서 축제 구경을 하자는 그녀의 제안에 응했더라면 좋았을 거라고 후회하기 시작했다. 델리는 폭약 경연장으로 변했고, 밤마다 소음의 강도는 점점 세졌다. 축제일이 되자 델리에는 마치 전면적인 폭동이 일어난 것 같았다. 시에서 지원하는 불꽃놀이의 장관은 없었고 도시의 먼지 가득한 평지 위로 검은 색 증기만 가득 피어올랐다. 여러 해에 걸쳐 공해와 소음이 너무 심해져 시에서는 폭죽에 반대하는 공공 캠페인을 시작하고 폭죽 사용에 제약을 가했다.

우리 집 고양이들은 집안의 가장 구석진 곳으로 피해 들어갔다. 나는 아침이 될 때까지 고양이들과 함께 이불 안에 웅크리고 있고 싶었다. 그런데 파르바티의 어머니가 와 있었고, 그들은 축제음식을 만들어 놓았다. K.K.가 끼익 소리를 내며 차를 세우는 것을 듣고는 억지로 몸을 일으켜 집을 나왔다. 그는 자기가 쓸 폭죽을 한 더미 보조석에 갖고 있었고, 어서 택시 정류장으로 가 그걸 터뜨리고 싶어 했다.

"저는 최고급 폭죽을 갖고 있어요, 미스 미린다! 고급 '푸카' 제품이라 한 방만 쏘면 수도 없이 탕탕 하고 터진다니까요." K.K.는 연기 자욱한 거리를 속도를 내어 달렸는데 마치 전쟁지대를 벗어나 안전지대로 탈출하는 느낌이 들 정도였다.

파르바티의 집은 자그마한 기름 램프들과 밖에서 터지는 폭죽의 섬광만으로 조명이 되는 아담한 은신처였다. 파르바티와 그녀의 어머니는 침대에 앉아 있었는데, 침대는 조긴더와 마니야의 '차르포이'처럼 가족만의 공간 역할을 했다. 파르바티의 어머니는 자그마한 몸집에 섬세하게 직조된 천으로 된 흰색 사리를 입은 우아한 여인이었는데 머리는 깔끔하게 뒤로 빗겨져 있었다. 나는 두 손을 모아 경의를 표하며 인사했다. "나마스테, 아주머니."

"나마스테." 그녀도 이렇게 대답하고는 이어서 영어로 "헬로." 하고 한 번 더 했다. 나는 자리에 앉아 서툰 힌디어를 나열했다. 파르바티가 나타나 영어로 바꾸어서 우리 두 사람 다를 구조해 줄 때까지 나는 힌디어를 늘어놓았다. 파르바티의 어머니는 힌디어로 된 잡지를 뽑아 들었다.

파르바티의 아버지는 고등학교에서 영어를 배웠지만 어머니는 5학년까지만 교육을 받았다. 그때부터 가정 일을 익히며 결혼 준비를 하도록 되어 있었기 때문이었다. 고등교육을 받는 델리와 뭄바이의 중산층 가정이라면 사정이 다를 것이다. 하지만 영어를 말할 줄 아는 인도인은 전체 인구의 3분의 1도 채 안 된다. 인도에는 844개의 공식적으로 인정되는 방언과 비공식적인 수천 개의 방언은 말할 것도 없고 실제로 영어 외에도 스물한 개의 공식 언어가 있다.

영어는 물론 영국 식민지배자들의 언어였지만, 인도인들이 외국 상인과 의사소통을 하기 위해 영어 단어를 사용한 역사는 17세기까지 거슬러 올라간다. 그들은 '피랑기'라는 혼성어를 썼는데 '피랑기'는 '페링기'와 그 뿌리가 같다. 독립운동을 하는 동안 마하트마 간디는 영어를 식민지배의 상징이라고 비난하며, "수백만 명의 인도인에게 영어를 가르치는 것은 우리를 노예로 삼기 위한 것이다."고 주장했다. 그러나 인도의 지도자들이 영어 대신 힌디어를 제안하자 남부의 정치가들은 그것을 '언어 제국주의'라고 비난했다. 힌디어는 남부지방에서 사용된 적이 없기 때문에 인도 헌법을 표기하는 데 있어서 공식 언어를 무엇으로 할지를 놓고 굉장히 큰 논쟁이 벌어졌다. 어떤 한 가지 언어만으로는 인도의 다양한 종족들을 만족시킬 수 없기 때문에 힌디어는 '연방의 공식 언어'로 지정되고, 영어는 '연방의 공식 목적을 위해 사용되는 언어'로 명명되었다.

오늘날 영어는 법정과 금융시장에서 사용되며 딱딱한 관료식 '바부' 영어로 출세를 열망하는 사람들의 언어다. 다른 많은 중하층 인도인들처럼 파르바티는 가정에서는 그 지역의 방언을 쓰고, 학교에서는 힌디어를 배우고, 영어는 제3의 언어였다. 영어를 유창하게 하게 된 것은 오직 그녀의 끈기 덕분이었다. 분열된 언어정책의 영향으로 많은 인도인들이 여러 방언을 서투르게 말하게 되었다.

말하는 것을 살피면 그 사람이 어떤 계층의 사람인지 쉽게 간파할 수 있다. 옷이나 직업만으로는 그 사람이 자란 배경을 알 수 없지만 사용하는 힌디어나 영어의 어조를 보면 알 수 있다. 라다와 마니시는 보수가 좋은 일거리를 주는 계층과 연관된 언어에 익숙해지고 싶어 했지만 둘 다 가끔 영어 단어가 섞인 힌디어 사투리를 말했다. 물론 나의 두 가사 도우미들은 자녀를 사립학교에 보낼 형편이 못 되었고, 그래서 아이들은 힌디어까지만 배워야 했다.

힌디어만 해서는 취업 문이 좁을지도 모르지만, 문화적인 면에서는 전혀 아무런 제한을 느끼지 않는다. 힌디어는 정치, 발리우드, 크리켓, 종교 분야의 언어이다. 파르바티의 모친은 힌디어 뉴스 방송, 힌디어 잡지와 책 등을 보며 힌디어만으로도 충만한 삶을 살았다. 그러나 그것은 딸이 경험하는 세계의 반쪽에는 닫혀진 것이었다. 파르바티는 영자 신문에서 일했고, 힌디어식 영어인 힝글리시의 생기 넘치는 도시 사투리를 구사했다. 정보는 대부분 영어로 전달하고, 강한 어조의 날카로운 문구나 악담 같은 것은 힌디어로 썼다.

제6장

여성 전용 헬스클럽

그들은 자신들의 건강이나 가족생활에 관한 얘기를
남편이나 시댁식구들이 듣지 않는 곳에서 말할 기회를 가진 적이 없었다.
헬스클럽 매트리스 위로 쏟아져 나오는 사사로운 이야기들에 레슬리는 당황했다.

라다가 만드는 매운 커리를 먹기에는 너무 더운 날씨였기 때문에 우리 집에 들른 지타와 나는 토요일 점심을 가볍게 먹기로 했다. 우리는 긴 부엌에 있는 머리 위의 선풍기들을 켰지만 우기의 찌는 듯한 공기를 몰아내지는 못했다. 바깥은 한낮 델리의 혼돈이 이어지고 있었다. 이웃집 창을 통해 옛 영화음악이 큰소리로 울려 퍼지고, 아래층 부엌에서는 가정부가 냄비들을 딸그락거리는 소리가 들려왔다. 야채장수들은 서로 목소리를 다투며 외쳤다. 지타는 미니 냉장고를 뒤져 단단한 인도레몬 한 줌을 꺼냈다. 그녀는 설탕과 소금 둘 다를 넣어 맛을 내는 여름용 레몬 음료 '님보 판네'를 만드는 중이었다. 나는 그녀가 '인도 철도 샌드위치'라고 부르는 샌드위치에 들어갈 재료를 꺼냈다. 내가 좋아하는 이 샌드위치는 식민지 시대 때부터 유래된 것으로 얇게 썬 토마토와 오이에 후추와 소금을 가미해 흰 식빵 위에 얹고 양념이 많이 들어간 인도식 토마토 케첩을 씌운 것이다.

"아프가니스탄 쌀밥과 양고기 스튜에 비하면 얼마나 진보한 건지 모르겠네!"

그 말을 듣고 지타는 얼굴을 찌푸렸다. 라다와 마찬가지로 지타는 내가 육류 중심의 식생활을 하는 이슬람국가를 여행할 때 편의상 종종 육식을 하며 '타락하는 것'을 아주 싫어했다. 그들이 보기에는 달걀을 먹는 것조차 상위 카스트 힌두교도의 채식주의에 위배되는 것이었다. 그들은 내가 자랄 때 해 온 친 브라만적인 채식 습관을 훼손하는 나를 이해하지 못했다. 이것은 지타와 달리 취재기자 생활을 하는 내가 가지고 있는 여러 독특한 요소들 가운데 하나일 뿐이었다. 공영 라디오 방송국 프로그램에 정규 기자로 일하기 시작했기 때문에 나는 이제 일년에 여덟 달 정도 취재여행을 다녔고, 대부분의 여행지가 인도가 아닌 지역, 특히 뉴스거리가 있는 아프가니스탄과 파키스탄이었다. 지타는 나의 새 생활을 불편하고 무서운 걸로 생각했다. 나의 경력에서 처음으로 자랑할 만한 성공을 거둔 것이라는 사실을 그녀는 이해하지 못했다.

나는 제대로 된 방송 매체에 내 기사가 나가게 될 것이라는 아무런 확신도 없이 인도로 왔다. 그리고 아무 응답도 없는 취재 아이디어를 보내면서 저축해 놓은 돈과 비정규적인 일거리에 의존해 2년을 지냈다. 그러고 나서 마침내 내가 좋아하는 라디오 프로그램의 정규 계약직을 간신히 따낸 것이었다. 나는 이제 방송국을 위해 주요 기사를 취재해야 하는 사람이 된 것이었다. 나나 뉴욕에 있는 내 친구 또는 동료 누구도 이렇게 되리라고 꿈도 못 꾼 상황이었기 때문에 이것은 대단히 만족스러운 일이었다. 이 일이 내게 안겨주는 엄청난 스릴에 비하면 업무에 뒤따르는 여러 가지 어려움들, 즉 전혀 예측이 불가능한 스케줄, 위험 지역으로의 여행이 일상처럼 되는 생활, 불가피하게 금이 갈지도 모를 교우 관계 등등은 아무 문제도 아닌 셈이었다.

"이런 여행은 하지 않겠다고 상사한테 말씀하세요. 우리 인도에도 당신이 취재할 기사 거리가 많지 않아요? 여기서는 죽음을 당하지도 않을 테고, 육류를 억지로 먹지 않아도 되잖아요." 지타는 이렇게 말했다.

지타는 인도 밖으로 나간 게 미국 텍사스주에 사는 아저씨를 방문하러 갔을 때 단 한 번뿐이었다. 지타는 태국의 해변은 구경해 보고 싶어 했지만 인도에 인접한 이슬람 국가들에 대해서는 전혀 흥미가 없었다. 그 나라들을 방문하거나 그 나라들에 대한 이야기도 듣고 싶어 하지 않았다. 지타는 인도와 분리되기 전에 파키스탄에서 태어난 조부모로부터 그곳이 어떤 나라인지 배웠다. 1947년 두 나라로 분리되던 시기에 인도로 탈주해 나온 다른 대부분의 힌두교도들처럼 그녀의 조부모님은 고향으로 돌아가지 않았다. 파키스탄이 생긴 이후 인도와 파키스탄 간에는 세 차례 전쟁이 벌어졌다. 두 나라 사이의 긴장은 여전히 커서 조부모가 혹시 돌아가고 싶었다 해도, 지타는 그럴 리가 없다고 말하지만, 그분들에게는 비자가 발급되지 않았을 것이다. 두 정부는 수십 년 간 외교적으로 교착상태였기 때문에 실제적으로 인도인이 파키스탄을 방문하는 것, 그리고 반대로 파키스탄인이 인도를 방문하는 것은 불가능했다. 2004년 양국은 화해를 시도했고, 아주 느리게 그리고 들쭉날쭉하게나마 진척이 있었지만 파키스탄의 페르베즈 무샤라프 대통령이 권좌에서 물러나면서부터 화해 무드는 와해되기 시작했다. 2008년 파키스탄 무장단체가 뭄바이를 테러 공격하면서 사태는 더욱 악화되었다. 그로부터 2년여가 지났지만 관계는 전혀 나아지지 않고 있었다.

학교에서 지타는 파키스탄은 세속적인 인도와 차별화하려고 자신들을 '순결한 사람들의 나라'이자 이슬람교도들의 고향이라고 부른다고 배웠다. 그녀의 할머니는 파키스탄은 원리주의자들의 나라가 되었고, 수도인 이슬라마바드에서조차 전신을 가리는 부르카를 착용하지 않은 여성은 외출이 허락되지 않는다고 지타에게 말해주었다. 이런 식의 틀에 박힌 사고방식은 아주 흔했다. 발리우드 영화와 마찬가지로 인도의 언론매체에서도 인도의 이슬람교도들은 다른 인물보다 범죄인과 테러리스트로 묘사되는 경우가 훨씬 더 흔하다. 그리고 파키스탄의 이슬람교도들은 인도인들을 죽이려고 광분하는 긴 턱수염의 무장단원으로 그려진다. 다른 많은 중산층 힌두교도들처럼 지타도 좀 더 사려 깊은 생각을 하고, 심하게 꾸며진 이야기와 사실을 분별할 수 있는 기회를 많이 갖지 못했다. 특별히 그런 노력을 하려 들지도 않는 것 같았다. 지타는 정치나 외교정책 분야에 관심을 갖고 세심하게 살피지 않았다.

하지만 나는 다녀온 지 얼마 되지 않은 아프가니스탄 외에 다른 일은 그다지 많이 생각할 수가 없었다. 나는 '해외특파원의 거품', 다시 말해 자기가 현재 속한 나라보다 다른 나라를 늘 생각하는 그런 마음상태는 갖지 않겠다고 공언해왔다. 그런데도 아프가니스탄 같은 치열한 곳에 다녀오면 그곳에서 겪은 경험을 소화해서 기사화하고 나서 정상적인 델리의 생활로 되돌아가기까지 어느 정도 시간이 걸렸다. 하지만 지타는 악화되는 폭동사태나 양귀비 산업에 대해 이야기를 시작하면 먹고 있던 샌드위치를 꿀꺽 삼키고는 힌디어 방송 드라마를 틀었다. 그래서 나는 방송 기사로 쓸 만한 내용이 아니고, 그녀의 주위를 끌만한 이야기를 끄집어내려고 애썼다.

나는 아프가니스탄 중부에 있는 녹음이 우거진 힌두쿠시 계곡의 바미얀으로 차를 타고 간 이야기를 했다. 사암으로 된 벼랑을 깎아 조각한 고대 불상을 보러 수백 년 동안 순례자와 관광객들이 몰려온 곳이었다. 1996년부터 2001년까지 탈레반이 지배했던 시기에 다른 종류의 순례자들이 바미얀 계곡을 찾았다. 탈레반 병사들은 석굴이 파인 곳까지 올라가 벽화에 대고 총을 쏘아 파괴하면서 "신은 위대하다!"고 외쳤다. 탈레반 통치기에 인물이나 동물의 형상을 그린 그림은 금지되었다. 9/11 테러가 있기 몇 달 전에 탈레반은 불상들을 다이너마이트로 폭파해 돌무더기로 만들어 버렸다.

나는 불상을 복원하려는 유엔의 노력을 보고 싶기도 했고, 탈레반 통치 아래에서 바미얀에 무슨 일이 일어났는지 내 눈으로 확인해 보고 싶었다. 2001년 미국이 아프가니스탄을 침공하고 불과 2년 정도 지난 시점이라 이런 취재 여행을 하기에 크게 위험하지는 않았다. 폭동이 전국으로 막 확산되기 시작하는 단계였다. 서방 저널리스트들은 군용 자동차나 장갑차 없이 '픽서,' 즉 다른 일도 같이 하는 아프가니스탄 통역사와 함께 여행했다. 나의 아프간 픽서 나지브는 젊은 의학도였다. 그는 외국 기자들을 편하게 지내도록 도와주면 돈을 상당히 많이 벌 수 있다는 것을 일찍이 간파하고 있었다. 우리는 그와 같은 통역사들에게 하루에 100달러씩, 경우에 따라서는 그 이상을 일한 대가로 지불했다. 아프가니스탄의 두 가지 공식 언어를 다 유창하게 말하고, 군벌들과의 만남을 주선하고, 아프가니스탄에 사는 부족들의 복잡한 역사에 관해 알려주고, 전직 탈레반 관리와 만나는 게 안전한지 점검도 해 주고, 카불을 벗어난 곳에서 안전한 길을 택해서 갈 줄 아는 능력을 그들은 지니고 있었다.

나지브는 경험이 크게 풍부한 편은 아니지만 아프가니스탄 기준으로 볼 때 세상물정에 밝은 편이었다. 그는 계속 전쟁이 이어지는 가운데 성장했고, 어린 시절에는 카불을 떠난 적이 없었다. 그 시기에 그는 '아프간의 엘비스'로 불리는 가수 아흐마드 자히르처럼 꾸미고 싶어 했다. 그는 자히르를 본딴 올백 머리에다 위의 단추 세 개는 열어놓은 몸에 딱 붙는 셔츠, 타이트한 인도식 슬림 컷 청바지를 입고 다녔다. 나지브를 처음 만났을 때 그의 휴대전화 벨 소리는 발리우드 히트 영화 '칼호나호'에 나오는 노래였다. TV와 라디오가 금지된 탈레반 통치 시절 인도 영화배우 샤 룩 칸은 나지브의 삶에 중요한 역할을 했다. 나지브와 그의 십대 친구들은 파키스탄 국경을 통해 밀수입 된 발리우드 DVD를 어떻게든 구해서 보았다.

탈레반은 머리에 멋을 부리는 것을 타락 행위로 간주했다. 나지브는 멋을 부리다가 탈레반의 '선악 여단'이라는 악명 높은 풍기 단속 경찰에 여러 번 걸렸다. 한동안 그는 1997년 영화 타이타닉'에 나오는 레오나르도 디카프리오 흉내를 내느라 이마 위로 긴 머리카락이 약간 내려오게 했다. 그런 머리 스타일을 흉내 낸 사람은 자기 혼자가 아니라고 그는 강조했다. 타이타닉 비디오는 암시장을 통해 들어왔고, 카불에는 영화 제목에서 이름을 딴 타이타닉 마켓이라는 시장이 생길 정도로 이 영화는 아프가니스탄에서 굉장히 인기가 높았다. 풍기 단속 경찰은 레오나르도를 모방해 머리가 너무 길거나, 수염이 너무 짧은 사람들을 찾아 거리를 순찰하고 다녔다.

바미얀을 여행하는 동안 운이 나쁘면 탈레반 추종자들을 만날지도 모르는데 나지브의 그런 머리 모양새는 그들이 좋아할 스타일이 아니어서 나는 걱정이 되었다. 나지브는 중부 아프가니스탄에는 반란자들이 거의 없다고 나를 안심시켰는데 그의 말이 옳았다. 그런데 다른 문제가 생겼다. 나는 나지브에게 유엔과 군부대가 쓰던 값비싼 도요타 랜드 크루저 대신 낡은 밴을 빌리자고 했는데 결국 후회하게 되었다. 카불에서 고작 90마일(약 145킬로미터)을 가는 데 열 시간이나 걸렸을 뿐만 아니라 가는 내내 온 몸의 뼈가 부서질 듯 고생을 했기 때문이다. 도로는 수십 년 간 포격을 당해 여기저기 구덩이가 파이고 파손되어 있었다.

용변을 볼 수 없어 자동차 여행은 더 길게 느껴졌다. 아프가니스탄에서 여자들은 나무 뒤에 쭈그리고 앉지 않는다. 물론 시골에서 아프가니스탄 여자들은 좀처럼 집을 떠나지 않는다. 길 가는 여성들을 아주 드물게 본 적이 있는데, 부르카를 입은 그들은 낯선 사람들로부터 조금이라도 더 몸을 감추고자 자동차 쪽으로 등을 돌렸다. 군인들과 함께 여행할 때는 병사들이 플라스틱 판을 들고 서서 내가 뒤에 숨어서 소변을 볼 수 있게 가려 주었다. 그러나 나지브는 그건 어리석은 짓이라고 생각했다. 언덕 기슭에서 외국인이 망신당하는 모습을 보라고 주의를 끄는 행동이라는 것이었다. 몇 시간 동안 차를 타고 달리다 보니 이제는 예의를 차리고 견딜 정도가 아니었다. 나지브는 나를 불쌍히 여겨 도로에서 멀리 떨어진 흙길로 나를 데리고 가서 혹시 지뢰가 없나 살피며 앞으로 나갔다. 돌담 뒤에서 쭈그리고 앉으려고 하는 찰나에 어떤 노인이 당나귀를 끌고 올라오는 게 보여 나는 단박에 차로 돌아가고 말았다.

나중에 우리는 번잡한 도시의 찻집에 멈췄다. 나지브가 예측한 대로 그곳에는 여자화장실이 없었다. 여자 손님이 없기 때문이었다. 물결치는 듯한 청색 부르카를 입은 사람은 정말로 단 한명도 없었다. 나지브는 주인을 설득해 냄새가 코를 찌르는 옥외의 남자 화장실을 쓰도록 허락 받았다. 좁다란 구덩이에 구더기가 우글거리는 배설물이 쌓여 있고 그 주위에 두 장의 나무판자가 세워져 있었다. 그런 옥외변소에 구역질이 안 날 정도로 익숙해지지는 않았지만 인도에서 사용했던 화장실보다 더 나쁘지는 않았다. 돌아와 보니 나지브는 남부 아프가니스탄의 파슈툰족 남자들과 이야기를 하고 있었다. 그들은 체격이 크고 파콜이라는 모직 모자를 쓰고 있었다. 그들은 우리와 같이 먹으려고 살구를 쪼갰다. 나는 나지브에게 혹시 그들의 부인들이 시내로 나온 적이 있는지 물어보라고 했다. 그 질문에 남자들은 놀란 얼굴을 했다.

"물론 아닙니다. 우리 집 여자들은 집에만 있습니다."

나지브는 다른 것도 묻고는 대답을 통역해 주었다. "집을 떠날 필요가 없는데 왜 집을 떠나야 하지요? 우리가 쇼핑을 하고 친척들을 데려가 만나게 해 줍니다. 여자들은 편하게 살고 있습니다."

인도의 시골을 접해 본 나로서는 여성들에게 공개적인 생활을 금지한다는 생각은 그다지 놀랍지 않았다. 그렇지만 아프가니스탄 시골을 보니 인도의 가장 궁벽한 시골이 훨씬 더 자유롭다는 생각이 들었다. 30년간 전쟁을 겪은 후 80퍼센트가 넘는 여성이 문맹 상태로 남게 되었다.

나는 계속 질문을 던졌고 남자들의 목소리는 점점 올라갔다. 마침내 나지브는 통역을 중단했다. 남자들이 흥분한 몸짓을 하며 서로 말을 주고받는데, 나지브의 표정을 보니 뭔가 안 좋은 일이 터질 것 같아서 나는 가슴이 두근두근 뛰었다. 취재 여행을 장기간 같이 해 온 터라 나는 나지브를 잘 알았다. 그는 자기가 우상으로 삼는 아프간 엘비스처럼 늘 차분했다. 그러나 그의 눈 밑에 긴장이 어리는 것을 보고 나는 상황이 좋지 않다는 것을 눈치 챘다. 나는 더 이상 사태가 악화되지 않도록 하기 위해 눈을 아래로 낮췄다. 마침내 한 남자가 웃음을 지었다. 나지브가 의자를 뒤로 밀며 일어섰고, 그들은 서로 상대 가족의 안녕을 빌며 정중하게 작별인사를 나눴다.

차로 돌아오자 나지브는 그 남자들이 자기한테 질문을 던졌다고 했다. 자기네 마을의 찻집에 서양 여자를 데려오는 게 이슬람의 도덕률을 어기는 것임을 모르느냐고 묻더라는 것이었다. 여성 방문자는 그곳에서 환영받지 못하는데 특히 '벗은 여자', 즉 부르카를 입지 않은 여자는 더 그렇다는 말을 하더라는 것이었다.

"우리가 위험에 처했던 것은 아닙니다. 그저…일어서기를 잘했어요."

"그 사람들이 나한테 화를 냈다니 놀랍군요. 오늘 무척 주의해서 옷을 입었는데."

나는 부르카를 입지는 않지만 나지브가 매일 아침 내가 충분히 몸을 가렸는지 복장 검사를 했다. 그날 나는 머리 둘레에 머리용 스카프를 단단히 매어 머리칼한 올이라도 빠져 나오지 않게 했고, 팔목과 발목은 길고 느슨한 살와르 카미즈로 가린 상태였다.

"알아요. 그렇지만 당신 얼굴이 맘에 들지 않았던가 봐요. 얼굴은 가리지 않았잖아요."

나는 웃음을 터뜨렸다. 하지만 그 뒤로는 내내 차 안에만 머물렀다.

"무서웠어요?"

내가 아프가니스탄 얘기를 시작한 후 처음으로 지타가 흥미를 보였다. 사실 그때가 내가 겪은 가장 위험했던 상황은 아니지만, 여자들이 어디에 있어야 하는지에 관해 그 남자들이 너무나 확고한 생각을 가진 것 같아서 그 일이 가장 기억에 남는다고 했다. 델리로 돌아오면 나는 항상 안도감 같은 것을 느꼈다. 최소한 델리에서는 21세기라는 걸 느낄 수 있기 때문이었다. 공항에서 니자무딘으로 차를 타고 돌아오면서 나는 대학생 또래의 청년이 스쿠터 뒷자리에 여자를 태운 것을 보았다. 그 여자는 청바지에 타이트한 티셔츠를 입었는데 사리를 입은 여성들이 흔히 그러는 것처럼 옆으로 다리를 모으고 앉지 않았다. 자동차들 사이로 누비고 지나가는 스쿠터에 그 여자는 다리를 벌리고 앉았고, 두 팔로 남자의 허리를 감싸고 있었다. 남자의 누이일 수도 있고 걸프렌드일 수도 있을 것이다. 어쨌든 카불을 비롯한 전 세계 많은 지역에서 생각도 할 수 없는 광경이었다.

지타는 자기네 나라 인도에 대한 찬사를 듣고 뺨에 보조개를 지었다.

"맞아요. 인도는 굉장히 빠르게 생활이 현대화하고 있어요, 그렇지 않아요? 생각해 보세요. 나니마 할머니가 자라던 시절이라면 이 나이에 결혼도 안 한 여자인 나는 수치스런 존재였을 거예요. 하지만 인도는 그렇게 많이 바뀌지는 않았어요. 지금도 우리 부모님한테 가해지는 사회적 압력이 엄청나요. 파티알라에서 우리 친척들은 부모님한테 이렇게 물어요. '무슨 일이 있었어요? 왜 딸이 아직 결혼을 안 하죠?' 가게주인들까지 부모님한테 그런 질문을 한다니까요."

지타는 레몬 음료의 신맛 때문에 입을 오므리고는 설탕 한 스푼을 더 넣어서 저었다. 입을 비쭉거리는 모습을 보니 더 어리고 연약해 보였다.

사람들은 지타의 외모에 눈에 띄는 결격 사유가 없는데도 아직 결혼을 안 했다는 사실에 몹시 의아스러워 한다고 지타는 말했다. 그녀는 뚱뚱하지도 않고, 성격이 나쁜 것도 아니고, 피부가 까맣지도 않았다. 미모의 노처녀에 대해서는 의혹을 품기 마련이었다. 친척들의 질문 이면에는 말로 표현할 수 없는 다른 내용이 숨어 있었다. 돈 문제가 있어 남부끄럽지 않게 지참금을 줄 수 없는 건가? 과거에 남자관계가 있었나? 혹시 행실이 나쁜가? 아기를 낳을 수 없는 몸인가?

친척들은 이런 질문을 감히 대놓고 하지는 못하지만 자기들도 알 권리는 있다고 생각했다. 결혼 안 한 여자 때문에 다른 자매들이나 사촌들이 청혼을 받을 기회가 박탈될 수도 있다고 생각하는 것이다.

"나는 아직 결혼 안 한 게 좋지만 우리 부모님은 이런 상태는 지속될 수 없다고 계속 말씀하셔요. 어떻든 나는 결혼 상대를 찾아야 해요. 영원히 미혼으로 지낼 수는 없어요. 누가 그걸 원하겠어요?"

나는 그 말을 곰곰이 생각하며 님보 판네를 조금씩 마셨다. 예상치 않은 일이었지만 지타와 나는 거의 자매지간처럼 우애가 깊어졌고 의견이 맞지 않는 주제에 관해서는 이야기를 피해 왔다. 지타는 내가 벤저민과 동거했다는 게 마음에 걸리지 않는다고 했지만 나의 '진짜 결혼' 계획에 대해 농담조의 언급을 하기 시작했다. 그렇지만 나는 우리한테 어떤 공통점이 있는지 알아내기 시작했다. 우리는 둘 다 인습과 저항, 독립적인 자아와 관계 중심의 자아 사이에서 어느 한쪽을 선택하기 위해 애쓰는 사람들이었다.

아프가니스탄에서 취재활동을 하면서 나는 자신이 원했던 것보다 훨씬 더 많이 외부에 노출되는 기분을 느꼈다. 간혹 군 기지에서 예비 병력들에게 둘러싸여 밤을 맞으면 어릴 때 읽은 책에 나오는 '혼자 있다고 해서 고독한 게 아니다'라는 메시지가 생각났다. 나는 겁이 나거나 슬프지만 않다면 혼자 있는 것에 별 문제를 느끼지 않았다. 그러나 아프가니스탄에서는 벤저민을 생각하며 고독감을 느꼈고, 그가 내 삶에서 고정된 존재가 되었으면 좋겠다는 생각을 했다. 그렇지만 그에게 그런 생각을 말하지는 않을 작정이었다.

나는 친구들에게 벤저민은 아마도 나보다는 델리의 차고에 세워둔 엔필드 오토바이를 더 그리워 할 거라고 농담 삼아 말했다. 오토바이는 차고를 빌려 세워두었다. 가끔 나는 내가 그에 대해 말할 때 과거형 문장으로 말한다는 걸 깨닫는다. 나는 우리가 두 사람의 관계로부터 각자 뭘 원하는지, 또한 둘의 현재 관계는 무엇인지 알 수가 없었다. 우리가 뉴욕과 델리에서 함께 지낸 시간은 아주 강렬

했고 짧았다. 인도가 나를 그렇게 많이 변하게 했을까? 아마도 그 역시 변했을 것이고, 나는 내가 만들어놓은 보이프렌드의 환상에 매달려 있는 것인지도 모르겠다. 발리우드 영화 속의 물결치는 밀밭 사이로 팔을 넓게 펴고 나에게로 달려오는 나의 벤저민 말이다.

지타는 심란한 듯 인도 철도 샌드위치를 집었는데, 뭔가 하고 싶은 말이 있어 보였다. 그래서 나는 벤저민 생각을 잠시 접었다.

"미란다, 내가 대학 때 얘기 한 번도 해 준 적 없지요."

나는 머리를 저었다.

"내 생애에서 가장 속상했던 일들과 뒤섞여 버려서 얘기 꺼내기가 좀 어려워요. 최근에는 좋은 부분을 기억하도록 노력해야겠다고 생각하고 있어요."

지타는 대학 시절 집에서 대학을 다녔고, 그녀의 사회적 변화는 기숙사 생활이 아니라 카페테리아에서 비롯됐다. 보호자 없이 처음으로 남자들이 포함된 친구들과 어울렸다. 그녀는 첫 청바지를 샀고 '아메리칸 테이프'라고 부르는 테이프로 음악을 들었다. 브라이언 애덤스 같은 40위권 안의 가수들 노래를 담은 카세트였다. 지타는 늘 자신을 수줍음을 많이 타는 소녀로 생각했지만 대학에 가서는 스스로도 놀랄 정도로 많은 친구를 사귀었다.

"특히 한 남자를 사귀었어요. 모두 다 그 남자를 내 친구라고 부르던 사람이었어요. 무슨 뜻인지 알겠지요?"

나는 정확히는 그 뜻을 몰랐지만 논지를 파악할 수는 있었다. 발리우드 영화처럼 멜로드라마적인 가능성을 상상하며 나는 빵을 너무 급히 삼켰고, 딱딱한 빵 껍질이 목에 닿는 게 느껴졌다. 인도 처녀의 순결 서약을 어겼던 걸까? 성격이 이상한 사람과 약혼을 했나? 결국에는 속임수로 얼룩진 슬픈 삼각관계로 끝난 애정행각이었나?

"모한을 카페테리아에서 처음 봤어요." 지타가 이야기를 시작하자 나는 어서 그 다음 말이 듣고 싶어 조마조마했다. 지타가 연애담의 절정에 이르려면 시간이 좀 필요할 것 같았다. 나는 인도라는 환경 속에서 그 상황을 고려했다. 만일 지타가 대학 시절 남자를 사귀고 있었다면 그것을 통해 지금의 그녀에 관해 많은 것을 알 수 있을 것이었다.

그녀는 모한을 보고 첫눈에 반했다. 그는 인기가 많고 화려한 농담을 잘했고 "급소가 되는 문구를 던질 때는 늘 나만 뚫어져라 바라봤다."고 지타는 말했다. 인도의 작은 도시에서 이 정도는 그들을 결혼할 사이로 규정할 만한 일이었다. 얼마 안 있어 지타의 여자 친구들은 그를 '지타의 친구'라고 불렀다. 그들의 부모들을 포함해 누구나 그 두 사람이 당연히 결혼하게 될 것이라고 생각했다. 오늘날까지도 인도에서 정말로 용납되는 유일한 사랑의 형태는 결혼으로 귀결되는 사랑이다. 그러나 가족의 개입 없이 이루어지는 연애는 도시 중산층 젊은이들 사이에서 더 이상 금기시되는 이야기가 아니다. 이들의 관계가 종교나 카스트 제도에 위배되지만 않는다면 가족들은 영화 DDLJ에서 시므란의 가족이 두 사람의 관계를 인정하듯이 그들을 받아들일 수도 있다.

자신의 경우는 DDLJ와 같은 외부적인 마음의 상처는 없었다고 지타는 말했다. 그녀는 두 사람의 관계를 운명적인 것으로 확신했다.

"일어날 수 있는 가장 운 좋은 일처럼 보였어요. 모한은 키가 크고 체격이 좋은 잘생긴 청년이었죠. 종교나 카스트 같은 중요한 점이 나와 같았고, 거기다 의과대학에 다니고 있었어요."

모든 인도인 가족들은 딸을 신분과 안정적인 생활이 보장되는 직업인 의사나 엔지니어에게 시집보내고 싶어 한다고 지타는 말했다. 지타는 파티알라 지역사회에서 가장 바람직한 총각과 안성맞춤으로 사귀게 된 것이었다. 지타가 모한에 대해 말씀드리자 부모님은 더 좋은 신랑감을 찾을 수 없을 것이라고 동의했다. 그렇지만 지타의 어머니는 '남자가 청혼할 때까지는 아무 것도 확정된 것이 아니라고' 지타에게 일깨워 주셨다. 지타의 어머니는 만약의 경우에 대비해 지타가 대학을 다니는 내내 다른 잠재 후보자와 맞선을 보라고 제안했다. 외동딸 지타는 그녀의 유일한 자녀였고, 어서 훌륭하게 결혼시키고 싶었던 것이다.

모한이 델리에 있는 병원에서 전문의 수련을 받게 되었기 때문에 대학 졸업 후 지타가 델리로 가서 살고 싶다고 하자 어머니는 전혀 기뻐하지 않았다. 남자로부터 청혼을 받지 않은 채 그렇게 하는 것은 너무나 위험스럽다면서 어머니는 반대했다. 지타는 시대가 변했다고 어머니를 설득했다. 요즘은 결혼 전에 한 2년 정도 직장을 다니는 것이 아무렇지 않을 정도로 당연한 일이라고 말했고 지타의 주장대로 되었다.

"어머니의 뜻을 좀 더 헤아렸더라면 좋았을 텐데. 어머니가 옳았어요. 결국 청혼을 받지 못했잖아요! 글쎄 나뿐만이 아니라 다른 많은 여학생들에게 남자친구가 있었어요. 델리로 오려는 내 결심은 확고했지요. 지금 와서는 어머니가 그때 끝까지 말렸더라면 좋았을 텐데 하는 생각이 들기도 하지요."

"이리로 온 후에는 약혼을 하게 되리라고 기대했어요?"

지타는 내가 원숭이를 껴안고 싶었냐고 묻기라도 한 듯한 표정으로 나를 쳐다보았다. "물론이지요! 결혼이 전제되지 않으면 어떤 여자도 관계를 유지하려 하지 않아요. 내가 그 사람과 결혼하지 않을 이유가 뭐가 있겠어요? 사회적 배경도 같고 델리 최고의 병원에서 일하고 있었으니 안 될 이유가 아무 것도 없었어요."

그러나 실제로는 장애물들이 있었다. 아무리 딴 짓을 할 상황이 못 된다 하더라도 인도에서 남자친구란 항상 미지수인 존재이다. 모한에 대한 지타 어머니의 걱정은 옛날부터 내려오는 고정관념 같은 것이었다. 그것은 바로 인도 남자들은 '좋은 여자 친구가 좋은 아내가 된다고 생각하지 않는다' 는 것이었다. 세계화한 인도에서 연애결혼은 이전보다 많이 받아들여지는 편이지만 남녀 간의 순결에 관한 구식 사고방식은 여전히 인도를 지배하고 있다. 인도에서 미니스커트는 아주 가끔 용납되지만 순결은 항상 찬양된다.

"어머니는 모한과 깊은 관계를 갖지 말라고 늘 일깨워 줬어요. 나는 세상은 바뀌었고, 어머니 주장은 구식 사고방식이라고 생각했지요." 지타는 나를 바라보더니 자신의 말을 수정했다. "세상은 바뀌고 있지요. 하지만 전부 바뀌지는 않았어요."

"그래서 모한과 깊은 관계였나요?" 나는 지타가 사용하는 완곡한 단어에서 벗어나지 않으려 애쓰며 물었다. 지타가 이런 이야기를 전에는 말한 적이 아마 없으리라고 나는 확신했다.

그녀는 시선을 자신의 접시로 돌렸다. 그녀와 모한은 연인 커플이라기보다는 친구에 더 가까웠고 델리에서조차도 그랬다고 지타는 말했다. 두 사람은 서로 다른 집에 살았다. 지타는 대학 시절 여자 친구들과 살고, 모한은 동료 수련의들과 같이 살았다. 두 사람이 어울릴 때는 대개 여러 사람이 무리를 지어 만났다.

"그렇지만 가끔은 둘 만의 시간을 갖기도 했어요. 모한은 나에게 키스했지만 키스까지가 전부였어요. 결코 둘이 깊은 관계를 맺지는 않았답니다. 최소한 나는 그 정도의 도덕관념은 가지고 있었지요. 그랬기 때문에 우리가 헤어지고 난 후 그의 거짓말에 내가 더 화가 났던 거예요."

나는 질문이 쏟아져 나오려 했으나 간신히 참으면서 그녀가 스스로 얘기를 풀어놓도록 했다. 지타는 님보 판네를 한 차례 더 만들려고 자리에서 일어났다. 지타는 단지에 레몬즙을 짰는데 그 행동은 마치 울음을 참으려고 애쓰는 것같이 매우 격했다. 프리야가 가족들과 주말을 보내기 위해 떠나 있는 게 다행이었다.

지타는 마음을 어느 정도 추스린 다음 자리에 도로 앉았다. 그녀가 델리에 일 년 정도 머문 후 그녀의 부모는 딸의 연애결혼이 성사되나 하고 기다릴 만큼 기다렸기 때문에, 결혼에 대한 '최후통첩'을 했다. 그가 청혼을 하지 않는다면 신랑감 물색을 재개하겠다는 것이었다. 모한의 부모도 같은 얘기를 했다. 그러자 그는 부모의 의사에 굴복했다. 당연히 하게 되리라고 여겼던 결혼에 대해 단 한 번 의견을 주고받은 후 지타는 모한이 여자 친구에게서 기대하는 것과는 전혀 다른 것을 아내감에게 기대하고 있다는 사실을 깨달았다. 델리에서 모한은 지타가 청바지를 입고 자신과 함께 친구들과 어울려 나이트클럽에 가는 것을 좋아했다. 그러나 결혼한 다음에는 그 모든 것에 종지부를 찍어야 한다고 모한은 지타에게 말했다. 두 사람은 파티알라에 있는 모한의 집으로 들어가야 하고, 자신은 그곳에서 새 직장을 얻겠지만 지타는 직장에 다녀서는 안 된다고 했다. 모한의 가족에 대한 존경심을 보이기 위해 지타가 도시 의상 대신 사리로 바꿔 입어야 한다는 말도 했다.

"나는 그의 부모님과 함께 사는 것은 싫어하지 않았어요. 대부분 인도에서는 그렇게 하니까요. 그런데 그는 서양식 옷과 직장도 금하려 드는 거예요. 그것도 인도에서는 정상적인 것이기는 해요. 하지만 나는 그렇게 못해요."

지타는 그런 견해 차이를 몇 주일에 걸쳐 곰곰 생각했다. 그러나 마침내 그녀의 말대로 그녀의 펀자브인 기질이 드러났다. 지타는 모한에게 제 마음대로 부릴 수 있는 시골 여자와 결혼하려고 하는 사람이라고 비난했다. 그 말을 듣고 모한은 깜짝 놀랐다. 지타가 전에 그렇게 목소리를 높이는 것을 본 적이 없기 때문이었다. 그는 성질 고약한 여권운동가 같은 여자와 결혼할 의사가 없다고 선언하면서, 남자친구가 있었던 여자는 결코 믿어서는 안 된다는 말까지 덧붙였다.

"그 사람은 내내 내 남자친구였어요." 지타의 얼굴은 분노로 일그러졌다. "내 비밀을 아는 단 한 사람이었는데 별안간 나를 적대시하는 거예요. 그렇게 말하는 것은 내가 훌륭한 아내가 될 수 없다는 거잖아요."

이틀 후 그가 꽃을 보내왔을 때 지타는 완고한 펀자브의 공주답게 행동했다. 그녀는 꽃을 팽개쳤고, 모한의 전화도 받지 않았다. 결국 지타는 부모에게 결혼 얘기는 끝났다고 말했다. 이어 그 소식은 파티알라 전체에 금방 퍼져 나갔다. 인도에서는 결혼이 절대로 당사자만의 일이 아니다. 겉으로는 지타의 가족이 모한의 가족을 받아들이지 않은 것처럼 되었다. 모한은 지타가 완벽한 결혼 후보자와 함께 가장 결혼하기 좋은 4년을 허비해 버렸기 때문에 지타의 가족이 곤혹스러워한다는 것을 알고 있었다. 또한 그녀의 평판에 미칠 피해를 최소화하기 위해서 지타의 가족이 뭐든지 하려고 나설 것임을 알고 있었다.

"그는 우리 아버지에게 전화를 해서 아주 나쁜 일이 있었다고 넌지시 암시했어요."

지타는 테이블에서 눈을 들어 기다리는 태도로 나를 바라보았다. 선풍기 바람에 그녀의 머리카락 몇 올이 위로 휩쓸려 올라가 마치 외계인처럼 그녀 머리 위에서 휘날렸다. 우리 골목길에 들어와 자리잡은 병든 소의 울음소리가 들렸다. 나는 며칠 전부터 누가 그 소를 고통에서 벗어나게 해 줬으면 하고 바랐다. 그러나 아무도 신성한 소를 건드리지 않을 것을 알고 있었다. 나는 어떤 상황인지 이해하지 못한 채 망연히 지타를 바라보았다.

"글쎄, 미란다, 그 친구가 우리가 세~세~섹스를 했다고 말한 거예요. 아버지한테요." 지타는 섹스라는 단어에서는 말을 더듬으며 말했다. 나는 쉽사리 이해하지 못했다. 모한이 결국 마음이 비뚤어진 사람이라는 사실을 깨닫는 데는 잠시 시간이 걸렸다.

"뭐라고? 왜 그렇게 하려는 거예요?"

"나도 모르겠어요. 좋은 성품을 갖고 있지 않았나 봐요! 내가 자기와 깊은 관계를 맺었다고 아버지한테 말하면 내가 자기와 결혼할 수밖에 없다고 생각한 게 아닌가 추측해요. 아니면 단순히 나한테 보복을 하려고 한 건지도 모르고요."

요즘 같은 시대에 그것도 인도 대도시에서 여자가 순결하지 않다는 암시가 그녀의 결혼 기회를 망칠 수 있다는 사실 자체를 나는 믿기가 어려웠다.

"아버지는 그 사람 말을 믿었나요?"

"처음에는 그러셨던 것 같아요. 그렇지만 다시 곰곰이 생각하셨어요. 나는 외동딸이예요, 미란다. 시집가는 걸 볼 유일한 딸이거든요. 아버지는 나에게 전화를 걸어 그게 사실인지 물으셨어요."

"어머, 대화가 몹시 껄끄러울 수밖에 없었겠어요." 나는 기가 막혀 혀를 찼다.

"끔찍했어요. 그렇지만 끝에 가서 아버지는 나를 믿기로 하셨어요. '그놈이 네 앞길을 망치려 드는 모양인데 내가 그렇게 하도록 놔두지 않을 테다. 그놈이 말한 걸 네 엄마한테는 말하지 않으마.' 아버지는 그렇게 말씀하셨어요. 아버지가 정말로 나를 사랑한다는 걸 알게 된 건 바로 그때예요. 그리고 깊은 관계를 맺지 않아 천만다행이라고 말하는 이유도 바로 그것 때문이예요. 만일 그랬다면 아버지에게 거짓말을 할 수가 없었을 테니까요."

어두운 거리에서 소가 고통스런 신음을 내뱉는 소리가 들려왔다.

"파티알라에서 그 소문이 안 나게 할 수 있었나요?"

지타는 발리우드 영화 속의 짓밟힌 여주인공 같았다. 머리칼은 위로 불려 올라가고 눈에는 그늘이 져 있었다.

"우리 아버지가 자기가 한 말을 믿지 않자 모한은 많은 사람들에게 감히 그 말을 하지 못했던 것 같아요. 그렇지만 파티알라의 몇몇 가족은 그런 소문을 들었지요. 그들이 아는 게 나한테 남자친구가 있었고, 무슨 일이 있었다고 하더라는 정도라 해도 그것만으로도 충분히 나쁜 상황이지요. 정말이지, 어떤 가족도 과거가 있는 여자와 자기 아들을 결혼시키고 싶어 하지 않아요."

토요일 오후는 마담 X를 위해 비워 두었다. 이곳에 처음 이사 왔을 때 나는 손으로 쓴 '마담 X 뷰티 살룬' Madame X Beauty Saloon이라는 간판을 보았다. 살롱 Salon이 아니고 o자가 두 개나 있기에 중산층의 성매매업소, 아니면 여성들이 술 마시는 장소려니 생각했다. 그런데 실은 잘못된 영어 스펠링이 붙은 자그마한 동네 미용실이었다. 미용실 내부는 습하고 홀이 두 개였는데, 매니큐어와 모발 염색약 냄새가 가득하고 1980년대 발리우드 스타들의 포스터들이 벽에 붙어 있었다.

지타는 그곳을 아주 좋아했다. 토요일에는 10루피를 내고 손톱과 발톱 손질을 받으며 종일 주인 사미나와 잡담을 나누며 그곳에서 시간을 보냈다. 팔 마사지가 그다지 신통치 못하고 매니큐어 칠이 다음 날 벗겨지기는 해도 도대체 세계 어디에서 25센트 내고 손톱 손질을 받을 수 있단 말인가! 지타로서는 서투른 대접이라 해도 전혀 대접을 못 받는 것보다는 좋았다. 다른 많은 인도 중산층 여성들처럼 지타는 두 가닥 목면 실로 얼굴의 털을 제거하든가 왁스를 발라 다리 털을 없애는 등의 개인적인 미용을 이 뷰티 살룬에 의존했다.

마담 X의 여주인으로부터 최근에 들은 정보는 여성 전용 헬스클럽이 니자무딘에 문을 열었다는 것이었다. 그 피트니스 서클은 완전히 미국식이라고 했는데 헬스 기구와 트레이너는 모두 미국에서 '직수입' 한 게 분명했다. 나는 영업이 잘 될지 회의적이었다. 헬스 열풍은 다른 분야의 세계화에 비해 인도에서는 아직 미미했기 때문이다. 델리는 스무 군데가 넘는 유럽식 레스토랑을 비롯해, 호텔 안의 고급 바와 나이트클럽이 있다고 자랑할 수는 있겠지만 신체적 건강을 위한 시설은 극히 드물었다. 남성 권투클럽과 값비싼 호텔의 체력단련실이 있을 뿐이었다. 하지만 니자무딘에 최신식 시설이 계속 생기고 있는 중이니, 일단 한 번 가서 내 눈으로 확인은 해 볼만하다고 생각했다.

헬스클럽 밖에는 '여성 전용' 이라는 팻말이 붙어 있었다. 안으로 들어가니 검은 색 부르카들이 마치 벗어놓은 뱀 허물들처럼 벽에 걸려 있었다. 헬스클럽은 주로 빈민가 '버스티'의 이슬람 여성들을 위해 운영되는 곳인 것 같았다. 왜냐하면 무슬림들은 남녀가 이런 시설을 같이 쓰는 걸 금지하는 경우가 많기 때문이다. 지타도 마찬가지 생각을 했는지 표정이 굳어졌다.

유대가 긴밀한 브라만 공동체에서 성장한 그녀에게는 인도의 다양성을 접할 기회가 차단돼 있었다. 이슬람교가 인도 내에서 소수 종교 중에서는 가장 신자 수가 많고, 델리에서도 가장 큰 이슬람교도 집단 거주지가 우리 사는 곳에서 몇 분만 걸으면 되는 가까운 곳에 있는데도 지타는 한 번도 그곳에 가볼 생각을 하지 않았다. 내가 수피파 이슬람 사원에 같이 가보자고 하자 지타는 애원조로 말했다. "같이 갈 수 없어요. 나는 그 사람들과 어울리지 말라고 배우며 자랐어요." 지타는 사미나를 만나기 전까지는 이슬람교도와 대화한 적도 없었다. 그리고 사미나를 만난 것은 그녀에게는 놀라운 일이었다.

"사미나는 이슬람교도지만 당신도 아시잖아요? 우리는 똑같은 채식 아침을 먹어요." 지타는 놀랍다는 투로 말했다.

지타는 인도와 파키스탄이 크리켓 경기를 하면 인도인 이슬람교도들이 파키스탄 팀을 응원한다는 진부한 일화를 한 번 이상 언급했다. 지타는 인도인 이슬람교도들은 국가보다는 종교에 더 충성스럽다는 증거로 인용되는 그 소문을 오랫동안 들어 왔다. 수백만 명의 이슬람교도들이 이웃한 파키스탄에서 종교적인 다수파가 되기 위해 인도를 떠남으로써 국가가 분리된 이래로 힌두교도와 이슬람교도 간의 관계를 괴롭혀 온 것은 두려움이다. 사실 2010년, 인도 크리켓 리그 팀을 소유하고 있는 샤 룩 칸이 인도 프리미어 리그 크리켓 토너먼트에 파키스탄 선수들이 뛸 수 있도록 하자고 제안했을 때에는 항의 시위가 벌어지기도 했다. 한 국회의원은 "칸이 인도가 아니라 파키스탄의 라호르에 가서 경기를 하면 될 것"이라고 선언함으로써 샤 룩 칸이 이슬람교도이기 때문에 그런 말을 했다는 점을 넌지시 부각시켰다.

피트니스 서클 헬스클럽은 지하층에 있었는데, 자그마하고 형광등으로 조명이 되고, 밝고 부드러운 느낌의 베이비핑크빛 벽에는 물이 흐른 자국이 나 있었다. 체중을 조절하고 심혈관을 튼튼하게 해 주는 운동기구들이 가득 차 있었는데 상업적 용도로 만들어진 것 같지는 않았다. 발전기나 변환기가 없는 것을 나는 즉각 알아챘다. 델리에 살다 보니 그런 세세한 것을 파악하는 예리한 눈을 갖게 되었다. 그렇다면 모든 활동이 오전의 정전 시간 중에는 멈춰질 수밖에 없다. 힌디어 팝 라디오 방송인 레드 FM이 구석에 있는 초대형 라디오 카세트 플레이어로부터 쾅쾅 울려 퍼지고 있었다.

부르카를 벗은 체육관 회원들은 있을 법하지 않은 복장을 하고 있었다. 꼭 맞는 실크 튜닉 위에 느슨한 스웨트팬츠를 입어 운동에는 부적합해 보였다. 그들은 운동 프로그램에 적극적으로 참여하는 것 같지 않았다. 지타는 그 점에 대해 실망하고 있었다.

주인이 우리에게 안내를 하러 다가왔다. 레슬리는 미국인이었다. 사미나가 해 준 설명 가운데 상당 부분이 사실이었다. 레슬리는 비록 미국에서 여러 해 동안 운동은 했지만 자신은 미국에서 수입된 톱 트레이너는 아니라고 했다.

"나는 내 이웃사람을 보고 헬스클럽을 열어야겠다는 아이디어를 얻었어요. 그 여자는 내가 델리로 온 후 처음 만난 사람 가운데 한 분이었는데 정말 보기에 안타까웠어요. 온종일 집안에 갇혀 지냈거든요. 남자 친척이 와서 동반해 주지 않으면 동네 공원도 산보하러 나가는 게 허용되지 않았어요."

레슬리는 그 여자가 아들을 낳은 후 집안에만 갇혀 있는 느낌이 어떨까 하고 생각했다고 말했다. 그래서 이웃 여자들이 운동을 할 수 있도록 용인되는 공간을 마련해 도움을 주고 싶었다. 레슬리는 힌디어와 인도인 이슬람교도들이 많이 쓰는 언어인 우르두어를 배우기 시작했고, 트레드밀과 유압식 웨이트 트레이닝 세트를 구입하고 니자무딘에서 지하 공간을 임대했다. 여성의 남편이나 아버지들은 외간 남자들이 들여다볼 수 없기 때문에 창이 없는 공간을 장점으로 생각했다.

레슬리는 한 달 회비를 17달러로 정했다. 가격이 저렴하다는 점이 큰 장점으로 작용해 피트니스 서클은 헬스클럽이라기보다는 마을회관에 더 가까운 장소가 되었다.

"미국에서는 모든 사람들이 칼로리를 소모하려고 단단히 결심하고 헬스클럽에 와요. 귀에는 아이포드를 꽂고 트레드밀에서 열심히 뛰지요. 서로 얘기 나누는 사람은 한명도 없어요. 그런데 이곳은 정반대예요. 숙녀 고객들이 잡담을 중단하는 일은 아마 없을 거예요! 여기에 와 있는 동안 땀은 거의 흘리지 않더라도 최소한 얘기를 털어놓고 조언은 얻어 간답니다."

헬스클럽 여성 회원들은 남편에 대한 불만을 털어놓거나 몸이 아플 때 어떻게 하면 좋은지 등의 정보를 교환하며 대부분의 시간을 헬스클럽 매트리스 위에 편하게 앉아서 보냈다. 그들은 자신들의 건강이나 가족생활에 관한 얘기를 남편이나 시댁식구들이 듣지 않는 곳에서 말할 기회를 가진 적이 없었다. 헬스클럽 매트리스 위로 쏟아져 나오는 사사로운 이야기들에 레슬리는 당황했다. 보기 흉한 종기를 어떻게 째서 없앨 수 있는지, 몸무게 25파운드(약 11.3킬로그램) 정도를 어떻게 뺄 수 있는지, 악몽을 어떻게 하면 안 꾸게 될지 등등 모든 것에 관한 조언을 구했다. 헬스클럽 회원들은 레슬리가 건강에 관심 있는 미국인이라 영양이나 의학적인 모든 문제에 조언을 해 줄 자격이 있다고 생각했다. 한 두어 달 동안 레슬리는 자신이 건강 상담원이나 간호사가 아니라고 계속 주장했지만 결국 그런 조언을 해 주는 편이 낫겠다고 마음을 바꿨다. 다른 어느 곳에서도 그런 문제에 답을 얻을 수가 없기 때문이었다. 레슬리는 영업시간이 끝나면 해답을 찾아 인터넷을 뒤졌고, 이튿날 아침에 허리통증에 좋은 스트레칭이나 저지방 카레 요리 만드는 법 등의 해답을 제시했다.

이제까지 피트니스 서클에서 가장 인기 있는 프로그램은 소심하고 몸집이 호리호리한 여성인 우샤 고탐이 진행하는 요가 스트레치 시간이었다. 우샤는 레슬리가 경험 많은 여성 트레이너를 찾다가 실패한 후 고용한 여성이었다. 우샤의 수업은 요가 발생지에서 배울 수 있으리라고 내가 기대했던 내용이 아니었다. 호흡을 강조했지만 '태양 예배'도 아니고 빈야사 요가도 아니었다. 회원들은 그 수업을 좋아했는데 자기네가 우샤를 윽박질러서 수업을 자기들이 원하는 방향으로 끌고 갈 수 있기 때문이었다. 동작이 너무 어려우면 항의하는 소리가 뒤편에서 났고, 그러면 말을 잘 듣는 우샤는 쉬운 동작으로 바꿔서 수업을 진행했다.

뒤편에서 제일 큰 소리를 내는 사람은 매일 아침마다 헬스클럽 실내를 빗자루로 쓸고 걸레로 닦는 나이 어린 이슬람교도 소녀인 아즈마트였다. 레슬리가 꼼꼼한 청소 솜씨를 보고 아즈마트를 채용한 것은 아니었다. 체육관 구석에는 항상 먼지 덩어리가 굴러 다녔다. 레슬리는 아즈마트의 가족과 친해져서 그 가족들을 돕고 싶어 그렇게 한 것이었다. 출입구에 있는 남자는 아즈마트의 오빠였다. 아즈마트나 그녀의 두 자매가 결혼하기 전에 부모가 돌아가셨기 때문에 아즈마트는 월급 40달러를 신부 지참금용으로 꼬박꼬박 저축했다.

월회비를 안 내도 되기 때문에 아즈마트는 수업이나 체력단련기구에서 그 돈만큼의 가치를 빼내야겠다는 생각은 전혀 하지 않았다. 걸레질 임무를 마치고 나면 헬스 자전거인 일립티컬 트레이너에 올라가 몇 번 밟아 보고는 곧 멈추고서 최근에 들은 소식들을 실내에 있는 사람들에게 전하기 시작했다. "나스민은 친척이 이곳에 놀러왔기 때문에 다음 주에 헬스클럽에 못 온대요." "레슬리 디디가 그러는데 어젯밤 늦게까지 영화를 보았기 때문에 오늘 아침에 벌써 차이를 세 잔이나 마셨대요." 반응이 신통찮으면 다른 상세한 사항을 열심히 보충했다. 한참 그러다가 운동을 해야 한다는 생각이 들면 아무 생각 없이 다시 다리를 움직이기 시작했다.

아즈마트가 정말로 힘차게 동작을 하는 것은 즉흥 댄스 시간이었다. 여성 한명이 대형 카세트 쪽으로 쿵쿵 걸어가 볼륨을 높이기만 하면 아즈마트에게 운동기계에서 내려오라고 굳이 간청할 필요도 없었다. 곧 바닥이 쿵쿵 거리고 지하실 벽의 거울들이 흔들리기 시작하고, 모든 여성들이 '댄스 마당'으로 향했다. 일단 그곳에 가면 여자들은 어울리지 않은 운동복을 입은 채 허리를 틀고 몸을 흔들었다. 나는 운동기구에 앉아 그들을 바라보는 편을 좋아했지만, 그들이 나를 그대로 내버려두는 일은 거의 없었다.

"이리 와요, 디디, 당신 춤 좀 보여 줘요!" 아즈마트가 나를 가운데로 잡아끌면 여자들은 소리를 질렀다.

아즈마트는 피트니스 서클의 자칭 사교반장이었다. 아즈마트는 한 사람이 10파운드(약 4.5킬로그램) 체중을 줄이면 어느 때나 파티를 주선해 열었다. 내가 그곳에 다닌 첫해의 어느 토요일 회원들이 레슬리의 생일을 축하하려고 특별히 화려한 옷을 갖춰 입고 알루미늄 포일을 덮은 접시들을 들고 나타났다. 그날은 수업이 특별히 짧았다. 수업이 끝나자마자 아즈마트가 집에서 만든 달콤한 미타이와 튀긴 스낵을 차렸다. 레슬리가 칼로리 높은 진수성찬에 실망했다며 농담을 던졌다. "제가 지키라고 한 말씀은 다 어떻게 된 거지요? 과일은요?" 우샤는 차이를 담은 컵을 돌리며 웃었다. "디디, 딱 하루만요! 즐거운 날이잖아요." 그들은 돈을 분담해 레슬리에게 선물할 청록색 살와르 카미즈를 마련했다. 아즈마트가 자신들이 건강해지도록 용기를 주어서 감사하다는 짧은 연설과 함께 선물을 전하자 평소 무뚝뚝했던 레슬리의 눈에 눈물이 고였다.

조금 후 아즈마트가 내 곁으로 다가왔다.

"차이 더 드려요?" 그녀는 음악 소리보다 더 크게 외쳤다.

내가 고개를 끄덕이자 그녀는 다정하게 자신의 컵에서 반을 내 컵에 따랐다. 우리는 레슬리의 책상에 기댔다. 아즈마트는 한 회원이 선물해 준 자신이 가장 아끼는 운동용 티셔츠를 입고 있었다. 티셔츠에는 필기체로 'Only One Angel'이라고 쓰여 있었다. 아즈마트의 영어 실력은 내 힌디어 실력만큼이나 형편없었지만 영어 공부는 한 게 분명했다. 서툰 영어지만 이렇게 물었다. "결혼은 했지요?"

힌디어 어법대로 영어 단어를 나열한 질문이었다. 결혼이 "있었는가?" 혹은 "완수했는가?" 라는 뜻인데, 이런 식으로 완료형으로 묻는 것이었다.

"예, 그래요. 남편은 지금 뉴욕에 있어요." 어색하지만 나는 이렇게 대답했다.

나는 힌디어로 바꾸어 아즈마트 자신의 결혼 계획으로 화제를 돌렸다. 그녀의 오빠 메흐부브는 부모가 남긴 힘겨운 짐을 지고 있었다. 아즈마트를 포함한 세 누이의 짝을 찾아 결혼식 비용을 대는 일이었다. 자매들은 나이순으로 결혼해야 하지만 메흐부브는 아즈마트와 스물네 살 난 언니 레흐멧의 신랑감을 동시에 물색하기로 했다. 시간과 비용을 절약하기 위해서였다.

"그렇게 하는 게 편해요. 그리고 레흐멧 언니의 신랑감은 금방 찾을 거예요. 나보다 두 살 위지만 언니는 날씬하고 우리 동네에서 비르야니를 제일 맛있게 만들어요. 단 한 가지 문제는 얼굴에 점이 있는 거예요. 어쨌든 우리 둘 다 결혼하는 데 시간이 많이 걸릴 거라는 생각은 들지 않아요."

그런데 나는 아즈마트가 하는 말이 잘 믿어지지가 않았다. 나는 중매결혼에 대해 문외한이기는 하지만 확률이 그녀에게 유리할 것 같지 않았다. 아즈마트의 자매들은 교육을 받지 못했고, 지참금도 거의 없었고, 종교나 카스트 면에서 적합하지 않은 사람과는 결혼하지 않겠다고 하기 때문이었다. 이슬람교도의 최상층으로 매우 높은 계급인 사예드 카스트인 아즈마트는 도살업이나 이발업 카스트 출신의 남자와 결혼할 생각이 전혀 없다는 말을 내게 했다. 그런 남자들은 집안에서 계속 싸움만 한다고 아즈마트는 단언했다.

여러 세기에 걸쳐서 중매쟁이들은 카스트와 점성술에 근거해 짝을 맺어주며 이런 문제들에 신경을 썼다. 인도에서는 마을마다 중매쟁이 역할을 하는 사람이 있었다. 어떤 마을에서는 이발사 부인이, 어떤 마을에서는 힌두교 성직자 푸자리가 그런 역할을 했다. 그런데 한 20년 전 쯤 일요판 신문의 광고란이 중매쟁이의 독점권을 깨고 잠재적인 결혼상대의 범위를 넓혔다. 광고란을 통해 가족들은 전국에 걸친 수백 명의 남녀 후보들 가운데서 선택을 할 수 있게 된 것이다. 이론상으로는 다른 지역과 다른 카스트의 후보자도 고를 수 있게 되었지만 실제로는 그렇게 이루어지지 않는 경우가 대부분이고 현재까지도 사정은 마찬가지다.

메흐부브는 우선 신랑감 둘을 물색 중이라고 이슬람 사원과 니자무딘 주변에 알렸다. 아무 소득이 없자 이번에는 지역 중매쟁이에게 부탁했다. 이슬람교도인 중매쟁이는 휴대전화로 후보자가 있는 가정에 연락해 카스트에 맞는 짝을 신속하게 찾아 준다는 소문이 난 여자였다. 그런데 그 중매쟁이는 여자 한명당 1백 달러 넘게 요구했고 두 자매라 해도 값을 깎아주려고 하지 않았다. 아즈마트는 터무니없이 비싼 가격이라고 생각했고, 메흐부브는 어찌해야 할지 몰라 쩔쩔매고 있었다.

어느 날 아침 헬스클럽에 가니 아즈마트가 사람들을 상대로 이야기에 열을 올리고 있었다. 얼굴에는 흥분이 감돌고 있었다. 아즈마트가 동네에서 흥미로운 소문을 듣게 되어 모두에게 알리고 있는 중이었다. 우리가 모두 알고 있던 내용의 최신 뉴스였다. 한 이슬람교도 남자가 힌두교도 여자와 눈이 맞아 지난해 함께 몰래 도망쳐 두 사람이 니자무딘에서 사라진 적이 있었다. 그런데 그 여자가 임신 8개월의 몸으로 다시 나타났다는 것을 아즈마트가 알게 된 것이었다. 헬스 클럽 여자들은 그 이야기를 듣고 모두 기가 막혀 어리둥절해 했다. 남자의 가족은 두 사람을 받아들이기로 했지만 여자의 가족은 결혼을 인정하려 들지 않았다. 여자들은 각자 운동기구에 올라앉아서 의견을 피력했는데, 문제가 되는 게 당연하다는 입장들이었다.

"여자는 가족들의 동정심을 얻기 위해 임신을 해야만 했을 거예요."

어떤 사람은 이렇게 말했다. "여자 쪽 가족이 더욱 받아들이기 힘든 결합입니다. 종교를 바꿔야 하는 쪽이 여자거든요. 자녀를 이슬람교도로 키워야 하는 힌두교 여성, 아무도 그런 일이 자기 가족에게 생기길 원치 않을 거예요."

아즈마트는 바닥에 책상다리를 하고 앉아 알겠다는 듯이 고개를 끄덕였다.

"여자 쪽에서 몹시 힘든 일이네요. 만일 내가 힌두교 남자와 도망친다면 우리 가족은 굴욕감을 느낄 겁니다. 이슬람 사원에서도 떠나야 할 거예요. 남자 가족은 새 아내와 자식을 얻겠지만 여자 가족은 종교가 다른 사람과의 결혼에서 얻는 게 아무 것도 없어요. 수치밖에는 아무 것도 없어요."

제7장

연애 반 중매 반

발리우드는 아주 조금씩 보수적인 안전지대로부터 벗어나고 있다.
오늘날의 주류 영화에서 등장인물들은
간혹 다른 카스트나 다른 종교를 가진 사람과 사랑에 빠진다.

샤디닷컴shaadi.com의 홈페이지는 미혼자들에게 희망을 가지라고 강조한다. '2
천 만 명이 기적을 이루어낸 곳입니다: 가입비 무료.' 힌디어로 결혼을 뜻하는
말인 샤디는 온라인 결혼정보회사다. 회원들을 450종의 카스트, 67개의 지역언
어, 모든 인도인의 종교를 망라해 배우자를 찾아 준다고 선전한다. 예전에 마을
이발사 아내가 하던 것과 같은 서비스를 샤디가 제공하는 것이다. 이발사 아내
가 마을과 집안배경을 근거로 배우자를 찾아주던 것에 비해 샤디는 온라인을 통
해 배우자를 찾아주는 것이 다를 뿐이다.

인도는 세계의 IT 헬프 데스크로 유명하기도 하고 악명도 높지만, 인터넷 접
속을 하는 인도인은 전체 인구의 3분의 1에 불과하다. 하지만 그 비율은 해마
다 기하급수적으로 올라가고 있고, 어느새 1백여 개의 웹사이트가 인도 결혼정
보 시장에서 서비스를 제공하고 있다.

아즈마트는 말할 때 컴퓨터라는 영어 단어를 쓰기 좋아하지만, '콤-푸-터'

라고 로봇처럼 세 음절로 끊어서 발음했고, 아즈마트의 세 자매 모두 컴퓨터는 사용해 본 적이 없었다. 비교적 수완이 좋은 편인 메흐부브는 영어를 할 줄 알고, 대학에서 키보드 치는 법을 배운 적이 있지만 자기 PC는 없었다. 그래서 한 친구가 누이들이 신랑감 찾는 서식을 온라인으로 작성해 보내라고 하자 그는 인터넷 카페에 가서 그렇게 했다.

샤디 같은 결혼정보회사들도 인도의 전통적인 결혼관을 유지하고 있기는 하지만, 이들은 지금 인도의 결혼 관습에 혁명을 일으키고 있다. 이들은 연애결혼과 중매결혼 사이의 중간 지점에서 혼인을 성사시키는 신세대 포털 사이트라고 할 수 있다. 인도식 영어로 love-cum-arranged marriages라고 부르는 이 '연애 반 중매 반 결혼'은 서구의 영향이 가미된 인도식 결혼이다. cum은 with란 뜻을 가진 라틴어이다. 이론상으로는 당사자인 커플도 부모만큼 결혼 과정에 관여할 수 있다. 전통적으로는 남자의 부모가 먼저 여자의 부모에게 문의 서신을 보내도록 되어 있다. 그러나 이제는 남자가 자기 손으로 샤디에서 '관심 표명'이라는 버튼을 클릭함으로써 이 문제를 해결한다. 매치닷컴 Match.com이나 페이스북Facebook에서 보내는 윙크wink나 포크poke보다는 덜 장난스러운 항목이다. 미국의 많은 데이트 소개 사이트들처럼, 샤디도 실시간 직접적인 의사소통 방식인 인스턴트 메시지 서비스를 제공한다. 일종의 가상 데이트인 셈이다.

흔히 줄여서 KHNH라고 부르는 영화 '칼호나호'(내일은 결코 오지 않는다)에서 샤 룩 칸은 이 절충식 방식이 현대적인 방법임을 보여준다. 최근까지도 발리우드에서 받아들일 수 있는 사랑의 표현은 숙명적이고, 가족이 승인하는 결혼뿐이었다. 그러나 이 영화에서는 여주인공이 가족의 개입 없이 샤 룩 칸이 연기한 인물을 만나고, 자신의 의지로 남자를 사랑하게 된다. 화려한 힌두교 사원 앞에서 여주인공의 할머니는 여주인공을 이렇게 꾸짖는다. "이 세상에 사랑 같은 건 없어. 결혼을 하려면 반드시 중매를 통해서 해야 해!" 영화의 진보적인 분위기 속에서 이 할머니는 조금은 창피스런 구식의 인도를 대변하는 인물로 묘사된다.

영화 후반부에서 여주인공은 사랑을 느낀다는 게 어떤 느낌인지 친구한테 이렇게 털어놓는다.

"전에는 그가 하는 사소한 일들에 화를 내곤 했어. 그런데 지금은 그 똑같은 것들을 사랑한단다!"

"그게 바로 사랑이구나! 어머나 정말 멋지다!" 친구는 이렇게 소리를 지른다.

지타는 "청혼하지 않는 남자와는 다시는 시간을 같이 보내지 않겠다"고 분명하게 말한 적이 있다. 모한에게 상처를 받은 다음 지타는 부모님이 허락하는 안전한 결혼을 모색하게 되었다. 그러면서도 동시에 어머니가 선택해 주는 사람과 평생을 함께 해야 한다는 생각에 저항하고 있었다. 나는 샤디가 지타 어머니의 끊임없는 맞선 요구에 대한 괜찮은 대안이 되지 않을까 생각했다. 아즈마트에게서 샤디에 대한 얘기를 들은 날 나는 헬스클럽에서 서둘러 나니마 할머니의 집으로 향했다.

집에 도착하니 지타는 옷장에 넘쳐나는 옷을 꺼내 정리하느라 옷더미 한가운데 앉아 있었다. 나는 문간에 기대선 채 숨이 차서 헐떡이며 혹시 결혼 사이트에 대해 들어본 적이 있느냐고 물었다.

지타는 옷을 정리하다 말고 수상쩍다는 표정으로 나를 바라보았다. 나는 운동복도 갈아입지 않고 서둘러 달려온 자신이 갑자기 웃긴다는 생각이 들었다.

"물론 알지요. 나도 그 사이트에 내 프로필을 올려 놓는 걸요." 그녀는 옷 개는 일을 계속했다. 나는 방안으로 들어가 그녀의 침대에 걸터앉았다. 나를 무시하느라 노력하며 몇 분이 지난 뒤 지타는 한숨을 쉬더니 입을 다시 열었다. "아버지는 샤디가 참 괜찮다고 여겨요. 그렇지만 그것은 아버지가 신기술이라면 뭐든지 좋아하시기 때문이에요. 우리 집은 동네에서 진공청소기나 TV를 제일 먼저 갖춘 집이었어요. 아버지는 내게 그 방식을 통해 신랑감을 찾아보라고 계속 말씀하세요. 그렇지만 나는 그렇게 확신이 가지 않아요."

"온라인으로 찾으면 전 과정에서 훨씬 자유롭고 자신의 의견이 반영될 수 있을 것 같은데. 그렇지 않아요?"

지타는 곧바로 대답했다.

"그럴지도 모르죠. 그렇지만 이건 아세요? 더 많은 자유를 갖는다는 게 반드시 좋은 생각이라고는 확신하지 않아요. 미국의 데이트 사이트에서는 그게 가능할 수 있어도 나는 별로 좋지 않은 경험을 했어요. 샤디에 들어온 어떤 남자들은 결혼을 위한 만남과 데이트를 혼동하고 있어요. 그들은 우리가 마치 미국에 있는 것처럼 행동하려고 해요. 계속해서 데이트만 하고 구체적인 결혼 계획은 전혀 없는 거지요."

며칠 뒤 이번에는 지타가 전화를 걸어 잠간 들러도 되겠느냐고 물었다. 그녀는 약간 수줍어하는 듯 보였다.

"오늘 저녁에 샤디에 올라온 프로필들을 살펴본다고 아버지하고 약속했어요. 아버지가 남자들의 바이오 데이터를 모두 보내 주셨어요. 나하고 같이 보실래요?" 그녀는 개인 광고에 적힌 이력서 내용을 인도식 영어로 바이오 데이터라고 불렀다.

나는 그녀를 격려하고 싶은 마음에 "물론이요!" 라고 대답했지만, 좀 주제넘다는 생각이 들었다. 아버지가 딸을 위해 골라 놓은 남자들의 이력서를 살펴야 하는 지타가 너무 측은해 보였지만, 나는 이런 속마음을 겉으로 드러내지는 않았다. 집 안으로 들어오라고 했을 때 지타는 쾌활한 표정을 지으려고 애쓰는 모습이었다. 하지만 앉으라고 내 책상 앞에 의자를 갖다 놓자 지타는 지금부터 할 일에 겁이 덜컥 나는 듯했다.

"나는 그냥 아무 남자하고가 아니라 좋은 사람하고 결혼하는 게 중요하다고 부모님께 말씀드려요. 그렇지만 우리 어머니는 전혀 내 말을 듣지 않아요. 어머니는 이제 때를 더 늦출 수 없다는 말만 하셔요."

지타는 마치 임무에 매진하려는 듯 머리칼을 뒤로 넘기고 똑바로 허리를 펴고 앉았다.

"어머니 말씀이 옳을지도 몰라요. 좀 더 진지해질 필요가 있어요. 남자를 찾아 최소한 일주일에 두 시간 정도는 투자하기로 결심했어요."

그녀는 내 랩탑 컴퓨터의 검색창을 열었다.

지타 쇼우리

특성
사교적이고 책임감 있음
예의바르고, 자신감 있고, 남에게 도움이 되는 사람임
훌륭한 요리사임

외모
나이에 비해 아주 어려 보임. 날씬함

키
5피트 1인치(155센티미터)

피부 빛깔
매우 흰 피부

용모
부드러운 용모

부친
파티알라의 공공병원 수석의사로 은퇴함. 파티알라에 자택을 보유함

모친
다정한 성격으로 우호적이고, 도움이 되고, 이해심이 있고 신을 존중하는 숙녀임
가정주부이자 교사.

친삼촌
마국 텍사스주에 있는 회사의 부장. 미국시민권을 가진 지 오래 됨

외삼촌
정부기관의 고위 엔지니어로 최근 은퇴함

가족 배경
브라만이며 요청이 있을 시 부계의 선조를 알려드리겠음

지타의 프로필 페이지에는 지금의 모습보다 한결 더 어리고 더 행복해 보이는 사진이 올라 있었다. 지타는 마치 자신의 특별히 사적인 모습을 내게 보여준 게 후회스럽다는 듯 얼굴을 찡그렸다.

"사진은 상당히 오래 전에 찍은 거예요. 어머니는 내 나이를 상쇄하기 위해 그 사진을 그대로 두자고 해요. 그래야 샤디에서 내 프로필을 제대로 올려놓는다고 하면서요. 서른에서 1년만 더 지나도 나는 결혼의 테두리 밖으로 밀려나요. 대부분의 인도인들은 그렇게 생각해요."

"부모님 모두 샤디에 올린 프로필을 보셨나요?"

"사실은 부모님이 내 프로필 대부분을 만드셨어요. 부모님들은 당신들이 그렇게 나서서 해야 결혼에 대한 진지한 태도를 보이는 데 도움이 된다고 말씀하셔요."

지타는 컴퓨터 화면을 스크롤해 내렸고 나는 샤디가 미국의 데이트 사이트와는 다르다는 것을 알 수 있었다. 샤디에서 볼 수 있는 프로필들은 격식에 맞게 작성돼 있었다. 결코 경박하게 희롱하는 투가 아니었다. 개성이나 로맨스가 아니라 실용성에 초점이 맞춰져 있었다. 정보의 대부분은 가족들을 편하게 하기 위해서인 듯 틀에 박힌 문구로 되어 있었다. 거기에는 자신이 한 최악의 거짓말이나 가장 좋아하는 영화 속의 섹스 장면에 대해 묻는 질문도 없었다.

샤디 측에서는 자체 회원조사 결과 '조화의 가능성과 지리적 근접성' 같은 새로운 우선 항목들이 카스트와 점성술과 같은 오래된 인도의 결혼 관련 관심사보다 계속해서 뒤로 밀리고 있다고 했다. 힌두교도들은 푸자리라고 부르는 점성술사가 두 사람의 출생 별자리가 나란히 정렬되어 있다고 확인해 주지 않으면 절대로 결혼에 합의하지 않는다. 샤디에서는 그 과정을 간단하게 만든 별자리 짝찾기 기능인 '애스트로소울메이트 서치'AstroSoulMate Search를 통해 수행할 수 있도록 해놓았다. 회원들은 자신의 별자리와 관련된 40가지가 넘는 기준을 이용해 데이터베이스를 검색할 수 있다.

그러나 남편감을 찾는 여성들에게 가장 중요한 항목은 교육, 직업, 그리고 신장이다. 샤디 자체 조사에 의하면 아내감을 찾는 남성들이 최우선으로 고려하는 사항은 '순결과 흰 피부'이다. 나는 흰 피부는 인도에서는 여러 세기에 걸쳐 사람들이 밝은 빛 피부를 선호해 왔다는 사실과 관련이 있고, 순결은 처녀성이라는 것을 깨닫는 데 잠시 시간이 걸렸다. 순결은 측정하기 어려운 특성이다. 인도에서조차도 결혼정보 사이트의 여성 회원들에게 남자친구 목록이나 그들과 관련된 활동을 밝히라고 요구하기는 힘들 것이기 때문이다.

그러나 지타는 가족들이 그것을 가늠해 보는 나름대로의 방법이 있다고 말했다. 신랑 후보 측 부모들은 종종 여자의 과거와 여자에게 경험이 있는지에 대해 질문을 해온다. 내가 보기에는 까다롭고 애매한 이 문구들이 지타 같은 인도의 결혼 적령기 여성들에게는 아주 명료한 질문이다. 이런 질문은 여성이 혼자 살고 있을 경우 더욱 가혹해진다고 지타는 말했다. 왜냐하면 혼자 사는 여성은 보이프렌드가 있었을 가능성이 높기 때문이다.

순결성에 비해 피부 빛깔을 증명하기는 쉬운 편이다. 샤디 회원들은 프로필에서 피부 빛깔을 '매우 희다' '흰 편' '검은 피부' 등 6개 항목으로 세분해 놓은 가운데서 답을 선택하면 된다. 어떤 가족이 자기 딸이나 아들의 피부색을 '검은 피부'로 골라 답하지는 않을 것 같다는 생각이 들었다. 인도에서는 피부색이 짙을수록 낮은 계층과 연관된다. 가난한 사람들일수록 노동을 하며 햇빛에 노출될 가능성이 높기 때문이기도 하다. 반대로 창백할 정도로 흰 빛은 상위 카스트의 훨씬 안락한 생활방식을 연상시킨다.

요즘 인도에는 미백 관련 산업이 수백만 달러 규모로 떠오르고 있다. 선두 주자인 페어 앤 러블리Fair & Lovely 브랜드는 매우 인기가 높은데 지금은 멘즈 액티브Menz Active라는 남성용 미백크림까지 생산한다. 그 제품의 광고에서는 흰 피부의 남자가 오토바이를 타고 신나게 달린다. 피부 색조를 부드럽게 하기 위해 투자하면서도 남성미를 유지할 수 있다는 것을 보여주려는 광고다.

여성을 공략 대상으로 삼고 있는 페어 앤 러블리 광고에서는 어떤 아버지가 허름한 시골 오두막에 앉아 지참금을 마련해야만 하는 딸을 가진 것이 얼마나 불행한지 근심에 잠겨 있고, 검은 피부의 딸은 오두막의 어두운 구석에 웅크리고 있다. 그 다음에는 그 딸이 페어 앤 러블리 크림을 발견하고, 이어서 서양식 의상을 입고 사무직에 취직하는 장면이 나온다. 딸의 갈색 피부는 씻은 듯이 하얗게 바뀌어져 있다. 세계화한 멋진 생활방식은 시골 아가씨에게도 가능하다고 광고는 말하고 있지만, 그 기회는 전통적인 인도의 하얀 피부 미인에게만 열려 있다.

지타는 자신의 프로필을 쓸쓸하게 클릭했다.

"좋은 방식인 듯 보이지만 샤디에 올라오는 많은 남자 회원들이 자신들이 원하는 게 뭔지 갈팡질팡하고 있다는 것을 알면 놀랄 거예요. 왜 그런지 이론적으로는 설명할 수 있어요. 인도는 지금이 과도기예요. 현대적인 남성들은 자신이 연애결혼을 원하는지 중매결혼을 원하는지 알지 못해요. 만일 내가 온라인으로 채팅을 하겠다고 하면 내가 데이트도 원할 것이라고 남자들은 생각해요."

"이 사이트에서도 그래요? 이 사이트의 주안점은 결혼인 게 너무 분명해 보이는데요."

지타는 의자 뒤로 털썩 기대며 이렇게 말했다. 2년쯤 전에 아디티야라는 남자와 인스턴트 메시지를 주고받기 시작했다고 했다. 아디티야는 샤디 사이트의 웃는 얼굴 이모티콘을 지타 이름 옆에 붙임으로써 그녀에게 '관심 있음'이라는 의사를 표시한 남자였다. 그는 전문직을 가진 펀자브 브라만으로 나이는 삼십이 넘었고 결혼 경험이 없었다. 모든 기준을 충족시키는 남자였지만 지타는 그 사람에 대해 아버지에게 말하지 않았다. 왜냐하면 개인적으로 따로 만나기로 서로 동의했기 때문이었다.

대개 중매결혼을 위한 첫 맞선 자리에는 동반자가 함께 가도록 되어 있다. 어떤 지역사회에서는 동반자 없이 홀로 남자와 만나는 것이 목격되면 그 여자는 나쁜 평판을 받게 된다. 그렇지만 지타는 그런 규율에 속박되지 않고 여유 있는 태도를 취하려고 노력했다. 그녀는 아디티야를 바리스타 커피숍에서 만나기로 했다. 인도 언론이 표현한 대로 차이의 나라에 도시의 커피 열풍을 불러일으킨 인도의 커피 체인점이다. 바리스타 커피숍에는 스타벅스 스타일을 따라 커피에 관한 명언들이 벽에 붙어 있고, 편안한 의자와 다양한 커피 메뉴를 갖추고 있다. 지타는 커피를 마시지 않는다.

아디티야는 그녀에게 스무디를 사주고 그녀 맞은편 등받이 없는 높은 의자에 앉았다. 그들의 대화는 중매결혼을 위한 데이트에 적합한 화제인 가족이나 미래에 대한 계획 등을 두서없이 건너뛰며 이어졌다. 지타는 그런 만남의 절차에 익숙했다. 대화의 주도권을 잡을 남자의 부모가 없어 지타는 아디티야가 질문을 하도록 했고, 자신을 너무 많이 드러내지 않으려고 조심했다. 첫 만남에서 수줍음은 필수요소였다.

마침내 아디티야가 본질적인 문제로 화제를 돌렸다.

"당신의 지난 얘기가 궁금하군요. 누구와 사귄 적은 없나요?"

그다지 내키지는 않았지만 지타는 두 눈을 내려 감고 대학시절에 보이프렌드를 사귄 적이 있다고 말했다.

"결혼할 만큼 괜찮은 남자라는 생각은 들지 않았어요. 그래서 그런 말을 선뜻 했던 거에요. 하지만 지금도 나는 그때 왜 그런 말을 했는지 나 자신이 이해가 안 돼요. 남자한테 그런 일을 털어놓아서 얻을 건 아무 것도 없어요."

두 사람 사이의 분위기는 곧바로 어색해졌다. 아디티야는 커피 한 잔을 더 마시길 원했지만 지타는 가야 한다고 말했다. 이미 밖은 어두워지고 있었다. 주차장을 가로질러 그녀의 차 있는 데로 데려다 주며 아디티야는 그녀의 손을 잡으려 했다.

"지타, 나는 당신에게 이미 매혹됐습니다. 당신은 매우 아름답습니다. 손을 한 번 잡아 보면 안 될까요?"

분개한 그녀의 반응은 절대로 안 된다였다. 지타는 남자의 손을 뿌리치고 자기 차로 뛰어 올랐다. 어떤 일이 벌어질지 무서웠고, 그리고 주차장에 있는 다른 사람들이 무슨 일이 일어났다고 생각할지 두 가지 모두 다 겁이 났다. 아디티야는 그녀가 출발할 때 떠나지 말아 달라고 문자 메시지를 보내며 주차장에 서 있었다. 그 말을 하는 지금도 그녀의 두 눈에는 눈물이 맺혔다

"단지 내가 전에 보이프렌드가 있었다고 인정했다는 것만으로 그는 자신이 우월한 입장에서 여자를 유혹할 수 있다고 생각했어요. 다섯 번이고 열 번이고 계속 자기를 만나 줄 여자로요."

나한테는 그 일이 삼십대 여성이 눈물을 흘릴 만한 일이라기보다는 고등학생들의 서툰 연애담으로 들렸다. 그러나 나는 다른 기준을 적용해야 한다는 것을 곧 깨달았다. 지타는 뒤늦게 후회했다. 혼자서 남자를 만나러 나간 것 자체가 헤픈 여자로 보일 수밖에 없었던 것이다. 적어도 결혼이 아닌 다른 것을 원하고 있는 것으로 그 남자가 믿게 만든 것이다.

옛 기억을 통해 냉정을 되찾은 지타는 다시 자신의 프로필을 들여다 보았다.

"결혼에 대해 진지하게 생각하는 남자를 찾아야 해요. 그렇지만 그걸 알아내기가 쉽지 않아요. 손이나 잡아보려는 남자일지 아닌지 어떻게 알 수 있겠어요? 유일한 방법은 에스코트를 동반해서 만나고, 그리고 만나는 회수를 제한하는 거예요."

몇 번을 만나보는 게 적절하다고 생각하는지 묻자 그녀는 이렇게 대답했다.

"결혼할 만한 사람인지 아닌지 30분 안에 알 수 있어요."

그것은 경솔한 생각 같았다. 지타는 장래의 신랑감과 감정적인 유대 관계가 만들어지기를 원했기 때문이다. 어떻게 그렇게 빨리 판단을 내릴 수 있는지, 그리고 그런 판단이 맞은 경우가 얼마나 되는지 궁금했다. 내 경우에는 남자들에 대해 가진 첫 인상이 빗나간 경우가 많았다. 초반에 과도하게 열중하고 나면 급격한 실망이 필연적으로 뒤따랐던 것이다. 그러나 지타의 경우에는 분명히 그렇지 않았다.

"남자를 만날 즈음이면 나는 이미 사진을 통해 그가 어떤 모습인지 알아요. 그리고 가족 배경과 직업이 뭔지도 이미 알지요. 알아야 할 것은 그 남자에게 매력적인 면이 있는지, 재미있는 사람인지, 진실한 사람인지 하는 거예요. 그거 알아내는 데 시간이 얼마나 걸리겠어요?"

지타는 얼마나 많은 샤디 회원들이 자기한테 '관심 있음' 표시를 붙였는지 보기 위해 자신의 이름을 클릭했다. 그녀 이름 옆에는 두 개의 이모티콘이 붙어 있었는데 그들의 프로필 이름은 로힛2555와 이너슨트인러브였다. 지타는 이너슨트인러브가 자기를 '순결하다'Innocent고 여기지 않을 것이라는 생각이 들었는지 의자에 기운 없이 푹 내려앉았다.

"도저히 못 할 거 같아요." 갑자기 지타는 의자를 뒤로 밀며 두 손을 무릎에 얹고는 그렇게 말했다. "인도에서 오랜 세월에 걸쳐 순수한 중매결혼 제도가 힘을 발휘해 온 것에는 이유가 있어요. 여자들이 직접 할 필요가 없기 때문이에요. 집에 가서 나니마 할머니와 텔레비전이나 봐야겠어요."

지타의 부모는 딸에게 힌두교 신자의 결혼은 운명에 의해 결정되고 신에 의해 승인된다고 가르쳤다. 그러나 친구들은 그것과는 매우 다른 결혼관을 말했다. 친구들은 결혼은 사랑으로 탄생하고, 더 이상 만족스러운 사랑이 없으면 끝내는 것이라고 했다. 그들은 대학과 직장에서 그들만의 교제 범위를 형성하고, 가족과는 아무 관계가 없는 관계를 맺었다. 지타와 같은 세대에 속한 많은 여성들은 전통적인 대가족제도, 그리고 대가족제도에서 기대되는 공유와 순응을 버리고 싶어 했다. 대신 그들은 핵가족으로 따로 살기를 원했다. 이동성이 향상되고 자녀 수가 줄어듦에 따라 여러 세대가 함께 사는 대가족제도는 시대에 뒤진 제도로 밀리는 것 같다. 이는 미국과 유럽에서 일어났던 현상과 똑같다.

인도인들의 성적 취향을 알아보기 위해 나는 발리우드 영화를 여러 편 참고했다. 저명한 정신분석학자이며 작가인 수드히르 카카르는 발리우드 영화야말로 인도인들이 공유하고 있는 환상을 알 수 있는 최고의 수단이라고 말한 바 있다. 카카르는 이렇게 썼다. "인도 영화는 이성적인 관점에서 보면 비현실적인 것으로 보일 수도 있습니다만 그러나 그 영화들이 분명히 허위는 아닙니다." 발리우드 영화에서는 지타와 파르바티에게서 내가 발견하는 것과 같은 혼동과 불확실성의 사례들을 얼마든지 찾아볼 수 있다.

예를 들어 사극 '조다 악바르'는 여성의 성 해방을 그린 비현실적인 영화이다. 이 영화는 이슬람국의 무굴 황제와 힌두교도인 공주의 16세기식 정략적 결합에 의한 중매결혼의 전형적인 스토리를 그리고 있다. 공주인 조다는 영화에 나오는 첫 번째 사랑의 노래를 자신의 연인이 아니라 크리슈나 신에게 바친다. 조다는 이슬람교도 남편인 왕이 자신의 종교를 믿도록 강요하지 않고, 공주가 믿는 신을 그대로 숭배하도록 허락한 다음에야 비로소 남편을 사랑하기 시작한다. 신심이 강한 처녀에게 기대할 만한 내용이지만, 예상 외로 공주는 남편에게서 성적인 매력을 느낀다. 황제가 푸른 초목이 뒤덮인 정원에서 혼자 검술 연습하는 장면이 나온다. 카메라는 극적인 효과를 내기 위해 황제의 근육질 몸매를 상하좌우로 움직이며 보여준다. 얌전한 조다 공주는 얇은 커튼 사이로 오랫동안 그를 훔쳐본다. 그녀의 눈길은 등허리에 흐르는 왕의 땀줄기를 따라간다.

영화 '걸프렌드'는 이보다 한발 더 나아간다. 영화는 발리우드 최초로, 그리고 아마도 유일하게 여성끼리의 동성애 장면을 보여준다. 여자 주인공이 다른 여성에게 욕정을 표시하는 것은 인도에서는 충격적인 장면이다. 인도에서 동성애는 범죄행위인데, 1861년 영국 통치 시절 제정된 '남성, 여성, 또는 동물과 자연의 순리를 거스르는 육체관계를 맺는 것을 금지하는 법'을 따른 것이다. 영화 말미에 여성 동성애자는 구조하는 남자 주인공에 의해 창밖으로 떠밀려 죽음을 맞는다. 여태까지 동성애를 가장 분명하게 다룬 영화인 2009년작 '도스타나'(우정)는 동성애인 것처럼 행세하는 두 정상인 남자의 이야기이다.

발리우드는 아주 조금씩 보수적인 안전지대로부터 벗어나고 있다. 오늘날의 주류 영화에서 등장인물들은 간혹 다른 카스트나 다른 종교를 가진 사람과 사랑에 빠진다. 그러나 그들은 샤 룩 칸이 나오는 2008년 히트작 '라브 네 바나 디 조디'(천생연분)에서처럼 대개는 가족과 전통으로 되돌아온다. 영화의 여주인공 타니는 자신의 단조로운 주부생활에 활력을 불어넣을 목적으로 댄스 강습을 받기 시작해 찢어진 청바지를 입은 매력적인 댄서에게 반한다. 그 남자는 콧수염을 기르고 하이웨스트의 바지를 입는 공무원 남편 수린더와는 정반대의 타입이다.

많은 현대 여성들처럼 타니는 사랑이라는 감정에 흔들린다. 그녀는 부모의 가르침이나 결혼생활을 버리고 댄서와 달아날 생각까지 하게 된다. 그러나 자신의 결혼이 신성하다는 것을 깨닫고 남편에 대한 의무감은 다른 감정으로 변모한다. 그녀는 남편에 대해 "나는 그에게서 신을 본다."고 말한다. 무모한 발리우드의 로맨스보다는 자신이 결혼한 남자에 대해 점차 영화 초반에 나온 첫사랑의 노래 가사처럼 '부드럽고, 달콤하고, 천천히' 따스함을 느낀다.

지타가 신랑감 찾기에 좌절감을 느껴 포기하자 니틴 쇼우리씨가 기꺼이 그 일을 대신 맡고 나섰다.

"아버지보다 사윗감을 더 잘 알아볼 사람이 어디 있겠는가?" 쇼우리씨는 이렇게 말했다. 지타의 부친은 지타가 아직 결혼을 못한 것은 자신 탓이라고 농담처럼 가족들에게 말하곤 했다. 자신이 응석받이로 잘못 가르친 나머지 딸애가 남편을 찾아 아버지를 떠나지 못한다는 거였다. 그것은 두 사람 모두 좋아하는 발상이었다. 왜냐하면 그로 인해 부녀간의 특별한 친밀감이 더 강화되기 때문이었다.

니틴은 자신이 성취한 것의 가치를 확고하게 인정하는 옹골차고 다부진 사람이었다. 지역사회 사람들이 자신을 존칭으로 니틴지라고 부르는 것을 그는 굉장히 좋아했다. 젊은 시절 그는 경쟁률이 높은 시험에 계속 합격해 인도 최상류층이면서 가장 보수가 적은 직업, 즉 공공병원의 의사라는 평생직을 차지했다. 니틴지는 몹시 수줍어하는 성격은 아니어서 자신이 펀자브주 최고의 병원에서 38년간 봉직했다는 사실을 혹시 이웃이나 가족이 기억 못하는 것 같으면 그 사실을 일깨워주었다. 은퇴한 이후에는 그런 일이 더 잦았다.

니틴은 누구에게나 자신이 젊은 시절 파티알라 최고의 여성을 골랐다는 얘기를 하고 싶어 했다. 더 정확히 말하면 그의 부친이 그를 대신해 골라준 것이다. 니틴은 약혼식에 가서야 자기한테 선택된 여성을 만날 수 있었다. 그의 부친은 세심한 주의를 기울여 며느릿감을 골랐다. 좋은 인상에다 펀자브 지방의 문화를 공유하고 있고, 조용하고, 유순하고, 가족 중심적인 좋은 성품을 가진 여성을 책임지고 고른 것이다. 니틴은 신부감이 마음에 들었다. 그의 아내는 인도 여성들이 집 밖에서는 거의 일을 하지 않던 시절에 학교 교사로 근무했는데도 아내의 본분을 결코 소홀히 하지 않았다. 매일 아침 요리사를 감독하기 전에 그녀는 침실의 신단에서 가족의 건강과 행복을 비는 기도를 올렸다. 단 한 번도 남편을 이름으로 부르지 않았고, 당신이란 뜻의 존칭인 '아프'라고 불렀다.

"간혹 나도 어머니 시대에, 아니 할머니 시대에 살았으면 좋았을 텐데 하는 생각을 할 때가 있어요. 옛날에는 모든 게 훨씬 단순했거든요."

그것은 뜻밖의 발언이었다. 지타와 나는 사람을 무기력하게 만드는 무더위 속에 앉아 있었다. 선풍기들은 머리 위에서 윙윙 돌았고 우리는 주문한 샌드위치가 오기를 기다리고 있었다. 일요일 밤이면 지타는 프리야와 함께 우리 집에 와서 서브웨이에 샌드위치를 시켜 먹었다. 지타는 주중에는 저녁에 펀자브 식으로 집에서 조리한 음식만 고집하지만 일요일에는 인도식으로 만드는 서브웨이 샌드위치를 원했다. 서브웨이에 주문하는 약간 매콤한 베지패티 샌드위치는 세계화한 인도에서 지타가 새로 좋아하게 된 것 가운데 하나였다. 내 입맛에는 미국식이라기보다는 인도식에 가까웠지만, 지타는 그 샌드위치가 세련된 미국 맛이 난다고 했다.

"그 시절에는 말이에요." 왜 그런 얘기를 하는지 내가 전혀 이해하지 못한다는 걸 눈치 채지 못한 채 지타는 이렇게 말을 이었다. "모든 사람들이 결혼을 하면 사랑이 뒤따라온다고 믿었어요. 지금은 우리 모두 '사랑 먼저'라는 미국식 사고방식의 영향을 받았어요. 나는 이런 할리우드식 생각이 우리한테 반드시 좋다고는 생각하지 않아요."

지타가 서구식 관계 모델을 받아들이는 것에 회의적인 태도를 갖는 데는 충분한 이유가 있었다. 적어도 서류상으로 중매결혼은 연애결혼보다 기록이 훨씬 더 잘 남는다는 점이다. 인도에서는 부부가 별거나 이혼을 거의 하지 않는다. 미국의 경우 30%가 결혼생활 10년 안에 관계가 와해된다. 인도에서는 사실 이혼과 별거가 용납되지 않는다. 초대 총리 자와할랄 네루가 이혼을 합법화하려고 시도하자 사람들은 격노했다. 법안과 관련해 1954년에 어떤 장관이 의회에서 이런 발언을 했다. "법안은 결혼 관계와 결혼생활에서 부모의 역할보다는 로맨스에 더 가치를 두는 서구적인 생활관에 입각해 발의됐습니다. 힌두교 체계에서는 부모의 역할을 항구적이고 변하지 않고, 범접할 수 없는 것이라고 생각합니다."

일 년 후 이혼은 합법화됐다. 그러나 오늘날에도 이혼에 대한 정서는 독립 직후의 혼란기 때와 거의 변함이 없다. 인도 전국의 이혼율은 가장 높을 때가 불과 6%이다. 인도의 법정은 이혼 절차를 매우 느리게 진행시키는데, 이혼이 완결되는 데 보통 15년은 걸린다. 그러나 더 중요한 사실은 대부분의 부부가 이혼에 대한 사회적 거부감을 더 견디기 어려워한다는 점이다.

인도에서 좋은 결혼과 나쁜 결혼의 차이를 아는가? 답은 모른다는 것이다. 두 가지 경우 모두 인내심이 엄청나게 요구되기 때문이다. 가정 내 폭력 피해자 보호소의 여성들은 대부분 학대받는 집으로 돌아가겠다고 말한다. 체념하고 자신의 운명을 순순히 따르려는 것이다. 남편을 떠남으로써 가족을 망신시키지 말라고 양쪽 가족으로부터 강요받는 데다 경제적으로 자립할 능력도 없고, 결혼생활을 끝냈다는 수치심을 감당하고 싶지 않아서 많은 여성이 나쁜 가정에서 참고 견디는 것을 자신의 운명으로 생각한다.

제8장

브라만 가정부와 불가촉천민 가정부

두 가정부는 잡담을 나누며 바닥에 쭈그리고 앉아 있곤 했는데 대등한 관계로서는 아니었다.
마니시는 라다의 이야기를 가로막거나 라다의 의견에 반대하지 않으려고 조심했고,
라다는 자신이 마니시보다 우월하다는 점을 일깨우는 말을 거의 규칙적으로 언급했다.

라다에게 결혼은 순전히 실용성의 문제였다. 결혼식이나 남편에 대해 얘기해
달라고 할 때마다 어깨를 움츠리는 시늉만 해 보이고 그냥 넘어가곤 했다.

"말할 게 뭐 있나요?"

그녀의 결혼은 친척들이 계획하고 집행하는 전통적인 마을 행사였는데 그녀
는 너무 어려 별로 기억을 하지 못했다. 그때 자기가 몇 살이었는지도 모른다. 인
도의 시골에서는 부모가 출생일을 기록해두지 않기 때문이다. 그녀의 가족은 그
녀를 결혼시키기 위해 타협을 해야 했다고 라다는 말했다. 그들은 상당한 금액
의 지참금을 내놓을 만큼 재산이 없었다. 대부분이 신부를 데려올 때 지참금을
요구한다. 지참금 액수를 깎기 위해 라다의 부모는 '결함 있는 남자'를 선택하기
로 했다. 그렇게 하려면 신랑감 후보를 고르는 범위가 자기네보다 낮은 카스트
의 남자, 신체나 정신적 장애가 있는 사람, 홀아비, 아주 나이 많은 남자로 좁혀
져야 했다. 이 탐탁하지 않은 후보들 가운데서 라다의 가족은 나이 많은 사람 쪽

을 택했다. 바네슈와르 즈하는 가난한 브라만으로 미혼이었고 라다보다 스무 살이나 위였다.

라다의 부모는 딸을 학교에 보내는 것은 '남의 밭에 물을 주는 일'이나 마찬가지라고 생각했다. 왜냐하면 딸들은 어차피 고향집을 떠나 다른 사람의 가족이 되어야 하기 때문이었다. 라다의 고향 마을에 있는 공립학교는 학비가 무료였지만 책과 교과서는 무료가 아니었다. 라다의 부모는 그런 데 돈을 쓰는 것은 별 소용이 없다고 여겼다. 아들들도 누이들의 지참금에 보태려고 들판에 내보내 무엇이든 벌어오게 했다. 소녀들은 사춘기가 되면 푸르다흐라는 격리생활을 해야 했는데 이는 비하르주 마두바니 지구에 사는 힌두교도 브라만들이 지키는 풍습이었다. 라다는 자기 신분을 항상 마두바니 브라만이라고 했는데, 그렇게 함으로써 다른 지역의 브라만과 자신을 구분 지으려는 것 같았다.

이 지역의 푸르다흐는 연장자들 앞에서 두파타로 얼굴을 가리는 것이었다. 라다 자매들이 집을 떠나도 좋다는 허락을 받은 유일한 경우는 종교행사뿐이었다. 델리로 오기 전까지는 여성이 집 바깥에서 일한다는 것은 생각도 못했다. 그녀는 바람직한 아내가 될 여러 기술을 배우며 자랐다. 말린 고추를 빻아 고운 가루로 만든다든지, 차파티를 완벽하고도 약간 부푼 원형 형태가 되도록 만드는 법을 배웠다.

결혼식이 거행되는 내내 라다와 라다 남편의 얼굴은 베일로 가려져 있었다. 라다의 세상이 바깥을 향해 극적으로 열린 후에도, 라다가 인도의 수도로 옮겨와 전통에서 벗어난 나의 살림살이를 포함해 많은 것들에 노출된 후에도, 그녀는 계속 베일 뒤에 숨은 채 살아가는 것 같았다. 그녀는 지난 이야기와 지금의 세계 모두에 대해 놀라울 정도로 불안정한 모습을 보였다. 내가 남편의 이름을 묻자 그녀는 몇 분이 지나서야 간신히 생각해 냈다. 남편 면전에서나 그의 등 뒤에서나 한 번도 그 이름을 부른 적이 없었기 때문이다. 라다는 남편의 마을 이름도, 그가 어느 정도 학교를 다녔는지도 모르고 있었다. 자칭 사촌오빠인 조긴더가 모든 것을 대신 말해 주었다. 실제로 조긴더는 라다의 인생사 대부분을 라다보다 더 잘 알고 있는 것 같았다. 과거 이야기는 그녀에게 상당히 불분명했다.

그녀가 기억하는 것의 대부분은 개략적인 것뿐이어서 날짜도 없고 극히 범위가 좁았다.

어느 날 아침 라다는 그날 짠 우유를 냄비에 붓고 있었다. 살균처리되지 않은 채 판매되기 때문에 우유는 반드시 끓여야 한다. 그 동안 나는 미국으로부터 들여온 스토브용 에스프레소 커피 메이커를 닦았다. 라다는 너무 첨단 기계라고 생각했던지 커피 메이커에는 절대로 손을 대지 않았다. 기분이 괜찮아 보여서 나는 한쪽 팔에 있는 문신에 대해 말해 달라고 했다. 나는 그녀가 우리 집에 일하러 온 첫날부터 그 문신이 궁금했다. 감옥에서 새긴 것처럼 값싼 잉크로 새겨 색이 바래 희미해진 문신이었다. 힌디어로 새긴 글자는 번져서 알아볼 수가 없었다. 라다는 손을 휘저어 거절했으나 내가 계속 조르자 부엌 조리대에 기대섰다. 결혼하고 얼마 되지 않아 라다는 남편의 마을에 있는 사원 밖에서 바늘을 들고 있는 문신 왈라를 보고는 엉뚱하게도 낭만적인 표시를 해보고 싶은 유혹을 느꼈다. 그래서 문신 왈라에게 부부의 이름을 팔에 새겨달라고 요청했다.

"그때 나는 정말 순진하고 어리석었어요. 피부에 무늬를 그리려면 그 바늘로 피부를 찌른다는 걸 몰랐다니까요! 너무나 아팠어요!"

그녀는 찬 물에 팔을 담그려고 남편 집으로 서둘러 갔다. 그런데 문신 왈라가 라다처럼 문맹이었는지 바네슈와르가 찬찬히 살펴보더니 이름이 잘못 새겨졌다고 말했다. 그녀의 남편은 데비라는 이름을 가진 여자와 결혼한 것으로 되어 있었던 것이다.

비하르는 고대에 찬란한 문화를 꽃피운 제국이었다. 그러나 라다가 사는 동안 지역 특유의 부패와 극심한 정국 불안 때문에 비하르주는 악명 높은 곳이 되어 버렸다. 이제 라다의 고향을 가장 자주 묘사하는 형용사는 낙후됐다는 말이다. 비하르주에서 전기를 사용하는 가구는 5%에 불과하다. 인도 전역의 통계가 40% 이니 얼마나 낙후된 곳인지 알 수 있다. 다른 데에 비해 비하르는 교육 수준이 낮고 영아사망률이 높다. 인도 내 다른 지역에 비해 더 많은 사람이 빈곤선 이하의 삶을 산다. 인도의 지식인들은 만일 파키스탄에서 이렇게 낙후된 비하르 지방까지 받아들이겠다고만 하면 오랜 분쟁 지역인 카슈미르를 파키스탄에 기꺼이 넘겨주겠다는 농담을 하기도 한다.

비하르주는 지금도 마치 중세 유럽처럼 봉건적이다. 힘을 부여하는 첫 번째 원천은 토지인데, 땅을 소유해 온 카스트는 브라만이 아니다. 마누의 법에 의하면 최고위층 카스트는 성직 업무를 하는 대가로 적선만 받으며 가난하게 살도록 되어 있다. 요즈음에는 회계를 맡거나 공무원이 되는 등 교육 받은 브라만들에게 허용되는 일들이 있다. 그러나 라다의 남편처럼 교육을 덜 받은 브라만들은 카스트제도를 기반으로 하는 인도 경제 체제에서 대부분 실직자로 내몰리게 된다. 브라만인 그는 들에서 힘들게 일하는 달리트들과 마찬가지로 가진 땅이 없었고, 자신보다 하위 계층인 상인이나 전사 카스트처럼 전통적인 직업도 없었다. 성직이 있지만 그것은 교육을 받아야 맡을 수 있는 것이었다 . 바네슈와르의 성인 즈하는 아무 것도 생기는 건 없이 그저 신분 표시나 해 줄 뿐이었다.

그 땅에서 살아 갈 수 없었던 다른 수백만의 사람들처럼 바네슈와르는 일거리를 구해 비하르를 떠나 델리로 향했다. 가장 값싼 버스와 기차표를 구해 델리까지 오는 데는 사흘이 넘게 걸렸다. 델리에 도착한 그는 조긴더를 찾아왔고, 조긴더는 그에게 월 11달러를 받는 이웃집 경비 일자리를 구해 주었다. 그는 노점에서 구운 옥수수 두 개를 6루피씩에 팔아 버는 돈을 월급에 보탰다. 그렇게 여러 달이 지난 후에야 그는 라다를 불러올 수 있었다. 바네슈와르의 주인이 그에게 제공한 좁은 대나무 집에서 그들은 결혼생활을 시작했다. 라다는 하루에 한 끼의 식사를 요리했는데 그것은 큰 발전이었다. 시골 고향에서는 한 끼도 확보되지 않았기 때문이다.

바네슈와르는 병이 났지만 단 하루라도 일을 쉴 수가 없었다. 그래서 의사한테 보이지 않고 그냥 무시했다. 조긴더가 그를 병원에 데려왔을 때 그는 걸을 수조차 없었다. 그는 감염이 되었는데, 감염이 뇌로 퍼졌고, 무의식 상태가 되었다가 며칠 후 사망했다. 라다와 조긴더는 그가 앓은 병을 뇌염이라고 했다.

그 후의 일을 라다는 거의 기억하지 못했다.

"그이가 살지 못할 것이라는 말을 듣는 순간 나는 정신을 잃었어요. 나는 그때

수즐라를 임신한 지 3개월째였어요. 기가 막혔어요."

그러나 조긴더는 그때의 상황을 잘 기억했다. 조긴더는 라다와 그녀의 두 어린 아이들을 라다 남편의 고향 마을로 데려다 주었다. 그들은 시신을 화장하는 의식을 치렀고, 라다는 애도 기간이 끝날 때까지 조용히 머물렀다. 6개월 뒤에 라다는 딸 수즐라를 낳았다.

라다의 시부모는 산후 조리를 하라고 며칠을 준 뒤 라다를 쫓아냈다. 라다가 임신 중일 때 이미 자신들의 의무를 다했다며, 이제는 더 이상 라다와 라다의 자녀들을 먹일 책임을 질 수 없다고 했다. 엄격한 고위 카스트의 인도인들은 남편 잃은 여자는 운이 나쁜 존재로 여긴다. 전통적인 브라만 과부들은 머리를 깎고 아쉬람에 들어가도록 강요받으며, 자녀들은 친척들에게 보내야 한다. 바네슈와르의 부모가 아이들을 원하지 않았기 때문에 라다는 아이들을 모두 델리 행 버스에 태웠다.

비하리족 이주자들을 위해 일하는 조긴더는 라다에게 그녀가 할 수 있는 유일한 일인 가사 일자리를 찾아 주었다. 취업은 며칠 만에 이루어졌지만 망연자실한 자기 연민 상태에서 벗어나는 데는 훨씬 긴 시간이 필요했다. 일을 해야 하는 과부라는 치욕감이 그녀를 괴롭혔다. 그리고 새로 시작한 일은 라다가 해 본 다른 어떤 일보다도 고약했다.

"브라만은 다른 사람의 집을 청소하는 일을 하면 안돼요. 그렇지만 나는 이것을 내 운명이라고 생각해요."

라다는 남편 사후의 삶을 굴욕의 연속이라고 표현했다. 그녀가 자신의 삶에 대해 분명하게, 그리고 반복적으로 말한 몇 가지 안 되는 내용 가운데에는 남편이 살아 있다면 이런 일을 하지 않았을 거라는 점이 포함돼 있다. 바네슈와르의 전 고용주가 라다를 불쌍히 여겨 대나무 오두막 생활을 면하게 해 주었어도 생활은 별로 개선되지 않았다. 그는 슬럼가에 즈후기라고 부르는 양철 지붕 판잣집을 살 만한 돈을 라다에게 주었다. 라다의 새 집은 신성한 갠지스강의 지류인 야무나강 둑 위에 있었다. 비록 성스러운 물이 흐르고 있었지만 그곳은 아무 통제를 받지 않는 공장들에서 나오는 유독한 폐수가 넘치는 델리의 하수구로 알려진 곳이었다. 라다가 슬럼을 싫어한 가장 큰 이유는 오염된 생활환경 때문이 아니라 이슬람교도와 달리트 가까이에서 살아야 한다는 점이었다.

"시골 마을에서 우리 브라만들은 이런 사람들하고 섞이지 않았어요. 시골에서는 불가촉천민이 우리 집 앞을 지나갈 수는 있어도 절대로 우리 집 안으로는 들어올 수 없었어요." 라다는 턱을 치켜든 채 내 눈을 똑바로 바라보며 말했다. "그런데 그 사람들이 이제는 사방 곳곳에 살아요. 큰 도시에는 그런 사람들이 주위에 얼씬거리지 않고, 같은 카스트의 사람들끼리 모여 평화롭게 살 수 있는 데가 없어요."

어느 날 아침 라다가 과장된 근심으로 얼굴이 일그러진 채 나타났다. 물론 그녀한테는 약간 멜로드라마 기질이 있었다. 그녀가 입을 열기도 전에 예전에 어머니가 카라치에 살 때 터득한 '매달 집안의 일꾼 한명 당 한 건씩 일어나는 비참한 일'이라는 삶의 방식이 퍼뜩 생각났다. 어머니 집에서 일하던 여섯 명의 하인들은 '네 살 난 딸애가 죽었다' '말라리아에 걸렸다' '전쟁포로수용소에서 발가락이 몽땅 잘린 오빠가 있다' 등 안타까운 사정을 번갈아가며 계속해서 털어 놓았다. 장례식 비용과 병원비가 필요하다며 돈을 달라고 했고, 그때마다 어머니는 멤사히브로서의 역할에 맞게 돈을 내주셨다. 어머니는 큰일이 일어날 때마다 부조금으로 항상 20달러를 정해 놓고 주었다.

지타와 파르바티는 내가 가정부들한테 늘 당한다고 생각했기 때문에 나는 가정부들이 하는 말에 다른 의도가 숨어 있지는 않은지 신경을 썼다. 그런데 이번에는 라다가 돈 때문에 그러는 것 같지 않았다. 그녀의 목소리에는 전에 듣지 못했던 공포가 어려 있었던 것이다.

"사람들이 우리 판잣집이 헐린대요. 오늘 아침에 어떤 높은 관리 나리가 와서 즈후기 판자촌을 몽땅 없앨 거라는 말을 했대요."

라다는 그 집에 60달러를 내고 살고 있는데, 두 달 치 월급에 해당되는 액수로 그냥 날려 버리기에는 너무 아까운 돈이었다. 나는 아무리 무단 거주자들이 사는 불법적인 집이라 해도 정부에서 수천 채의 가옥을 밀어 없앤다는 것을 믿기 어려웠다. 그러나 그런 철거는 인도의 도시 지역에서 빈번히 일어난다. 마니시도 전에 살던 집이 몇 년 전에 그냥 헐렸다고 했다.

인도에는 약 4천 만 명이 슬럼인 버스티에서 불법으로 거주하고 있다. 그들 대부분은 급속히 확장되고 있는 인도 경제에 노동력을 대는 이주 노동자들로 새로운 인도의 어두운 면에 가려진 사람들이다. 인도 정부는 미국, 유럽, 그리고 아주 최근에는 중국의 경우처럼 지방에서 이주해 온 노동자들을 위한 저소득층 용 주택을 지은 적이 없다. 그래서 벽지에서 온 노동자들은 슬럼가의 집주인에게 의존하고, 슬럼가의 집주인들은 슬럼가를 지키기 위해 지역 정치인들에게 뇌물을 준다. 그 대가로 정치인들은 빈민촌이 그대로 유지되도록 해 주는데, 그렇게 하면 거주자들의 한 표가 확보되고 자신들의 경력에 보탬이 되기 때문이다. 부패의 완벽한 고리는 최소한 그 정치인이 선거에서 패할 때까지 이어진다. 그리고 그 정치인이 권력을 잃게 되면 시에서 불도저를 밀고 들어오는 것이다.

이번에는 대법원이 야무나강을 더 이상 오염되는 것을 막기 위한 노력의 일환으로 침식된 강바닥을 모두 정비하라는 명령을 내렸다. 수만 명이 야무나강의 강둑에 있던 판잣집에서 나가야만 했다. 서류를 제출하는 즈후기 소유주들에게는 멀리 떨어진 도시 외곽에 델리 시에서 대체 부지를 할당해 줄 거라는 소문에 라다는 일말의 희망을 걸고 있었다. 그러나 까다로운 공무원들과 협상해야 한다는 것 자체가 라다에게는 겁나는 일이었다. 정식 교육도 받지 않았고, 세상물정에 밝지도 않은 라다는 평소에 델리 시내를 돌아다니는 것만도 큰 문제였다. 라다는 시계도 볼 줄 몰라 하늘에 뜬 태양의 높이를 보고 시간을 짐작했는데, 그마저도 해가 높은 건물이나 안개에 가려질 때가 많았다. 숫자를 읽을 줄 몰라 내가 우리 집 전화기로 전화를 걸어 주어야 했다. 그리고 항상 길에서 누군가에게 어느 버스를 타야 하는지 물었다. 번호를 보고 버스 노선을 알 수가 없기 때문이다.

다행히도 라다에게는 십대인 아들 바블루가 그녀의 도시 생활을 도와주었다. 집안에 다른 남자가 없기 때문에 바블루는 걷기 시작한 이후로 스스로를 가장으로 생각했다. 바블루는 풍부한 감정이 담긴 어머니의 검은 눈동자를 물려받은 진지한 15세 소년으로 자라났다. 그는 일주일에 며칠씩 방과 후 진료소에서 전화 받는 일을 2년 전부터 해왔다. 자신이 번 돈을 모두 어머니한테 드리지만 좀 더 드릴 수 있다면 좋겠다는 말을 내게 한 적이 있다. 어머니가 천하게 여기는 일을 그만두게 하고 싶어서였다.

라다는 그 말을 허락하지 않았다. 시골 출신이기는 하지만 라다는 교육의 중요성을 확고하게 믿고 있었다. 그녀는 자녀들을 자기처럼 읽고 쓸 줄도 모르는 바보 천치로 절대 만들지 않겠다는 말을 자주 했다. 딸들은 결혼시키기 전에 고등학교를 마치게 하고 싶어 했고, 아들에게는 브라만다운 높은 기대를 품고 있었다. 바블루는 공립 힌디어 고등학교를 다니고 있었는데, 라다는 내게 그 아이에게 영어 공부를 시켜 달라고 부탁했다. 그 일은 내가 델리에서 사는 동안 죽 해온 일이었다. 라다는 아들이 슬럼가의 아이들은 대부분 하지 못하는 것을 성취해 주기를 바랐다. 그것은 바로 대학에 진학해 중산층으로 진입하는 것이었다.

라다가 일상의 힘들고 불쾌한 일들을 견딜 수 있는 것은 그녀가 눈에 그리는 바블루의 미래 덕분이었다. 매일 아침 네 시면 라다는 일어나 공동수도에서 각 가정에 할당된 양만큼 물을 받아 왔다. 그리고는 바블루를 깨워 동 트기 전에 차가운 양동이 물로 목욕을 시켰다. 바블루는 팜오일을 발라 머리를 뒤로 빗어 넘겼는데, 그렇게 하면 머리에 빗살이 지나간 자국이 오전 내내 남아 있었다. 그는 목요일 오후에는 빠지지 않고 사이 바바 사원에 가서 가족의 건강을 기원하고, 집으로 돌아오는 길에는 잊지 않고 그 지역의 낙농장에 가서 우유 두 봉지를 받아왔다. 제 또래처럼 행동하는 경우는 아주 드물었다. 한번은 바블루가 금 간 거울 앞에서 자기가 좋아하는 발리우드 영화 주인공 흉내를 내느라 손으로 머리를 빗어 넘기며 춤을 추고 있는 것을 보았다고 라다가 깔깔 웃으면서 말했다.

바블루는 자기네 집인 즈후기의 소유권이 명시된 서류를 조심스레 접어 바닥깔개 밑에다 잘 보관해 두었다. 그리고 자기네 이름이 정부가 작성하는 명단에 확실히 들어가도록 챙겼다. 새 땅을 배정받기 위해서였는데, 이웃사람들로부터는 그 땅을 팔고 다른 데 가서 세를 얻으면 이익이 남는다는 조언도 들었다. 다른 빈민가 주민들은 야무나 강둑 철거 기간에 모든 것을 잃었다. 신원미상의 몇 명은 무너진 집 더미에 함께 묻혔다는 보도도 있었다. 그러나 라다는 그 시련을 잘

헤쳐 나갔다. 땅을 팔아 마련한 돈으로 라다네 가족은 공동주택에 방을 한 칸 얻었는데, 그 집은 시멘트로 지은 푸카, 다시 말해 진짜 건물이었다.

쓰러져 가는 판잣집에서 나올 때 아주 기분이 좋았다고 라다가 얘기하는 것을 들으며 나는 농담으로 언제 라다네 멋진 집으로 따라가 한번 묵어야겠다고 말했다. 라다는 잠시 기쁜 표정을 짓다가 이내 이렇게 대답했다. "안돼요, 디디, 실망하실 거예요. 그렇게 좋은 집은 아니에요." 그녀의 반응은 인도 식민지 시대를 배경으로 한 E. M. 포스터의 소설 '인도로 가는 길'에 나오는 순종적인 인도인 의사 아지즈를 생각나게 했다. 그는 영국인 친구들이 누추한 자기 집을 보게 될까 봐 당황한 나머지 집에 오는 것을 막으려고 불행을 초래할 복잡한 꾀를 생각해 낸다. 거만한 우리 가정부가 자신의 멤사히브가 집에 찾아올까 봐 의사 아지즈처럼 불안해한다고는 생각하고 싶지 않았다. 나는 라다가 단지 겸손한 마음에 그런 말을 한 것이라고 생각하고, 집에 가서 딸들을 만나고 싶다고 끝까지 졸랐다.

라다의 동네는 걸어서 불과 20분밖에 안 걸리는 곳에 있었다. 그러나 그곳은 내가 사는 니자무딘의 중산층 구역에서 기찻길 건너편이고, 내가 가 본 적이 한 번도 없는 곳이었다. 우리가 갔을 때 선로를 건너는 통로는 차단돼 있었고 선로 양쪽에 사람과 차량이 잔뜩 밀려 있었다. 뜨거운 오전의 열기가 마구 쏟아져 내렸다. 길에는 단단한 오렌지와 자그마한 붉은 빛 양파를 나무 수레에 실은 행상, 스쿠터 위에 겹겹이 올라타고 초조한 표정으로 기다리는 가족들, 먼지를 막아 보려고 손수건을 입 위로 묶어 맨 남자들이 있었다. 한 산업용 릭샤의 앞 칸에는 땀을 흘리며 소년들이 포개 앉아 있었는데, 그 릭샤에 실린 밀가루 부대들에서 하얀 가루가 새어나와 도로에 떨어지고 있었다. 기차가 지날 때는 한 번에 두세 시간 정도 통로가 닫히기 때문에 보행자들은 차단기가 올라갈 때까지 대개는 기다리지 않는다고 라다는 말했다. 대신 그들은 통로 주위를 잘 살피며 냅다 뛰어서 건넜다. 당연히 다가오는 기차에 매일 한두 명이 치여 죽는다고 라다는 아무렇지도 않게 덧붙였다.

우리는 철도의 레일에 걸려 넘어지지 않으려고 주의하면서 재빨리 선로를 건너가려고 했다. 다가오는 기차와의 거리를 가늠하느라 처음에는 선로에 흩어져 있는 배설물을 미처 보지 못했다. 인도의 기차는 수세식 변기가 아니라 승객들이 일을 보면 그대로 아래로 떨어진다. 라다는 수치스러운 눈길로 나를 바라보았다.

"이 길을 지나다니는 게 너무 싫어요."

동네에 들어서자 구불구불한 길이 나 있었다. 하수가 고여 있는 회색빛 구덩이들이 작은 집들과 좁은 길 사이에서 반짝였다. 몸을 씻고 난 더러운 물이 창을 통해 골목길로 왈칵 쏟아졌고, 나는 창 안에서 물에 젖은 긴 머리칼을 흔들고 있는 여자를 올려다보았다. 아이들은 막대기와 자갈을 가지고 노느라 땅바닥에 쭈그리고 앉아 있었는데, 아이들의 갈색 머리털은 영양실조로 주홍빛으로 탈색돼 있었다. 흰 칠을 한 사원을 지났는데, 그 사원에는 기적의 '푸자' 의사가 있다고 라다가 말했다. 창을 통해 어두운 실내에 길게 줄지어 있는 환자들을 볼 수 있었다.

라다가 사는 콘크리트 빌딩은 좁은 골목길에서 엄청나게 커보였다. 복도에는 마치 피난민수용소 같은 비참함이 감돌았다. 다닥다닥 붙어 극빈하게 살아가는 가족들이 내는 소리가 울려 퍼졌다. 4층 건물의 각 층마다 서른 가구가 살고, 한 가구에 많게는 열두 명이나 되는 식구들이 있었다. 라다는 화장실과 목욕실을 60명의 이웃과 공동으로 사용했다. 현관에서 나는 신을 벗고 그녀를 따라 들어갔다. 그런데 그 다음에는 내 몸을 어디다 두어야 할지 난감했다. 나는 인도 전역에 걸쳐 수많은 판잣집과 슬럼가의 집으로 취재차 갔고, 때로는 비좁은 주거 환경 때문에 가족 간에 친밀감이 조성되는 것은 아닐까 하는 생각이 들기도 했다. 그러나 우리 집 가정부의 집은 그 숱한 빈민가의 다른 집들보다 더 좁았다. 내 목욕실 크기밖에 안 되는 방 한 칸짜리 집, 이런 협소한 집을 쓰려고 세를 낸다는 것 자체가 충격적이었다.

열여섯 살인 라다의 큰딸 푸쉬파는 희미한 불빛 아래서 눈을 가늘게 뜨고 교과서를 읽으면서 침상에 다리를 꼬고 앉아 있었다. 훨씬 어린 소녀처럼 부끄러워하며 웃었고, 자기 옆 자리로 올라오라고 손짓을 했다. 그 침상은 밑의 공간을 확보하려고 바닥에다 벽돌을 포개 올려 만든 것이었다. 나는 거기에 올라 앉아 실내를 둘러보았다. 벽에는 누군가가 오래 전에 핑크빛과 녹색의 이상한 조합으로 칠을 한 흔적이 있었다. 지금은 검댕이 덮여 원래의 화려한 빛깔이 희미해진 상태였다. 방에 단 하나뿐인 창은 복도로 향해 있었는데, 남이 들여다보지 못하도록 커튼이 내려져 있었다. 유일한 빛은 형광등 불빛뿐이었다. 플라스틱으로 만든 가네쉬 신과 크리슈나 신의 신상을 선반에 올려놓아 조성한 신단은 벽의 대부분을 차지했다. 한 쪽 구석에는 가전기구들이 포개져 있었다. 낡아빠진 환풍기, 화면 전체에 눈이 내리는 걸로 보아 별 역할을 못하는 너무나 커다란 안테나가 달린 낡은 TV였다.

내가 인도에서 TV를 처음으로 샀을 때 라다가 굉장히 기뻐하던 모습이 생각났다. 내 노트북 모니터 정도의 크기였지만 케이블 방송이 연결되는 최신형 텔레비전이었다. 그 TV는 라다가 자신이 일하는 집에 대해 자부심을 느낄 만했다. 라다네 집에 있는 TV는 국영 채널들만 수신이 됐다. 건물에 전기가 들어올 때 한해 그렇다는 말이다. 라다는 그날 할 일이 일찍 끝나면 TV 앞에 웅크리고 앉아 힌두교 기도 채널이 나올 때까지 버튼을 눌렀다. 그녀는 리모컨에는 겁을 냈다. 성지로 향해 가는 수만 명의 순례자들 위로 카메라가 돌아갈 때 그녀는 흡족한 표정으로 말했다. "신의 가호로 언젠가 나도 솜나트 사원에 가게 될 거예요."

나는 내가 전에 쓰던 오래된 미니 냉장고가 방 귀퉁이의 가전기구들 틈에 놓여 있는 것을 보았다. 전압이 불규칙해 결국은 고장 나서 버린 것이었다. 아니면 고장 났다고 생각했던 것이었다. 나는 가슴이 두근두근했다. 왜 라다는 그 고장 난 냉장고를 갖고 싶다고 말하지 않았을까? 라다는 내 시선이 어디로 향했는지를 보았다.

"디디, 우리 집에는 없었기 때문에 당신의 오래된 냉장고를 가져왔어요. 그걸 달라고 말하기가 두려웠어요."

그녀의 머리에 흰 머리칼이 섞여 있는 걸 전에는 전혀 못 보았다는 걸 나는 문득 깨달았다. 푸쉬파가 공책에 연필로 글씨 쓰는 소리가 들리는 가운데 우리는 잠시 침묵했다.

"냉장고가 다시 돌아간다면 그걸 당신이 가져온 건 정말 잘한 일이네요!"

라다는 작심한 듯 이렇게 설명했다.

"전기 왈라는 그냥 보기만 하더니 50루피를 내래요. 나는 공짜로 얻은 것에다 그렇게 많은 돈을 왜 쓰겠냐고 했지요. 그리고 그냥 식품 저장고로만 사용해요. 차파티 밀가루에 벌레가 안 들어가게 해 준답니다."

마치 무슨 신호를 받은 듯이 커다란 갈색 바퀴벌레가 실내를 가로질러 지나갔다. 그해 초 내 집에서 바퀴벌레를 보았을 때 라다와 나는 바퀴벌레를 어떻게 없앨 수 있을지 며칠에 걸쳐 궁리했다. 라다는 바퀴벌레를 없애 준다는 분필처럼 생긴 퇴치제를 사자고 했고, 나는 실망스럽게도 그렇게 했다. 라다는 분필 같은 걸로 집 둘레를 빙 도는 원을 그리더니 그 약을 바퀴벌레가 무서워하기 때문에 감히 그 선 안으로 들어오지 못한다고 맹세했다.

부어오른 무릎을 바닥에 대고 구부린 채 내 집의 바닥을 번쩍번쩍 윤이 나도록 걸레질을 하는 우리 집 가정부가 이렇게 비참하고 불결한 곳에서 살리라고 나는 상상도 하지 못했다. 아마도 깨끗함과 더러움에 대한 브라만적인 관념을 자기 집에는 적용할 수가 없었기 때문에 라다는 대신 우리 집에다 그 관념을 적용하는지도 모르겠다. 나는 솟아나는 눈물을 보이지 않으려고 다른 데로 시선을 돌렸다. 여기로 나를 데려오게 하지 말 걸 하는 후회를 했다. 어쩌면 실제로 나는 영국의 선교사로, 긴 원피스에 차양모자를 갖추고 이교도들에게 자신의 종교를 강요했던 이디스 할머니와 다를 게 없었다. 조심스럽게 인도에 다가가기 위해 온갖 노력을 기울였음에도 불구하고 나 역시 '인도로 가는 길'의 여주인공과 다름없는 삶을 살고 있었던 것이다.

여성 특파원은 해외주재원들 사이에서 평판이 좋지 않다. 대부분 인정미가 없거나 너무 경직되어 있고, 무모하며, 또한 진지한 데가 없다는 말을 듣는다. 델리에서 일하는 여기자들은 대부분 의외로 나이가 어리고 독신이라는 걸 나는 뒤늦게 알았다. 반면에 남자 기자들은 나이가 더 들고, 한결 성공적인 편이었고, 대개 부인과 자녀를 동반하고 있었다. 나는 내 또래의 여성들과 어울렸다. 가끔 누군가의 집에 모여 브런치를 먹거나 음료를 마시며 의견을 교환했다. 우리는 여행을 지나치게 많이 하고 개인적인 계획보다는 뉴스 스케줄에 맞춰 살아야 하기 때문에 개인적인 상황은 당연히 엉망이었다. 그렇지만 우리 모두는 해외특파원

생활에서 기쁨을 느꼈다.

나는 친구들과 뉴욕이나 워싱턴의 편집국으로부터 전해 듣는 게 아니라 사건의 중심지에서 세상 돌아가는 일을 직접 취재하는 게 얼마나 고된 일인지에 대해 많은 이야기를 나눴다. 스리랑카의 반군 점령 지역처럼 관광객은 갈 수 없는 지역에서 야생의 아름다움을 접할 때 나는 행운을 느꼈다. 내 직업은 세상을 안에서부터 밖으로 내다보는 듯한 기분이 들도록 해 주었다. 나는 꿈과 기대가 나와는 전혀 다른 사람들인 양귀비 재배 농민들, 정치인, 경찰, 무장대원들과 얘기를 나눌 수 있었다. 뭄바이의 슬럼에 책상다리를 하고 앉아 있건, 스리나가르에서 포위공격을 받고 있는 건물을 향해 달려가건 나는 치열하게 살았다. 그런 열정적인 삶은 내가 늘 원하던 것이었다.

다른 친구들처럼 나도 예상치 못한 여행과 고생스러운 환경에서 취재하면서 느끼는 스릴에 중독되어 갔다. 나는 지금도 해외특파원 일이야말로 내가 진정으로 사랑할 직업이라고 확신하고 있다. 그렇다고 해서 그 일이 나한테 좋았다는 말은 아니다.

어느 날 저녁 델리에 있는 친구 M.P.의 넓은 집 안락한 의자에 앉아 세계 곳곳을 다니는 특파원 생활과 배우자와의 안정적인 생활 두 가지를 다 잘 영위한 여성 기자들의 리스트를 만들어 보았다. 우리가 잘 모르는 여성들까지 포함시켰는데도 겨우 여섯 명밖에 생각해낼 수 없었다. 자녀 문제까지 포함시켰더니 두 명으로 줄었다. 해외특파원 생활에는 희생이 따른다는 이야기를 추상적으로 하는 것은 또 다른 문제이다. 생생한 통계 수치를 보며 나는 다시 한번 자신을 돌아보게 되었다.

우리는 장기 여성 해외특파원의 황량한 삶을 묘사하는 암호로 '미저러블 젠' Miserable Jen이라는 말을 고안해 냈다. 델리에서 같이 일하는 어떤 여성 특파원의 별명에서 따온 말이었다. 그녀는 20년 넘게 해외에서 보도를 해왔는데 피부는 햇빛과 술에 시달려 소가죽처럼 되어 있었다. 파티에서 그녀는 너무 큰 소리로 웃음을 터트리고, 아프가니스탄과 파키스탄의 통역원들과 오다가다 사건 일을 자랑삼아 늘어놓기도 했다. 미저러블 젠은 모기를 매개체로 해 전염되는 뎅기열에 걸린 외국인 중에서 내가 아는 유일한 사람이었다. 내가 위로의 말을 건네자 그녀는 이미 아프리카에서 두 번이나 걸렸다며 손을 흔들며 괜찮다고 했다.

젠은 외국기자들이 바그다드가 너무 위험해지자 탈출해 나오고, 취재활동도 제대로 할 수 없게 된 다음에도 바그다드로 다시 들어가게 해달라고 신문사에다 떼를 쓴 몇 안 되는 기자들 가운데 한명이었다. 당시에는 그렇게 하는 게 경력에 도움이 될지도 장담하기 어려운 때였다.

"젠은 아마도 기회가 생기기 때문에 바그다드를 좋아 할 거야." M.P.는 이렇게 농담을 했다.

M.P.는 해외에 사는 우리에게 생기는 밀회의 기회에 대해 이런 말도 했다. "기회는 많은데 물건이 좋지 않아." 지타는 인도에 서른 살 넘은 독신 남성이 귀하다는 불평을 했는데, 우리는 그게 무슨 뜻인지 알고 있었다. 기혼 인도 남성은 페링기 여성과 연애하고 싶어 했지만, 그렇다고 우리가 인도 유부남을 좋아하는 것은 아니었다. 바그다드, 델리, 카불 같은 데서 만난 독신 해외근무자들은 기자, 유엔 근무자, 군사 분야 민간 하청 계약자들이었다. 하지만 바람둥이거나 진정한 사랑에는 관심이 별로 없는 사람들이 대부분이었다. 그 사람들뿐만이 아니라 우리도 눈앞에서 벌어지는 공포나 비극으로부터 벗어나게 해 줄 한순간의 위안이나 쾌락을 추구했다.

미저러블 젠은 열심히 일하고 특종도 자주 했다. 하지만 그녀는 자신이 취재하는 장소나 사람에 대해 이제 더 이상 진정한 관심은 없는 것처럼 보였다. 그녀는 술에 취하면 인도가 싫고, 그곳에 사는 한심한 인도 사람들도 싫다는 말을 내뱉었다. 가장 나쁜 점은 미저러블 젠이 다른 사람들까지 비참하게 만든다는 것이었다. 그녀가 인도를 떠난 후, 그녀의 여자 통역사는 아침에 젠이 사무실로 쓰는 그녀의 집에 가면 발치에 위스키 병이 굴러다니고, 그녀는 쓰러진 채로 잠 들어 있는 때가 많았다고 했다. 집에 돌아오면 집에서 일하는 일꾼들에게 소리를 지르고 물건을 집어던지곤 했다는 것이다.

이런 우울한 일화들은 거꾸로 내 친구와 내게는 자극의 원천이 되었다.

"우리는 미저러블 젠처럼 되지 말자!" 가격이 너무 비싸게 매겨진 수입 적포도

주 잔을 들며 우리는 이렇게 다짐했다.

인도에는 사랑과 증오, 혹은 그 두 가지를 다 유발하는 그 무언가가 있다. 인도를 방문하는 서양인은 누구나 이 말에 동의할 수 있을 것이다. 독일의 소설가로 아카데미 각본상을 받은 루스 프라베르 야발라는 "어떤 서양인은 인도에 진저리를 내고, 어떤 서양인은 인도를 사랑하고, 대부분의 서양인은 두 가지를 다 한다."고 말했다. 자발라는 인도인과 결혼해 성인으로서의 대부분의 생을 인도에서 보냈지만 여전히 그 나라에 대해 상반된 감정은 더 강해져 가는 것 같았다. 1957년에 쓴 저서 '아웃 오브 인디아'에서 그녀는 인도를 향한 엄청난 열정과 인도에 있는 모든 것에 대한 혐오감 사이에서 '계속 돌아가는 쳇바퀴에 묶여 있는 기분'이라고 썼다.

해외 근무자들은 인도에서 무슨 일이라도 되도록 하려면 무례해지는 수밖에 없다는 말을 자주 하는데, 이것은 중간 계층 인도인들이 하는 말이기도 하다. 극단적인 카스트제도는 다른 사람들을 착취하고, 그들을 부려 이득을 취하는 것을 당연시한다. 대부분의 인간관계에 신분, 카스트, 재산이 작용하기 때문이다. 인도에서는 내가 아는 모든 사람이 자기가 가진 권한을 남용했다. 한두 번이라도 그렇게 하지 않는 사람은 보지 못했다. 파르바티는 공무원, 릭샤 운전기사, 가게 점원 등 자기한테 조금이라도 거치적거리는 사람에게는 '델리의 고약한 여자' 본때를 보여주었다. 그녀는 가정부 프로밀라와 친한 사이지만 당근을 제대로 씻지 않고 요리를 하는 등 자그마한 잘못도 그냥 넘어가지 않고 마구 악담을 퍼부었다. 또 어떤 인도 친구는 자기 운전기사가 길을 못 찾거나 과속을 하면 그의 머리를 때렸는데, 어찌나 세게 내려치는지 그 충격에 차가 휘청할 정도였다.

나도 그런 경우가 있었다. 델리 친구들이 나를 디맨다Demanda라고 부르는 것은 다 이유가 있었다. 나는 원래 참을성이 많은 사람은 아니지만, 인도에서 일이 제대로 안될 때는 소리를 지르기 시작했다. 개발도상국에서 국외자로 일하다 보면 일이 제대로 돌아가지 않을 때가 너무 많다. 그래서 나는 툭하면 마음의 평정을 잃고 소리를 질러댔다. 한 번은 파키스탄 라호르 공항에서 떠나는 항공편이 취소돼, 다음 비행기가 언제인지 알아보려고 기다리고 있었는데, 나는 여러 차레 카운터로 가서 도대체 언제쯤 알 수 있느냐고 소리를 쳤다. 인도에서는 수시로 일어나는 일이었다. 내가 그날 일을 기억하는 이유는 내 옆에 서 있던 안면 있는 인도 기자를 보고 이렇게 분노를 폭발시켰다. "비행기가 취소됐는데 아무 설명도 없고, 정말 미치겠네. 당신은 저 사람들 때려죽이고 싶은 마음이 안 들어요?"

선글라스를 쓴 그 남자는 침착하게 대답했다. "아, 나는 잠시 딴 생각을 하고 있었어요."

나는 그 말을 듣고 한 걸음 물러섰다. 말을 잘 지어 내는 내 친구 M.P.가 '후진국 명상'이라고 이름붙인 바로 그것이었다. M.P.는 그런 마음의 평정을 연마하려고 노력하면서 아시아에서 17년을 지냈다. 외국인을 상위 카스트의 공작이나 공작부인처럼 대접하는 식민지의식의 잔재 때문에 인도에서는 그것을 실행하기가 더 어려웠다. 나도 화장실에 가면 줄 맨 앞으로 모셔져서 제일 깨끗한 화장실로 잽싸게 안내되곤 했는데, 그런 대접을 늘상 받다 보면 그것을 당연한 특권으로 여기게 된다.

나는 늘상 안주인 멤사히브 대접을 받다 보니 자만심에 빠진 사실을 깨닫지 못했지만, 고국에 있는 내 가족과 친구들은 그것을 알고 있었다. 한번은 수지 이모가 소포를 부쳐 주셨는데, 안에는 불교서적만 잔뜩 들어 있었다. 그 책들은 마음을 가라앉히고, 타인에게 친절하게 대하라고 깨우쳐 주는 좋은 자극제가 되었다. 그 중 한 권은 입술 양끝을 마음속으로 미소 짓는 것처럼 살짝 올려 보라고 시켰다. 나는 릭샤 뒷자리에 앉아서, 시장을 걸어가면서 이렇게 미소 짓는 연습을 했다. 부처님처럼 반쯤 웃는 미소를 짓고, 자비로운 생각을 하고, 모든 일에 집착을 버리라고 책에는 쓰여 있었다. 물론 길을 잘못 들어 약속시간에 늦게 되면 후덥지근한 뜨거운 공기 속에서 미친 여자처럼 악을 쓰고 싶은 마음이 턱밑까지 차올랐다. 나를 보고 슬슬 놀리려고 드는 십대 소년들을 보면 그 중 한 녀석을 골라 당장 따귀를 한 대 올려치고 싶은 마음이 굴뚝같았다.

델리 같은 거친 도시에서 버텨내려면 마음을 굳게 먹어야 한다고 한 파르바티의 말이 옳았다. 카불이나 카라치 같은 곳에서는 더 그랬다. 침대에 누워 창밖에서 들려오는 도시의 적대적인 소음을 듣고 있노라면 내 피부 껍데기가 한 겹 더 생기는 기분이 들었다. 정신을 제대로 차리지 않으면 아무 일도 못 한다는 생각이 들었다. 나는 내가 주인공으로 등장하는 영화의 슈퍼 리포터 걸이 되는 수밖에 없다고 다짐했다.

여동생 제시카가 나를 보러 델리로 왔을 때 나는 남아시아에 있으면서 내 인간성이 어느 정도 망가졌다는 사실을 어렴풋이 알게 되었다. 그 주일에 K.K.는 고향 마을에 가고 델리에 없었다. 그래서 우리는 오토릭샤를 잡으려고 니자무딘 시장으로 향했다. 나는 하루 중 이때를 가장 두려워했다. 왜냐하면 델리의 릭샤 운전기사들은 항상 미터기 돌리는 걸 거부하고 손님들에게 바가지를 씌우기 때문이었다. 특히 페링기들은 델리 주민들보다도 속여 넘기기 쉬운 대상이었다. 파르바티는 요금 바가지를 쓰지 않으려면 힌디어로 욕을 퍼붓고 소리를 지르며 흥정을 공격적으로 하라고 가르쳐 주었다. 엄청난 값을 요구하는 여러 운전사를 보낸 다음 나는 한 운전기사에게 파르바티가 가르쳐 준대로 거칠게 내뱉었다. "이 파렴치한 베헨 초데! 정말 그렇게 많이 불러도 된다고 생각해요? 당신 어머니한테도 이런 식으로 하나요?"

어머니를 언급한 것은 인도에서 가장 중요하게 여기는 가족관계를 터무니없게 이용하는 것인데 항상 효과가 있었다. 어머니라는 단어로 공격을 받은 운전기사는 금방 누그러지며 우리에게 타라고 손짓했다. 나는 당당하게 입김을 내뿜으며 릭샤에 올랐고 제시카는 겁먹은 모습으로 내 뒤를 따랐다.

우리는 몇 분간 아무 말없이 있었다. 그런 다음 제시카가 입을 열었다. "왜 그렇게 소리를 질렀어? 얼마나 더 받겠다고 했는데?"

나는 제시카의 침착한 목소리를 듣고 놀랐다. 인도에서 요금 흥정하려고 실랑이를 벌이는 것은 당연한 일이었다.

"그렇게 많지는 않아. 그렇지만 그게 5루피이건 50루피이건 상관없어. 바가지 씌우는 건 똑같이 나빠."

나는 델리의 부정직한 운전기사와 속임수를 쓰는 야채장수에 대해 늘 하던 비난을 늘어놓기 시작했다. 그러자 제시키가 내 말을 가로막으면 이렇게 말했다.

"알아, 알아, 언니가 말했잖아. 원칙적으로는 그렇게 하는 게 맞아. 그렇지만, 어쨌든 겨우 몇 센트야. 아무 상관없잖아?"

잠시 후 제시카가 다시 물었다. "그런데 그 사람한테 뭐라고 했어?"

"어, 음, 뭐 시스터 퍼커, 후레자식이라고 했어."

영어로 옮기고 보니 훨씬 더 고약한 말이 되고 말았다. 여동생이니까 그런 말을 할 수 있겠지만, 며칠 뒤 제시카는 나보고 인도로 오기 전에는 내가 지금보다 훨씬 더 좋은 사람이었다고 했다.

때때로 나는 가정부에게 멤사히브 입장에서 화가 끓어오르는 것을 느끼곤 했다. 한 번은 라다가 내가 야생화를 꽂아 식탁 위에 올려놓은 플라스틱 통을 버렸다. 플라스틱 통과 꽃이 모두 다 쓰레기 속에 버려져 있었다. 내가 왜 그랬냐고 묻자 라다는 힌디어로 내가 전혀 못 알아들을 정도로 빨리 대꾸를 했다. 그날 저녁 파르바티가 들렀길래 그 플라스틱 용기를 보여주고 어찌된 영문일까 물었다. 파르바티는 특유의 깔깔 웃음을 터뜨렸다.

"아니 저기에다 꽃을 꽂았다고요? 저건 화병이 아니라 화장실 물통이라고요!"

나는 페링기들의 터무니없는 실수를 가지고 놀리는 우스갯소리에 이미 지쳐 있었다.

"화병이 아니란 것은 알아요. 그렇지만 나는 그걸 화장실에서 쓰지 않는다고요." 나는 이렇게 주장했다.

"글쎄요. 당신네는 화장실용 휴지를 사용할 거예요. 그렇지만 다른 수백만의 인도인들은 이 통에 담은 물로 씻어요. 이 플라스틱 통의 용도는 그것 한 가지뿐이랍니다. 식사를 하는 테이블 위에 그게 떡 놓여 있으니 라다의 브라만 머리칼이 아마 곤두섰을 겁니다."

소독살균에 집착한 상태의 미국과 비교해 볼 때 인도는 첫눈에 보면 불결하고 오염투성이 나라처럼 보인다. 그러나 모든 것이 다 더러운 것은 아니다. 힌두교에서는 몸을 정결하게 하는 것이 무엇보다도 중요하다. 기도하거나 식사하기 전에는 땀을 흘려서도 안 되고 침도 뱉으면 안 된다. 눈에 잘 드러나지는 않지만 인도인들은 개인위생을 굉장히 강조한다. 빈민가 사람들은 들판에서 용변을 보고, 아이들이 지저분한 골목길에서 맨발로 돌아다니게 내버려 둔다. 그럼에도 매일 아침이면 공동수도에 나와 잘 보관해둔 가족용 비누로 깨끗이 몸을 씻는다. 인도 여성들은 사리를 입은 채 몸을 씻는 기술을 습득하고 있다. 그러나 중산계급 사람들만 탈취제를 쓰기 때문에 사람이 꽉 찬 기차에서는 사람들 냄새를 견디기 힘들다. 가난한 사람들은 몸 냄새를 없애려고 아침마다 베이비파우더를 몸에 두드리기도 하는데, 나중에 파우더가 옷 밖으로 새어나오고 팔과 목에 번지면 유령 같은 형상을 하게 된다.

인도인들은 '내부 더러움'과 '외부 더러움' 사이에 분명한 선을 긋는다. 실내와 실외를 구별하는 행동 규칙이 있는 것이다. 대부분의 집에서는 부엌만 깨끗하다면 쓰레기 더미에서 나는 냄새는 기꺼이 참는다. 밖에서 신는 신발을 실내에 들이지 않는 것도 행동 규칙에 포함된다. 내가 집안에서 맨발로 걸어 다니면 라다는 내게 실내용 샌들인 차팔을 신으라고 요구했다. 화장실에 신을 신지 않고 들어가도 된다는 내 생각은 그녀에게 혐오감을 불러일으켰다. 화장실을 불결함의 발상지로 간주하기 때문이다. 화장실은 아무리 문질러 닦아도 결코 진정으로 깨끗해질 수 없는 곳이다. 그곳은 결국 우리 몸의 쓰레기가 배출되는 곳일 뿐이기 때문이다. 최하위 카스트만이 화장실에 손을 댈 수 있기 때문에 썩은 상태로 방치되는 화장실이 더러 있다.

마하트마 간디는 평생 인도의 화장실을 개선하자는 캠페인을 벌였다. 그는 화장실은 '누구나 거기서 음식을 먹고 싶은 마음이 들 정도로 아주 깨끗한 사원 같은 곳'이어야 한다고 했다. 화장실 청소를 특정 계층만 해야 한다는 인식을 없애기 위해 간디는 아쉬람 거주자 모두에게 달리트가 하는 일을 돌아가며 하라고 시켰다. 간디가 이 원칙을 자기 집에서 실천하려고 했을 때 그의 부인 카스투르 바조차도 그 일이 높은 카스트 신분인 자신의 품위를 떨어뜨린다며 거부했다. 간디는 결국 아내는 설득했지만 다른 인도인들은 제대로 설득하지 못했다. 우리 집에서 라다는 단호히 화장실을 모른 체했다. 그래서 변기는 내가 청소했고, 화장실 바닥은 마니시에게 추가 급료를 주면서 청소시켰다.

파르바티는 자기 어머니가 와서 함께 지낼 때는 달리트 계층의 가정부 프로밀라를 집안에 들여놓지 않는다고 했다. 파르바티의 어머니는 쓰레기 치우는 일을 하는 불결한 사람이 실내에 함께 있는 걸 참고 견디지 못하는 사람이었다. 특히 그런 사람을 부엌에 들이는 것은 더욱 용납 못했다. 원래 파르바티는 계단 청소와 쓰레기 버리기 같은 불가촉천민이 하는 일을 시키려고 프로밀라를 고용했는데, 얼마 지나지 않아서 좀 더 상위의 카스트들이 하도록 되어 있고, 급료도 더 많이 주는 일인 채소 썰기나 설거지 같은 일을 맡기는 것으로 대우를 상향 조정했다. 달리트인 프로밀라를 부엌에 들어오도록 허용하는 것은 그녀의 신분을 그녀가 속한 카스트로 국한시키지 않겠다는 뜻이었다. 그러나 모친은 그런 생각은 안중에 없었다.

"손으로 쓰레기를 만지기 때문에 프로밀라가 더럽다고 어머니는 생각해요. 프로밀라가 평소처럼 부엌에 들어오면 어머니는 우리 집에서 식사를 안 하실 거예요."

"프로밀라가 손을 씻고 들어온다면요?"

파르바티가 웃음을 터뜨렸다. 그런 면에 있어 현실은 더욱 냉혹하기 때문이었다.

"데톨 항균 소독제 속에서 이틀 동안 목욕을 한다 해도 우리 어머니는 납득하지 못할 거예요."

프로밀라는 최근 파르바티와 그 건물의 다른 고용주들에게 자신이 그들이 생각해 온 카스트가 아니라는 말을 해 약간의 물의를 일으켰다. 자신의 이름 프로밀라는 달리트 계층 이름이 아니라는 것이었다. 그것이 사실이라고는 해도 파르바티는 프로밀라의 남편이 그녀를 달리트 이름인 수쉴라라고 부르는 것을 들은 적이 있었다. 파르바티는 프로밀라가 자신의 운명을 고쳐 보기 위해 출신 신분을 거짓으로 꾸미려는 것이 아닐까 의심했다. 파르바티는 속임을 당한다는 기분이 들기도 했으나 프로밀라의 대담한 야망을 존중해 주지 않을 수 없었다. 파르바티는 프로밀라가 자기 어머니를 괴롭히려고 일부러 집안으로 들어온다는 말을 하며 웃음을 터뜨렸다.

"프로밀라는 내 손을 잡고는 감정을 듬뿍 담은 높은 목소리로 '오 디디, 제가 요리하고 청소하는 것 그립지 않나요?' 하고 말해요. 그러면 어머니는 정말로 질색을 합니다. 프로밀라가 집을 나가면 어머니는 '어서 가서 손부터 씻어라! 쓰레기 치우는 여자는 더러워!' 하고 소리칩니다."

프로밀라는 대부분 달리트들이 사는 자신의 마을에서라면 감히 신분을 위장하려 하지 않았을 것이다. 간디는 인도의 시골 마을을 계몽된 농촌 마을이라는 '이상적인 사회'로 만들었다고 생각했을지 모르나, 달리트 지도자 B. R. 암베드카는 인도의 시골 마을을 '시골 시궁창, 무지의 소굴'이라고 불렀다. 차별로부터 벗어나는 유일한 희망은 도시로 떠나는 것이라고 그는 말했다. 물론 얼마나 많은 불가촉천민이 자신들의 신분이 드러나는 성씨를 버리려고 하는지는 알 길이 없다. 그러나 굳이 그렇게 하지 않더라도 도시는 익명성이 어느 정도 보장되기 때문에 이들은 일단 도시로 나오면 신분을 드러내는 일인 신기료장수나, 거리청소부 같은 일은 하지 않으려고 한다.

"나는 힌두교도로 태어나 불가촉천민으로서 고통을 받으며 살아왔다. 그러나 나는 힌두교도로 죽지는 않을 것이다." 암베드카는 1935년에 이렇게 선언했다. 그는 임종을 얼마 안 남긴 시점에 50만 명에 이르는 다른 달리트들과 함께 공식적으로 공개 의식을 치르고 불교도로 개종했다. 그 이후 수십 년 동안 수백만 명의 인도인들이 그의 뒤를 따랐다. 그러나 델리나 뭄바이 행 버스에 올라타지 않는 한 달리트들은 자신의 카스트 굴레를 뛰어넘기 힘들다. 살고 있는 시골 마을에서 그들은 여전히 '불교로 개종한 달리트'라고 불리기 때문이다.

나의 집이 라다가 자신의 카스트에 대해 갖고 있는 자부심을 테스트해 볼 실험장이 되었다면, 마니시는 그녀가 자신의 존재를 비교 평가해 볼 수 있는 하나의 기준이 되었다. 두 가정부는 잡담을 나누며 바닥에 쭈그리고 앉아 있곤 했는데 대등한 관계로서는 아니었다. 마니시는 라다의 이야기를 가로막거나 라다의 의견에 반대하지 않으려고 조심했고, 라다는 자신이 마니시보다 우월하다는 점을 일깨우는 말을 거의 규칙적으로 언급했다. 냉장고에서 이틀 이상 지난 음식을 발견하면 라다는 이렇게 말하곤 했다. "이것 드시면 안돼요. 나도 물론 안 먹을 거예요. 마니시한테 주세요."

카스트가 낮은 동료 가정부에 대한 우월감은 라다의 물질적인 생활형편이 마니시보다 낫지 못하다는 점 때문에 더 악화되었다. 마니시는 화장실을 청소하고 쓰레기를 내다 버려야만 하지만, 라다는 엎드려서 바닥을 걸레질했다. 두 사람 다 구제불능의 가난에 직면해 있었다.

두 사람 사이의 가장 큰 차이는 라다가 자신의 낮은 지위나 물질적인 빈곤에 대해 수치감을 갖고 있는 반면, 마니시는 그런 감정을 거의 갖고 있지 않다는 점이었다. 마니시는 나더러 자기 집에 한번 오라는 말을 일 년 넘게 해 왔는데, 나는 그녀의 조카가 곧 결혼한다는 말을 듣고 한번 가 보기로 했다. 지타는 나의 주말 외출 계획을 듣고 진저리를 쳤다. 인류학자도 아니고 도대체 왜 소중한 휴식 시간을 인도의 가장 추한 지역을 찾아가느라고 허비하느냐는 것이었다. 취재하러 가는 것도 아니면서 뭣 하러 그런 데를 가느냐고 했다. 지타는 내가 자기네 조국의 가장 부끄러운 부분을 보고 받게 될 부정적인 인상에 대해 신경이 쓰였다.

마니시의 동네에 가까워지자 우리는 차에서 내렸고 차는 K.K.와 함께 그곳에 남겨졌다. 골목길은 너무 좁아서 자동차는 말할 것도 없고 릭샤도 통과할 수 없었다. 마니시는 진창에 끌리지 않도록 살와르 바지 끝을 올리고 스카프인 두파타를 아예 머리 위로 모두 올려붙이고 나를 안내했다. 하수 악취가 우리를 맞았다. 허리께에 끈을 둘러맸을 뿐 아랫도리를 걸치지 않은 아이들 둘이 골목에서 놀고 있었다. 둘레에 둥글게 검은 콜을 칠한 두 눈과 앙상한 몸은 이 세상 사람이 아닌 것 같은 섬뜩한 느낌을 주었다. 아이들은 우리 뒤를 졸졸 따라왔다. 주둥이에 노란 곡물 몇 알갱이를 묻히고, 하숫물을 뒤집어 쓴 채 가까이에 생기 없이 누워 있는 돼지들에게보다는 페링기에게 훨씬 더 호기심을 느끼는 것 같았다.

흰 칠을 한 콘크리트 벽에다 누군가가 녹갈색의 헤나 염료를 손바닥으로 찍어 결혼식 장식을 해놓은 게 보였다. 계단 위로는 '이 결혼에 자비를' 이라는 글귀가 적힌 금빛 종이로 만든 플래카드가 너덜너덜해진 채 걸려 있었다. 마니시와 남편, 그들의 십대 아들 두 명이 남편의 형네 가족과 함께 방 3개, 욕실 1개 그리고 옥외 화장실을 같이 쓰고 있었다. 라다가 지내는 방에 비해 호화스러웠다. 라다의 아들이 엄마 옆에서 자는 것과는 달리 마니시의 아들들은 밤에 베란다에 나가 잠을 잤다.

"나는 어릴 때 흙벽돌을 쌓고 짚으로 지붕을 얹은 즈후기에서 살았어요. 지금 이 집이 훨씬 좋아요." 마니시가 말했다.

나는 마니시의 동서에게 결혼을 축하하는 의미에서 사탕 한 상자를 주었고, 어린 사촌은 차이를 컵에 담아 내왔다. 우유를 끓여서 생긴 찐득한 응어리가 내 목에 걸렸다. 나는 억지로 목 아래로 넘기며 기침을 하지 않으려 애를 썼다. 마니시는 옆에 쭈그리고 앉아 있었다. 마니시는 라다에게 대할 때와 마찬가지로 동서의 농담에 유순하게 웃으면서 자기 자신의 이야기는 꺼내지 않는 등 공손하게 굴었다. 힌두교도들의 대가족 안에는 아들의 출생 순서에 바탕을 둔 엄격한 위계질서가 있다. 마니시는 형제 중에서 동생과 결혼했기 때문에 그 집에서 2순위에 속했고, 마니시의 남편이 벌어오는 돈이 없기 때문에 그녀의 지위는 더 밑으로 떨어졌다.

동서가 방에서 나가자 마니시는 늘 그렇듯이 자기 생활에 대해 직설적으로 이런저런 설명을 했다.

"우리 남편은 좋은 사람이 못돼요, 디디. 하는 일이라곤 거짓말이나 하고 다니고 술에 취해 지내는 것뿐이에요. 지금도 버스티에 노름하러 갔어요."

아버지가 같은 카스트인 옴 프라키시라는 이웃집 아들과 결혼시켰을 때 마니시는 열네 살 쯤 되어 있었다. 그는 델리에 있는 공공병원에서 바닥 청소하는 일을 했는데 최근 들어 그 일이 술 마시는 데 너무 방해가 된다고 생각했다. 요즘은 빈민가 장사꾼한테서 밀주 살 돈을 달라고 매일 밤 마니시를 못살게 군다고 했다.

"남편은 맨 정신이 되면 두려운가 봐요. 머리가 아프고 몸이 쑤신다고 불평을 합니다. 술을 너무 많이 마셔서 그런 거라고 하면 나를 마구 때려요. 하지만 아무 말 안 해도 두드려 패는 건 마찬가지에요."

마니시는 동정심을 바라지 않고 그저 자신의 애처로운 상황을 담담하게 털어놓았다. 그녀가 관심을 갖는 대상은 아이들이었는데 아들 둘 다 아버지인 옴 프라카시를 그대로 따라하는 것 같았다. 둘 다 학교를 6학년에 중퇴했는데 일자리를 찾으려 하지 않았다. 마니시는 아들들 가운데 한명도 며칠간 계속되는 결혼 잔치에 나타나리라고 기대하지 않았다.

"사람들은 아들이 둘이나 있으니 형편이 펴질 거라 했는데 그런 것 같지는 않아요." 마니시는 앉아 있던 몸을 일으켜 세우며 말했다. "어쨌거나 이런 얘기는 결혼잔치를 앞두고 너무 슬프네요. 신부의 운이 나보다 좋기를 빌었으면 해요."

신부는 손님들한테 둘러싸여 있어서 우리는 신부와 많은 시간을 함께 하지 못했다. 집으로 차를 타고 돌아오는데 시내버스가 나와 K.K. 옆으로 비틀거리며 멈춰 섰다. 델리 시영 버스는 가장 저렴한 대중교통 수단이다. 고철 쓰레기장에 버려진 폐선처럼 온통 긁히고 녹슨 버스들은 마치 죽었다 부활한 것처럼 거리를 누비고 다닌다. 옆에 선 버스에는 유리창이 하나도 없이 창틀만 남아 있고, 좌석은 시트커버가 다 벗겨져 금속이 그대로 드러나 있었다. 겉에는 붉은 '판' 찌꺼기와 황록색 구토 흔적이 덕지덕지 붙어 있었다. 심하게 비틀거리는 버스 안에서 승객들이 이리저리 흔들렸다. 극빈자 외에는 모두 델리의 시영 버스를 기피한다. 특히 여성들은 차를 탔다 하면 성희롱을 당하기 때문에 더 그렇다. 나는 델리에서 여러 해를 보내는 동안 시영 버스를 딱 한 번 탔는데 다음 정거장에서 뛰어 내릴 때까지 15분 동안 수많은 손들이 내 몸을 더듬었다.

나는 마니시가 매일 아침 비좁은 틈새로 그녀의 작은 몸을 끼운 채 이런 버스를 타는 모습을 상상해 보았다. 그녀의 이마에는 빠진 머리카락이 땀에 붙어 있곤 했다. 남의 쓰레기를 치우는 일자리로 가기 위해 델리의 매연과 교통체증 속에서 그런 버스를 타고 출근하며 마니시는 어떤 생각을 할까 궁금했다.

제9장

사랑과 결혼-일곱 번의 생

벤저민이 마지막으로 떠나고 몇 달 후 나의 서른 번째 생일이 다가왔고,
나는 더욱 심하게 자기연민에 빠져들었다. 나는 서른 살이 된다는 것이
인생의 내리막이 시작되는 지점에 이르렀다는 표시라고 믿고 싶지 않았다.

나는 지타가 안면 털 제거하는 모습을 바라보았다. 지타는 그날 저녁에 있을
맞선에 앞서 마담 X 미용실에서 여러 가지 미용 관리를 받고 있었다. 오랜 만에
맞선을 보는 거라 긴장돼 있었고, 그래서 나는 정신적인 지원을 하기 위해 미용
실에 동반해 주기로 했다. 지타는 잘 진척되지 않는 신랑감 물색에 관한 얘기를
요즘에는 거의 꺼내지 않았다. 마음이 조금이라도 편해지면 지타는 장기간 결혼
광고를 한 자신에게 샤디닷컴은 상을 주어야 할 거라거나, 적어도 자신의 맞선
덕분에 마담 X 미용실이 운영된다는 등의 농담을 했다. 더욱 비관적인 점은 모
한과 결혼했더라면 좋았을 거라는 말을 하기 시작한 것이었다. 비록 그가 '마음
이 나쁜' 사람이긴 하지만, 그렇더라도 최소한 이런 일은 겪지 않아도 되었을 것
이라고 했다.

지타의 아버지는 샤디에서 최근 유망한 후보인 아쇽을 찾아냈다. 캘리포니아
에 있는 응용기술회사에서 근무하는 펀자브인이었다. 그는 NRI, 즉 '해외 거주

인도인'으로서 자격이 충분했다. 1960년대 후반 인도인들이 서방으로 많이 이민을 가기 시작한 이래로 NRI는 신랑감의 정상을 차지해 왔는데 엔지니어와 의사보다 높은 등급이었다. NRI들은 달러로 높은 봉급을 받고, 가난한 인도를 벗어나는 티켓으로 간주되었다. 지금은 물론 보수가 좋은 다국적 기업의 일자리를 얻기 위해 조국을 떠날 필요가 없어졌다. 그러나 여전히 많은 인도인들이 외국으로 가고 싶어 한다. 샤디닷컴의 조사에 의하면 신랑감을 찾는 여성의 62%가 NRI를 선호한다.

그러나 지타는 다른 이유로 NRI를 괜찮다고 여겼는데, 그것은 그들이 보통의 인도 남자들보다 사회적으로 좀 더 진보적일 거라는 생각에서였다. 지타가 그렇게 생각하게 된 배경에는 발리우드 영화가 있다. 사실 그녀의 이상형은 블록버스터 DDLJ에서 샤 룩 칸이 연기한 라즈라는 인물이었다. 라즈는 런던에 사는 인도인 이민 2세로 여주인공의 가족에게 자신이 자격이 있음을 증명하려고 스스로를 겸손하게 낮춘다. 라즈가 집안 여인들과 함께 부엌에서 채소 껍질을 벗기는 장면이 있다. 국제화 되기 이전의 발리우드 영화에서는 생각도 할 수 없었던 장면이다.

더욱 인상적인 것은 라즈가 카르바 차우스 축제 때 여성들을 따라 금식을 한다는 점이다. 카르바 차우스는 해마다 인도 여성들이 해가 뜬 후 달이 뜰 때까지 남편의 건강과 성공을 기원하기 위해 음식과 물을 금하는 날이다. 지타의 어머니는 결혼 후 해마다 카르바 차우스 금식을 지켜 왔다. 남편이 아내를 위해 금식하는 동등한 축제일이 없다는 것을 짓궂게 지적한 적은 있지만 지타 역시 남편을 위해 그렇게 할 예정이었다. 라즈가 자기 아내의 이름을 걸고 하루 종일 굶는 것을 보고 지타는 인도인 남편에게 비현실적인 기대를 하게 되었다.

더 중요한 것은 NRI들이 결혼 상대를 찾기 시작할 때는 이미 어느 정도 나이가 든 경우가 많기 때문에 삼십이 넘은 여성과 결혼하는 것에 흥미를 느낄 것이라는 점이었다. 또한 가족들은 이들이 인도 여성과 결혼하기를 바라기 때문에 NRI들은 샤디 남성 회원의 3분의 1을 차지한다. 샤디 결혼정보 사이트의 사업 계획은 자녀를 같은 인도인과 결혼시키고 싶어 하는 인도인 가족들의 염원에 바탕을 두고 있다.

샤디 사이트에서 NRIgroom으로 분류된 아쇽은 해외에 거주하는 신분 덕분에 상당히 바람직한 신랑감 대접을 받고 있었다. 지타는 그가 '결혼 순례'를 하러 인도로 돌아올 준비를 하고 있다고 말했다. 신부감을 찾도록 하기 위해 그의 부모는 아들을 고국 행 비행기에 태워 보내는데 이는 NRI들 사이에서는 흔한 일이다. 가족들은 20여 명의 후보와 맞선 볼 자리를 마련하고, NRI는 간혹 2주간의 '결혼 순례' 휴가 막바지에 약혼에 이르게 되기도 한다.

비록 결혼 순례를 냉소적으로 언급했지만 지타는 실질적이고도 형식을 갖춘 방식에서 무언가 위안이 되는 점을 찾은 것 같았다. 최소한 이 방식에서는 가족이 중매결혼을 시키려고 하는 남자를 만나게 된다고 지타는 말했다. 희망적인 것은 그것은 남자가 이 제도에 관해 이중적인 감정을 가질 가능성이 낮을 것이라는 점이었다. 이론적으로 지타는 이런 형식의 결혼에 순순히 따르기로 했지만 자신이 실제로 그런지는 아직 확신할 수 없었다. 그녀는 남자에게 자신의 결혼관을 납득시키는 일에 서서히 질려 가고 있었다. 지타는 아쇽에게 자신은 중매결혼을 하려 한다고 메시지를 보냈고, 그도 연애 반 중매 반이 제일 좋다고 생각한다고 답장을 보내왔다. 그래서 자기 누나를 대동하고 지타를 만나려 한다고 했다. 가족의 지지가 있으면 결혼은 더 확고해질 것이라고 그는 말했다.

괜찮은 아이디어였는데 문제가 생겼다. 지타의 부모님이 그 자리에 참석할 수가 없게 된 것이었다. 집안 결혼식에 참가하는 일 때문이었는데, 지타는 상대 남자가 누나와 나란히 앉은 맞은편에 혼자 앉아 있기가 매우 어색할 것 같았다. 마치 유명 연예인이 에이전트 여자를 데리고 나온 것처럼 보일지도 모를 일이었다. 신랑감 후보에게 데이트나 하려고 혼자 나온 여자로 오해받지 않으리라 단단히 결심한 지타는 부모 대신 동반해 달라고 내게 부탁했다. 페링기라도 동반하는 게 동반자 없이 혼자 나가는 것보다는 나을 것이었다.

완벽한 보호망 없이 결혼하려고 하다 보니 지타는 원칙을 바꾸게 되었다. 지타만 그렇게 하는 것은 아니었다. 현대 인도에서 중매결혼을 하려는 모든 젊은 전문 직업인들은 그녀처럼 결혼관에 어쨌든 변화를 주고 있다. 그러나 다른 많은 세계화 된 인도인들과 달리 지타가 가장 원하는 것은 수긍할 만한 전통이었다. 그녀는 인생에서 가장 중요한 결정을 전통 안에서 내리려고 했다. 그녀는 두 가지 세계 사이에 놓여 있는 사람을 찾았는데, 그런 사람은 많지 않았다. 현대적인 생각을 가진 남자들은 거의 연관이 없던 사람과 만나 짝을 이루는 것에 흥미를 느꼈다. 지타는 자신이 바라는 이상적인 남편감은 보수적인 사람이라고 했는데, 그러면서 또한 남편감이 세심하고, 편견 없이 마음이 넓은 사람, 즉 지참금을 요구하지 않고, 아내가 직장을 갖는 것을 반대하지 않는 사람이었으면 하고 바랐다. 6년 이상 맞선을 보아 왔지만 지타의 눈에 드는 남자는 불과 몇 명 되지 않았다.

마담 X 미용실에서 지타가 사미나에게 저녁의 맞선을 위해 다리와 등에도 제모를 했으면 좋겠다고 말했을 때 나는 겨우 웃음을 참았다. 인도 여성들이 이처럼 기를 쓰고 체모를 제거하려고 하는 것을 보면 우스웠다. 사실은 그럴 필요가 거의 없을 것 같았기 때문이다. 맞선 상대는 지타의 다리나 등은커녕 팔꿈치 윗부분을 살짝이라도 보게 되면 행운일 터였다. 어쨌든 시간이 좀 걸릴 터라 나는 기다리는 동안 손톱에 매니큐어를 칠하기로 했다. 나는 신부의 자매나 아니면 숙녀 샤프롱임을 나타내 보여줄 것이라 여겨지는 연한 핑크색을 골랐다. 십대의 스타일리스트가 내 손톱에 값싼 매니큐어를 칠하는 것을 보고 있자니 돌연 그날 저녁 내가 할 역할에 대한 불안감이 엄습해 왔다. 지타는 내가 같이 가면 자신이 미국인과 편안하게 지낼 수 있다는 걸 보여주게 돼 NRI에게 큰 감명을 줄 것이라고 우겼다. 그러나 나는 내 미국 기질의 나쁜 면을 드러낸다거나 적절치 못한 말을 하게 될까 걱정이 되었다. 나는 맞선의 의례절차에 대해 공부한 게 전혀 없었다.

"지타, 이 여성스런 분홍빛 손톱에 어울리는 옷이 없어요. 하여튼 어떤 옷을 입어야 할지 지타가 좀 도와줘야겠어요."

우리는 지타가 그날 입고 나갈 옷에 대해 여러 주일 동안 얘기를 나눴다. 그녀 말마따나 서양식으로 해서 미국인처럼 스커트와 블라우스를 입을 것인가? 아니면 정식 맞선이니만큼 인도식으로 입어야 할까? 만일 인도식이라면 현대적인 튜닉을 입을 것인가, 아니면 좀 더 보수적인 살와르 카미즈를 입을까? 이런 질문들에는 참조할 만한 전통적인 판단 기준이 있다. 미국에서는 1922년에 에밀리 포스트의 '에티켓'이 나와 그때부터 사회적으로 바람직한 행동에 대한 고전적인 안내서 역할을 해 온 반면, 인도에서는 결혼 적령기에 이른 인도 여성을 위한 매뉴얼이 책으로 나온 게 없다. 그저 남자와 처음 만날 때의 복장은 어때야 하나, 여자는 남자에게 미타이 과자를 어떤 걸로 대접해야 하나, 여자는 어떤 노래를 불러야 할까 등에 관한 지침은 지역과 종교적 상황에 따라 조금씩 달라지며 세대를 이어 구전되어 왔다.

지타의 말에 의하면 인도의 매뉴얼은 에밀리 포스트 프랜차이즈가 이 에티켓 가이드를 17차 개정판까지 내며 시대에 맞게 내용을 고쳐 온 것처럼 하지는 않았다. 그녀가 어머니로부터 배운 지침들은 오늘날의 변화한 문화적 환경에서는 아무 소용없는 죽은 내용이다. 오늘 저녁의 만남에는 리사이틀도 없고, 집에서 만든 달콤한 과자를 대접할 일도 없다. 호텔 커피숍의 카푸치노만 있을 뿐이다. 이런 날 여자는 어떤 옷을 입는 게 좋을지 믿고 찾아가 조언을 구할 만한 곳이 없다. 지타가 제 나이 또래의 아는 여성 모두에게 물어 봤더니, 그들 모두 지타의 어머니와 같은 의견이었다. 인도식으로 입어야 한다는 것이었다. 남자 쪽은 가족을 동반하는데 지타는 관습을 벗어난 이례적인 에스코트가 동반하니 전통 복식으로 그 이례적인 점을 상쇄할 필요가 있다고 그들은 말했다.

마담 X에서 나니마 할머니의 집으로 돌아오자 지타는 옷이 꽉 차서 넘쳐나는 옷장을 열고 목이 높고 옷의 아랫단은 낮은 살와르 카미즈를 찾았다. 그 옷은 내가 자주 입는 인도 옷보다는 훨씬 보수적인 옷이었다. 지타보다 머리 하나 정도 키가 큰 나한테는 잘 안 어울릴 것 같았다. 지타는 오렌지 빛과 노란색으로 된 최신 유행의 옷을 골랐다. 단이 짧은 튜닉은 잘 맞았는데, 느슨한 살와르 바지보다는 타이트한 추리다르 레깅스를 맞춰 입어야 했다. 이런 세세한 사항은 지타가 국제적인 감각을 가진 여성임을 암시해 줄 것이기 때문에 중요했다. 지타는 눈 밑에 가느다랗게 콜 라인을 그려 넣었다. 그리고 예쁘게 보이되 섹시하지는 않게 광택 있는 립스틱만을 발랐다.

"너무 붙지는 않지요, 그렇지요?" 십분 동안 지타는 세 번이나 그렇게 물었다.

나는 인내심을 가져야 한다고 스스로에게 다짐했다. 맞선 자리에서는 지타의 모든 면이 마치 현미경을 통하듯이 관찰될 것이었다. 아속의 누나는 지타가 프로필에 쓴 대로 피부가 흰지 유심히 볼 것이다. 영어를 얼마나 잘 하는지, 핸드백이 복장과 어울리는지도 눈여겨볼 것이다.

마침내 지타는 자신이 원하는 대로 대도시에 사는 순결한 펀자브 아가씨 모습을 갖춘 것 같아 보였다. 그러나 내 모습을 거울에 비춰 보고 나는 화가 났다. 마치 가장무도회에 나온 어색한 '고라'(백인) 관광객 같았기 때문이었다.

"지타, 이 남자는 캘리포니아에 살아요. 내가 청바지를 입는다고 해서 문제가 될까요?"

지타는 마치 제정신이냐는 표정으로 나를 쳐다보며 이렇게 말했다.

"우리는 그 사람을 위해 옷을 입는 게 아니에요. 이 모든 것은 그의 가족에게 좋은 인상을 주기 위해서입니다."

한낮의 열기가 로디 가든의 녹지대에서 수그러질 무렵 앵무새와 제비들의 저녁 노래는 점점 커져 귀가 멍멍할 정도의 울부짖음으로 바뀐다. 로디 가든은 델리에서 가장 초목이 무성한 곳이지만 전혀 평화롭지가 않다. 걷기에 가장 좋은 시간이 되면 이 정원은 도시의 엘리트들이 서로 보고 보여주는 장소가 된다. 16세기 때의 웅장한 대리석 기념물, 밝은 빛깔의 살와르 카미즈를 입은 여인들, 쿠르타를 입은 정치인들이 없다면, 어울리는 운동복을 입은 중년 커플들이 속도를 내며 걷고, 십대들이 허리에 아이포드를 꽂고 조깅을 하는 이곳은 영락없는 미국의 어느 부유한 구역에 있는 공원이다.

파르바티와 나는 저녁 산책을 하며 허심탄회하게 이야기를 주고받으려 했지만 번번이 주위에서 벌어지는 일들 때문에 방해받았다. 십여 명의 보좌관과 추종자들이 뒤따르는 가운데 풍성하게 늘어진 흰색 옷을 입은 뚱뚱한 남자가 성큼성큼 걸어가자 파르바티는 무미건조한 어투로 말했다. "국회의원이에요. 수행원 규모를 보면 얼마나 중요한 인물인지 알 수 있어요." 몇 피트도 안 떨어진 곳에서 우리는 사리를 둘러친 덤불 뒤에서 신음소리를 내는 커플 때문에 화들짝 놀랐다. 아마도 파르바티와 비제이가 철저하게 애정 표현을 피하기 때문인지 파르바티는 이러한 광경에 특별히 불쾌해했다. 그녀는 커플들이 들으라고 크게 외쳤다. "후후, 여기 또 있어요? 정말 다른 데 갈만한 곳이 없나요?"

지타는 신랑감 물색을 위해 예전 몸매를 회복하려고 노력 중이라 이날 저녁 우리를 따라 공원에 왔다. 우리는 지타의 그런 노력을 확실하게 돕고 있었다. 지타는 우리보다 다리가 짧았기 때문에 보조를 맞추려면 급히 뛰어야만 했고, 운동을 우리에 비해 두 배로 하게 됐다. 파르바티는 걷는 속도를 늦추려 하지 않았다. 그녀는 지타의 처지를 참아줄 수는 있지만 한 걸음 더 나아가 지타의 편의까지 도모해 주려고는 하지 않았다. 파르바티는 지타를 보수적인 엘리트주의자로 생각했다. 나와 한 집에 사는 마음씨 착한 아가씨는 파르바티의 그런 생각을 눈치채지 못하고 있는 것 같았다. 지타는 다리가 긴 내 친구가 프로밀라에 대해 하는 얘기를 들으려고 숨을 헐떡이며 따라왔다. 프로밀라는 파르바티 집에서 일하는 달리트 가정부인데, 자기는 달리트가 아니라고 우겼다. 최근에 프로밀라는 불가촉천민이 하는 일은 하지 않겠다고 해 말썽을 일으켰다. 맡아서 할 일이 무엇인지를 놓고 프로밀라와 파르바티는 서로 고집을 꺾지 않고 있었다. 그 때문에 파르바티의 화장실은 몇 주일째 청소가 되지 않고 있었다.

"그 여자는 자기가 누구라고 생각하는 거예요?" 지타가 우리 뒤에서 끼어들었다. "그 일 때문에 돈을 주니 그 일을 하라고 말하든가, 아니면 그만두게 하세요! 델리에는 화장실 청소할 사람은 수백만 명은 있다고요."

나는 일이 벌어지는구나 하는 생각에 몸이 움츠러들었다. 파르바티는 말썽을 일으키는 그 가정부 때문에 여러 차례 마음이 상했지만 그러나 동시에 카스트 제도의 제약에 강경히 반항하려는 프로밀라를 존중했다. 파르바티는 지타처럼 카스트 제도를 광범위하게 일반화시키려는 사람을 보면 무척 화가 났다. 파르바티는 자기 어머니를 제외하고는 그런 말을 하는 사람에 대해 절대로 참고 넘어가지 않았다.

파르바티는 지타를 향해 몸을 돌리며 이렇게 말했다.

"보세요. 인도가 암흑시대에 머물러 있는 이유가 바로 이거에요. 교육 받은 사람들까지 이렇게 중세적인 생각을 못 버리다니!"

지타는 격앙된 파르바티의 목소리에 놀란 것 같았다. 그러나 지타는 박력 있는 편자브인이었고, 곧바로 대응태세를 갖추었다.

"파르바티, 내가 말하는 것은 아주 단순해요. 당신은 특정한 일을 시키기 위해 돈을 지불하는데, 그 여자는 그런 일을 하기에는 자신이 너무 훌륭하다고 생각하는 거예요. 만일 그 사람이 다른 달리트들보다 훨씬 우월하다면 그 사람은 그 점을 증명해야만 해요. 그 사람에게는 기회가 많이 있어요. 이미 정부에서 하급 카스트를 위해 일자리를 할당해 놓은 쿼터가 있다고요."

파르바티의 눈이 가늘어졌다. 나는 산보하자고 함께 오는 게 아닌데 하며 후회했다.

"당신 회사에는 몇 명의 달리트가 함께 일하고 있어요? 이름을 대봐요. 몇 명이 있냐고요?"

지타는 멈칫했다. "글세, 확실히는 잘 모르겠네요. 그렇지만 내 말의 요점은 그게 아니에요. 그들에게 기회가 있다고요. 일자리에 지원하고 싶다면 할 수 있어요."

"그런데 왜 그들은 그렇게 하지 않는 걸까요?" 경보를 하는 커플들이 우리에게 눈길을 던지며 지나갔다. "사무실에서 일할 기회가 있는데도 쓰레기 치우는 일을 하러 가야 한다고 생각하는 거예요? 단지 옛날부터 인습적으로 해오던 일이기 때문에 그 사람들이 그 일을 더 좋아한다고 생각하나요?" 미국에서 있었던 차별철폐 조치에 대한 논쟁처럼 인도에서도 일자리 쿼터제가 좋은 방안인가 아닌가, 더 확대할 것인가 그만할 것인가에 대한 논쟁은 다루기 힘든 위험한 주제다. 지타는 쿼터제가 하급 카스트 수혜자들을 '최상류층'으로 만들었고, 그들은 지금 상위 카스트에 비해 불공평하게 특권을 누리고 있다는 주류의 주장을 펼치고 있었다. 한편 차별철폐 조치는 아직 최하층민에게 도움을 준 게 없으며, 쿼터 시스템을 초등학교 교육으로 확대하지 않는 한 앞으로도 별로 도움이 되지 않을 것이라고 하는 파르바티의 입장은 소수 의견이었다.

나는 두 사람을 진정시키려고 해봤지만 소용이 없었다. 내 말은 들으려고도 하지 않았다. 그래서 나는 산책을 포기했고, 파르바티의 자동차 있는 곳으로 방향을 돌렸다. 차 문을 쾅 닫고 내릴 때 지타는 여전히 화 난 얼굴로 일그러져 있었다. 파르바티와 나는 산책 후 함께 외출할 계획이 이미 있었다. 그렇지만 마치 내가 편 가르기를 하고 있는 것 같아 마음이 불편했다.

니자무딘을 빠져나갈 때 파르바티는 다시 자제심을 되찾은 것 같아 보였다.

"미안하게 됐어요. 어처구니없이 케케묵은 생각을 가지고 있더라도 당신 친구인데 말이에요."

나는 내가 할 수 있는 가장 상냥한 웃음을 지어 보였다. 우정을 맺은 관계에서는 그래서는 안 되지만 나는 파르바티의 사람을 대하는 태도를 고쳐주려는 마음을 버렸다. 전적으로 역효과가 나기 때문이었다. 어찌되었거나 파르바티에게 뭔가 일어났다고 나는 요즘 느끼고 있었다. 최근 두세 번 만날 때 그녀는 혼자 왔다.

"비제이하고 다퉜어요?"

우리가 알고 지낸 수년 동안 이것은 흔히 던지는 평범한 질문이었다. 잘못 된 것을 보면 피하지 않고 정면으로 맞서는 파르바티의 기질과 위스키에 취하면 우울증을 드러내는 비제이의 성향이 맞부딪치면 폭발적인 결과로 나타났다. 나는 그들이 프레스클럽 바깥이나 비제이의 집에서 저녁을 먹은 후 큰소리로 다투는 것에 어느 정도 단련돼 있었다. 그런 일이 있고 나면 파르바티는 그와 아무 말도 하지 않고 몇 주씩 보내기도 했다. 나는 두 사람이 함께 살 수 없는 게 그나마 다행이라는 생각을 하곤 했다.

두 사람은 자기들이 한 번씩 험악하게 맞부딪치는 것을 피할 수 없는 당연한 한 부분으로 받아들이는 듯이 보였다. 비제이는 자신이 믿는 사항에 대해 신문사의 경영진이 분명한 입장을 취해 주지 않거나, 사설이 지나치게 물의를 일으킨다는 비판을 받으면 편집회의 도중에 문을 박차고 나가는 사람으로 언론계에 악명이 높았다. 크게 싸우고 나면 파르바티는 약간 방어적인 태도로 비제이에 관한 이야기를 내게 했다. 음악과 시에 비제이처럼 열정적이고, 사회주의 이념에 비제이처럼 치열하게 몰두하는 사람은 본 적이 없다고 했다. 그러니 그의 고약한 성질은 참아 줄 만한 가치가 있다고 파르바티는 말했다.

　파르바티가 감정을 폭발시키는 것은 비록 그 방향이 자주 나한테로 향하긴 했지만 그렇게 무분별하지는 않았다. 파르바티는 우리 우정을 주도해 나갔고, 나는 그녀에게 반박하는 법이 거의 없었다. 나는 이런 나 자신을 마니시가 라다를 대하는 태도와 비슷하다고 생각했다. 그렇지만 때때로 그녀의 뜻을 거부하기도 했다. 언젠가 파르바티가 밤늦게 전화를 걸어 미국 대사관에 있는 아는 사람의 휴대전화번호를 물었다. 기사 작성을 위해 대화를 하고 싶다는 거였다. 그 사람에게 전화하기에는 너무 늦었다고 얘기하자 파르바티는 전화를 끊었고 6개월 넘게 나에게 말을 걸지 않았다.

　그 사건에 대해 조바심하며 몇 달을 지낸 끝에 나는 그녀가 나를 인색하다고 생각하는 게 맞다는 결론을 내렸다. 그 사람 전화번호를 알려주는 게 옳았고, 파르바티가 그 남자를 깨운다 해도 내가 마음 쓸 일이 도대체 뭐였단 말인가? 그렇지만 나는 파르바티가 그렇게 오랫동안 그 일을 마음에 담아두고 있다는 점에 충격을 받았다. 어느 날 저녁 파르바티는 예고 없이 시그램스 블렌더스 프라이드 한 병을 들고 내 집에 나타났다. 나는 그녀에게 문을 열어 주며 자존심을 꿀꺽 삼켰다.

　나는 파르바티의 열렬함과 독립성이 필요했다. 특히 지타와 많은 시간을 보낸 후에는 더욱 그러했다. 나의 개인적인 성향은 그 두 사람의 중간 어디쯤이다. 나는 두 사람 모두 다 받아들여야 인도에서 균형을 잡고 살아나갈 수 있다고 생각했다.

　지타의 보수적인 견해에 대해 여전히 씩씩거리면서 파르바티는 경찰차가 옆에 다가오자 안전벨트를 가슴께에 걸쳤다.

　"저리 꺼져, 망할 경찰들." 자신이 과도하게 반응한다는 것을 인정이라도 하듯이 파르바티는 나를 돌아보며 이렇게 덧붙였다. "이번 주 내내 고약했어요. 줄곧 신경이 곤두선 채 보냈어요."

　그 말을 듣고 나는 깜짝 놀랐다. 파르바티의 입장에서 보면 매우 힘든 순간에 처해 있는 것이었다. 잠시 후 신호등이 바뀌고 경찰차는 속도를 내며 앞으로 나아갔다. 파르바티는 똑바로 도로 앞을 응시하며 다시 입을 열었다.

"실은, 얘기하고 싶은 게 있어요. 어디 좀 갈까요?"

파르바티는 칸 마켓으로 차를 몰고 갔다. 그곳은 고급스러운 쇼핑장소로 내 생활의 중심지였다. 칸 마켓에는 내가 미국의 계좌로부터 돈을 인출할 수 있는 현금자동인출기, 고양이 사료를 파는 애완동물 가게, 땅콩버터와 소이소스를 살 수 있는 잘 정돈된 식품점이 있었다. 파르바티와 나는 그곳에 있는 서점 겸 커피숍인 카페 터틀에서 만나는 걸 좋아했다. 비제이와 함께 그곳에 간 적은 없었다. 그는 노점에서는 차이 값이 10분의 1밖에 안 한다는 이유로 그런 장소에서는 차 한 잔도 시키려 하지 않기 때문이었다.

파르바티는 담배를 피울 수 있는 옥외 좌석을 찾았다. 우리는 안뜰을 독차지하게 되었다. 파르바티는 의자에 고꾸라지듯 몸을 던지며 앉았는데 아주 많이 지쳐 보였다.

"대학시절의 비제이는 정말로 대단했어요. 학생들 앞에 서서 어떠했을지 짐작이 되실 거예요."

나는 토요일의 붐비는 마켓, 그리고 그 너머 로디 가든의 녹음을 바라보다 시선을 그녀에게 돌렸다. 비제이는 집회의 사회를 보고, 항의 시위에 앞장 서는 등 대학시절 자신의 활약상을 즐겨 자랑했다. 바짝 마른 데다 머리는 더 길고 아주 열정으로 넘쳤던 그 시절의 사진까지 내게 보여 주었다. 여자 이야기는 한 적이 한 번도 없었지만, 나는 여자 친구들한테 둘러싸여 있는 그의 모습을 상상해 보기도 했다.

파르바티는 비제이를 만나기 전에 자신이 데이트했던 남자들 얘기를 아주 간혹 꺼냈지만 그런 이야기를 들으면 비제이는 아주 불편한 심기를 내비쳤다. 우리는 여러 해 동안 친구로 지내왔지만 그는 여전히 파르바티와 수년간 함께 지냈다는 점을 털어놓으려 하지 않았다. 그는 내가 벤저민과의 관계에 대해 간접적으로 언급해도 거북한 표정을 지었다. 때때로 장난기가 발동하면 파르바티는 음란한 농담을 해서 그를 획 비틀어 보려고 했다. 그러면 그는 즉시 음료 한 잔을 더 따르러 부엌으로 피해 갔고 파르바티는 이렇게 말했다. "귀엽지 않아요? 내 남자 친구는 얼굴 붉히는 발리우드의 신부만큼 정숙하다니까요!"

파르바티는 나를 한참 바라보더니 이런 말을 툭 던졌다.

"비제이의 대학시절은 열정적인 시기였죠. 비제이는 대학 때 결혼했어요."

파르바티는 나를 똑바로 쳐다보았고 그녀의 눈동자에서는 황혼의 저녁 빛을 받아 초록빛의 반점들이 반짝였다. 그 순간 그녀와, 그 두 사람의 관계, 심지어 인도에 대해 내가 생각해 왔던 모든 것이 흔들렸다. 파르바티는 두 번째 담배에 불을 붙였다.

"이름은 디비야이고 대학 걸프렌드였어요. 비제이가 늘 말하는데 굉장히 예쁘고 굉장히 열정적이었어요. 내 추측에 그 여자가 결혼을 원했고 그는 따랐던 것 같아요. 연애결혼이었지요. 난 사실 상세한 내용은 잘 몰라요. 비제이는 그 일에 관해 말하는 걸 좋아하지 않아요. 그거야 뭐 별로 놀라운 일은 아니죠."

"어떻게 됐는데요?"

"글세, 뭐랄까, 두 사람은 아직 결혼한 상태에요." 파르바티가 다음 말을 꺼낼 때까지 그 말은 한동안 공중에 떠 있었다. "오랫동안 별거하고 있는 중이라는 뜻이에요. 그렇지만 그 여자는 이혼을 원하지 않아요. 너무나 수치스럽기 때문이지요. 그래서 비제이도 공식적으로는 이혼하지 않겠다고 동의한 상태예요."

두 사람 사이가 틀어진 후 디비야는 델리를 떠나 델리에서 여러 시간 떨어진 자신의 고향 자이푸르로 돌아갔다. 십년이 지났지만 그녀는 자신의 도전적인 연애결혼이 실패로 끝났다고 가족한테 고백하지 못했다. 가족은 모욕적인 진실보다는 지어낸 거짓을 눈감고 따라주는 편을 택했다. 비제이는 틀을 깨는 여성들이 겪는 과정이 얼마나 어려운지를 파르바티에게 일깨워 줌으로써 그 선택을 정당화했다. 디비야는 가족의 희망을 저버리고 연애결혼을 했는데 그 결혼이 파경에 이른 것이었다. 파경이야말로 그들의 보수적인 믿음이 정당함을 분명히 입증한 셈이었다.

디비야가 다시 비제이와 연락을 주고받기 시작했다는 말을 파르바티가 했을 때 나는 그녀가 비제이가 언젠가 자신에게 돌아오리라는 희망을 품고 있었다고 생각하지 않을 수 없었다. 파르바티는 내 생각을 알아챘다.

"비제이가 그 여자를 사랑한다고는 생각 안 해요. 정말 난 그렇게 생각 안 해요. 그렇게 끝이 난 것에 대해서 죄의식을 느끼기 때문에 비제이가 그녀의 전화를 받는다고 나는 생각해요."

"그래서…어떻게 됐는데요?"

너무 놀라 다른 질문은 머리에 떠오르지도 않았다. 파르바티는 당황할 때 늘 그러듯이 손으로 빠져나온 머리카락을 매만지며 대답했다.

"비제이를 아시잖아요. 그 사람이 하는 걸 참고 받아 줄 사람은 많지 않지요. 그 여자도 보통 성미가 아닌 것 같아요. 그래도 모르죠. 하지만 비제이가 그런 점에 길들여졌으리라는 생각은 들지 않는데요."

비제이는 여러 해 동안 부모님과 대화를 끊고 지냈고, 형제자매들과의 관계도 순탄치 않다는 말을 내게 한 적이 있었다. 아마도 이런 일 때문이 아닐까 하는 생각이 들었다. 나는 온통 정신이 어수선했다. 나는 그가 해야 할 일은 공식적인 이혼 절차를 밟는 것이라고 생각했다. 여러 해가 걸리더라도 그렇게 하는 것이 파르바티를 존중하는 길이었다. 물론 이것은 불행한 결혼은 끝내 버리는 게 좋다고 생각하는 문화에 뿌리를 둔 미국식 사고방식이었다. 인도에서는 이혼을 보는 시각이 달랐다. 비제이가 속한 진보적인 언론인들과 행동가들의 테두리 안에서조차도 그는 국외자로 취급받았다. 파르바티와의 관계가 비밀에 부쳐지고, 평탄치 않은 것은 하나도 이상한 일이 아니었다.

만일 내가 속한 사회에서 나의 신분이 '첩'이나 '정부'로 분류된다면 어떤 기분일까 생각해 보았다. 그런 문제에 훨씬 더 관대한 미국 같은 곳에서도 사람들이 나에 대해 어떻게 생각할지에 대해 편집증적인 반응을 보일 게 분명했다. 나는 파르바티처럼 그런 문제와 맞서 싸울 만한 기개가 없다. 비제이와는 도저히 불가능한 일이기 때문에 그와 결혼을 하거나 아이를 갖는 것은 포기하기로 파르바티가 마음을 굳혔을지도 모른다는 생각이 갑자기 떠올랐다. 물론 나라면 그렇게 하라는 말은 절대로 하지 않았을 것이다. 사실 이제 모든 배경을 알고 나니 우리가 처음 알게 되었을 때 비제이에 관해 그녀에게 꼬치꼬치 묻지 말 걸 그랬다는 생각이 들었다. 결국 그녀는 모든 진실을 내게 털어놓았고 나는 무슨 말을 해야 할지 막막했다. 파르바티 역시 말을 잃었다. 그녀는 담뱃갑의 마지막 한 개비까지 피워 물었다가 비벼 끄고는 나를 집으로 태워다 주었다.

델리에서 보낸 처음 몇 해 동안은 에어컨이 있고 발전기로 지원되는 엘리트들의 세계는 그저 흘낏 훔쳐볼 수만 있었다. 나는 해외특파원으로서 누리는 많은 봉급이나 아무런 연줄도 없이 느닷없이 인도로 왔기 때문에 특파원 동료들 대부분이 알고 지내는 부류의 사람들, 즉 기업가나 정부 관료, 영화배우 같은 사람들을 만나지 못했다. 그러다 시간이 흐르면서 5성급 호텔에서 인터뷰를 하거나 교묘하게 이름 지어진 디바 레스토랑에서 식사를 하게 되었다. 나는 파스타 한 접시와 와인 한 잔에 라다의 한 달 치 소득을 낭비하고 있다는 사실에 너무 구애받지 말라고 자신을 다그쳐야만 했다. 공영 라디오 방송국에서 받는 변변치 않은 급여가 인도에서는 얼마나 큰돈으로 늘어나는지 경축할 줄도 알게 되었다. 다른 무엇보다도 우리 집 일꾼들이 나를 전형적인 부자로 간주하는 게 어느 면에서는 가장 즐거웠다. 미국 언론계로부터 안정된 일자리를 일단 확보한 후에는 만일 내가 원한다면 일반 출입이 차단되는 호화로운 구역으로 옮겨갈 수도 있었지만 나는 이사를 가지 않았다. 그런 곳은 인도의 유복한 사람들이 얼마나 면밀하게 영향력과 품위에 맞춰 지내는지를 거듭 일깨워 주는 장소이기 때문이었다. 지위와 신분에 사로잡힌 정치 수도의 실정이 특히 그렇다.

5성급 호텔족들을 따라다니다 보니 델리에서 통용되는 전혀 다른 규칙들을 알게 되었다. 예를 들어 차량은 신분을 측정하는 중요한 수단이었다. 덜거덕거리는 싸구려 택시를 타고 정부 관료나 중요한 사업가를 인터뷰하러 가면 나는 그 사람들이 내가 빌딩 밖에서 택시에서 내리는 모습을 제발 보지 말았으면 하고 기도했다. 혹시 택시에서 내리다 그 사람들 눈에 띄기라도 할라치면 그 사람들이 나를 진지한 기자로 받아들이도록 하는 게 무지 힘들었다. 릭샤를 타고는 호텔이나 관공서 구내에까지 들어가지도 못한다. 그럴 때는 호텔 진입로 입구에서 내려 걸어 올라가야만 했다. 그것은 거지와 개 말고는 걸어서 이동하는 사람이 없는 도시에서 약속장소에 가는 가장 세련되지 못한 방법이다. 호텔 포터는 땀에 젖은 데다 세련되지 못한 페링기를 위해 극히 신경을 쓰며 호텔 문을 붙잡고 있어 준다. 그럴 때 그의 콧수염은 경멸적인 모양새로 비틀어진다.

K.K.를 고용해서 얻을 수 있는 가장 좋은 일 하나는 자동차에 대한 걱정을 그에게 맡길 수 있다는 점이었다. 내가 택시 승강장으로 전화를 해서 그날의 약속에 관해 설명하면 K.K.는 그 용도에 맞게 차를 골랐다. 델리의 엘리트 계층을 위해 15년 간 운전을 한 K.K.는 어느 누구보다도 자동차와 관련된 속물근성을 잘 알고 있었다. 그는 또한 다양한 종류의 고급 자동차를 구할 수 있었다. 어쨌든 그는 니자무딘 택시 승강장의 공동 소유주였고, 그는 그 사실을 나에게 일깨워 주는 걸 좋아했다. 내가 중요한 약속이 있는 날이면 그는 혼다 시티 같은 외제차를 타고 나타났다. 그런 차를 타는 승객은 대단한 신분이라는 시선이 부여되기 때문이었다. 그는 영국에서 만들기 시작했지만 1948년부터는 인도에서 생산되는 전형적인 인도제 자동차인 앰배서더는 터놓고 운전을 거부했다. 미끈하게 생긴 흰색 쿠르타 유니폼과 마찬가지로 앰배서더 자동차는 인도 정부 관료들의 필수 액세서리였다. 그러나 야심적인 다른 많은 사람들과 마찬가지로 K.K.에게 그 차는 겉만 번지르르했던 사회주의 인도 시절을 떠올리게 할 뿐이다. 그 시절에는 부를 축적할 수 있는 최고의 방법은 부패한 정부 관료에게 뇌물을 주는 것이었다.

K.K.가 개인적으로 선호하는 차량은 '일하는 남성의 고급 자동차'로 홍보된 인도제 세단 타타 인디고였다. K.K.는 이 차를 내가 저녁행사 갈 때 타기 적합하다고 생각했다. 나를 기다리는 동안 쓸 수 있는 DVD 플레이어가 장착돼 있다는 점도 부분적인 이유였다. 그는 내가 대사관 직원이나 인도인 사업가들과 업무차 어울릴 때 기다리는 시간에 대비해 발리우드 영화들을 비축해 두고 있었다. 호화로운 식민지 시대 저택의 잔디밭을 수백 명의 손님들이 가득 메운 파티는 종종 밤늦게까지 이어지곤 했다.

나는 식전 케밥을 나르느라 잔디밭 위로 날아다니듯 움직이는 유니폼 입은 수십 명의 종업원들을 경외에 찬 눈으로 바라보곤 했다. 격식을 차리지 않는 학구적인 분위기인 우리 집에서는 한 번도 보지 못한 광경이었다. 지친 몸으로 차로 돌아와 K.K.에게 파르바티의 집으로 가자고 말하고 나면 나는 마침내 풀려난 것 같은 안도감을 느꼈다. 그녀의 작은 집에는 형광등이 깜빡깜빡 거려 갈아줘야 할 때가 되었다. 다른 서양 기자들과 함께 일요일의 푸짐한 브런치를 먹은 후 자그마한 헬스클럽인 피트니스 서클에 갔을 때도 비슷한 기분을 느꼈다. 때때로 나는 이중생활을 하고 있는 것 같은 느낌을 가졌는데 두 가지 생활 다 현실 같지 않았다.

내가 이런 점에 대해 부유한 인도인 친구에게 불평을 했더니 그 남자는 내 생각에 공감해 주지 않았다.

"그게 바로 인도에요. 한마디로 부조화의 나라입니다. 그 사실을 감수하고 받아들이는 것 외에는 달리 방도가 없습니다."

내가 놀란 것은 인도의 빈곤층이 그런 사실을 감수하고 받아들여 왔다는 점이다. 인도에 오고 나서 첫 1~2년 동안 나는 왜 이 나라에서 카스트에 대한 진정한 혁명이 없었는지 늘 의아했다. 한참 후 나는 그것이 본질적 진리인 다르마와 환생을 믿는 힌두교 신앙으로 설명될 수 있다는 걸 깨달았다. 인도 빈민의 대다수는 다음 번 생에서는 메르세데스 자동차 뒷좌석에 자신들이 앉고 부자들은 찢어진 옷을 입고 방수포 아래 웅크리게 될 것이라는 희망과 기대 속에 지금의 생을 살아갈 뿐이다. 아마 그래서 그것을 받아들이기가 쉬운 것이고 또한 그래서 도덕적인 삶을 살게 되는 강력한 동기도 유발되는 것 같다. 그러나 나는 다르마만 가지고는 그것을 받아들이기가 어려웠다.

나는 니자무딘 근처의 삼거리 도로에 특별한 공포를 느꼈다. 그곳은 델리의 장애자와 빈민들이 모이는 장소였고, 나는 그곳을 '헬 코너'(지옥의 모퉁이)라고 불렀다. 한번은 억센 십대 거지 소녀가 릭샤에 타고 있는 나의 핸드백을 잡아당겼다. 나는 너무 당황한 나머지 그 소녀의 얼굴로 손을 휘둘렀다. 내가 세게 쳤는지는 모르겠으나, 제일 기분 나쁜 일은 그 소녀가 나를 보고 아주 불쾌한 웃음을 크게 날렸다는 점이다. 내가 실제로 거지 아이를 때리다니! 그날 밤 침대에 누워 있는 내내 우울했던 일이 생각난다. 나 자신과 세상에 대해 그 어느 때보다 더 슬프게 느껴졌다. 그 일이 있은 다음 K.K.와 함께 그 삼거리를 지날 때면 노란 신호등이 들어와도 속도를 내 지나가자고 우겼다. 그곳에 정차하는 게 두려워서였다. 나는 다른 사람들처럼 거지가 다가와도 앞만 똑바로 응시하며 무시할 수가 없었다.

어느 날 저녁 파르바티와 나는 빨간 신호등에 걸려 그곳에 멈췄다. 파르바티는 창을 내리더니 동전 몇 개를 건네주었다. 대부분의 중산층 인도인들처럼 파르바티는 거지들에게 일상적으로 돈을 주었다. 그런 기부는 힌두교와 이슬람교 두 종교에서 다 지키는 근본적인 사회적 의무다. 얼굴에 심한 화상이 있는 여자가 자동차로 다가왔다. 나는 그 여자가 팔에 안고 있는 아기가 그녀의 간청하는 몸짓을 흉내 내 배우지 않을까 하는 생각이 들어 그 여자가 미웠다. 델리의 거지들 대부분은 거리들 패거리에 소속되어 있어 번 돈은 매일 두목한테 넘긴다고 파르바티가 말해 주었다. 두목들은 여자들에게 아기를 안고 다니라고 강요하는데 어떤 때는 고의적으로 아기를 불구로 만든다는 말도 들었다. 아이가 더 자지러지게 울도록 일부러 굶긴다는 말도 들었다. 오늘 그 모퉁이에 모여 있는 불쌍한 사람들을 바라보는 파르바티는 나 못지않게 마음이 혼란스러운 듯 보였다.

"이것 좀 보세요! 이건 너무 잘못된 거예요. 자동차로 먼저 달려오는 사람한테만 루피를 주는 건 좋은 해결책이 아니죠. 누구한테 돈을 줄 것인지를 정할 더 나은 방법을 강구해내야 해요."

우선 첫 단계로 아기를 안고 있는 여자에게는 돈을 주지 말자고 파르바티는 주장했다. 그 여자가 가정 폭력에 시달린 흔적이 역력하지 않는 한 그래야 된다는 말이었다. 힘 센 거리의 아이들에게도 돈 주는 것을 중단해야 한다고 했다. 그 아이들 대부분이 갱단에 연결돼 있기 때문이라는 것이었다. 우리는 나병환자와 팔이나 다리가 없는 사람들한테 동전을 주어야 한다는 데 의견이 일치했다. 그들 가운데도 많은 이들이 마피아와 연결되어 있기는 하지만, 그래도 구걸 외에는 다른 방법이 없지 않느냐고 우리는 결론을 지었다.

물론 그것은 선과 악에 대해 우리가 생각해낸 어리석은 견해였지만 나는 그런 행동규칙이라도 정하게 되어 기뻤다. 그렇게 정한 다음부터는 헬 코너에서 내가 오랫동안 챙겨 주던 스케이트보드 거지에게 돈을 주며 기분이 좋았다. 그는 끔찍한 사고를 당한 듯 두 다리를 다 잃었고 수염은 희끗희끗했다. 그는 정지한 차들 사이로 자기 나름대로 만든 스케이트보드를 타고 매우 결연하고도 힘차게 누비고 다녔다. 자동차의 창 높이까지 그의 손이 닿지 않기 때문에 길에다 동전을 떨어뜨려 주면 그는 신호등이 바뀌기 전에 동전을 줍느라 서둘렀다. 신호등이 바뀌어 차들이 그를 향해 움직이는 상황에서도 그는 감사를 표하려고 반드시 동전을 이마에 대 보였다.

지타는 혼잡한 헬 코너를 작은 차로 요리조리 빠져나가 오베로이 호텔의 잘 다듬어진 진입로로 접어들었다. 우리는 로비에서 파스텔 색조의 천이 덮인 불편한 의자에 뻣뻣이 앉아 기다렸다. 나는 시골 처녀의 의상을 입은 모습으로 보도자료를 보내오는 사람들과 혹시라도 마주치지 않기를 바라며 지나가는 사람들로부터 눈길을 마주치지 않으려고 애쓰고 있었다. 나는 아쇽의 가족이 5성급 호텔에서 식사를 하는 엘리트 계층인지, 아니면 일부러 이곳을 선택했는지 궁금했다. 결혼 협상 과정에서 지참금이 매우 중요한 만큼 돈은 인도의 중매결혼에서 피할 수 없는 사안이었다. 부유한 인상을 주는 것은 여자 쪽 가족에게 더욱 높은 액수의 지참금을 준비하도록 몰아가는 수단이다. 진보적인 지타의 부모는 지참금을 전혀 주지 않겠다고 고집했고, 지타의 외가 쪽은 몇 세대에 걸쳐 지참금 없이 결혼해 왔다. 그렇지만 아쇽의 가족이 이 거창한 장소를 가지고 지타의 마음을 흔들어 놓는다면 그들의 작전이 성공하는 것이다. 지타는 값이 지나치게 비싼 이곳에서 식사를 한 적이 한 번도 없었다. 지타가 머리카락 한 올을 만지작거렸는데 이상한 모양으로 꼬부라지고 말았다. 그런데 내가 미처 수정해 줄 틈도 없이 그들이 우리 앞에 와서 섰다.

남자는 키가 작고 뚜렷한 특징은 없으나 호감이 가는 인상이었다. 그러나 내 주의를 끈 사람은 그의 화려한 누나였다. 그녀의 값비싼 실크 튜닉과 이탈리아제 구두를 보고 나는 그들이 우리가 예상했던 것보다 훨씬 부유층이라는 것, 지타가 오산했다는 것을 알았다. 누나 옆에서 나는 오후 내내 우유를 짜다 온 사람처럼 보였다. 그녀는 세심하게 매니큐어를 바른 손을 내밀며 마네카라고 자기소개를 했다. 나는 10루피를 주고 매니큐어를 바른 내 손을 등 뒤로 감추고 싶었다. 염색한 머리를 살짝 나부끼며 그녀는 호화스런 커피숍으로 미끄러지듯 향했고 우리는 그 뒤를 따라갔다.

안에 들어간 뒤 나는 마실 것을 가져오겠노라고 했다. 지타의 아버지 대신 나온 처지라 그렇게 하는 것이 마땅하다고 나는 생각했다. 스테인리스로 된 카운터 앞에 서서, 나는 지타의 손을 잡으려던 남자 아디티야를 만난 바리스타 커피숍과 이곳의 분위기가 얼마나 다른지 생각해 보았다. 바리스타에서 가장 잘 팔리는 품목은 미국 스타일의 브라우니와 달콤한 스무디이지만, 오베로이 호텔의 고객들은 에스프레소와 갓 구운 아몬드 크라상을 고른다.

나는 좌석 쪽을 돌아보았다. 시작부터 뭔가 잘못된 것 같은 느낌이 들었다. 지타는 다시 머리칼을 꼬기 시작했고, 아쇽은 지타 맞은편에 연철로 된 의자에 허리를 똑바로 펴고 긴장한 채 앉아 있었다. 사춘기도 안 된 소년과 소녀가 각각의 부친들이 그 아이들의 미래에 대해 협상하는 동안 손과 눈을 아래로 낮추고 서로 맞은편에 앉아 있는 봉건시대 시골 풍경을 현대적으로 기묘하게 재현해 놓은 것 같은 광경이었다. 좌석에 돌아가 앉으면서 나는 대리석 테이블에 쿵 하고 무릎을 부딪쳤고 그 바람에 음료도 흘렸다. 나는 입을 다물고 있을 것이라고 속으로 다짐했다.

그렇지만 남자의 누나인 마네카는 아주 편안해 보였다. 지타의 프로필을 프린트한 빳빳한 종이를 앞에다 놓고 마네카는 만남을 주도해 나갔다. 마치 지타는 선망하는 일자리를 탐내는 승산 없는 수천 명의 후보 가운데 한명인 듯했다.

"어디서 공부를 했나요?" "어떤 졸업 성적은 어땠나요?" "델리에서 일한 지는 얼마나 오래 됐나요?"

내가 알던 펀자브의 공주는 그 자리에 없었다. 지타는 깍지 낀 손가락만을 내려다보며 양순하게 대답했다. 목소리는 어찌나 작은지 나는 무슨 말인지 알아들으려고 신경을 곤두세워야만 했다. 마네카가 요리 실력을 묻자 지타는 50년대 발리우드의 수줍음 타는 주인공처럼 눈썹 아래로부터 눈을 뜨고 마네카를 쳐다보았다.

"아, 저는 펀자브 요리 만들기를 좋아합니다. 저희 아버지는 내가 만든 파란타를 늘 칭찬하세요. 사실 아버지는 제 요리가 어머니가 만든 것보다 훌륭하다고 하십니다. 뭐, 그 말씀을 믿어야 할지는 모르겠지만요." 마네카는 우리가 합석한 이래로 처음으로 지타가 마음에 든다는 것을 내비치며 킥킥 웃었다.

내가 알기로 지타는 몇 해 동안 파란타를 만든 적이 없었다. 그녀가 강압적인 분위기에서도 자기 자랑을 하고, 또한 알리고 싶은 용건을 말하는 능력은 인상적이었다. 지금도 많은 결혼 광고 회사가 '가정적인 여성'을 크게 선호한다. 이날 저녁 지타가 할 일은 자신이 밖에서 하는 일을 중요시하는 서구화한 사람이 아니라 가족을 잘 보살피는 가정적인 여자임을 증명하는 것이었다. 하지만 동시에 이 빈틈 없는 면접관한테 세련되지 못한 사람인 것처럼 보이지 않도록 주의해야만 했다.

심문을 끝낸 마네카는 아쇽에게로 몸을 돌렸다. 마치 아쇽은 뭔가 일을 그르친 유명인사이고, 자신은 그의 대외 홍보담당관 같았다.

"추가로 질문할 것 없니?"

아쇽은 테이블 맞은편의 지타를 향해 억지로 눈을 들었고 나는 그를 제대로 볼 수 있었다. 실생활에서 상냥하고 까다롭지 않은 남자일 거라고 나는 생각했다. 세 쌍의 눈이 유심히 바라보는 가운데 그는 대답을 생각해 내느라 애쓰는 것 같았다.

"뭐랄까…당신의 성격에 관해 몇 가지 여쭤 보고 싶군요. 이를테면…좋아하는 색깔은 무엇인지요?"

그는 반어법을 쓰며 빈정대는 사람은 아니었다. 초등학교 이래로 나는 한 번도 들어본 적이 없는 질문을 잠재적인 아내감에게 이 성인 남자는 던졌고, 지타는 그날 저녁 내내 그 질문을 기다렸다는 듯이 애교가 넘치는 어조로 즉시 대답을 했다.

"글쎄요, 저는 지금 오렌지색을 입고 있습니다. 그러니 아마도 제가 좋아하는 색을 추측하실 수 있을 거예요. 당신은요?"

MBA 학위를 가진 기술산업 분석가인 아쇽 역시 좋아하는 빛깔에 대해 짧게 말했다.

"많은 남자들이 청색이나 녹색을 좋아하는데 저는 갈색을 좋아합니다. 대다수 사람들의 눈이 그 빛깔이라서요." 한번 희롱해 보려는 은밀한 시도인가? 그의 다음 질문이 그 사실을 확인시켜 주었다. "여러 해 동안 델리에 사셨다니 어떻게 즐기며 지내시는지 궁금합니다. 저는 이제 이곳 분들이 밤에 외출하면 어떻게 시간을 보내는지도 모른답니다."

침착한 지타의 얼굴에 한 가닥 그림자가 스쳐 지나갔다. 이런 질문에는 정답이 없다는 것을 지타가 생각중이라는 것을 알 수 있었다. 지타는 순진한 시골사람 처럼 보이고 싶어 하지 않았다. 그러나 사교 활동을 했다고 인정한다는 것은 남자들하고 외출을 많이 했었는가, 혹시 '친구'가 있지는 않았나 등등 문제가 있던 것으로 의심하는 모든 종류의 질문으로 이어질 수 있었다.

"즐긴다는 건 말도 안돼요. 저는 주말에는 잠을 많이 잡니다. 미란다씨한테 물어보세요. 저처럼 잠을 좋아하는 사람은 없을 거예요."

나는 잘 안다는 듯이 머리를 끄덕여 그 말에 동의했고 그 의사 표시는 그때까지의 대화에 내가 처음으로 단 한번 끼어든 것이었다. 그러나 아쇽은 계속 밀어붙였다. 나는 그의 의도가 무엇인지 의아했다. "클럽 같은 데 가지 않으시나요? 캘리포니아에서는 늘 그렇게 지내기 때문에 여쭤보는 것일 뿐입니다. 아시잖아요. 남녀가 여럿이 어울리는 것요."

내 손바닥에 땀이 났다. 나는 지타의 눈을 피했다. 그러나 아무 것도 그녀가 탐구하는 것으로부터 그녀의 정신을 흐너뜨릴 수는 없었다. 지타는 불굴의 용기를 지니고 있는 여자였다.

"간혹 직장의 여자 동료와 극장에 가지만 자주는 아니에요. 저는 간소한 생활을 합니다."

마네카가 시선을 지타로부터 남동생에게로 돌렸다. 그녀의 입술은 잘 감추어지지 않는 적개심으로 파르르 떨렸다. 지타의 대답에 이어 잠시 침묵이 흘렀고 마네카는 컵을 들어 남아 있는 라테를 마시고는 지타에게 말을 했는데 시선은 여전히 남동생을 향해 있었다.

"미국에서는 사람들의 생활방식이 달라요. 이곳 인도에서도 사람들은 별의별 관계를 다 맺으며 지낸다는 걸 당신도 알고 있다고 생각해요. 그렇지만 아쇽은 클럽으로 몰려다니는 것을 아주 싫어해요. 그게 바로 우리가 중매결혼을 하려는 이유랍니다."

승리의 기색이 지타의 얼굴에 살짝 보였다.

"사실은 저도 중매결혼의 방식이 좋다고 믿고 있습니다. 연애결혼보다 더 훌륭한 성과를 이룬다고 생각해요. 그러고 보니 제가 아주 전통적이라고 생각하실 것 같습니다."

그러나 마네카에게는 그 만남이 종료되었다. 그녀는 가져왔던 서류를 테이블 위에서 탁탁 소리를 내가며 가지런히 추렸다.

"말할 필요도 없겠지만 내 동생은 좋은 제의를 많이 받아요. 경력서를 보면 아시겠지만 내 동생은 캘리포니아에서 높은 봉급을 받고 있지요. 명문대학에서 MBA 학위를 받았고 우리 집안의 인척관계는 좋습니다." 그녀는 일어섰다. "우리 쪽에 호감을 표시하는 가족이 많으리라는 것은 짐작하시겠지요. 우리가 더 추진하게 될 경우 당신 아버님께 연락드리도록 할게요."

아숙은 지타에게 사과의 눈길을 보냈다. 유감의 뜻이었을까, 아니면 잘난 체하는 것이었을까? 그리고 그들은 당당히 호텔의 정문 쪽으로 나아갔다. 지타와 나는 옆문을 통해 자가 운전자들의 차가 주차돼 있는 곳으로 갔다. 지타는 요리조리 차를 돌렸고 마침내 호텔 진입로를 빠져 나가려는 전문 운전사가 딸린 고급 승용차들의 줄에 합류했다. 내가 이야기를 꺼내면 지타의 마음을 어지럽히게 되는 건 아닌지 가늠해보면서 나는 오늘 있었던 맞선을 머릿속으로 되짚어 보았다. 결국 나는 입을 열었다. "그 여자는 어떻게 된 거예요? 다른 여자들도 그렇게 하나요?"

지타는 내가 너무 강한 반응을 보이자 조금 놀라는 것 같았다.

"그 여자는 단지 남동생을 보호하려는 거였어요. 게다가 그 여자는 자기네 아버지처럼 행동해야만 한다고 느꼈을 테니까요. 이런 자리에 겉으로만 전통적으로 임한다는 게 누구에게나 기이하지요. 어떻게 행동하는 게 좋을지는 아무도 모릅니다."

"나는 그 여자가 당신 요리에 대해 그렇게 많은 질문을 할지 전혀 예측하지 못했어요. 그런 질문들을 하기에는 너무 현대적이었다고요."

"저도 그 점에는 좀 놀랐어요." 지타는 온순하게 대답했다. "분명히 그들은 전통적인 형태를 원했어요. 그렇지만 만일 오늘 그 만남이 형편없었다고 생각한다면, 오, 미란다, 그건 당신이 너무 모르는 거예요. 부모님들이 만남을 주도할 때는 이보다 훨씬 더 끔찍해요. 마네카는 내 과거에 대해 묻지 않았어요. 그리고 한 가지 더, 그 남자는 참 괜찮았어요. 내가 그 동안 만났던 바보 같은 남자들을 당신이 봤어야 해요."

"어머, 그래서 아쇽이 좋았어요?" 나는 목소리에 놀라움을 숨기지 못했다. 내가 보기에 아쇽은 어리버리하고 용기도 없는 남자 같아 보였다.

"멋지고 좋은 성품을 지닌 것 같아요. 그렇지만 그 사람들은 부잣집 여자를 원하는 게 확실해요."

"그 사람들은 돈이 그렇게 중요한가 봐요. 그 사람들이 커피를 사게 했어야 하는데!"

지타는 도심의 도로로 접어들면서 나에게 미소를 지어보였다. 라디오의 힌디어 팝송이 우리 둘 사이에서 활기 없이 울려 퍼졌다.

"저, 그리고요. 아마 아마도 아쇽한테는 캘리포니아에 여자친구가 있을 거예요. 내가 장담컨대 그게 맞아요. 그런데 그의 가족은 그 여자와 결혼을 시키려 하지 않는 거지요." 무슨 TV 멜로드라마의 각본같이 들렸는데 지타는 확신하는 듯이 보였다. "그러면 모든 게 설명이 돼요. 그 사람 가족이 중매결혼으로 그를 몰고 가고 있는 게 맞아요. 그래서 그 여자가 내 과거를 묻지 않은 거고요. 자기 동생이 똑 같은 질문에 답을 해야 되는 걸 원치 않았던 거지요."

인도양에 몰아친 쓰나미와 그 여파를 취재하고 최근에 델리로 돌아왔다. 크리스마스 바로 다음 날 지진이 일어났을 때 나는 우리 가족의 크리스마스 휴가를 포기하고, 말리는 어머니의 간청을 못 들은 체하고 희생자 수가 급격히 늘어나고 있는 스리랑카로 향하는 첫 비행기를 탔다. 스리랑카는 인도 남부 해안에서 떨어져 있는 눈물방울 모양의 작은 섬나라다. 쓰나미는 이 나라를 완전히 뒤집어 놓았다. 기차선로는 나뭇가지처럼 휘어 마치 고장 난 롤러코스터처럼 되었다. 여성용 나이트가운이 어부의 무너진 오두막 위에서 핑크빛 깃발처럼 펄럭였다. 부풀어 오른 버팔로 사체들이 악취를 풍기며 석호 위에 둥둥 떠 있었다. 구호소에는 모든 사람이 술에 취해 있었다.

"내가 왜 당신한테 말을 해야 하죠? 우리 식구는 모두 다 죽었다고요. 나한테 당신은 뭘 줄 수 있어요?" 어부들은 그렇게 되물었다.

나는 기자들이 흔히 하는 표준적인 대답을 하였다. 즉, 그들의 이야기를 듣는 것은 미국 정부가 더 많은 원조를 보내도록 하는 데 도움이 된다는 답이었다. 이런 논리는 나름대로 진실을 담고 있었지만 비열한 거짓말이란 생각도 들었다. 재해 상황에 대해 보도하고 수주가 지난 후 나는 언론의 순수하고 참된 사명에 대한 확신이 흔들리기 시작했다. 스리랑카 수도 콜롬보의 호텔 바에서 동료 기자들은 기사에서 가장 '섹시한' 부분은 어디인가 얘기를 나눴다. 그 말들의 뜻은 어디에 가장 시신이 많았는가 하는 것이었다. 마치 우리가 될 수 있는 한 많은 희생자를 찾아내고, 가장 고통스러운 기사를 짜내기 위해 돈을 받고 있으며, 가장 소름 끼치는 기사를 맨 먼저 작성하기 위해 서로 경쟁하고 있다는 느낌이 들었다.

나는 운전기사 겸 통역을 대동하고 어떤 구호소에서 몸이 여윈 열 살 남짓한 딸을 제외하고 가족을 모두 잃은 한 남자를 인터뷰했다. 그 남자와 이야기를 나누는 동안 여자아이는 나에게로 기어와 내 무릎에 머리를 기댔다. 나는 인터뷰를 끝낸 한참 뒤에도 그 아이의 머리를 쓰다듬으며 그대로 있었다. 운전기사가 밖이 어두워지고 있으니 어서 나가 그날 밤 지낼 곳을 찾아봐야 한다고 걱정을 한 후에도 한참을 그렇게 하고 있었다. 그 아이가 머리를 들고 앉았을 때 내 청바지는 아이의 눈물로 젖어 있었다. 아이 아버지와의 인터뷰를 라디오 방송에 쓰려고 계획했기 때문에, 그렇게 하면 안 된다는 것을 알면서도, 나는 아이에게 돈을 주었다. 그 순간에 느낀 친밀감에도 불구하고 나는 그 아이의 얼굴을 선명하게 떠올릴 수가 없다. 그 얼굴은 어둡고 슬픔에 잠긴 가슴 저미는 스리랑카의 다른 모든 얼굴들에 뒤엉키며 섞여 버렸다.

친구들은 뉴욕에서 라디오에 나온 내 보도를 듣고는 나의 흥미진진한 생활이 부럽다면서 이메일을 보내왔다. 나는 노트북 화면을 보며 어이가 없어 화가 났다. 나는 취재 내용을 목소리로 송출할 때 라디오 방송국처럼 환경을 조성하느라고 축축하고 곰팡내 나는 시트 위에서 마이크를 잡고 매트리스 아래 몇 시간 동안이나 웅크리고 있어야만 했다. 몇 주 동안 청바지 하나와 두터운 운동복 상의 한 장만으로 버텼고 체중이 너무 빠져 옷이 헐거워졌다. 익사한 사람들의 모든 영혼이 나에게 들어와 채워진 듯이 느껴졌다. 나는 반쯤은 방치된 상태의 숙박업소에서 저녁시간을 보내곤 했다. 바닷물이 역류해 들어와 더러운 물이 가득 고인 주방에는 커피 봉지나 밀가루가 든 자루들이 둥둥 떠 있고, 굶주린 개들이 로비에서 헐떡거렸다. 나는 아마도 결코 다시 만날 것 같지 않은 각계각층의 사람들과 친구가 되었다.

델리로 돌아올 때 쯤 내가 오직 원하는 것은 단지 우리 고양이들과 캄캄한 곳에서 가만히 누워 있고 싶다는 것뿐이었다. 어머니는 나에게 심한 스트레스를 경험한 후에 일어나는 외상 후 스트레스 장애를 겪을지 모른다고 걱정하는 이메일을 보내왔다. 나는 에디터들에게 당분간 집에 붙어 있을 예정이라고 말했다. 기진맥진한 상태였는데도 그런 말을 하자니 마치 내가 낙오자인 것 같은 기분이 들었다. 아시아라는 거대한 지역을 내 취재 구역으로 해달라고 주장했던 터라 기삿거리를 찾아 여기저기 다니지 않으면 내가 여기 존재하는 진정한 목적을 소홀히 하는 것 같았기 때문이었다. 나는 다른 모든 걸 버리고 여기로 왔고 취재 보도는 이미 내 정체성의 전부가 되어 있었다.

그리고 그 사실은 마침내 벤저민과의 관계가 붕괴되었을 때 더욱 분명하게 드러났다. 결국 벤저민과 인도 둘 가운데 하나를 선택하는 수밖에 없다는 것을 여러 해 전부터 알고 있었지만 나는 그 선택을 미루어 왔다. 후자의 선택은 미저러블 젠처럼 외로운 인생에 몸을 맡기겠다는 것과 같은 뜻이기 때문에 나는 두려웠다. 신뢰할 수 있으리라는 확신이 서지 않는 남자를 위해 내가 좋아하는 직업을 버리고 싶지도 않았다. 그렇지만 그에게 그 말을 어떻게 해야 할지 몰랐다. 그저 다른 어떤 직업도 지루하고 시시할 것이기 때문에 뉴욕에 돌아갈 준비가 아직 되지 않았다는 말만 했다. 게다가 델리는 이제 내게 고향처럼 느껴졌다. 그러나 벤저민은 나와 달랐다. 날씨는 너무 덥고 삶은 너무 힘든데, 벤저민이 그것을 감수할 만큼 충분한 일거리가 이곳에는 없었다.

그럭저럭 지내는 동안에 나는 벤저민 외의 다른 모든 것에 결사적으로 시간을 바치며 지냈다. 인도에서 나 자신을 위한 친교 관계를 맺어 두어야겠다고 굳게 결심했고, 취재에 관해 늘 고민하고 걱정했으며, 따분하거나 슬플 때마다 연애로 관심을 돌려 의지했던 것이다. 그러면서 벤저민은 나에게 맞지 않다고 스스로 다짐했다. 때때로 그가 전적으로 비난받을 대상이 아닐지도 모른다는 생각이 문득문득 떠오르곤 했다. 내가 지나치게 유랑벽이 있고 독립정신이 강하고 상대가 누구이던 간에 그 관계를 계속 유지하기에는 너무 차가운 사람일지도 몰랐다.

스리랑카에서 돌아온 후 어느 날 아침 나는 운동화를 신고 반바지 위에 운동복 바지를 덧입었다. 피트니스 서클로 걸어가는 도중에 다리가 노출되지 않도록 하기 위해서였다. 나는 여러 달 동안 헬스클럽의 여자들을 못 본 상태였고, 그들의 가벼운 농담에 끼어들면 도움이 될 것 같았다. 그러나 헬스클럽에 도착해서는 그날은 그들이 쏟아내는 질문을 감당하기가 힘들다는 걸 깨달았고, 차라리 아이 포드를 들고 왔더라면 질문세례를 피할 수 있었을 텐데 하는 후회가 들었다. 스트레칭을 하는데 레슬리가 내 뒤로 다가왔다. 레슬리가 어깨를 건드렸을 때 나는 움찔했고 그녀는 나를 다정한 눈길로 바라보았다.

"피곤해 보이네요. 원하신다면 우샤가 마시지를 해 줄 수 있어요. 저는 마사지를 받고 나면 한결 좋아져요."

나는 감정을 억누르며 침을 꿀꺽 삼켰다. 눈물을 억제하느라 얼굴이 실제로 부어오른 것 같았다. 만일 마사지를 받으면 냄새나는 체육관 매트 위에서 바로 울음을 터뜨릴 것 같았다. 그때 숙녀들이 나를 위로하려고 쯧쯧 동정을 표하며 내 주위로 모였다.

"남편이 보고 싶어 그러는군요."

"여기서 가족도 없이 혼자 지낸다는 건 끔찍해요."

인정하기가 무척 싫었지만 사실은 그들의 말이 옳았다. 나는 아직 모든 걸 털어놓을 준비가 되어 있지 않았다.

벤저민은 그 후 얼마 되지 않아 델리에 나타났다. 쓰나미에 관한 잡지 기사를 쓰기 위해 갔던 태국에서 미국으로 돌아가는 길에 들른 것이었다. 나는 그를 일곱 달 동안 보지 못했다. 그 동안 시간이 흐르는 것도 몰랐고, 신경 쓰는 것조차 중단한 상태였다. 그러나 무언가 달랐다. 그를 만난 이래 처음으로 그의 모험담을 듣고 싶은 마음이 들지 않았다. 그가 본 것이 무엇인지, 그리고 그것이 그에게 어떤 감정을 일으켰는지에 아무런 관심이 생기지 않았다. 나는 그에게도 똑같은 변화가 생겼다고 생각한다. 그가 껴안으며 인사할 때 그의 몸이 내 몸과 멀리 떨어져 있는 것 같았다. 그의 팔 안에 안겨 서 있을 때 갑자기 우리가 상대에 대해 품었던 것은 모두 낭만적인 이상에 지나지 않았음이 갑자기 명백해졌다. 우리는 행운의 조약돌처럼 그것을 너무 오랫동안 마모시켜 왔다. 나를 바라볼 때 그의 눈은 더 이상 맑은 녹색이 아니었다.

아침에 라다가 서재 바닥에 누워 있는 벤저민을 보았다. 다행스럽게도 라다나 지타 모두 왜 내 남편이 침실에 같이 자지 않았는지 묻지 않았다. 그들이 왜 그러느냐고 물었으면 나는 어떻게 대답해야 할지 몰랐을 것이다. 세상이 갑자기 매우 넓어 보였다. 나는 내가 아는 모든 사람을 내려다보며 세상의 표면 위를 부드럽게 떠다녔다. 모두들 자기 집 안에서 안전하게 지내는 것처럼 보였다. 그들은 어떻게 살지 계획을 갖고 있고, 파트너가 있고, 자기 자신이 누군지 알고 있었다.

벤저민이 마지막으로 떠나고 몇 달 후 나의 서른 번째 생일이 다가왔고, 나는 더욱 심하게 자기연민에 빠져들었다. 나는 서른 살이 된다는 것이 인생의 내리막이 시작되는 지점에 이르렀다는 표시라고 믿고 싶지 않았다. 이제 어른이 된다는 기분이 들었다. 어른이 된다는 것은 어떤 틀에 갇히게 되는 것이라는 생각을 떨칠 수가 없었다. 젊고 희망에 찬 세상과 어른이 되고, 분별력을 가지는 세상, 둘 중에서 하나를 선택해야만 하는 것은 아니라고 자신을 타이르면서도 그런 생각이 드는 것은 어쩔 수가 없었다. 그리고 아시아를 누비고 다니며 분쟁지역을 취재하고, 이따금씩 연애를 하는 지금의 생활방식을 계속할 수는 없다는 증거가 늘어나고 있었다. 나는 인도인들의 결혼에 대한 강박관념과 전쟁을 벌이고 있는 나 자신을 발견했다.

제10장

지참금에 우는 사람들

지참금을 주는 것은 40년 전부터 법으로 금지되었다.
그러나 어린이 결혼과 카스트 차별을 금지하는 것과 마찬가지로
인도 문화에서 지참금을 뿌리 뽑는 데 법은 아무런 역할을 못 했다.

결혼을 화젯거리로 삼자 여느 때 같으면 헬스클럽의 명랑한 요가 선생님인 우샤는 그녀답지 않게 냉소적인 태도를 보였다.

"인도에는 지참금 없는 결혼은 없어요. 남자들은 항상 지참금을 달라고 해요. 보통은 강압적으로 요구해요. 만약 여자 쪽 가족이 지불할 능력이 없으면 결혼은 없는 거예요." 우샤는 이렇게 말했다.

지타의 아버지는 도덕적인 입장에서 지참금 지불을 거절하겠다는 말을 했다고 하자 우샤는 말도 안 되는 소리라고 콧방귀를 뀌었다. "제발 그런 남편감을 찾는 행운이 따르기를!"

카스트 계급이 낮은 힌두교 신자인 우샤의 가족은 그런 고상한 도덕적인 생각을 고집할 처지가 아니었다. 그들이 겪는 지참금 문제는 대부분의 인도인 가정이 겪는 어려움이었다. 그들은 그저 우샤를 결혼시킬 만한 지참금이 없을 뿐이었다. 우샤의 아버지는 인도 근로자의 90% 이상이 그렇듯 재봉사와 가구 수선공

일을 불규칙적으로 하고 있다. 고용계약서도 없고 정규 근무시간이나 실업보험, 보장된 연금 같은 것도 없었다. 우샤의 어머니의 삶은 디킨스 소설에 등장하는 인물 같았다. 그녀는 집에서 대나무로 만든 간이침대 위에서 열두 명의 아이를 낳았다. "그 시절엔 산아제한 같은 게 없었어요." 우샤는 얼굴을 찡그리며 말했다. 아이들의 운은 그리 좋지 않았다. 우샤의 형제자매 가운데 유아기를 넘긴 아이는 반밖에 되지 않았다. 어떤 사회학자들은 바로 그 점 때문에 인도 여성들이 많은 자녀를 낳았던 거라고 주장한다. 대부분의 당시 여성들처럼 우샤의 어머니는 한 번도 부인과 의사에게 간 적이 없고, 임신 기간에 검진을 받지도 않았다. 결국 우샤의 어머니는 아기를 낳다 사망했다. 지금도 인도에서는 해마다 거의 십 만 명 정도의 여성이 출산 도중에 사망한다.

어머니가 돌아가신 후 우샤와 우샤의 언니들은 요리와 청소, 빨래를 하기 위해 학교를 중단해야만 했다. 우샤는 초등학교 5학년을 마치지 못했다. 남자 형제들도 얼마 안 돼 아버지가 병에 걸리자 가족을 부양할 돈을 벌기 위해 뒤를 이어 학업을 중단했다. 아버지가 돌아가신 후 우샤의 오빠들은 우샤의 네 언니들을 결혼시키는 일에 매달렸다. 우샤를 보낼 차례가 왔을 때 우샤는 이미 스물두 살로 지역사회에서는 나이가 좀 든 편에 속했고, 지참금으로 쓸 돈도 남아 있지 않았다. 우샤의 오빠들은 우샤의 신랑감을 눈높이를 낮춰 물색할 수밖에 없었고, 그러다 보니 탐탁하지 않은 남자들만 후보가 되었다.

시골에 한 남성 구혼자가 있었는데 그는 가족 여덟 명을 대동하고 나타났다. 우샤는 폴리에스테르 혼방 천으로 된 사리를 입고 팔을 올리고 내릴 때마다 절거덕 소리를 내는 싸구려 금속 팔찌를 한 여자들을 보고 이내 실망하고 말았다. 그래도 우샤는 결혼 적령기에 이른 여성답게 행동하느라 눈을 공손하게 아래로 뜨고 집에서 만든 스낵을 플라스틱 쟁반에 담아 내갔다. 우샤는 튀긴 야채인 파코라와 무척 단 미타이, 그리고 오빠 집의 제일 좋은 도자기 찻잔에 차이를 담아 내놓았다. 남자의 동반자들은 몹시 시장한 듯 재빨리 음식들을 해치우고는 그들이 맡은 일, 즉 여성에 대한 조사를 시작했다. 그들은 우샤의 날씬한 허리와 작은 손을 칭찬하더니 곧바로 안색을 싹 바꿔 처녀의 안색이 왜 그렇게 어두우냐고 큰 소리로 흠을 잡았다.

"왜 얼굴에 검버섯 같은 게 있지요?" 한 명은 우샤의 큰오빠한테 물었고, 오빠는 아무 대답을 못했다. 그 여자는 계속 이렇게 말했다. "참 안됐네요. 피부는 흰데 이 주근깨들이 좋지 않아요. 여자 피부는 매끄러워야 하는데…"

여자들은 우샤의 오빠에게 자기네들은 반드시 여자의 발을 검사한다며 샌들을 벗어 달라고 요청했다. 그렇지 않았다면 조신한 처녀답게 완벽하게 태도를 유지했을 우샤는 그 말을 듣는 순간 믿을 수 없어 눈썹을 치켜 올리지 않을 수 없었다. 그런 자리에서 피부에 대해 논하는 것은 그냥 넘어갈 수 있는 일이었지만 발 검사는 들어본 적이 없었다. 자신들의 모호한 전통을 언급하며, 지방의 특성을 내세우는 것은 웃음을 참기 힘들 정도였다. 그러면서 하는 말이 여자의 엄지발가락과 두 번째 발가락의 길이가 같으면 남편과 사이가 좋을 것이고, 여자의 두 번째 발가락이 더 길면 여자가 남자를 좌지우지하려고 들 것이기 때문에 남자 쪽에서 더 많은 지참금을 요구할 수 있다는 것이었다.

우샤는 내키지 않았지만 샌들을 벗고 살와르를 올렸다. 여자들이 우샤의 발을 보려고 서로 밀치며 우샤 옆으로 몰려 왔다. 그러더니 크게 소리쳤다. "와 좋다!" 두 발가락의 길이가 같았던 것이다. 그 가족은 다음 날 저녁 공식적인 제안을 하겠다고 약속했다.

우샤는 그들이 떠난 후 오빠에게 애원하는 표정을 지어 보였다고 했다.

"걱정하지 마. 미신이나 믿는 저런 시골뜨기들한테 너를 내주진 않을 테니까." 오빠는 이렇게 약속했다. "너를 그냥이라도 얻어 가면 그 사람들 운이 좋은 거지."

물론 그 말은 농담이었다. 여자가 지참금 없이 결혼한다는 것은 여자의 발을 보고 좋은 신부감인지 아닌지를 결정하는 것보다 더 우스꽝스러운 일이었다. 지참금은 수세기 전 많은 서구 문명권에서 그랬던 것처럼 오늘 날 인도에서 필수적인 것이다. 인도에서는 지금도 결혼이 가족들 간의 타협의 산물로 간주되기 때문에 재물과 체면의 상징적인 주고받기가 당연시 되고 있는 것이다.

지참금을 주는 것은 40년 전부터 법으로 금지되었다. 그러나 어린이 결혼과 카스트 차별을 금지하는 것과 마찬가지로 인도 문화에서 지참금을 뿌리 뽑는 데 법은 아무런 역할을 못 했다. 실제로는 지참금에 대한 기대가 근래에 들어 더 확대되고 증가되었다. 원래는 상위 카스트 힌두교도들 간의 관행이었던 지참금 제도는 최근 수십 년 사이 모든 카스트를 통틀어 필수 사항이 되었다. 여성들이 더 많은 선택권과 경제적 자유를 성취하고 있는 데도 그렇게 되었다. 세계화하고 있는 오늘날의 인도에서 많은 부모들이 딸이 태어나면 곧바로 지참금 마련 저축을 시작한다. 인도 국내 은행들 대부분은 '딸 펀드'라는 결혼 대출 프로그램을 운영하고 있다. 전자제품 같은 고가의 혼수용품이 가장 세일을 많이 하는 것도 결혼 시즌 때이다. '혼수용품 세일'이라고 특별히 광고를 할 필요조차 없다. 인도 정부는 최근 결혼 때 주고받는 물품 목록을 제출하도록 함으로써 지참금 금지법을 더 강화하겠다고 선언했다. 하지만 그렇게 해도 이런 행정적인 절차 정도는 쉽게 피해가는 방법이 분명히 생길 것이다. 신랑 가족에게 제공된 물품을 전부 다 기재하지 않아도 되도록 눈감아 주는 대신 뒷돈을 챙기는 부패한 관리들도 생겨날 것이다.

그러나 지참금은 이런 정도의 부패가 아니라 더 심각한 결과를 초래하고 있다. 가장 끔찍한 결과는 '신부 사망'의 유행이다. 아내가 학대를 당하고, 심지어 남편이나 남편의 가족에 의해 죽음까지 당하는 것이다. 영국의 의학 전문지 '란셋'에서 2009년에 조사한 결과를 보면 젊은 인도 여성이 젊은 남성보다 화재로 사망한 사건이 3배나 더 많았다. 그 죽음들은 대부분 가정 폭력과 연관돼 있다. 인도 정부에 의하면 한 시간에 한명 꼴로 기혼 여성이 화재로 인해 사망한다. 병원의 화상병동에 입원한 새색시들은 결혼 후 몇 달이나 몇 년이 지난 후 지참금에 불만을 가진 남편이나 시어머니에 의해 화상을 입었다고 경찰에 말했다. 물론 남편 가족들은 사고로 신부의 사리에 불이 옮아붙었다거나 신부가 요리할 때 요리용 가스탱크가 폭발했다고 주장한다. 신문에 보도되는 스토브 폭발이나 부엌 사고 같은 것들이 살인사건을 암시한다는 것을 나는 알게 되었다.

발 검사 구혼자가 다녀간 후 몇 달 안에 우샤에게는 세 명의 후보자들이 더 나타났다. 첫 번째 남자는 자동차, 두 번째 남자는 오토바이, 세 번째 남자는 상당한 금액의 현금을 요구했다. 우샤의 큰오빠는 점점 더 걱정이 깊어졌다. 동생을 시집보내기 전 때까지는 비좁은 자기 집에서 함께 살아야 하기 때문에 더 그랬다. 한 아주머니가 달리트 남자를 추천했을 때도 오빠는 카스트에 엄청난 격차가 있는데도 불구하고 곧바로 퇴짜를 놓지 않았다. 우샤의 가족은 카스트 등급 가운데 하위에 속했지만 달리트 같은 불가촉천민은 카스트 등급에 끼지도 못한다. 카스트는 부계로부터 이어받기 때문에 달리트가 아닌 가족은 딸을 달리트 집안에 시집보내려 하지 않는다. 어느 부모가 외손자들에게 불가촉천민의 삶을 살도록 만들겠는가? 그 아주머니는 남자가 청소하는 가족 출신이 아니라고 했다. 남자의 아버지는 자전거 수리점에서 일했고, 모양새 좋은 직업이니 만큼 여동생을 달리트 집안에 시집보내더라도 그다지 불명예스럽지 않다는 말이었다.

불가촉천민을 선택하게 되면 한 가지 좋은 점이 있는데, 그것은 바로 남자 쪽 가족이 지참금 협상 때 거의 힘을 쓰지 못한다는 것이었다. 우샤의 오빠는 신속히 일을 처리했다. 시댁으로 옮겨갈 때 우샤는 침대, 소파 세트, 냉장고, TV, 재봉틀, 부엌세간 등 적당한 지참금, 혹은 혼수라고 간주되는 물품을 가져갔다. 그 밖에 신부 측에서 신랑 측에 당연히 선물하는 옷가지와 전자제품들도 포함되어 있었다. 우샤의 오빠들은 이 결혼식을 위해 5000달러를 빌렸다고 했다. 가난한 가족에게는 결코 적지 않은 금액이었다.

라다는 큰 딸 푸쉬파가 사춘기에 이르자 지참금 걱정을 하기 시작했다. 내가 처음 봤을 때 푸쉬파는 열여섯 살로 몹시 수줍음이 많고 공부와 긴 검은 머리에 무척 신경을 쓰고 있었다. 매일 아침 푸쉬파는 팜오일 한두 방울을 브러시에 떨어뜨리고 머리칼에 윤기가 나도록 빗었다. 라다는 푸쉬파가 학교 다니는 걸 좋아하고 성적이 우수하다는 자랑을 자주 했는데, 이제는 다른 걱정을 하기 시작한 것이다.

"이제 결혼 준비를 할 나이가 됐어요. 졸업하기 전에 학교를 그만두는 문제로 속을 썩일 것 같아요. 그렇지만 몇 해 동안 내가 학교를 보내줬으니 이제는 그만둘 때도 됐어요."

라다는 어릴 때부터 딸애한테 미래의 남편은 종교와 카스트가 같아야 하고, 그녀를 편안한 삶으로 인도해야 한다는 두 가지 다짐을 해 주었다. 푸쉬파는 결혼 이야기가 나오자 흥분보다는 걱정이 앞섰다. 학대하는 시어머니 얘기를 많이 들었기 때문에 결혼해 다른 가정으로 들어가는 게 무서웠던 것이다. 푸쉬파는 그런 얘기를 나에게 털어놓았지만 정작 자기 어머니에게는 결혼할 준비가 되어 있지 않다는 말을 감히 하지 못했다. 또한 친구들과 샤 룩 칸 영화를 보며 연애로 결혼 상대를 찾는 것에 관해 킥킥 대고 농담을 주고받는다는 이야기를 어머니에게 말한 적도 없었다. '연애 반 중매 반'은 푸쉬파에게는 생각할 수도 없는 일이었다. 그녀의 결혼은 가족이 결정할 일이고, 남자의 사람 됨됨이는 따질 엄두조차 못 낼 영역에 속했다. 푸쉬파로서는 최소한의 요건을 갖추고 과다한 지참금을 요구하지 않는 남자를 만나는 것도 쉽지 않은 일이었다.

딸이 결혼할 준비가 되고 안 되고는 라다의 걱정거리가 아니었다. 어떻게 비용을 대는가가 걱정될 뿐이었다. 자금을 충당할 수 있는 범위 안에서 잔치를 치르겠다는 생각은 애초부터 없었다. 라다는 푸쉬파를 슬럼가에서 빼내 줄 인연만 나선다면 남자 쪽 가족이 요구하는 높은 기준을 어떻게든 맞춰 보겠다는 생각을 하고 있었다. 어떤 경우에건 인도인들에게 결혼식 행사는 모든 소득 계층을 통틀어 평생에 가장 큰 돈을 쓰는 행사다. 중산층 힌두교도들에게 결혼은 1000명 단위의 초청 손님 명단과, 두 주일간의 종교 의식, 파티와 만찬을 뜻한다. 다른 말로 하면 그것은 평생의 빚이다. 엄청난 소비와 발리우드식 현란함이 넘치는 오늘 날의 인도에서 부유한 신랑은 결혼식장에 헬기를 타고 등장한다. 이들의 연회에는 초콜릿 분수 같은 극도로 사치스러운 장식도 등장한다. 인도인들은 평균 3만 2천 달러를 결혼식 비용으로 쓴다는 통계가 있다. 인도의 일인당 평균소득은 미국의 10%에 불과하지만 인도인의 결혼식 비용은 미국인의 평균 비용보다 7천 달러나 많다.

어느 날 아침 라다가 내 앞을 지나 부엌으로 가는데 보니 이를 악문 모습이었다. 한 팔에는 아침에 쓸 채소, 다른 팔에는 갈아입을 옷을 담은 비닐봉지를 들고 있었다. 내가 인사를 하려고 하는데 라다가 먼저 말했다.

"오늘은 얘기할 짬이 없어요, 디디. 서둘러야 하거든요."

라다는 채소 다듬기와 마루를 쓸고 닦는 '자루포차' 일에 곧장 돌입하더니 내 내 걱정거리를 늘어놓았다. 나는 그날 온 신문을 훑어보며 기사거리를 스크랩하느라 그다지 주의를 기울이지 않고 듣고 있었다.

"푸쉬파는 날씬하고 예쁘고 얌전해요. 친척들은 우리가 고향 마을에 그대로 있었다면 벌써 결혼시켰을 거라고 얘기해요. 요즘 같이 너무 많은 지참금을 요구하지 않는다면 좋은 신랑감을 찾아줄 수 있을 텐데. 그런데 그 애는 학교를 마치기 전에는 결혼하기 싫다고 해요. 그때 가서도 신랑감을 고를 수 있다고 생각하는가 보죠?"

바닥 청소를 하고 나서 라다는 화장실로 사라졌다. 수도꼭지 아래에서 물을 튀기며 씻는 소리가 들렸다. 라다는 TV 리모컨처럼 샤워기도 무서워서 사용하지 않는다. 얼마 뒤 라다는 깨끗한 사리를 입고 나타났다. 사리 아래로는 베이비파우더를 뿌린 게 보였다. 목에 난 주름 속의 습기를 머금어 베이비파우더는 하얀 색 선이 되어 있었다. 라다는 사리의 느슨한 끝자락을 머리 위에 둘러 머리카락을 가렸다. 그리고는 가까운 힌두교 사원에 있는 사제를 만나러 갈 예정이라고 말했다.

사원은 우리 집에서 얼마 안 떨어져 있었는데도 여러 해 동안 나는 그곳에 사원이 있는 줄 모르고 지냈다. 별로 사원처럼 보이지도 않았다. 금방 허물어질 것 같은 건물이 잡초가 무성한 안뜰 가운데 서 있었고 바깥 담장에는 몇 개의 만자 형 힌두교 상징무늬가 그려져 있었다. 내부에는 손으로 만든 샛노랑 옷을 입힌 사람 크기의 대리석 신상들이 대리석 바닥에 줄지어 세워져 있었다. 사원에서 지내는 사제인 다람데브 샤스트리는 성격이 호탕하고, 머리가 벗겨지기 시작한 브라만이었다. 넓은 앞이마에는 카스트와 종교적인 서열을 나타내는 흰색과 오렌지색 줄이 그어져 있고, 길고 느슨한 크림색 셔츠와 도티를 입고 있었다. 그는 거의 걷지 않는데 걸을 때는 발을 질질 끌었다. 그는 낮은 탁자 뒤에 다리를 포개고 앉아 안뜰의 앵무새들이 휙휙 날아다니는 것을 지켜보며 대부분의 시간을 보냈다.

라다가 아는 대부분의 사람들처럼 다람데브는 비하르주의 마두바니 지역에서 온 사람이었다. 분명치는 않지만 라다가 그를 대할 때 어려워하는 태도도 그렇지만, 실제로 그는 라다의 작고한 남편 쪽으로 친척 관계가 있는 사람이었다. 다람데브는 최소한 라다가 사는 지역사회의 기준으로는 교육을 많이 받은 사람이었다. 그는 힌두 산스크리트대학 졸업장을 갖고 있었다. 비하리족 이주민들은 그가 이 사원에 자리 잡은 이후 종교적인 조언을 구하러 그에게 왔다. 라다의 눈에는 그보다 더 도덕적 권위를 가진 사람은 없었고, 그래서 라다는 딸의 신랑감을 찾는 데 그의 도움을 구하러 간 것이었다. 사원에서 돌아온 라다는 얼굴에 홍조를 띤 채 사원에 갔던 일을 세세하게 다 말하려고 내 앞에 쭈그리고 앉았다.

라다는 푸쉬파의 결혼상대를 구하기 위해 광고를 낼 생각은 전혀 하지 않았다. 그저 고향 마을에서 하는 식으로 하고 싶어 했다. 고향 마두바니에서 결혼은 친척이나 사원에서 의식을 주관하는 사제인 푸자리가 중매를 했다. 푸자리는 사원 밖에서 결혼중매 사업을 효율적으로 운영한다. 사제들은 그 지역 안의 결혼 적령기에 이른 여자와 남자들의 목록을 가지고 이웃 마을들에서 짝을 이룰 사람들을 골라 이어주는데, 문화적 차이를 최소화하고 같은 조상을 둔 남녀 간의 결혼은 방지하는 역할을 한다. 다람데브는 델리에 있는 사원에서 그 전통을 계속 이어나가고 있었다. 그는 중매 상담과 푸자를 해 주는 대가로 최소한 10달러를 받았는데, 사원에 들어오는 기부금 외에는 이것이 유일한 수입원이었다.

라다는 사제 앞에서 몸을 엎드렸고, 사제가 일어나 앉으라고 거듭 재촉할 때에만 그의 앞에서 다리를 포개고 앉았다. 그러면 사제는 노랗게 변색한 커다란 장부를 꺼냈는데, 그 장부는 정부 관료들이 사용하는 것과 같은 종류였다. 라다는 그 안에 손으로 가득 적어놓은 기록들을 보자 드디어 신성한 과업이 시작됐다는 엄숙함 때문에 심장이 두근거렸다. 사제가 페이지를 넘기기 시작하면 라다는 마치 영원처럼 느껴지는 그 시간 동안 사제 앞에 숨을 죽인 채 앉아 있었다. 잠시 후 사제는 한 페이지에 손가락을 대고 탁자 위에 있던 잔의 물을 마시고는 테가 커다란 독서용 안경을 코 위에 올렸다. 사제가 마음에 둔 남자는 예상했던 대로 마두바니 출신의 브라만이었다. 그는 최근에 고등학교를 졸업했고, 사무직에서 일해 꽤 괜찮은 돈을 벌고 있다고 다람데브는 기록을 읽었다. 남자의 가족과 성품은 훌륭하다고 했다.

문제는 사제가 이미 다른 여자를 그의 신붓감으로 소개했다는 점이었다. 그러면서 다람데브는 재빨리 남자는 괜찮은데 여자에게 문제가 있다는 말을 덧붙였다. 그는 점성술사가 지정하는 혼인날을 받아들인다면 라다의 딸이 그 여자 대신 그 자리를 차지할 수 있을 거라고 했다. 라다는 딸을 빨리 결혼시킬 수만 있다면 그렇게 하겠다며 아주 고분고분한 목소리로 무슨 문제가 있는지 말해달라고 했다. 다람데브는 자세한 내용을 털어놓기가 내키지 않는 듯했으나 잠시 후 한숨을 쉬고 안경을 벗더니 벽으로 몸을 기댔다.

그는 이렇게 입을 열었다. 결혼 날을 잡으려고 남자네 가족이 점성술사를 찾아갔는데, 두 달 안, 그것도 4월 20일을 지정해 결혼식을 반드시 그날로 해야 한다는 통보를 받았다는 것이었다.

"점성술사가 정해 준 날짜는 물론 바꿀 수가 없소. 그런데 남자 쪽에서 정한 날을 여자 쪽에서 받아들이지 않겠다는 것이요. 결혼날짜가 너무 빠르다고 불평을 했는데, 내가 나서서 신이 정한 날이니 받아들이라고 설득해 보려고 해 봤지만 소용이 없었소."

그래서 다람데브는 남자 가족에게 그 결혼을 포기하라고 했다는 것이다. 라다는 그 말에 공감하며 고개를 끄덕였다. 그녀는 존경하는 푸자리가 그 일 때문에 상심해 있고, 또한 남자의 가족들로부터 되지도 않을 중매를 했다는 비난을 들었을 것이라고 짐작했다. 라다는 자기는 여자 가족이 잘못했다고 생각한다는 점을 확실히 보여주기 위해 펄쩍 뛰며 분개했다. "아니 어떻게 자기네 일정이 신이 정한 일정보다 더 중요하다고 생각한대요?" 약삭빠른 라다는 그 상황을 푸쉬파를 결혼시키는 것은 물론이고, 사제의 비위를 맞출 수 있는 절호의 기회라고 보았던 게 분명했다. 라다는 잠시 기다린 뒤 머리를 숙이고 사제에게 말했다. 만일 기회가 된다면 자신은 딸에게 사제가 어떤 운명을 주든 감사하게 받아들이겠노라고.

일주일 뒤 라다가 사는 버스티로 다람데브가 연락을 보내왔다. 푸쉬파의 혼인이 확정됐고, 남자의 가족이 혼인에 동의했다는 것이었다. 남자의 이름도 아직 모르는 상태였지만, 이튿날 아침 라다는 전례 없이 행복한 기분이었다.

"오, 디디, 이건 신이 주신 선물이에요. 그 사람들은 매우 훌륭한 가족이에요. 아버지는 좋은 가게에서 일하고 있고, 신랑감은 월급이 엄청나게 많아요. 신랑이 '모바일-인-차지'mobile-in-charge래요."

어색한 영어발음이었는데, 나는 그녀가 '모바일-인-차지'의 뜻을 제대로 알고 있는지 의심스러웠다. 나도 듣도 보도 못한 말이었기 때문이다. 라다가 알고 있는 것은 그 남자가 한 달에 1백 달러 이상을 번다는 것, 영어로 된 일자리는 사회적으로 믿을 만하다는 것이었다. 전화나 휴대전화를 소유해 본 적이 없는 라다는 전화 산업과 연관된 권위 있는 직위를 가진 남자에게 딸을 시집보내게 된 게 자랑스러웠다. 그 결혼은 딸에게는 더 좋은 생활을 보장해 줄 것이고, 그것은 바로 자신이 엄마 노릇을 제대로 했다는 뜻이었다.

라다는 과도한 감정 표출로 오르락내리락했다. 그러더니 곧바로 그녀의 전매특허인 비관주의로 돌아갔다. "결혼식을 치르기 전에 제발 아무 일도 일어나지 않기를 기도할 뿐이에요." 양쪽 가족은 2주 안에 올릴 약혼식에서 처음 만날 예정이라고 라다는 말했다. 그 자리에서 지참금을 포함해 결혼에 관한 중요한 사항을 협상할 예정이었다. 도시생활의 비교적 자유로운 사조를 받아들인 푸자리는 약혼식장에서 푸쉬타와 남자가 '서로 쳐다봐도 좋다'고 생각했다. 지금도 비하르주에서는 신부와 신랑이 결혼예식을 다 마치기 전까지는 서로 얼굴을 보는 게 허락되지 않는다고 라다는 내게 알려주었다. 도시화한 약혼식에서 푸쉬파와 신랑감은 말을 주고받는 것은 물론이고, 서로 똑바로 마주 보는 일도 없겠지만 일단 같은 방에 앉는 것까지 허락받았다.

끊임없이 걱정을 달고 사는 여자이기는 하지만, 이제 라다의 제일 큰 걱정거리는 신랑감 가족이 자기 딸이 신분상으로 너무 떨어진다고 생각하지 않을까 하는 점이었다. 걸레를 가지고 거실을 가로지르면서 라다는 남자 쪽 가족이 이 결혼을 도중에 파탄 낼지도 모를 이유를 줄줄이 열거했다.

"우선, 디디, 나는 과부예요. 그리고 우리 집과 동네가 누추해서 그 사람들을 우리 집에 초청해 만날 수 없어요. 그렇지만 가장 나쁜 점은 내가 생계를 위해 청소와 빨래를 한다는 거죠. 그들이 내 손에서 굳은살을 보게 되면 나는 정말 창피할 거예요. 내 손은 청소부 손이에요!"

라다가 자기 직업에 대해 불평을 늘어놓으면 나는 라다의 신분격하와 굴욕감에 책임이 있는 식민지시대의 고약한 멤사히브가 된 듯한 죄책감에 휩싸이게 되었다. 선교사업을 하고 식민지를 개척하던 이디스 할머니의 유령이 한 손에 성경책을 들고, 머리를 한 올도 흐트러지지 않게 뒤로 넘겨 묶은 채 내 앞에 나타나곤 했다. 나는 라다에게 그들을 만나기 전에 손에다 보습을 하고 나가라고 어설픈 권유를 했다.

내 말에 라다는 코방귀를 뀌었다. "TV에서 보는 것처럼 부드러운 손을 갖게 되려면 몇 달은 걸릴 걸요. 여하튼 푸자리가 그 자리에 참석할 것이기 때문에 성직자 앞에서 내가 하는 일에 대해 거짓말을 할 수는 없어요."

라다는 걸레를 양동이에서 헹구고는 꽉 힘차게 짰다. 나는 라다가 다시 말을 할 때까지 신문 스크랩 일을 계속 했다.

"사실, 내가 요리사라고 말한다 해도 거짓말은 아니지요. 그렇죠? 내가 바닥 청소를 한다는 말을 굳이 할 필요까지는 아마 없을 거예요. 나는 내 주인이 외국인이라고 말하려고 해요. 그러면 훨씬 더 좋게 보일 거예요."

내가 미국인이라는 것에 대한 찬사에 나는 힘을 얻어 이렇게 거들었다.

"자녀를 학교에 보내기 위해 열심히 일하는 어머니를 보면 어떤 가족이라도 감명을 받을 것이라고 생각해요. 그 사람들도 좋아할 거예요."

라다는 내 칭찬에 당황하는 것처럼 보였다. 또한 그 말을 믿지도 않았다. 그녀는 자신의 가치에 대한 그들의 존경심이 자신이 하는 일에 대한 경멸을 능가한다고 믿을 만큼 어리석지 않았다. "그럴지도 모르지요, 디디. 하지만 청소부의 딸을 좋아할 브라만 가족은 없을 거예요. 내가 아무리 브라만 청소부라 해도요."

라다는 농담조로 이런 말을 하고는 입을 삐죽거려 보였다. 인도의 엄격한 카스트 세계에서는 브라만 청소부라는 것 자체가 있을 수 없는 일이었다. 라다는 더러운 물을 쏟아 버리기 위해 양동이를 들고 화장실로 향했다.

라다가 몹시 풀이 죽고 공손한 표정을 하고 나타났다. 평소의 그녀에게는 안 어울리는 모습이었고, 그래서 나는 뭔가 일이 있다는 것을 눈치 챘다.

"디디, 딸아이 결혼식에 돈이 많이 들어갈 거라는 것 아시지요…."

나는 라다를 올려다보며 얼마가 필요한지 단도직입적으로 물었다. 내 말투는 필요 이상으로 날카로웠는데, 그것은 지타와 프리야를 통해 가정부 다루는 법을 어느 정도 터득한 때문이었을 것이다. 라다는 꾸물거리지 않고 곧바로 제일 귀중한 물건을 넣어두는 안전 장소인 상의 촐리 안에서 구겨진 종이를 꺼내 폈다. 종이에는 손으로 쓴 10,000루피라는 글씨가 적혀 있었다. 250달러에 달하는 액수였다. 내 얼굴에서 놀라는 기색을 본 라다는 부연 설명을 길게 했다.

"내가 젊었을 적에는, 디디, 지참금이 훨씬 적었어요. 그런데 요즘은 사람들은 돈에 둘러싸여 있어요. 남자네 가족이 내가 일 년 동안 버는 돈의 최소한 두 배는 달라고 할 거라고 모든 사람들이 말해요. 게다가 결혼식 비용도 내야 해요. 조긴더 말고는 아무도 나를 도와주지 않아요. 나는 내 딸이 행복하게 살 거라고 푸자리가 말하는 결혼을 시켜 주지 않을 수가 수 없어요, 디디!"

라다는 급여를 가불해 주는 걸로 해달라고 우겼지만 그녀가 그 돈을 갚을 수 없다는 것, 그리고 죄책감에 사로잡힌 멤사히브가 그녀가 요구하는 것은 무엇이든 들어줄 거라는 것을 우리 두 사람 다 잘 알고 있었다.

며칠 뒤 나는 니자무딘 시장에 들렀다 조긴더와 마주쳤는데, 조긴더는 할 말이 있다면서 나를 멈춰 세웠다. 조긴더는 늘 바쁘게 다녀 한가한 대화를 좀처럼 할 수 없는 사람이라 흔치 않은 일이었다. 특히 천천히 주의 깊게 힌디어를 말해야 하기 때문에 나하고는 더욱 더 그랬다. 그는 나를 만나기 직전에 판을 입에다 넣은 터라 말하는 데 특히 더 신경을 써야 했다. 판이 담겼던 곽과 그에게서 풍겨 나오는 강렬한 금속성 냄새로 보아 금방 입에 넣은 게 분명했다. 그는 그 상황을 벌충하려는 듯 평소보다 훨씬 목소리를 높였다.

그는 라다의 결혼 비용을 위해 모금을 시작했다고 말하며, 라다가 도와달라는 말을 하더냐고 물었다. 나는 그가 나에게 돈을 더 많이 꾸어 주라고 부탁하려는 것으로 추측하며 고개를 끄덕였다. 그런데 사실 조긴더는 험담을 하려는 것이었다. 그는 라다가 사치스런 결혼식을 준비하는 것에 대해 찬성하지 않는다고 했다. 지참금을 문제 삼는 게 아니었다. 지참금은 라다도 어쩔 도리가 없는 일이었다. 문제는 라다가 대책도 없이 씀씀이가 헤픈 결혼식을 준비하고 있는 것이라고 했다. 친척 동생이 부탁하는 것이라 어쩔 수 없이 돈을 모으는 것일 뿐이라는 말이었다. 전에는 조긴더가 사촌 누이에 대해 부정적으로 말하는 것을 들어본 적이 없었다. 나한테 이런 불만을 털어놓는 것을 보니 제법 화가 난 게 분명했다.

"라다는 남에게 과시하려고 하는 그런 부류의 사람이에요. 라다는 사람들을 무지하게 많이 초청하고, 모두에게 값비싼 선물을 할 예정이랍니다. 시골의 마을 사람들이 흔히 대접하는 간단한 쌀밥인 달 대신에 특별한 음식을 준비하겠다고 고집해요." 이렇게 말하며 조긴더는 '판'의 위치를 입의 다른 쪽으로 옮겼다. 붉은색의 찐득거리는 것이 턱 아래로 흘러내리자 그는 얼른 그것을 닦아냈다. "라다는 시골에서 오는 사람들에게 비록 남편이 죽고 시집식구들이 자신을 버렸지만 자기가 잘 살고 있다는 걸 보여주고 싶어 해요."

조긴더는 자기도 라다의 카스트보다 한 단계 아래인 '람 카스트'로 매우 높은 카스트이지만, 라다가 그런 허세를 부리는 것은 이해할 수 없다고 했다. 몇 년 전에는 자기가 라다에게 보수가 좋은 요리사 일자리를 찾아줬다는 말도 했다. 육류를 먹는 부유한 힌두교 가정이었는데 라다는 그 일자리를 비웃으며 거절했다는 것이었다. 육류 요리하는 일을 함으로써 자신을 더럽힐 수는 없다는 말을 하더라며 조긴더는 그때까지도 화가 나 있었다.

"라다는 시대에 뒤떨어진 사람처럼 생각해요. 순수한 채식주의자 가정에서만 일하겠다고 고집한다면 가난을 면할 수 없을 거예요. 그런데 내가 그런 얘기를 하면 전혀 듣지를 않아요. 자신의 브라만 신분에 대해 너무나 완고해서 죽을 때까지 내내 곤궁하게 살 거예요."

조긴더의 의견에 대한 라다의 반응을 나는 상상할 수 있었다. 그런 말을 들으면 라다는 조긴더가 브라만이 아니라서 자기를 이해할 수 없다고 할 게 분명했다.

조긴더와 나는 길에 선 채로 계속 이야기를 하고 있었고, 릭샤들이 우리 주위에 먼지 폭풍을 일으키며 지나갔다. 내 살와르 카미즈의 허리띠 아래로는 땀이 스며 나왔다. 어린 소년들이 과일 가판대에 기대어 서서 작고 녹슨 칼 하나를 갖고 돌려가며 구아바 열매를 가르고 있었다. 창백한 녹색의 껍질이 갈라지고 흰 속살이 드러날 때마다 톡 쏘는 과일 냄새가 피어오르는 먼지에 뒤섞이며 내 코를 자극했다. 소년들은 과일의 하얀 과육 부분을 껍질에서 떼어먹으며 막연한 호기심으로 눈도 깜박이지 않고 나를 바라보았다. 조긴더는 한동안 말이 없더니 세계화하는 인도에 대한 생각으로 화제를 옮겨갔다.

"있잖아요, 디디. 라다는 세상이 바뀌고 있다는 걸 깨닫지 못하고 있어요. 카스트 제도는 이제 더 이상 그렇게 엄격하지 않아요. 시골에서도 그렇다니까요."

조긴더가 비하르주에 살던 어린 시절 소나 버팔로가 들판에서 죽으면 마을 사람들은 동물 사체를 치우라고 그 지역의 불가촉천민을 불렀다고 했다. "이제는 그 사람들도 세상이 바뀌었으니 아버지 대에 하던 일을 자기들이 반드시 계속할 필요는 없다는 말을 한답니다."

델리에서는 카스트 규칙이 더 많이 와해되었다고 조긴더는 덧붙였다. 라다는 그것을 인정하려 들지 않았지만, 라다의 자녀들은 어떤 카스트 출신인지 알 수 없는 아이들과 놀았다. 도시에는 부모나 조부모가 늘 해 오던 일과는 다른 일을 하는 사람들이 있다는 것을 누구나 알고 있다. 나는 조긴더에게 라다뿐만 아니라 델리에 사는 많은 사람들이 카스트를 여전히 중요한 것으로 생각한다고 했다.

"글쎄, 전혀 바뀌지 않은 부분도 있기는 해요, 디디. 카스트는 다른 어느 경우보다도 결혼 때 가장 중요하게 작용해요. 나는 라다하고 달라요. 나는 인도가 현대화하는 것이 좋습니다. 휴대전화를 갖는다거나 미국 TV를 보는 게 좋아요. 그렇지만 중요하기도 하고 절대로 바뀌지 않을 전통도 더러 있어요."

그는 이렇게 계속했다. "결혼은 명예에 관한 모든 것이에요. 디디. 만일 내 딸이 더 낮은 카스트 출신의 사람과 결혼하게 되면 우리 마을에서는 아무도 결혼식에 오지 않을 거예요. 결혼식을 하고 나면 우리 집에 와서 물 한 잔도 마시려 들지 않을 거고요. 왜냐하면 우리가 오염되었다고 생각하거든요. 그래서 그런 전통이 계속 지켜지는 거예요."

라다는 딸이 '모바일-인-차지'와 결혼하려면 학교를 그만 다녀야 한다는 것을 알고 있었다. 간단한 계산법이었다. 라다는 남의 집 바닥 청소를 하지 않아도 되도록 하기 위해서 딸들을 학교에 보냈는데, 그 남자와 결혼하면 같은 결과를 얻게 되는 것이었다. 길이 다를 뿐 결과는 같은 것이었다. 사실 결혼을 잘하는 게 푸쉬파가 앞으로의 인생에서 '좋은 자리를 차지하도록' 보장해 주는 더 효과적인 방법이었다. 결혼만 잘하면 인생에서 불확실성이 즉시 제거되기 때문이었다.

푸쉬파는 어머니가 10학년 시험을 볼 수 없을 거라고 했을 때 부끄럽고 당황스러웠다. 라다는 아플 때 말고는 매일 학교에 가야 한다고 늘 우겼다. 그런데 이제 결혼하기까지 몇 주 남은 동안 할 일이 너무 많기 때문에 학교에 가지 말라는 것이었다. 결혼식 후 학교로 되돌아갈 수 있겠느냐고 푸쉬파가 묻자 라다는 곧바로 이렇게 면박을 주었다. "새 신부가 학교를 다닌다고? 아니! 어떤 가족이 그걸 허락하겠니? 난 상상도 못하겠구나."

라다의 사돈이 며느리를 학교로 돌아가도록 허락하지 않으리라는 라다의 예측이 맞을지 모르겠다고 조긴더는 생각했다. 그래서 조긴더는 라다가 푸쉬파의 짝을 찾아 푸자리한테 찾아가기 전에 최소한 일 년은 더 기다렸어야 한다고 했다. 조긴더는 딸의 교육에 관해 기대 이상으로 진보적인 결론을 스스로 내린 한 남자의 열정을 가지고 얘기했다.

"나는 아들과 딸 사이에 어떤 차별도 두지 않습니다. 만일 딸이 직업 갖기를 원한다면 그렇게 해 줘야만 합니다. 나는 그 점에 있어서 내 생각을 이해하는 가족을 찾을 겁니다."

조긴더의 큰딸 레카는 푸쉬파와 동갑이었다. 조긴더는 몇 년 동안, 그 애를 결혼시키겠다는 계획을 하지 않았다. 실제로 그는 딸이 고등학교를 마친 후 1년짜리 컴퓨터 과정을 다니게 할까 생각 중이었다. 조긴더는 약혼 모임에서 푸쉬파의 교육 문제를 꺼낼 생각이었다. 델리에서는 라다의 가장 가까운 친척이기 때문에 그는 신랑 측 가족과 지참금 협상을 할 때 도움을 주기 위해 참석할 예정이었다.

라다는 친척인 조긴더의 면전에서 반대의사를 밝힐 수가 없어서 대신 조긴더의 부인인 마니야를 만났다. 그 이야기를 라다는 나중에 해 주었다. 그늘이 지는 오후에 라다가 찾아가니 마니야는 늘 있는 자리인 간이침대 차르포이에서 익숙한 손놀림으로 재빠르게 콩을 까고 있었다. 마니야는 열 살 난 아들이 다른 이웃 아이들과 골목에서 크리켓 시합을 하는 것을 가끔씩 바라보았다. 아이들은 막대기를 크리켓 배트로, 돌멩이를 크리켓 볼로 사용했는데, 그러다 보니 눈에 시커멓게 멍이 들곤 했다. 라다는 마니야 옆의 간이침대에 무겁게 내려앉았다. 오전의 일로 피곤했지만 일단은 언제나처럼 부어오른 무릎에 대해 푸념을 늘어놓았다. 조긴더의 반대가 며칠 동안 마음에 걸렸기 때문에 라다는 곧바로 본론에 들어갔다.

"나는 여자애들을 어릴 때 결혼시키는 게 제일 좋다고 생각해 왔어요. 우리들은 여태 그렇게 해 왔거든요."

마니야는 조긴더가 라다가 하는 일에 대해 큰소리로 비난하는 것을 들었기 때문에 일의 자초지종을 알고 있었다. 딸들도 아들과 똑같다는 남편의 의견이 맞는 건지 확신할 수 없고, 그녀 자신은 현모양처가 되기 위해 교육이 꼭 필요하다고는 생각하지도 않았다. 하지만 마니야로서는 남편의 의견에 따르는 게 그녀의 의무였다. 그런데 마니야는 라다가 비밀을 털어놓을 수 있는 가장 믿을 만한 친구라서 라다가 따돌림 당하게 만들고 싶지도 않았다. 마니야는 신중하게 말을 준비했다.

"남편은 우리가 결혼하기 전에는 내 사진도 못 봤어요. 그러나 지금은 세상이 바뀌고 있어요. 시골 사람들도 어떤 면에서는 도시 사람들 못지않게 현대화했어요."

라다도 쉽게 제고집을 꺾을 사람이 아니었다.

"그럴지도 모르죠. 그렇지만 시골에서 여자들이 열여덟이 될 때까지 기다렸다 결혼하나요?"

"나는 시골에서 여자애들이 그렇게 하는지는 모르겠네요. 그렇지만 도시에서는 여자들이 결혼하기 전에 대학교도 가잖아요. 레카가 그러더라고요. 영화에서 봐도 그렇잖아요?"

라다는 정색을 하고 말했다. "그런 식으로 간다면 엄마가 될 때쯤에는 할머니 나이가 되겠네요. 말도 안돼요!"

"어쩌면 그렇겠네요. 그런데 이렇게 생각해 보세요. 만일 당신이 학교를 다녔더라면 남편이 돌아가셨을 때 더 나은 일자리를 구할 수 있었을 거예요.”

“그건 달라요. 그건 내 운명이라고요.” 라다는 자신이 과부가 된 것에 대해 말할 때 늘 나오는 애절한 목소리로 대답했다. 마니야는 그 미끼에 넘어가지 않았다.

“당신의 운명에도 불구하고 당신은 딸을 좋은 집안으로 결혼시키게 되었잖아요. 우리 딸들도 그렇게 되었으면 좋겠어요. 여자의 운명을 정하는 것은 결혼이지 컴퓨터 과정이 아니라는 걸 어느 부모나 알고 있어요.”

마니아의 딸 레카가 골목 끝의 수도꼭지 아래서 양동이 위로 몸을 숙이고 바틱 염색이 된 어마어마하게 큰 침대 시트를 헹구고 있었다. 마니야는 그 딸이 집안에서 물려받은 옷을 입을 수 없었기 때문에, 나이에 비해 키가 너무 크다는 말을 수시로 했다. 친척들은 십대가 된 그 아이를 보며 안타까운 듯이 머리를 흔들었다. 키가 저렇게 커서 어떻게 결혼을 시킬 수 있을까 하며 걱정했다.

그러나 이런 신체적 결함에도 불구하고 레카의 부모는 딸이 좋은 다르마를 갖고 있어 집안에 행운을 가져다준다고 믿었다. 레카는 그 믿음이 옳다는 것을 시험 준비를 하는 데 어려움을 겪었던 지난해 증명해 보였다. 베란다에 붙여 지은 오두막집에 전기가 없어 레카는 해가 지면 공부를 할 수가 없었다. 레카가 선생님께 그 얘기를 하자 선생님은 레카의 사정을 해결해 주겠다고 나섰다. 그는 21년간 조긴더의 주인이었던 마고 사히브에게 전화를 해서 레카가 시험을 보기 전 몇 주일 동안만이라도 공간을 조금 더 쓸 수 있게 해 줄 수 없겠느냐고 물었다. 그 전화를 받고 주인은 수치감을 느낀 게 분명했다. 그는 조긴더를 불러 살림 공간을 집의 내부 공간 쪽으로 더 넓혀도 좋다고 허락했다.

난생 처음으로 조긴더와 마니야는 합법적으로 전기를 쓰게 되었을 뿐만 아니라, 아이들과 분리된 공간에서 잠을 잘 수 있게 되었다. 마니야는 한쪽 벽에 붙인 걸쇠에 사리들을 걸어 노랑과 붉은색으로 그 귀퉁이를 환하게 만들었다. 또 다른 벽에는 그곳 재봉소에서 무료로 나눠준 각 장에 제각각 다른 힌두의 신들이 그려진 달력을 걸었다. 그 학기에 레카가 시험을 잘 보자 조긴더는 그 사실을 여자애들도 반드시 학교에 다녀야 하는 증거로 삼았다.

조긴더는 그 행운의 이야기를 푸쉬파의 약혼 자리에서 상세히 얘기했지만 신랑감의 아버지는 건성으로 고개를 끄덕였다.

"그래요, 우리도 학교가 중요하다고 생각합니다. 그렇지만 내 아내는 집안일을 도울 며느리를 필요로 해요. 그게 며느리의 첫 번째 의무지요."

그는 아들 시브샹카르를 불러 지금 하는 일에 대해 설명하라고 하면서 화제를 바꾸었다. 아들은 '모바일 인 차지'는 인도 최대의 이동통신업체인 에어텔의 전화 기지국 타워를 관리하는 일이라고 설명했다. 결혼하고 나면 푸쉬파는 델리에서 시댁에 들어와 살고, 시브샹카르는 비하르주의 주도인 파트나로 스무 시간 기차를 타고 돌아갈 것이라고 신랑 가족들은 말했다. 시브샹카르는 일 년 가운데 대부분을 파트나에 있는 회사 기숙사에서 살았다. 신랑의 부모는 라다에게로 몸을 돌려 딸의 성격이라든지 딸에게 요리법을 가르쳐 줬는지 묻기 시작했다. 그들은 비하리족이 좋아하는 음식 목록을 아주 길게 나열했다.

푸쉬파는 지시받은 대로 예복으로 입은 붉은 사리의 무릎께에 시선을 고정하고 한 번도 눈을 들지 않았다. 그렇지만 그녀는 주의를 기울여 모든 말을 들었다. 푸쉬파는 시댁 어른이 될 분들이 언급하는 음식 목록을 하나도 놓치지 않고 들었다. 곧 그들의 음식을 책임지고 요리하게 되리라는 걸 그녀는 알았다. 지금부터 몇 주 안에 그녀는 지금 몇 발짝 떨어져 앉아 있는 이 낯선 사람과 영원히 연결될 것이었다. 그 남자를 한번 엿보고 싶은 충동을 간신히 참았다. 성격이 비뚤어진 사람일지 모른다는 생각도 들었고, 어쩌면 샤 룩 칸처럼 생겼을지 모른다는 생각도 들었다.

그러나 목소리를 들어 보니 영화 주인공처럼 생긴 것 같지는 않았다. 높은 음조로 떨리는 그의 목소리를 들으니 기분이 좋지 않았다. 푸쉬파는 그 남자의 얼굴이 아마도 딱딱하고 야위었을 거라고 상상했다. 푸쉬파는 머리카락이 전혀 보이지 않도록 사리의 끝자락인 팔루를 살짝 당기며 이제 어른이 되는 시간이라고 스스로를 일깨웠다. 이제부터는 자기가 마음속으로 느끼는 감정은 아무도 몰라야 했다. 아무도 보지는 못했지만 세심하게 기름을 발라 빗어 넘긴 그녀의 머리카락이 팔루 아래서 빛나고 있었다.

제11장

연예결혼을 꿈꾸는 여자들

아즈마트는 자기가 사는 지역사회에서 적절하다고 생각하는 방식의 결혼을 원했다.
그렇지만 피트니스 서클에서 시간을 보내다 보니
전통적인 방식에 약간의 수정을 가하는 것을 생각하게 되었다.

라마단은 헬스클럽 피트니스 서클 입장에서는 반갑지 않은 달이다. 신성한 금식이 행해지는 한 달 동안 해가 뜨는 때부터 해가 질 때까지 이슬람교도들은 아무 것도 먹어서는 안 되기 때문에 사람들은 낮 시간 동안 되도록 에너지를 쓰지 않으려 애쓴다. 은행과 큰 기업에서는 이슬람교도 직원들을 위해 점심시간에 낮잠용 의자를 제공하고, 이슬람교도가 많은 지역의 상점은 매일 상당히 긴 시간 동안 문을 닫는다. 헬스클럽에 다니는 여자들은 가족의 아침식사를 준비하기 위해 새벽 4시가 되기 전에 일어나기 때문에 하루의 나머지 시간은 별 활동을 하지 못하고 그냥 흘려보낸다. 몇몇 사람은 발을 질질 끌고 오전 요가 스트레치 시간에 나타나기도 하지만 회원 수는 절반으로 줄어든다. 레슬리의 헬스클럽은 라마단 기간 중에는 거의 개점휴업 상태가 된다.

아즈마트는 체육관 실내를 쓸고 걸레질하는 자루포차 일을 하기 위해 꼬박꼬박 나타나기는 하지만 그녀 자신의 운동시간은 라마단 기간 내내 흐지부지되고 말았다. 아즈마트는 매트 위에서 잠시 동안 선잠을 자다가 내게 말을 붙이려고 트레드밀 있는 데로 느릿느릿 걸어왔다.

"남편이 있는데 왜 날씬한 몸매를 유지하려고 힘들게 운동을 하나요?' 날씬한' slim and trim은 아즈마트가 가장 자주 쓰는 영어 문구였다. 나는 내 운동 강도 유지를 위해 더 이상 대화가 진전되지 않기를 희망하며 건성으로 미소를 지었다. 아즈마트는 아랑곳하지 않고 계속 말을 이었다.

"왜 힘들게 그러시는지 모르겠어요. 남편이 지금 델리에 있지도 않잖아요. 편하게 지내도 될 텐데요." 조금 후에 말은 계속 이어졌다. "정말로 땀을 많이 흘리네요, 디디." 이렇게 말하고는 자신이 제일 좋아하는 논리를 펴나갔다. "외국 여성들은 인도 여성들보다 땀을 더 흘려요. 그건 다 아는 사실이에요."

나는 아즈마트나 다른 여자들도 신체 활동을 심하게 하면 나처럼 땀을 흘릴 거라는 말을 해 주려다 참았다.

나의 미지근한 반응에 심드렁해진 아즈마트는 결국 텅 빈 출입구만 애꿎게 쳐다보다 정해진 목적지 없이 자리를 떴다. 검은 색 부르카가 출입구의 빛을 가리고, 여자 한명이 쿵쿵 소리를 내며 계단을 내려오면 아즈마트는 즉시 밝은 표정이 되었다. 그들은 매트 위에 풀썩 주저앉아 배고프고 지루한 시간을 보내기 위해 시간 때우기 잡담을 시작한다. 주로 다루는 얘깃거리는 이번 달에 체중이 줄 것인가에 관한 것이었다. 아즈마트는 낮 동안의 배고픔을 보충하기 위해 저녁 때 너무 많이 먹는 바람에 지난 몇 년 동안 라마단 기간만 되면 1킬로그램 정도씩 체중이 늘어나 실망에 빠져 있었다.

해가 지면 니자무딘 슬럼가에 있는 이슬람 사원에서는 마치 공습경고 같은 요란한 사이렌을 온 동네가 다 들리도록 울린다. 이슬람교도들이 나마즈 기도를 올리고 금식 해제 시간이 됐다는 신호였다. 어느 날 저녁 나는 사이렌 소리를 따라 슬럼가 버스티로 들어갔다. 아즈마트는 그곳에 있는 집에서 아홉 남매 가운데 여섯 남매와 함께 살았다. 아즈마트는 나보고 자기 집은 도저히 못 찾을 거라는 말을 한 적이 있다. 델리 중산층 동네에서 주소를 들고 집을 찾는 게 힘든 일이라면, 버스티의 좁은 골목 한가운데에서 집 찾기는 불가능한 일이라고 했다.

아즈마트와 나는 버스티 외곽에서 만났다.

아즈마트는 세퀸으로 장식된 살와르 카미즈를 입었는데 옷의 끝단에는 밝은 오렌지빛 스티치가 있었다. 그리고 옷에 어울리는 스카프 '두파타'로 머리를 덮고 있었다. 얇은 천이지만 비치지 않아 몸을 드러내는 복장이 아니었으나, 주위의 부르카 입은 여인들에 비해 상당히 야해 보였다. 아즈마트의 오빠 메흐부브는 아주 개방적인 편이라 누이들에게 공개된 장소에 나갈 때도 얼굴을 가리라고 강요하지 않는다고 했다. 그렇지만 결혼하고 나면 그런 자유를 누리지 못할 것이라는 경고를 누이들에게 한다고 했다.

"오빠는 부르카를 강요하지 않는 남자를 찾아준다고 장담할 수는 없다고 해요. 나는 부르카를 입으면 앞을 제대로 볼 수가 없어요. 아마 여기저기 걸려서 넘어질 거예요! 결혼하고 나면 피트니스 서클에서 일하는 것도 포기해야 할 거예요."

아즈마트를 따라 미로같이 얽힌 골목길로 들어서자 나는 마치 '이상한 나라의 앨리스'처럼 토끼굴로 툭 떨어진 기분이 들었다. 그곳은 내가 지금 살고 있는 인도, 운전기사가 모는 차를 타고, 영화표를 끊어 영화를 볼 수 있는 인도와는 전혀 다른 세상이었다. 내가 사는 말끔한 동네에서 불과 몇 발자국 안 떨어진 곳인데도 진창의 통로들은 아즈마트와 내가 나란히 같이 갈 수 없을 정도로 좁아 나는 그녀의 뒤를 졸졸 따라가야만 했다. 길 양쪽에는 벽돌과 시멘트로 지은 집들이 위태롭게 포개놓은 것처럼 지어져 마치 카드로 쌓아 올린 성처럼 금방이라도 무너질 것만 같았다. 플라스틱 물탱크, 접시안테나, 빨랫줄 등이 얽히고설켜 어지럽기 짝이 없었다.

허섭스레기 더미에서 먹을 것을 찾아 게걸스레 물어뜯는 수염이 터부룩한 염소 몇 마리가 골목 안 말뚝에 매여져 있었다. 염소들은 두 주일 더 살을 찌울 필요가 있는 듯이 보였다. 라마단이 끝날 때의 대축제인 이드 희생제 때 도살되기 전까지가 그 염소들에게 남은 날의 전부였다. 마침내 사이렌이 멈추자 여음이 잠시 울려 퍼졌고, 곧이어 버스티에는 새로운 활력이 넘쳐났다. 방향유와 줄에 꿴 구슬, 종교 서적을 파는 상인들은 가게 문을 닫고 이슬람사원을 향해 길게 늘어선 줄에 합류했다. 너무 배가 고파 정식 기도 내내 앉아 있기가 힘든 사람들은 케밥 식당으로 몰려들었다.

아즈마트의 집에서는 고기와 양파로 스튜 요리 끓이는 냄새가 났다. 우리는 아즈마트의 자매들이 바닥 위에 펴놓은 플라스틱 깔개 위에 다리를 포개고 앉았다. 마치 실내 피크닉을 즐기는 것처럼 가운데에 음식을 놓았다. 아즈마트의 오빠가 짧게 기도를 하고 금식을 해제하기 위해 대추야자 접시를 돌렸다. 그들은 요란한 환성을 지르며 레멧이 준비한 닭고기와 쌀로 만든 비르야니를 내놓았다. 레멧 언니가 바로 시집가도 남을 만하다고 아즈마트가 내내 자랑하는 바로 그 요리였다. 그리고 잘게 갈아 만든 양고기와 밀가루로 만든 요리 할림, 과일을 썰어 소금과 후추를 뿌린 것, 그리고 달콤한 우유에 담근 장미향 나는 베르미첼리가 있었다. 가족들은 식사에 열중했는데, 그러는 도중에도 혹시 내 접시에 빈 공간이 나타나지 않나 수시로 확인했다. 빈 곳만 보이면 끊임없이 음식을 더 담아주기 때문에 나는 빈 곳이 보이면 얼른 손으로 가려야만 했다.

식사를 끝낸 후 아즈마트의 오빠 한명이 자랑스럽게 말했다. "레멧이 비르야니를 만들면 향내가 너무 좋아 온 동네가 다 알지요."

"이 맛을 한번 보면 어떤 남자건 결혼하자고 덤벼들 거예요!" 다른 형제가 맞장구를 쳤다.

레멧은 더욱 얌전한 모습으로 자기 앞의 빈 접시만 내려다보았고, 그런 농담을 전에도 여러 번 했는지 가족들은 모두 싱글벙글 웃었다. 나는 세 자매 모두, 심지어 외향적인 성격의 아즈마트까지도 남자 형제들 옆에서는 말을 많이 하지 않는다는 것을 알 수 있었다. 그들은 남자 형제들 이름을 부르지 않고 힌디어로 '오빠' '남동생' 이라고 불렀다.

남자 형제들이 다른 친척들을 방문하러 밖으로 나가자 말하기 좋아하는 아즈마트가 다시 활약을 했다. 아즈마트는 긴 의자로 가더니 자기 옆의 자리를 두드리며 날더러 와서 앉으라고 했다.

"아시겠지만, 레멧 언니나 나나 신랑감을 아직 찾지 못했어요, 미란다. 콤-푸-터로 해도 잘 안돼요."

나는 고개를 끄덕였고 아즈마트는 결혼식 예복을 입은 커플의 확대 사진을 가리켰다. 벽의 대부분을 차지하는 그 사진은 그 방의 유일한 장식이었다.

"뭄바이에 있는 우리 오빠예요. 우리 가족 중에서 제일 먼저 결혼한 오빠예요. 오빠는 같이 학교 다닌 여자와 결혼했어요. 중매가 아니었어요." 아즈마트는 마지막 말에 내가 감명을 받으리라 기대하면서, 영어로 '낫 어레인지드' Not arranged 라고 말하며 나를 의미심장하게 바라보았다. 나는 아즈마트가 혹시 연애결혼을 원하는 게 아닐까 하는 생각을 언뜻 했으나 아즈마트는 그 생각을 금방 바로잡아 주었다. "그렇지만 연애결혼은 여자한테 좋지 않아요. 여자 가족이 나서서 좋은 남자인지 확인하고 골라줘야 해요."

아즈마트는 자기가 사는 지역사회에서 적절하다고 생각하는 방식의 결혼을 원했다. 그렇지만 피트니스 서클에서 시간을 보내다 보니 전통적인 방식에 약간의 수정을 가하는 것을 생각하게 되었다. 헬스클럽에서 아즈마트는 결혼 후에도 집 밖에서 일하는 여성들과 사귀게 되었고, 자신에게도 그렇게 하도록 허락해 줄 남편을 찾고 싶다는 생각을 갖게 된 것이다. 아니면 최소한 재봉사 과정을 배워 집에서 옷 만드는 일을 할 수 있도록 허락해 줄 사람을 원했다. 그러나 메흐부브는 그것은 너무 과한 욕심이라고 동생에게 말했다. 그는 재봉틀에 투자하려는 남자를 찾기는 힘들다고 생각했다.

아즈마트는 피트니스 서클에서 가끔 자신이 꿈꾸는 남편감을 상상하느라 사람들과 섞이지 않고 혼자만의 공상에 빠져 있곤 했다. 내가 어떤 남자를 좋아하는지 말해달라고 하자 그녀는 발리우드 영화 같은 환상을 얘기하는 게 당황스러운지 수줍게 미소를 지었다. 그렇지만 내가 듣기에 그녀의 생각은 그다지 환상적이지 않았다.

"가장 중요한 것은 남자의 가족이에요. 좋은 가족 출신이어야 해요. 한 지붕 아래에서 함께 모여 살며 모든 수입을 다 같이 나누는 가족이요. 남자에게 나쁜 버릇이 있으면 안돼요. 담배, 술 모두 안돼요. '판' 도 안돼요. 아, 그리고 두 번째 부인을 얻으면 안돼요. 코란이 뭐라고 하든 상관없어요."

레멧이 우리에게 와서 합석했다. 레멧은 접시를 닦으며 우리가 말하는 것을 들고 있었다. 레멧은 아즈마트보다 더 수줍어해서 늘 아즈마트가 두 사람을 대신해 말하도록 했다. 그런데 레멧이 입을 여니 마치 야단치는 언니 같았다.

"그 모든 것을 다 갖춘 사람은 없다는 걸 알 텐데."

두 사람의 결혼을 한꺼번에 치를 예정이라고 오빠가 알려줬기 때문에 레멧은 아즈마트가 완벽한 남편을 찾으려고 고집하면 자신의 결혼까지 지체될 것임을 알고 있었다. 그녀의 희망 사항은 아즈마트의 희망보다 훨씬 더 소박했다.

"나는 결혼 후에 조금이라도 사회활동에 참여하게 되었으면 해요. 미혼 여성은 가족 외에는 어울리지 못하기 때문에 지금은 못하고 있거든요. 나는 외모도 조금 더 좋게 하고 싶어요. 내 남편이 얼굴에 있는 점을 없애 줄지도 모르지요." 그녀는 혼자서 간직하고 있는 이런 꿈이 황당하다는 듯 웃음을 터뜨리고는 이렇게 덧붙였다. "사실 그런 건 중요하지 않아요. 우리는 둘 다 오빠가 골라주는 어떤 남자와도 행복하게 살 거예요. 부모님이 안 계시니 오빠가 제일 잘 알지요."

그러나 아즈마트는 그렇게 쉽게 입을 다물지는 않았다.

"글쎄, 오빠는 그보다 더 현대적인 생각을 가져도 된다고 생각하고 있어. 약혼하기 전에 남자와 말을 해 보거나 남자랑 데이트하는 것도 괜찮다고 한다니까."

아즈마트는 자신의 생각이 상당히 개방되었다는 표시로 데이트라는 영어를 자랑스럽게 사용했다.

"나도 알아, 오빠가 데이트를 허락하겠다고 말한 거 말이야." 레멧이 동의했다. "그렇지만 나는 너무 부끄러워 데이트는 하고 싶지 않아."

아즈마트는 메흐부브의 아내 헤나 역시 처음에는 데이트 하는 걸 썩 내켜 하지 않았다는 사실을 언니에게 일깨워 주었다.

"지금 헤나 언니는 결혼하기 전에 오빠를 만난 게 좋았다고 말해. 왜냐하면 결혼하면 어떻게 될지 알게 되었기 때문이야. 대부분의 여자들은 첫날밤을 두려워해. 남편이 좋은 사람일지 아닐지 전혀 모르는 상태에서 첫날밤을 맞기 때문이야."

헤나는 그녀의 가족 중에서 결혼 전에 데이트를 한 첫 번째 여자였다. 언니와 형부가 멀리서 지켜볼 수 있도록 다른 테이블에 따로 앉는 식으로 동반한 데이트였지만 보수적인 이슬람교도 여성에게는 상당히 혁명적인 조치였다. 데이트

장소는 메흐부브가 선택했다. '요! 차이나'라는 우스꽝스런 이름 때문에 중산층 십대들에게 인기가 높은 중국식 패스트푸드 체인 식당이었다. 비록 로맨틱한 분위기의 장소는 아니었지만 유선방송을 통해 크게 울려 퍼지는 무드 있는 음악과 외국 요리는 그가 어떤 생각을 갖고 있는 남자인지 잘 전달해 주었다. 여자는 세계화한 사고방식을 지닌 이 남자에게 매료되었다.

"헤나가 그러는데 우리 오빠는 보통 남자들이 묻지 않는 것들을 다 질문했대요. 상상이 돼요? 오빠는 자기와 결혼하는 것이 괜찮으냐고 묻기까지 했대요. 헤나는 뭐라고 답해야 할지 몰랐어요. 그렇지만 오빠는 헤나가 원하지 않는다면 자기도 결혼을 원하지 않는다고 말했어요. 결국 헤나는 '예스'라고 말할 정도로 대담해졌어요."

오빠의 결혼 이야기를 회상하자 레멧은 걱정하는 마음이 조금 줄어든 듯 보였다. 레멧은 책이 꽂혀 있는 선반에서 핑크빛 앨범을 꺼냈다.

"오빠 결혼사진들이에요. 봐도 봐도 질리지 않아요."

레멧은 앨범을 들춰 인도 신랑들이 입는 정장의 브로케이드 코트인 크림색 세르와니를 입고 활기 넘치는 모습의 메흐부브 사진이 있는 페이지를 폈다. 헤나의 얼굴을 볼 수가 없었는데, 모든 사진에서 헤나는 눈을 내리깐 채 고개를 숙이고 있었기 때문이다. 아즈마트는 사실은 헤나가 그날 더 예쁘게 보이기 위해 파란색 콘택트렌즈를 끼고 있었다고 나에게 알려줬다.

레멧은 빠른 속도로 앨범을 넘겼다. 가장 좋은 사진인 신혼여행 사진들은 뒷부분에 있었다. 신혼여행 부분은 가족들이 장미꽃잎으로 화려하게 장식한 덮개가 있는 신부 침대 사진부터 시작되었다. 그 은밀한 사진에 이어 더욱 사적인 신혼부부의 사진들이 나왔다. 결혼이 그런 것처럼 신혼여행도 인도에서는 가족들 차지인 게 분명했다.

해변으로 유명한 인도 서부의 고아에서 둘이 함께 보낸 사진들에서 헤나와 메흐부브는 발리우드 영화처럼 몸이 드러나는 옷을 입고 있었다. 헤나는 늘 입는 느슨한 살와르 카미즈 대신 신혼여행을 위해 영화배우 말리카 스타일로 차려 입었다. 꽉 달라붙는 청바지에 허리가 드러나게 짧은 청자켓을 입은 사진도 있었다. 헤나 옆에서 디자이너 진과 가죽 재킷을 입은 메흐부브는 점잔을 빼며 걷고 있다. 로맨틱한 발리우드 영화의 스틸 사진 같았다. 두 사람은 야자나무가 줄지어 선 호텔 앞에서 뻣뻣하게 포즈를 취하거나, 폭포 옆에서 화려한 의상을 걸치고 서로 떨어진 채 서 있거나, 파도치는 바닷가에서 맨발로 거닐고 있었다. 헤나가 지금과 너무나 달라 보인다고 했더니 아즈마트가 웃으며 말했다.

"그렇게 사진을 많이 찍은 이유이기도 해요. 헤나는 그 옷들을 다시는 안 입을 것이거든요."

나는 헤나가 해변에서 찍은 사진에서 멈췄다. 그녀는 모래 위에 쓴 '메흐부브는 헤나를 사랑한다'라는 글귀를 가리키고 있었다.

"중매결혼이었지요? 데이트는 단 한 번이었고요?"

"맞아요. 그렇지만 고아에서 며칠 동안 이미 단 둘이서만 지냈잖아요. 이때는 서로 사랑에 빠진 거예요."

나는 아즈마트가 외설스럽게 낄낄대는 바람에 깜짝 놀랐다.

지타의 부친은 아쇽의 가족으로부터 아무 연락도 받지 못했다. 지타는 2주 넘게 자신의 계정에 들어갈 생각을 하지 않고 샤디닷컴에 분풀이를 했다. 그러다 마침내 들어가 보니 인스턴트 메시지 박스가 튀어 올랐다.

"안녕하세요, 지타-. 델리에서 당신을 만나 뵙게 되어 참 좋았습니다. 우리 가족이 연락을 못 드려 죄송합니다." 아쇽의 메시지였다. 또 다른 문장이 핑 하고 들어오자 지타는 답을 보내야 할지 말아야 할지 몰라 고민했다. "사실 제 상황은 좀 복잡합니다. 저한테는 제가 결혼하려고 노력중인 여자 친구가 있어요. 우리 가족들이 우리를 힘들게 하고 있습니다." 잠시 침묵이 흘렀다. 그리고 그의 글이 다시 떴다. "여하튼, 안녕!"

지타는 화가 나기보다는 의혹이 해소된 기분으로 메시지 박스를 닫았다. 지타가 생각했던 그대로였다. 그의 상황이 그렇게 '복잡하지' 않았더라면 아쇽이 자신을 좋아했을지 모른다는 생각에 기운을 얻어 지타는 스스로 운명을 책임지기로 결심했다. 그녀는 라다와 우샤의 부모가 한 것처럼 결혼에 대해 타협할 수밖에 없었다. 인터넷 결혼정보 세계에서 그렇게 하는 방법은 지타가 샤디 프로필에 편자브 지방 출신이 아닌 남성도 포함시키는 식으로 대상 범위를 넓히는 것이었다. 물론 지타는 카스트나 종교가 다른 사람까지 포함시키려 하지는 않았다. 그렇지만 지타는 부모에게 자신이 범위를 넓힌 사실을 알리지 않았다. 딸을 결혼시키려는 열의에 못지않게 그들은 딸이 자신과 같은 말을 쓰지 않는 자식을 기른다는 걸 상상도 하기 싫어했다.

지타는 즉시 '관심을 표하는' 새로운 이모티콘을 여러 개 받았다. 그 가운데에는 프로필 이름이 아주 실제적인 groom4marriage(결혼하려는 신랑감)라는 남자도 있었다. 샤디에 올린 프로필에서 그는 '32세, 힌두교, 브라만, 소프트웨어 컨설턴트, 미국'이라고 소개했다. 그 사람에 관해 말하면서 지타는 그가 미국의 어디에 사는지는 기억하지 못했다. 자신에게는 그곳이 뉴저지이건 캘리포니아이건 간에 아무런 차이가 없기 때문에 그랬던 것이다. 중요한 것은 인도 혈통에 대한 세세한 특징들이었다. 지타는 groom4marriage와 인스턴트 메시지를 몇 번 주고받을 때까지도 그의 본명을 묻지 않았다. 샤디의 통신규약에는 온라인 통신을 주고받는 첫 주간에는 '실제로 데이트를 하듯이' 침착하게 행동하고, 결혼과 관련된 질문은 그 다음에 가서 하도록 정해져 있다.

그의 이름을 알게 되고, 프로필에 나타나지 않은 내용인 그가 남부 인도 출신이라는 사실을 알게 되었을 때 지타는 결코 침착하게 행동할 수가 없었다. 그녀는 그 소식을 전하려고 내 사무실로 뛰어 들어왔다.

"세상에, 여태껏 남부 인도인하고 채팅을 했다니. 도저히 믿을 수가 없네요."

지타는 마치 지금까지 외계인과 대화를 나누었다는 태도로 말했다. 비록 북부와 남부 인도의 주 사이에 아주 큰 문화적 차이가 있다고는 하지만, 그 남자가 외국에 산다는 것보다 그의 고향이 어느 지방이냐가 더 큰 문제라는 게 나는 납득이 되지 않았다.

"그 사람은 NRI(재외동포)일지도 몰라요. 그렇지만 이런 남자들은 결혼한 다음에 자기 고향으로 돌아가는 일이 종종 있어요. 그의 고향은 방갈로르예요. 그곳은 모든 게 달라요. 음식, 문화, 언어, 심지어 여자들이 입는 사리까지 달라요. 나는 방갈로르의 브라만보다 북부 출신의 이슬람교도와 더 공통점이 많을지 몰라요." 지타는 자기가 왜 그러는지 설명을 하려고 애를 썼다.

이것은 이슬람교도를 두려워하며 성장한 사람으로서는 대단한 발언이었다. 그러나 지타는 남부 인도인들을 두려워하라고 배우지는 않았다. 이상하고 우스꽝스럽다고만 생각했을 뿐이었다. 지타는 파티알라에 단 두 명의 남부 인도 아이가 있었다고 했다. 모든 사람들이 그 아이들의 긴 이름과 이상하게 발음하는 그들의 고향 말을 조롱했다. 지타는 검은 피부에 심하게 꼬부라지는 악센트, 그리고 코밑수염을 기른 기묘한 모습의 남부 인도인에 대한 고정화 된 이미지를 떨쳐 버리기가 어려웠다.

나는 지타에게 라메쉬 무르티를 완전히 포기하려는 건 아니지 않느냐고 넌지시 말했다. 왜냐하면 그의 다른 모든 조건은 만족스러웠기 때문이다. 그 다음 몇 주 동안 지타는 그 남부 인도인에 대해 편견을 버리고 마음을 열 가능성을 상당히 많이 보여 주었다. 지타는 퇴근 후에 오래 된 데스크탑 PC 앞에 앉아 메시지를 입력했는데, 뜨거운 할디 우유를 담은 머그잔을 옆에 두고 홀짝였다. 그 음료에는 심황뿌리 가루가 들어 있어서 빛깔이 오렌지색이었는데 지타는 그것이 소화를 돕는다고 말했다. 몇 주가 지난 후 두 사람은 인스턴트 메시지를 주고받는 사이에서 전화를 주고받는 사이로 발전했다. 뭔가 의미심장한 면이 있다고 나는 생각했다. 왜냐하면 두 사람은 자정이 지난 후에도 자주 통화를 했는데 지타가 무언가를 위해 잠자는 시간을 희생하는 것을 본 적이 없었기 때문이었다.

어느 날 밤 통화를 마친 지타가 내 방으로 왔다. 두 시간이나 전화기를 귀에 대고 눌렀기 때문에 귀가 빨갰다. 그래도 전혀 피곤해 보이지 않았다.

"남인도 남자와 이렇게 공통점이 많다는 게 너무 이상해요, 미란다. 우리는 계속해서 얘기를 나눠요. 그 사람이 내 생활에 관해 모든 걸 알고 싶어 하기 때문이에요. 오늘은 뭐라고 했는지 아세요? 나를 항상 공주님 대접 하겠다고 했어요."

그녀를 위해 같이 기뻐해 주는 게 마땅하겠지만 나는 그녀를 보호해 줘야겠다는 생각이 들었다. 아쇽의 경우와 유사한 점이 너무나 많았기 때문이다. 아쇽은 미국 여자 친구를 가지고 있으면서도 중매결혼이 좋은 아이디어라고 동의했던 사람이다. 지타는 아버지께 라메쉬에 관해 아직 말하지 않았는데, 그분이 물을 질문에 관해 생각하지 않을 수 없었다. 이 남자에 관해 우리가 무얼 알지? 그의 가족은 어떤 사람들이지? 어떻게 그를 믿을 수 있지?

나는 또한 내 친구가 컴퓨터를 통한 가상의 관계 속으로 사라지는 것에 기분이 언짢았다. 직장에 나가고 라메쉬와 대화하느라 지타는 전처럼 나와 같이 외출할 시간이 없었다. 나는 내가 왜 이리 옹졸한가 하는 부끄러운 생각이 들었다. 지타는 거의 십년 가까이 남편감을 물색해 왔다. 그녀가 가망성 있는 남자를 찾은 것을 시샘하는 것은 너무 이기적인 게 아닌가? 어쩌면 나는 지타가 나를 니자무딘에서 혼자 버둥대도록 내버려두고 떠나 버릴까 봐 두려워하는지도 몰랐다. 지타의 걱정거리들은 내가 외로움을 미처 못 느끼게, 신경을 쏟게 해 주었는데 이제 그런 것들 없이 지낼 일이 두려운 것일까?

지타가 그런 내 기분을 눈치 챈 게 분명했다. 오전에 마담 X에 예약을 해놓았다고 말하면서 지타가 몹시 겸연쩍어 하는 표정을 짓는 것으로 미루어 확실히 그랬다.

"라메쉬가 올 거예요. 물론 결혼 순례는 아니에요. 방갈로르에 계신 할아버지를 방문할 예정이랍니다. 그 다음에 델리로 나를 만나러 온대요. 오직 나만 만나려요. 여기서 다른 여자는 아무도 안 만나요."

지타는 라메쉬가 델리에 오면 자기 혼자 나가서 만나기로 했다. 저녁때보다는 사려 깊게 점심을 같이 하자는 라메쉬의 제안에 고무된 것이었다. 지타는 이미 그에게 데이트를 하기 위한 만남이 아니라고 통고했다고 말했다.

"나는 확고하게 말했어요. 딱 한 번의 데이트라고요. 이미 우리는 여러 번 채팅을 해 왔어요. 우리가 만나는 유일한 목표는 결혼으로 이어질지 여부를 정하는 것이죠."

지타가 새로 산 구두를 신고 또각또각 소리를 내며 당당히 내 사무실로 들어왔다. 그리고는 목각 탈을 책상 위에 털썩 내려놓았는데 얼굴이 의기양양하게 빛나고 있었다.

"이거 보이지요? 라메쉬가 스리랑카에서부터 내내 들고 왔어요. 그 사람은 여행을 좋아해요. 아마 믿기 힘들 거예요. 점심 식사가 끝나갈 무렵 나를 스리랑카로 데려가고 싶다고 했어요. 나한테 애정을 느낀다고 말했다니까요!"

지타는 두서없이 말을 늘어놓았다. 못마땅하고 냉소적인 느낌이 든 나는 그냥 빙긋이 웃어줄 수밖에 없었다. 그들은 두 시간 동안 얘기를 나눴다고 했다. 그가 심한 남인도 악센트를 갖고 있지 않아서 지타는 즉시 걱정에서 벗어났다고 했다. 그가 다른 면들에서도 "남인도인 같지 않았다"며 지타는 나를 안심시키려 애썼다. 마치 나도 그 점에 자기만큼 신경을 써 온 것처럼 그랬다.

"그 사람은 끔찍한 곱슬머리에다 새까맣고 바싹 마른 그런 사람이 아니었어요. 실제로 그는 상당히 흰 피부를 가졌어요. 어머니 쪽 집안이 북인도 출신이기 때문에 그런가 봐요."

나는 그밖에 어떤 얘기를 나눴는지 물었다. 그런데 지타는 생각이 잘 나지 않는다며 의자에 푹 기대어 앉았다. 그 다음 한 시간 가량 지타는 갑자기 똑바로 앉아 그가 인도 영화는 본 적이 없고 할리우드 영화를 좋아한다는 등 몇몇 단편적인 정보를 생각해냈다.

"사실 라메쉬는 대부분의 일에 미국식 취향을 가졌어요." 그 말을 하며 지타는 매우 만족해했다. "그는 오직 바나나 리퍼블릭이나 토미 힐피거, 그리고 인도에서는 구할 수도 없는 미국 브랜드의 옷만 입는다고 했어요."

"현대적인 생각을 가진 남자 같군요. 그래 결혼 얘기도 나왔나요?"

지타는 의자에서 자세를 바꿨는데 얼굴에서 기쁜 기색이 엿보였다. 내가 현실적인 얘기로 화제를 바꿀 때까지 지타는 예찬 받던 기억을 즐기고 있었다.

"물론 결혼 얘기를 언급했지요, 미란다. 사실 그 사람은 나와 결혼하고 싶다고 세 번이나 말했어요. 그렇지만 나는 침묵하고 있었어요. 저어…그 사람은 내가 남편으로 상상했던 모습이 아니에요. 모한이나, 우리 회사의 상사인 아미트 같은 외모가 아니었어요. 키가 크지도 체격이 좋지도 않고 펀자브 사람도 아니에요. 내가 결정을 내릴 준비가 됐다고 생각하지 않아요."

"삼십 분 만에 누구와 결혼하고 싶다고 한 말에 대해선 어떻게 생각해요?"

나는 그저 놀리려고 한 말이었는데 지타는 그 말을 농담으로 받아들이지 않았다.

"만일 내가 남자를 좋아하지 않을 때는 그렇게 빨리 결정하는 게 아마 가능할 거예요. 누군가를 좋아한다고 결정할 때에는 시간이 많이 필요해요. 위험이 훨씬 크니까요. 아마 그 사람이 이미 나를 아주 많이 좋아하기 때문에 그런 말을 한 것 같아요. 하지만 뭔가 문제가 있어요."

지타와 내가 옛날 영화를 볼 때 우리는 1950년대의 발리우드 영화의 여주인공들이 남자 주인공이 청혼을 하면 눈꺼풀을 아래로 내리는 모습을 보고 깔깔 웃곤 했다. 여자들은 처음에는 결코 '예' 라고 말할 수 없다. 결혼적령기의 여자들이 지켜야 할 예절 중의 하나다. 여주인공은 눈을 아주 약간만 들어올려 '네 좋아요! 정말 좋아요!' 라는 신호를 보낸다. 나는 꽤 많은 발리우드 영화를 보고 나서야 수줍음이야말로 사실은 요조숙녀가 푸른 겨자밭에서 남자 주인공을 포옹하고 싶다는 뜻을 나타내는 방법이라는 것을 알게 되었다.

나는 지타가 그렇게 행동해야만 한다고 느껴서 솔직한 감정표현을 안하는 것인지, 정말로 그 남자에 대해 마음이 내키지 않아서 그런 태도를 보이는지 알 수가 없었다. 어느 쪽이든 간에 라메쉬는 기다릴 준비가 되어 있었다. 그는 델리에 있는 친척들 집에서 일주일간 머무르며 그녀의 결정을 기다리겠노라고 말했다. 그리고 그 시간을 지타에게 구애하는 데 바쳤다. 그는 지타에게 하루에 한 번 또는 두 번 꽃을 보냈고, 일주일 내내 전화를 걸어 찬사를 퍼부으며, 한 번 더 마지막으로 만나자는 요청을 했다. 펀자브의 공주님도 라메쉬의 열렬한 구애에 당황하는 것 같았다. "이 장미꽃들을 다 어떻게 해야 하지요?" 늘 꿈꿔 왔던 대접을 실제로 받게 되자 지타는 겁이 났다. 이 남인도 남성과 결혼하는 게 자신의 운명일지 모른다는 생각이 들었기 때문이다.

그 주일에 지타는 거의 매일 일찍 퇴근했다. 내가 집에 오면 대개 지타는 라메쉬와 통화중이었다. 비록 라메쉬가 우리 집에서 불과 몇 킬로밖에 안 떨어진 곳에 머물고 있었지만 그들은 전화로 통화했다. 지타는 온통 마음을 라메쉬에게 쏟고 있는 듯이 보였지만 자신의 결심에 대해 입을 열지 않았다. 라메쉬가 델리를 떠나기 이틀 전, 지타는 잠옷을 입은 채 활기가 넘치는 모습으로 갑자기 내 사무실로 들어왔다.

"미란다, 조언이 필요해요. 라메쉬가 확실한 결정을 내리기 위해 마지막으로 한 번 더 결혼 전 만남을 가져야만 한다고 계속 말하는군요. 어떻게 생각하세요? 한 번 더 만나도 괜찮지요, 그렇죠?"

나는 억지로 웃음을 감추었다.

"두 번째 데이트가 되지는 않겠지요?"

자신에게 매우 심각한 결정을 농담조로 말하는 나에게 화가 나서 지타는 한숨을 쉬며 말했다.

"데이트가 절대 아니라고요, 미란다! 첫 번째도 데이트는 아니었어요. 알면서 그래요! 나는 이제 중요한 결정을 내려야 한단 말이에요. 그래서 결정하기 전에 한 번 더 만나보려는 것뿐이란 말이에요."

나는 그녀에게 듣기 좋은 말을 해 주었고, 다음날 저녁에 나도 나니마의 집으로 가서 라메쉬가 오면 쓸데없는 소리 하지 말라고 나니마에게 다짐해 두겠다고 약속했다.

다음날 저녁 라메쉬가 현관 벨을 누를 때는 나도 그 집에 가 있었다. 지타는 몹시 허둥대는 것 같았다. 두 번째 만남에 인도식으로 입어야 할지 말지를 두고 고민하느라 더 그랬다. 지타의 친구들은 동반자 없이 두 번째 데이트를 하기로 응했다면 전통적으로 보이려 애쓰는 게 그다지 큰 의미가 없다고 했지만, 본인은 신붓감처럼 얌전하게 옷을 입지 않으면 이상하지 않을까 생각했다. 지타의 걱정은 모두에게 전염되었다. 나니마와 가정부, 나는 지타의 방문 밖에 모여 안절부절 못하다가 벨 소리를 듣고 모두 화들짝 놀랐다. 나는 나니마의 방에 모두 들어가라고 하고는 거울 앞에서 머리 매무새를 가다듬은 다음 문을 열었다.

라메쉬는 놀라울 정도로 훌륭한 외모를 지니고 있었다. 이목구비가 반듯하고 눈은 아주 지적이었다. 옷도 잘 갖춰 입었다. 그가 입은 청바지는 인도 남성들이 즐겨 입는 슬림 컷의 타이트한 것이 아니라 미국 스타일의 헐렁한 스타일이었다. 발리우드 영화보다는 힙합의 영향을 받은 것 같았다.

그는 내가 어색하게 소파를 가리킬 때까지 손을 청바지에 비비며 거실에 서 있었다. 지타의 말이 맞았다. 라메쉬는 미국식의 콧소리를 내며 영어를 말했다. 국제적인 콜센터에서 일하는 인도 직원들이 컴퓨터에 대한 도움을 요청하는 전화를 받기 위해 가급적 비인도인처럼 말하도록 훈련받은 후 발음하는 것처럼 그는 모음을 길게 끌었다. 라메쉬는 또한 격의 없이 20분간 대화하는 동안 'you guys' 라거나 'dude' 같은 미국식 말투를 여러 번이나 사용했다. 자리에 앉은 후 그는 미국식 생활방식이 자신에게 큰 영향을 끼쳤다고 했다. 그리고 뉴저지주 에디슨에 있는 대학에 다녔으며, 컴퓨터 프로그래머로서 직장을 구해 졸업 후에도 계속 미국에 머물러 있을 수 있었다고 말했다. 그는 요리법을 배운 오믈렛, 파스타 등 미국 음식을 자랑스럽게 나열했다. 그리고 피자헛, 버거킹 같은 좋아하는 식당 이름도 말했다.

패스트푸드 얘기가 거북해져서 나는 라메쉬에게 미국 문화에서 다른 어떤 면을 좋아하는지 물었다. 그는 인종의 다양성이라든가 시민의 가치관, 지역사회의 단체들, 동네 정화운동, 범죄 감시 캠페인 같은 것이 인상적이었다고 말했다. 라메쉬는 대학에서 인도인 아닌 친구도 사귀었다고 강조했다.

"있잖아요, 나는 인도인들만 모여 사는 인디언 게토에서 살고 싶지 않았어요. 대학에서는 피부가 검거나 희거나 모두가 똑같이 어울렸어요. 나는 그 친구들의 집안 배경을 알지 못했고, 그들도 나의 배경을 몰랐지요. 인도에서는 자기가 다른 사람과 같은 부류인지 아닌지에 너무 관심이 많아요."

나는 라메쉬의 무뚝뚝한 태도에 깊은 감명을 받았다. 라메쉬는 서른두 살이었고 형과 누나는 이미 결혼한 상태였지만 자신은 이제야 비로소 결혼에 대해 생각하기 시작했다고 했다. 그는 결혼할 만큼 사랑하는 여자를 아직 못 만났다는 말을 지타에게 했다고 했다. 나는 앞으로 그가 어떤 계획을 갖고 있는지 궁금했다.

"미국에 눌러 사실 계획인가요?"

라메쉬는 손을 다시 청바지에 비볐다.

"아직 모르겠어요. 그곳에서 살 때는 내가 정말 미국인이라는 기분이 들었지요. 내 친구들도 내가 자신들과 다르다고 생각하지 않는다고 했어요. 그런데 어느 정도 시간이 흐르자 내가 그들과 좀 다르다는, 최소한 인간관계에서는 다르다는 생각이 들기 시작했어요. 미국인들은 연예관계를 쉽게 맺고 쉽게 끊기도 해요. 그러나 우리 인도에서는 그렇지 않아요. 이곳에서는 가족보다 더 중요한 게 없어요. 나도 그런 생각이에요."

내 질문에 대한 정확한 답은 아니었지만 결혼적령기의 남성으로서는 옳은 응답이었고, 그 사실을 라메쉬는 알고 있었다. 그때 나는 지타가 이 남자와 결혼하려고 하겠다는 확신이 들었다. 지타가 서양식으로 바지와 블라우스를 입고 방에서 나오는 것을 보고 나는 동반 보호자로서 머리를 끄덕여 승인하는 표시를 했다.

제12장

과부들의 무덤

그리고는 자신이 결혼했던 남자의 이름으로 신에게 바치는 공물로
그 음식을 테라스에 내놓는다. 다음 날 회색빛 스모그가 낀 새벽녘에
마니시는 테라스로 올라가 까마귀가 먹다 남은 음식을 치울 것이다.

파르바티는 배가 고팠다. 우리는 둘 다 늦게까지 일을 했고, 나는 귀가 길에 우리 집으로 오라고 파르바티를 초청했다. 그런데 파르바티는 우리 집 밖에서 계획을 바꿨다며 전화를 걸어왔다.

"제대로 된 음식을 먹고 싶어요, 미란다. 파스타 말고요."

파르바티는 대부분의 인도인들이 '보이프렌드' 같은 단어를 쓸 때 그렇듯이 파스타를 이상하게 강조하며 발음했다. 나는 신통찮은 서양 요리를 냉장고에 도로 집어넣고 파르바티의 차 운전석 옆자리에 올라탔다.

파르바티는 자신이 좋아하는 파란타 매점으로 차를 몰고 갔다. 타임스 오브 인디아 빌딩의 주차장에서는 기름 범벅에 눈은 푹 꺼진 십대 소년 두 명이 늦은 밤 손님들에게 두텁게 튀긴 빵을 대접하느라 엄청나게 크고 시커먼 스토브 앞에서 일하고 있었다. 우리는 등받이가 없는 불안정한 플라스틱 의자를 끌어당겨 앉고는 잎으로 만든 접시가 무릎 위에 제대로 놓여 있도록 균형을 잡았다. 다 먹기도

전에 나는 배가 불렀다. 입을 훔치는데 손등에 파란타 기름이 배어 있었다. 파르바티는 파란타를 허겁지겁 먹고는 접시를 가까이 있는 쓰레기통으로 던져 넣었다. 접시는 순식간에 살찐 쥐들이 다 뜯어 놓았다. 그걸 보고 나는 기겁을 하며 두 다리를 땅에서 떼어 들고 있었다.

파르바티는 다른 생각에 빠져 있었다.

"디비야가 비제이와 다시 접촉하기 시작했다는 얘기 한 것 기억나요?"

나는 고개를 끄덕였다. 그녀와 시선이 마주치자 내 심장의 박동이 빨라졌다. 파란타 매점에 달린 갓 없는 전구에서 뿜어져 나오는 불빛이 그녀의 얼굴을 사선으로 비추었다. 나는 파르바티가 뭘 하려는지 전혀 짐작할 수 없었다. 그녀는 예측불가능한 일들과 연극 같은 행동을 늘 벌여 왔고, 지금 또한 어떤 말이든 할 것 같았다.

"얼마나 오랜 기간이었는지는 모르겠지만 비제이는 디비야와 대화를 하지 않고 지냈어요. 그런데 갑자기 그녀가 줄곧 전화를 해요. 불과 며칠 전까지도 비제이는 어떤 일이 벌어지고 있는지 나한테 말해주지 않았는데 디비야한테 아기가 있다는 거예요." 내 눈과 마주친 그녀의 눈에는 활기가 없었다. "비제이의 아이는 아니고, 디비야의 보이프렌드 중 한명의 아기지요. 그런데 그 남자가 떠나고 디비야는 아기만 가진 채 혼자 남은 거예요."

"어머나." 내 입에서 적절한 질문이 나올 때까지는 잠시 시간이 흘렀다. "도와줄 사람은 있나요? 그녀의 가족은 자이푸르에 있어요?"

"네, 그 사람들은 거기에 있어요. 그렇지만 문제가 복잡해요. 그 사람들은 그 아기가 비제이의 아기라고 생각해요. 모두들 두 사람이 아직 결혼한 상태라고 생각하거든요. 그들은 그저 비제이가 델리에서 일하면서 집에는 그렇게 자주 오지 않는다고 생각해요. 제삼의 다른 남자가 있다고는 꿈에도 생각 못해요. 디비야는 비제이더러 자기한테 와달라고 간청해요. 가족들이 실제 상황을 모르도록 자기를 도와달라는 것이지요. 그런데 비제이가 그 여자 말에 동의했답니다. 심지어 그녀와 함께 가족 행사에 참가하려고 해요. 미쳤어요." 파르바티는 확실치는 않지만 낄낄 거리며 웃는 것같이 보였다. 나는 비제이를 향해 분노가 일었다.

그러나 내가 분노를 노출하면 파르바티가 그를 방어하려고 나서게 될까 봐 화를 가라앉히려 애썼다.

"비제이는 디비야한테 당신 얘기를 했나요?"

"그럼요, 디비야는 내가 그의 여자친구인 걸 알고 있어요. 사실 디비야는 나를 만나고 싶어 해요. 자기네 둘의 사이가 끝났다는 것을 디비야는 알고 있다고 비제이는 말해요. 단지 디비야가 자기 가족에게 그런 사실을 털어놓지 못하는 거지요. 나는 비제이의 감정을 걱정하지 않아요. 비제이가 디비야를 사랑하지 않는다는 걸 난 알아요. 비제이는 나 말고는 다른 많은 사람들을 존중하지 않아요. 우리는 서로 잘 다투기는 하지만, 그래도 비제이는 내가 없으면 자신의 삶이 너무 혼란스러워질 거라는 걸 알아요."

나는 그렇다는 뜻으로 머리를 끄덕였다. 지난해의 일을 기억했기 때문이었다. 비제이가 가슴 두근거림과 가슴통증을 호소하자 파르바티는 델리에서 연구 병원으로 높이 인정받는 AIMS 병원에서 진료를 받게 하려고 몇 시간씩 전화기에 매달렸을 뿐만 아니라, 비제이를 병원에 데리고 다니느라고 일주일간 직장에서 휴가를 얻었다. 비제이의 혈압이 위험할 정도로 높다는 진단을 받자 파르바티는 비제이가 흡연과 음주를 줄이도록 돕느라 애를 썼다. 두 사람은 프레스 클럽에서 보내는 시간을 줄였다. 그 장소에서 저녁 시간을 보낼 때 당연히 따르는 흡연과 음주는 물론이고, 자기주장이 강한 데다 늘 위스키에 절어 지내는 저널리스트들 사이에서 벌어지기 마련인 정치적 논쟁을 피하겠다는 뜻이었다.

비제이와 파르바티가 얼마나 가까운 사이인지 아는 나로서는 그 말을 듣고 어떻게 대응할지 난감했다.

"잠깐, 비제이가 지금 자기 부인과 아기하고 자이푸르에 가 있다고요? 비제이는 왜 거기에 간 거예요?"

파르바티는 한 무리의 신문 기자들이 지저분한 농담을 시끄럽게 주고받으며 파란타를 먹고 있는 옆 테이블을 흘깃 바라보았다. 그 사람들은 우리한테 거의 관심이 없었다. 그들은 이제 한 마리에서 여러 마리로 늘어난 쥐들이 쓰레기통을 뒤지는 것에 더 주의를 기울이는 편이었다.

"비제이는 죄의식을 갖고 있어요. 자기가 그 여자를 도와주어야 한다고 생각해요."

나는 여전히 의심스러웠다.

"그래서 그는 그곳에 있는 동안 소파 같은 데서 잔대요?"

"비제이가 그런 일에는 얼마나 별난지 아실 거예요. 그 사람은 가능한 한 그 여자와 떨어져 지낼 거예요. 그 사람이 참 딱하다는 생각이 들어요. 정상적인 상황이라 할지라도 여자를 다루는 것을 그 사람은 몹시 힘들어 해요. 미란다, 당신도 나만큼 잘 알겠지만 남자들은 비현실적이고 이상주의적인 생활 말고는 어느 것에도 어울리지 못하잖아요."

"비제이는 이 세상을 살기에는 열정이 너무 넘치는군요." 나는 파르바티가 한 말을 그녀에게 되돌려주듯 말했다. 파르바티는 비제이가 흥분해 호통치는 장면을 목격한 후에 자주 그렇게 말하곤 했다.

파르바티는 희미하게 미소를 지어 보였다.

"맞아요. 내 남자 친구는 이 세상을 살기에는 모든 게 너무 넘쳐요. 정말로 그 사람은 너무 친절해서 디비야의 일이 잘못되는 것에도 책임감을 느껴요. 그리고 디비야가 믿을 사람이 아무도 없다는 것에 마음 아파하고요. 비제이와 헤어지면서 디비야는 많은 친구를 잃었어요."

만일 내가 이 상황에 있다면 나는 디비야는 말할 것도 없고 비제이에 대해서 그렇게 염려하지 않을 거라고 말했다. 파르바티는 제 머리칼을 손으로 뒤로 넘기며 말했다.

"나도 화가 나요, 미란다. 날 믿어 주세요. 나는 자신을 헌신하는 희생자가 아니에요. 그렇지만 질투를 하거나 화를 내봤자 아무 의미가 없어요. 나는 비제이와 함께 하도록 선택되었어요. 그는 관습에 얽매이지 않는 결정을 내린 거예요. 인도에서 그렇게 하려면 큰 희생을 감수해야만 해요. 그렇지만 디비야는 비제이보다 더 큰 대가를 치르고 있어요."

파르바티는 쓰레기 통 속의 기름 묻은 잎 접시 더미가 흔들흔들하는 것을 뚫어지게 쳐다보았다. 신경을 많이 쓴 탓에 이마에는 주름이 져 있었다.

"나의 사사로운 일까지 파고드는 바람에 내가 이웃사람들과 우리 가족들한테 얼마나 불만이 많은지 아실 거예요. 그래서 나는 디비야의 입장을 생각해 봤어요. 세상에, 그 여자는 모든 사람들한테 자기가 키우는 사생아에 대해 항상 거짓말을 하며 살아야 하는 거잖아요. 정말이지, 그것보다 고약한 운명은 없을 거예요."

몇 주일 뒤 파르바티는 급한 부탁이 있다며 전화를 했다. 그날 오후에 자기 집 근처에 있는 싼 옷을 파는 시장에서 만나자는 것이었다. 나는 이해가 잘 되지 않았다. 파르바티는 쇼핑을 싫어하고, 특히 그 시장은 싫어했다. 그곳에서는 싸구려 면으로 만든 살와르 카미즈를 파는데, 그 옷들은 몇 번만 세탁해도 빛깔이 바래고 천이 닳아 얇아졌다. 그런데도 파르바티는 그곳에서 만나자고 졸랐다. "자아 어서요, 오늘은 토요일이니 할 일이 많지도 않잖아요!"

그녀는 전화상으로 왜 그러는지 이유를 말하지 않았지만, 나는 그럴 사정이 있겠지 하며 그러마고 대답했다. 파르바티는 나한테 부탁을 자주 하는 사람이 아니었다. 비제이와 다투고 나도 하루 이틀 지난 뒤에야 나한테 전화를 했다. 그런 경우에도 신세타령이나 하소연을 하는 일은 없고, 그저 별일 아니라는 투로 이야기했다. 두 사람의 관계에 문제가 있다는 걸 남한테 말하려고 하지 않았고, 그런 식으로 자신의 좋지 않은 처지를 드러내는 걸 좋아하지 않았다.

파르바티는 시장 입구에 나와서 나를 기다렸다. 내가 운전기사에게 요금을 내는 동안 파르바티는 샌들 신은 발로 콘크리트 바닥을 톡톡 치면서 골드 플레이크 담뱃갑에서 담배를 꺼내 신경질적인 손놀림으로 재빨리 불을 붙이는 등 안절부절 못하고 있었다. 머리도 제대로 빗은 것 같지 않았다. 외출할 때는 늘 단정히 묶는 그녀의 머리에서는 몇 가닥의 머리칼이 삐져나와 휘날리고 있었다. 내가 택시에서 내리자 얼른 자기 차에 타라고 손짓을 했다.

"무슨 일이에요, 파르바티?"

"내가 지금 미친 사람처럼 보인다는 것 알아요. 그렇지만 좀 들어보세요. 디비야가 여기로 올 거예요." 그녀의 목소리는 나지막했지만 다급했다. "아기도 데려와요. 나더러 아기 물건 사는 걸 도와달래요. 이제 한 살쯤 됐어요. 비제이는 안

와요. 우리 둘만 갑니다. 그런데 나는 이미 자제력을 잃은 상태라 무슨 짓을 할 줄 몰라 나를 도와줄 사람이 필요해요."

디비야가 델리에 온 지는 하루밖에 안되었다고 말했다. 디비야는 주말까지 비제이의 손님방에서 아기와 함께 지낼 예정이었다. 디비야는 특히 이번에 파르바티를 만나러 왔다는데 그 일이 나에게는 굉장히 이상했다. 특히 이곳이 보수적인 인도 사회라 더욱 그랬다. 비제이가 여자친구, 아내, 그리고 아내의 아기와 함께 한 집에 모여 있는 광경은 쉽게 상상되지 않는 모습이었다. 어제 저녁에 파르바티는 어색한 분위기를 술을 마시고 떠들며 견뎌냈다고 말했다. 그들은 1950년대 발리우드 영화 음악을 부르며 모임을 마쳤다. 비제이와 파르바티의 말을 들어 보면 다른 어느 술자리보다도 완벽한 끝맺음이었다.

"여러 가지로 불쾌할 수 있는 일이 많은 상황이었지만 그럭저럭 괜찮았어요. 어제 저녁에 나는 디비야와 얘기도 좀 했어요. 재미있는 여자더군요. 이렇게 얽히지 않았더라면 친구가 될 수도 있다는 느낌이 들었어요. 이 모든 시련이 상당히 중압감을 느끼게 하는가 봐요. 매우 불행해 보였고, 어딘가 모르게 좀 정상이 아닌 것 같아요. 너무 많이 웃더군요. 글쎄, 불안할 정도로요."

"슬프네요."

"그러게요. 실제로 그 여자는 슬퍼요. 내가 이렇게 말해선 안 된다는 거 알아요. 하지만 상황이 그 여자의 외모나 행동에 영향을 미친 것 같아요. 혼자 지내면서 자신의 결혼생활에 대해 거짓말을 해야만 한다는 중압감이 영향을 미칠 수 있지요."

"무슨 얘기지요?"

"그러니까, 비제이가 늘 말하던 그 미모 말이에요. 불타는 검은 눈을 가진 매혹적인 모습이었는데 이제 그렇지 않아요."

나는 들은 체 만 체했다. 곤란에 처한 여자한테 그런 말을 하는 것이 못마땅했다. 나는 비제이를 찾아온 특이한 손님을 맞아 당황하고 있는 파르바티에게 어떻게 대응해야 좋을지 난감했다. 파르바티는 어려움에 처해 있는데, 파르바티 본인이나 나 두 사람 모두 어떻게 처신해야 할지 몰랐다. 나는 화제를 바꾸려고 이렇게 물었다.

"그 여자가 온다는 걸 알고 있었어요?"

"이틀 전까지도 몰랐어요. 디비야는 시간 날 때 조만간 오겠다는 말을 비제이한테 늘 해왔고, 그가 마침내 동의한 것 같아요. 그러자 디비야는 앞뒤 생각 없이 얼떨결에 가차를 탄 걸로 나는 추측해요. 디비야는 비제이와 행동양식이 비슷해요. 충동적이지요."

"디비야가 아직도 비제이를 좋아한다고 생각하나요? 그렇지 않다면 비제이하고 접촉을 유지하려고 그렇게 많이 노력하는 게 이상하거든요."

파르바티는 차창을 내리고 담배꽁초를 밖으로 홱 던졌다. 뜨겁고 건조한 공기가 에어컨이 도는 자동차 실내로 훅 끼치며 들어왔다. 파르바티가 창을 다시 올려 닫은 후에도 한 차례 휩쓸듯이 들어온 열기를 에어컨의 찬 공기가 억누르는 데는 어느 정도 시간이 걸렸다.

"아마 그렇겠지요. 그렇지만 비제이를 차지할 수 없다는 걸 분명히 알 거예요. 나하고 경쟁하기보다는 나하고 친구가 되려고 노력할 거예요. 나는 특별히 그럴 생각이 없지만 디비야는 아주 절박해 보여요."

파르바티는 차 쪽으로 다가오는 사람을 보더니 앞 유리를 통해 손을 흔들었다.

"아, 저기 오네요. 내가 주차장에 있을 거라고 했거든요."

우리는 다가오는 디비야를 지켜보았다. 나는 마지막 순간까지 에어컨을 떠나기 싫었다. 디비야의 얼굴은 양 눈 사이가 약간 벌어진 넓은 얼굴로 한때는 굉장한 미인이었을 것 같았다. 그렇지만 지금은 두 눈이 푹 꺼지고 체중이 늘어 실제보다 나이 들어 보였다. 그런 인상은 비극적으로 칠해진 빨간 립스틱 때문에 더욱 강조되었다.

가슴께에 아기를 안은 모습을 고려할 때 디비야의 화장은 초미니 스커트를 입은 것만큼이나 충격적이었다. 인도에서 선명한 빛깔의 립스틱은 매춘부와 낮은 카스트의 시골 여자들이나 쓰는 것이다. 성적 매력이 넘치는 발리우드의 스타 말리카 셰라와트도 강렬한 빨간 색은 피한다. 아기를 안은 여성에게서 빨간 립스틱 화장을 본다는 것은 더욱 기겁할 일이었다. 디비야가 정상이 아니라고 한 파르바티의 판단이 옳을 거라는 생각이 들었다. 무분별한 립스틱 말고도 삼십대 후반의 여성이 아기를 안고 있다는 것 자체가 인도 어디에서든 비판적인 시선을 끌만한 모습이었다.

"저렇게 화장을 진하게 하다니 이상하지 않아요?" 디비야가 우리가 말하는 내용을 눈치 채지 못하게 하려고 파르바티는 입을 오물거리며 자그마하게 말했다. "게다가 항상 저렇게 아기를 안고 다녀요. 보세요. 아기 무게 때문에 몸이 엄청 굽었다니까요. 내 남편의 마누라에게 내가 최소한 해 줄 수 있는 건 값싼 면제품이라도 좀 사주는 거죠. 자 가요, 불쌍한 여인을 위해 쇼핑을 합시다."

파르바티는 내게 냉소적인 웃음을 지어 보였다. 우리는 차에서 나와 주차장의 작렬하는 뙤약볕으로 내려섰다.

지타의 부친은 말을 하고 싶어 더 기다릴 수가 없었다. 그는 집으로 가는 비행기에 탑승하기 전에 방갈로르 공항에서 딸한테 전화를 했다.

"그분들이 어찌나 음식을 많이 먹였는지 나는 앞으로 일주일 동안 아무 것도 못 먹을 것 같구나" 아버지의 말씀에 지타는 방문 결과가 좋다는 걸 알았다. 인도에서는 손님에게 음식을 푸짐하게 내는 것 이상 가는 환대가 없다. 지타의 미래 시대 식구들에 관해 말하기 전에 그는 라메쉬의 모친이 만든 오바투, 즉 차파티 안에 사탕수수 설탕과 코코넛을 안에 채워 얇게 튀긴 음식이 어찌나 맛있는지 늘어놓았다.

"이분들보다 더 훌륭한 가족은 아마 못 찾을 게다, 애야. 이번이야 말로 우리에게 더 없이 좋은 기회야. 집에 돌아가면 이 남자를 우리 가족으로 만들고 펀자브 사람으로 대우해야만 한다고 네 엄마한테 말할 참이다."

지타는 아버지가 열성을 보이자 조금 놀랐다. 처음에 지타가 좋아하는 남자를 찾았다고 말했을 때 지타의 어머니는 정신적 쇼크를 받은 나머지 며칠 동안 지타와 말도 하지 않았다. 반대하는 이유를 요약해 말하는 일은 아버지가 맡았다.

"몇 년 동안 네 엄마는 사위를 기다려 왔단다. 그런데 지금 너는 아주 먼 곳으로, 우리와 전혀 습관이 다른 사람들에게 가려 하는구나. 엄마는 딸이 그곳에 가서 과연 행복할지 걱정한단다. 우리 둘 다 그렇다, 얘야."

지타는 여러 주일 동안 날카롭게 신경을 곤두세우고 안절부절 못하며 지냈다. 자동차 열쇠를 차 안에 두고 내리기도 했고, 선불 휴대전화 요금 넣는 걸 깜빡 잊어 며칠씩 전화를 못 걸기도 했다. 전화벨이 울리면 전화기를 찾느라 정신없이 가방을 마구 뒤지기도 했다. 지타는 자신의 결정이 과연 옳은지 되새겨보고, 부모님께 걱정을 끼친 것에 대해 자신을 질책하느라 밤에 잠을 못 잤다. 심지어 자신이 가장 아끼는 주말의 수면시간도 망쳤다. 마침내 아버지가 생각을 바꾼 다음에야 지타는 다시 잠을 이루기 시작했다. 결국 아버지는 최소한 남자 쪽 가족을 만나보는 게 부모가 할 도리라고 아내에게 말하며 방갈로르 행 항공편을 예약했다.

지타가 짐작하건데 아버지의 사흘간 방문은 적지 않게 불편했을 것 같았다. 두 가족은 사용하는 지역 언어가 달랐다. 지타네는 펀자브어, 라메쉬네는 카르나타카주의 칸나다어를 사용했다. 지타와 라메쉬에게는 고향의 언어가 다른 것이 문제가 되지 않았다. 그들 세대의 중산층 인도인 대부분은 영어를 사용해 지역차를 극복할 수 있기 때문이었다. 그런데 부모들 세대는 그렇지 않았다. 양가 어머니들이 약속 장소에서 만났을 때 그들은 '나마스테' 외의 단어는 입 밖에 낼 수가 없었다. 아버지들은 영어를 완전한 문장은 아니고 그저 몇 마디 겨우 하는 정도였다. 그래서 같이 힌디어를 썼는데, 그나마 라메쉬의 아버지는 고등학교 시절 이후 거의 써 보지 않은 언어였다.

케샤바 무르티는 몸동작이 큰 남자였다. 그의 가족은 저명한 사업가 집안이고, 아들의 약혼은 대단한 번창을 보증하는 행사나 마찬가지였다. 인도의 공용어 두 가지 중 어느 것으로도 여자 쪽 아버지와 불편 없이 대화를 못한다는 게 그를 괴롭혔을 것임에 틀림없다. 그렇지만 케샤바는 다른 방법으로 그것을 보충하려 노력했다. 그는 디자이너가 만든 값비싼 쿠르타 정장을 입고, 두 가족 사이에 언급은 안했어도 엄연히 존재하는 문화적 차이에 대해 편견 없이 받아들인다는 것을 알리기 위한 노력으로 자신의 빈약한 힌디어 실력을 큼직한 팔 동작으로 보충했다.

두 남자는 각자 증명해 보일 것이 있었다. 지타의 부친, 니틴 쇼우리는 자기보다 더 부유하고 성공한 상대에게 자신이 훌륭한 브라만이며, 딸은 무르티 가족에게 상냥하고 다정한 새 식구가 될 것이라는 점을 입증해 보이기로 결심했다. 케샤바 또한 그의 입장에서, 상대의 외동딸에게 안락하고 방이 여럿인 저택에서 남부럽지 않은 고귀한 삶을 제공할 능력이 있음을 보여줄 필요가 있었다. 그는 대가족이 한 지붕 아래 사는 것을 자신이 이룬 대단한 성취로 간주했다. 지타는 결혼하면 라메쉬의 부모, 조부모, 형과 형수, 그들의 두 자녀, 그리고 몇 명의 과부 아주머니들과 함께 지내게 될 예정이었다.

니틴이 방갈로르에 간 것은 처음이었다. 1990년대의 경제부흥 혜택이 중산층에게로 미치기 전에는 인도인 가족들은 좀처럼 휴가 여행을 가지 못했다. 그리고 여행을 하더라도 대개 기차로 이동했다. 항공 여행이 어느 정도 가능해진 것은 2000년대 초반이 지나서였기 때문이다. 인도 정부가 규제를 완화해 저가의 민영 항공사가 시장에 진입하는 데는 긴 시간이 걸렸다. 그때까지 항공편 이용은 사업가나 부유층에게만 국한돼 있었다. 파티알라에서 방갈로르까지는 기차로 42시간이 걸리는데 펀자브에 사는 가족들이 가기에는 힘든 거리였다.

어쨌든 그 도시가 방문할 만한 장소가 된 것은 최근에 들어서였다. 니틴의 생애 대부분의 기간에 방갈로르는 '연금생활자의 낙원'으로 가장 잘 알려져 있었다. 1990년대에 시에서는 과학기술 IT 관련 기업들을 유치하기 위해 장려금 제도를 실시했고, 곧 사실상 거의 모든 미국 소프트웨어 회사의 연구 및 아웃소싱 기관이 이곳으로 진출했다. 방갈로르는 전 세계의 배후 사무실 및 아웃소싱의 수도가 되었다. 몇 년 동안 방갈로르는 인도에서 가장 급속도로 성장하는 도시였다.

케샤바는 비교적 지방이라고 할 만한 곳에서 온 손님이 새로운 인도의 철강과 유리로 지은 빌딩에 큰 감명을 받을 것이라고 생각했다. 그는 수십만 명의 대학 졸업생들이 방갈로르에 있는 푸른 정원이 조성된 회사 구내로 몰려들고 있다며 방갈로르가 가진 기회에 대해 당당하고도 상세히 설명했다. 니틴은 감탄하는 태도를 취하느라고 애를 썼다. 하지만 가장 깊은 인상을 받은 것은 환경 파괴와 교통 체증으로 지체되는 시간이었다. 도로에는 테크놀로지 회사원들을 가득 실은 버스들과 스쿠터들이 가득 차 있었다. 나중에 그는 지타에게 농담조로 이렇게 말했다. "나는 호황으로 떠오르는 방갈로르보다는 연금생활자의 낙원에서 사는 게 더 낫겠더라."

케샤바 무르티는 그런 기분에 아랑곳하지 않고 니틴이 체류하는 기간의 나머지 시간을 자신의 가장 자랑스러운 업적들을 보여주는 일에 전력을 쏟았다. 무르티 일렉트로닉스 매뉴팩처링 회사의 공장 견학도 포함됐다. 그 회사는 무르티 가문이 삼대째 냉장고 부품을 생산해 온 업체였다. 그리고 케샤바의 호화로운 저택 방문도 당연히 준비되었다.

니틴은 공공병원 의사로 근무했기 때문에 그의 가족은 늘 정부에서 제공하는 집에서 살아 왔다. 정부 제공 주택에는 과거 인도 사회주의의 모습이 그대로 담겨 있었다. 회색 콘크리트 바닥과, 회색 콘크리트 외관을 지닌 동일한 모양의 건물이었다. 니틴이 속한 사회에서는 공적인 업무, 소위 인도식 영어로 '서비스 잡'service job에 헌신한다는 것에 대한 신망이 두터웠다. 인도 정부의 공무원들은 높은 존경을 받지만 급여는 낮은 편이다. 그들은 마하트마 간디가 주창한 것처럼 자급자족의 검약한 생활방식에 긍지를 느낀다. 실제로 간디의 가치관은 수세기 전 옛 브라만이 지녔던 이상을 지키는 것에 가까웠다. 당시의 성직자 카스트는 힌두교의 원칙 속에서 다른 사람들을 교육하기 위해 세속적인 욕구를 억제하고 삼갔다. 지타는 자기 부친이 '우리 카스트라면 의당 그래야 할 방식으로 살고 있다'는 말을 가끔 했다.

그러나 급속하게 번창하는 시대를 맞아 그런 도덕적인 자제는 그야말로 시대에 뒤떨어진 생활방식이 되었다. 두 아버지 가운데 케샤바가 스톡옵션과 고액 급여의 인도에 더 잘 적응한 편이었다. 그의 친구들은 성업 중인 자동차 판매회사나 직물회사를 운영했다. '존경하는 니틴-지, 인도는 지금 거액이 오고가는 시대를 맞았습니다! 처음으로 우리 인도인들이 큰돈을 벌 수 있게 되었죠. 우린 들 그러지 못할 이유가 뭐 있겠습니까?' 나는 상대방이 니틴의 등을 툭 치며 이렇게 말할 때 니틴이 몸을 약간 떠는 모습이 상상되었다. 케샤바는 번성하는 가족 사업에 대해 자부심을 가질 뿐, 니틴이 갖고 있는 돈에 대한 브라만식 거부감은 전혀 안 느끼는 것 같았다..

지타는 나중에 라메쉬가 자기 부친의 자본가적 본능에 대해 해명했다고 했다. 그의 부친은 노골적인 금전적인 야망에서라기보다는 증조부가 시작한 사업을 키우려는 욕심에서 그렇게 하게 되었다는 것이었다. 케샤바의 가장 큰 목표는 가문의 이름을 드높이는 것이다. 그래서 그는 아들이 가능한 한 미국에 남겠다고 하는 것을 도저히 이해할 수 없었다. 라메쉬가 대학과 직업을 통해 쌓은 성취는 아버지의 마음에는 별 것이 아니었다. 왜냐하면 그것은 가족으로부터 떨어진 뉴저지에서 이룬 것이기 때문이었다.

그는 여러 해 동안 아들에게 가족 회사에 참여하라고 권유해 왔다. 케샤바의 아내인 사비트람마는 그 지역 출신의 브라만 여성과 중매결혼을 시키면 아들을 집안으로 끌어들일 수 있을 것이라고 생각했지만 아들은 어떤 중매 상대도 거부했다. 아들은 여러 해 동안 부모의 말을 듣지 않다가 이제 와서 완전히 낯선 여성, 즉 델리에서 혼자 지내는 직장 여성을 골랐고, 그 여자에게 마음을 쏟고 있었다. 라메쉬는 부모를 자리에 앉혀놓고 이렇게 합의했다. 자기가 고른 여자와 결혼하도록 허락해 준다면 그 여자를 방갈로르에 데려올 것이고, 자신은 가족 사업에 참여하겠다고 약속한 것이다. 그게 자기 뜻대로 되지 않으면 자기는 그냥 뉴저지로 돌아갈 것이라고 못 박았다. 협박조의 선언에 케샤바는 화가 났지만, 그의 아내는 훨씬 더 나쁜 상황이 올 수도 있다며 남편을 타일렀다. 사실 아들이 미국인 여자 친구를 데리고 나타날 수도 있는 일이었다. 부모도 그런 이야기를 들은 적이 있었다. 최소한 이 여성은 인도인이고, 가족에 대한 희생의 중요성을 이해할 사람이었다.

방갈로르에서 만났을 때 양가의 부친들은 문화적인 차이는 애써 무시하고, 서로의 공통점을 확인하는 데 주력했다. 니틴은 무르티 가문의 사치스러운 생활방식에 대한 반감을 억누르느라 애를 썼다. 결혼하게 되면 자기 딸이 값비싼 사리를 두르고, 전용 자가용차와 운전기사를 둔 풍족한 생활을 누릴 것이라는 점에 위안을 삼았다. 케샤바는 상대방이 입고 있는 남루한 의상과 카스트와 돈에 대한 낡은 생각을 애써 무시했다. 그러나 무르티는 돈이 많고, 쇼우리는 돈이 넉넉하지 않다는 점이 어쩔수없이 혼례협상에 걸림돌이 되었다. 니틴이 만약에 자기는 지참금 제도에 대해 도덕적으로 혐오한다고 말을 하면 케샤바는 필경 니틴이 그럴 여유가 없어서 혼인을 깨려고 한다고 생각할 게 뻔했다.

방갈로르에 체류한 지 이틀째 되는 날이 다 지나갈 무렵에야 니틴은 케샤바에게 저녁을 준비하는 여자들을 떼어두고 단 둘이 좀 걷자고 제안했다. 상쾌한 저녁 공기 속으로 나오자 곧 니틴의 공포는 현실로 확인되었다. 상대는 지참금 제도에 대해 니틴처럼 혐오감을 갖고 있지 않았다. 니틴은 딸을 좋은 집안과 혼인시키기 위해 자신의 생각을 철회하지 않을 수 없었다. 어쩌면 딸에게 찾아온 유일한 혼인 기회를 놓치고 싶지 않았던 것이다.

"물론 공무원 봉급은 그다지 많지 않습니다. 그렇지만 다른 모든 아버지들처럼 딸애의 결혼에 대비해 저축을 해 왔지요. 우리 집의 지참금 원칙이 돈 문제라고 생각하지는 마시기 바랍니다. 나 역시 딸을 안락하게 귀댁으로 보내려 합니다. 부부와 가족을 위한 선물은 당연히 합니다. 딸아이가 귀댁에 짐이 되는 것은 결코 원치 않습니다."

"그럴 필요는 없어요, 전혀 없어요." 속마음은 달랐지만 케샤바는 이렇게 정색을 하며 말했다.

니틴은 자신의 자존심을 회복할 방법을 궁리하느라 애를 썼다.

"피했으면 하는 부분은 지참금을 둘러싼 협상입니다. 우리 집사람과 나는 그건 좀 꼴사납다고 생각해요. 교육받은 사람들이 그런 흥정을 하는 건 피해야 합니다. 낮은 카스트에서나 할 일이죠."

"그렇지요, 지. 물론 그렇지요."

케샤바는 마치 어린아이를 격려하는 태도로 대답했는데 집으로 걸어서 돌아오는 길에는 니틴에게 팔을 두르기까지 했다고 니틴은 나중에 지타에게 말했다.

"우리는 이제 완전히 이해했습니다, 지. 우리는 아무런 요구도 하지 않겠습니다. 당신은 편안하게 준비되는 만큼만 주십시오. 중요한 것은 돈이 아닙니다. 가족이 먼저지요."

마니시가 일하러 오지 않자 우리는 모두 무언가 잘못되었다는 것을 알았다. 나한테 미리 말하지 않고 쓰레기 치우는 날을 빠뜨린 적은 한 번도 없었다. 며칠 거른 다음 마니시가 다시 초인종을 눌렀을 때 퍼뜩 떠오른 것은 남편한테 심하게 맞은 게 아닐까 하는 생각이었다. 눈 아래 검은 그늘이 지고 카미즈와 어울리지도 않는 살와르를 입고 있었다. 급히 손에 집히는 대로 걸치고 온 게 분명했다. 걱정 어린 내 얼굴을 보자 그녀의 두 다리에 맥이 탁 풀리는 듯 주저앉으며 울음을 떠뜨렸다. "아이고, 디디! 피버 fever가 나요!"

라다가 부엌에서 뛰쳐나왔고, 우리 두 사람은 늘 명랑하던 쓰레기 치우는 여자가 갑자기 비극적인 모습을 보이자 놀라 눈이 휘둥그레졌다. 나는 마니시가 실제로 신열이 있는지, 아니면 슬픔이나 공포를 표현하는 영어단어를 몰라 그렇게 표현했는지 알아보려 애썼다. 교육을 제대로 받지 못한 다른 많은 인도인들처럼 마니시도 자주 자신의 감정을 육체적인 용어로 설명했다.

"남편이 몹시 아파요, 아이고, 지금 병원에 있어요!"

라다와 나는 서로 눈짓을 주고받았다. 그가 병원에 있다면 심각하다는 뜻이었다. 마니시와 라다같이 가난한 인도인들은 어쩔 수 없는 경우가 아닌 한 아무리 아파도 치료비에 돈을 쓰지 않았다. 술에 절어 지내는 옴 프라카시도 아주 심각한 증세가 아니라면 아까운 술값을 병원비에 쓸 리가 없는 사람이었다. 마니시는 마치 어린애처럼 눈물을 마구 닦아내고 숨도 불안정하게 내쉬었다.

"남편은 한 두어 달 아팠어요, 디디. 그런데 의사한테 가려 하지 않았어요. 지난주에는 다리가 부풀어 오르고 아무 것도 못 먹었어요. 그래서 그의 형님이 릭샤에 태워 병원으로 데려갔어요. 의사가 그 사람을 보기까지 하루 종일 밖에서 기다려야 했대요."

라다는 동정심에 저절로 혀를 쯧쯧 찼다. 라다는 델리의 공공병원에서 남편이 숨을 거두는 것을 옆에서 지켜보는 심경이 어떤 것인지 알고 있었다.

나는 마니시 옆에 앉아 그녀의 어깨에 손을 얹었다. 자신의 자녀 외에는 남들 앞에서 다른 사람에게 거의 몸을 가까이 대지 않는 문화권에서 나의 태도는 극도로 친밀해 보이는 제스처였다. 하지만 마니시는 그런 걸 의식할 상태가 아니었다.

라다가 재촉하듯 물었다. "지금은 어디에 있어요?"

"그 사람들이 다른 병원으로 데려갔어요. 어딘지 지금 생각이 안 나요. 그의 형하고 우리 아들들이 거기 같이 있어요." 마니시는 우리를 쳐다보려고 고개를 들었다. "남편이 죽으면 어떻게 하지요? 나는 과부가 되고 싶지 않아요."

"그건 맞아요. 과부가 된다는 것은 끔찍한 운명이에요." 라다는 이렇게 말하고 신을 부르며 긴 탄식소리를 냈다. "아레 바브."

나는 라다에게 나무라는 눈길을 던지며 이렇게 말했다.

"병원에 갔으니 이제 괜찮아질 것에요."

라다는 내가 왜 뻔한 거짓말을 하는지 이해하지 못했다. 그녀는 인사치례로 하는 말은 하지 않았다. 라다는 내 쪽으로 몸을 숙이며 제법 크게 속삭였다. "마니시의 남편은 술 마시고 화장실 가는 것 말고는 하는 일이 아무 것도 없어요. 더구나 이제는 아무 것도 못 먹는다고 하잖아요. 죽을 거라고 한 게 벌써 여러 해 됐어요."

마니시 역시 라다의 말을 듣고는 비참한 모습으로 고개를 끄덕여 동의했다.

"맞아요, 디디, 나는 이제 과부가 되는 거예요. 이제 남은 평생 슬퍼하며 살아야 해요."

"남편한테 마지막 인사를 하는 순간 삶의 모든 좋은 것을 포기해야 해요." 라다는 마니시를 보고 이렇게 덧붙였다.

나는 마니시에게 버스값을 주고, 라다는 남은 쌀과 렌즈콩을 비닐봉투에 담아 주었더니 마니시는 고맙게 받았다. 나는 발코니에서 마니시가 큰길로 향한 동네 골목길을 절름거리며 걸어 내려가는 모습을 바라보았다. 어깨뼈가 마니시의 살와르 카미즈 위로 비어져 나와 있었다. 마니시의 남편은 죽어가고 있었다. 그런데 나는 마니시가 그토록 슬퍼하는 것을 보고 놀랐다. 냉소적으로 들릴지 모르지만 빈민가에는 죽음이 늘 가까이에 감돌고 있었다. 인도에서는 해마다 4백만 명에 가까운 신생아가 태어난 지 한 달 안에 사망한다. 마니시는 자기 형제자매 가운데 두세 명이 자기가 어렸을 때 죽었다고 했다. 마니시는 정확히 몇 명이 죽었는지 몰랐다.

마니시는 옴 프라카시가 없으면 실제로는 더 잘살지 않을까 하는 생각이 문득 들었다. 마니시는 남편이 채소 살 돈을 몽땅 술 마시는 데 썼다는 말을 수시로 했다. 그러면 마니시와 아들들은 저녁 차파티를 오직 칠리만 곁들여 먹어야 했다. 그렇지만 결혼이 필수인 사회에서 남편은 마니시의 삶을 규정짓는 주요한 요소였다. 마니시가 속한 사회에서는 그녀의 남편이 아무 쓸모도 없는 사람이라고 누구나 생각했다. 그러면서도 남편이 없으면 마니시가 더 잘 살리라고 믿는 사람 또한 아무도 없었다. 라다의 말마따나 남편 없는 삶은 삶이라 할 수 없었다.

상위 카스트의 여성들은 전통적인 힌두 경전에 따라 일단 남편이 생명의 땅을 떠나면 삶과 죽음 사이에서 선택을 해야 한다. 수세기 전 힌두교 과부들은 남편의 시신을 화장하는 장작더미에 자신의 몸을 던지는 순장인 사티를 통해 스스로를 희생하는 일이 흔했다. 사티는 남편을 위해 아내가 할 수 있는 가장 위대한 희생으로 간주되었다. 사티를 행한 여성은 성인처럼 영예로운 공경을 받았다. 라자스탄주의 메헤랑가르 성벽에는 자그마한 손자국들이 찍혀 있다. 토후국의 대왕인 마하라자가 1843년에 사망했을 때 마하라자의 과부들이 그의 화장용 장작더미로 몸을 던져 희생한 사티의 흔적이다.

영국의 지배자들은 그보다 14년 앞서 사티를 법으로 금지했다. 현재 그러한 관습은 더 이상 흔한 일이 아니다. 1980년대에 자신의 붉은 혼례용 사리를 입은 18세의 과부가 남편의 화장용 장작더미 위에서 산 채로 화장되었을 때 교육 받은 인도인들은 큰 충격을 받았다. 영어 TV 프로그램에서는 '시대에 역행하는 인도'에 대해 유명인사들이 출연한 격앙된 분위기의 패널 토론회가 끝도 없이 이어졌다. 그런 소동은 인도 국회에서 그런 악습을 금하는 법을 강화하도록 압력을 가했다. 그러나 여전히 경찰은 악습에 대해 아무런 조치를 취하지 못했다. 그들은 기소할 대상을 찾아낼 수가 없었다. 지역사회는 가족 간의 결속을 강화했다. 사티 희생자로 의심되는 사람을 순교자라 부르고, 그 여자의 죽음을 둘러싼 정황을 절대로 밝히지 않았다. 내가 인도에서 산 수년 동안 몇몇 건의 사티 의심 사건이 신문에 실렸다. 그러나 결과는 항상 똑같았다. 당국에서는 여인들이 남편의 화장용 장작더미 위로 스스로 몸을 던졌는지 남들이 그들을 밀었는지 밝혀낸 적이 없었다.

초기 힌두법전에서 마누는 '여자는 거짓 그 자체만큼 불결하다.'고 썼다. 그는 여자를 불가촉천민 정도로 낮게 등급을 매겼다. 그렇지만 마누도 과부들에게 남편의 장례 때 산 제물이 되라고 명령하지 않았다. 그는 전통적인 브라만 과부는 남편의 사후에 그들의 삶에서 단지 '기쁨'을 희생하라고 정했다. 과부는 재혼이 금지되고, 머리를 깎도록 지시받았고, 애도의 빛깔인 흰색 외에는 입지 말고 하루에 한 끼만 먹고 연명토록 했다. 오늘날에도 많은 과부들은 이런 식으로 살고 있다. 실제로 어떤 가족은 과부가 된 며느리를 아쉬람으로 쫓아내 그곳에서 가난 속에서 기도로 남은 생을 살아가게 한다. 이는 혼자가 된 며느리를 먹여 살려야 하는 짐을 벗는 편리한 방법이다.

라다의 시집 식구 역시 죽은 아들의 부인을 데리고 살려고 하지 않았다. 그들은 그녀를 아쉬람으로 보내는 대신 도시로 몰아냈다. 델리에서 라다는 진정한 순교자의 열의로 자신에게 브라만의 엄격한 규칙을 적용했다. 라다가 흰색이나 연한 색 외의 옷을 입은 것을 나는 본 적이 없다. 그리고 이마에 빈디 점을 찍거나 팔찌를 한 것도 본 적이 없었다. 힌두 축제 때마다 라다는 빠지지 않고 금식을 했고, 평일에도 하루 한 끼로 식사를 줄였다. 음식에 양념이나 칠리를 가미하지 않았고, 아침에 마시는 차이에는 설탕을 넣지 않았다.

마니시는 불가촉천민으로 힌두 카스트에 끼지도 못하는 존재이기 때문에 과부의 신분에 적용하는 엄격한 규칙이 전통적으로 해당되지 않았다. 그러나 근래에 들어 낮은 계층의 카스트에서 높은 계층 카스트의 관행을 점점 더 많이 따라 하고 있다. 달리트들에게는 높은 카스트의 의례를 흉내 내는 게 신분 상승의 기분을 갖게 했다. 브라만 과부들의 가혹한 생활을 따라 한다고 해서 마니시에게 무슨 권한이 생기는 것도 전혀 아닌데도 그렇게 했다. 이미 그녀가 속한 사회에서는 일반화 된 관행이 되었기 때문이다.

마니시를 다시 본 것은 의사가 남편의 간과 신장이 이미 기능을 잃었기 때문에 자신의 차르포이 침대 위에서 죽음을 맞도록 하라고 집으로 보냈다는 말을 하러 왔을 때였다. 남편이 죽자 그 집의 여자들은 마니시 주변에 모여 13일간의 종교적 애도 기간을 준비시켰다. 그들은 마니시 머리의 가르마에 칠해진 붉은 가루 신두르를 문질러 없앴다. 신두르는 결혼식 때 신랑이 처음 발라준 붉은 빛깔의 분으로 기혼녀라는 표시였다. 여자들은 마니시의 목에서 망갈수트라도 벗겨냈다. 금목걸이인 망갈수트라도 결혼한 여자임을 나타내는 또 다른 전통적인 상징물이었다. 그 다음에는 마니시의 팔을 붙잡고 팔찌를 내리쳐 깨뜨려서 다 빼냈다. 팔목에는 시뻘건 멍이 남았다. 발가락 반지를 빼내갈 때 마니시는 울고 있었다. 그 발찌들을 죽은 남편의 발가락에 끼운다는 걸 알기 때문이었다.

다른 방에서는 옴 프라카시의 형제들이 그의 여윈 몸을 씻기고, 오렌지빛과 노란빛의 금잔화 화환으로 장식했다. 화장터에서 마니시의 큰아들이 슬픔을 나타내기 위해 자신의 머리를 박박 밀었다. 아침에 그는 옴 프라카시의 재를 수습했다. 그는 힌두교도들이 죽은 자의 재를 뿌리는 가장 성스런 장소로 여기는 바라나시까지 여행할 여유가 없었다. 대신 남자 가족들은 택시를 타고 하리드와르로 갔다. 그곳은 성스런 갠지스 강변의 또 다른 성스런 도시였다. 마니시의 큰아들은 아버지의 재가 든 양철로 된 물통을 무릎 위에 올려놓고 붙잡고 있었다.

남자들은 강변의 다른 애도객들과 순례객들 속에 섞였다. 잎 바구니에 담긴 수백 개의 촛불이 갠지스강의 급류를 따라 흘러갔다. 그들은 기도문을 외우며 옴 프라카시의 재를 강물에 뿌렸다. 마니시의 남편이 강물에 뿌려진 그날 아침 마니시의 친척들이 마니시에게 하얀 사리를 입히고는 야무나강의 오염된 물속으로 들어가 몸을 담그도록 했다. 갠지스강의 가장 큰 지류인 야무나강에서 살아 있는 세상의 온갖 죄를 정화하는 의식이었다.

과부가 된 마니시가 일하러 다시 돌아왔을 때 그녀의 얼굴은 전보다 더 퀭했다.

"나는 지금 꿈을 꾸고 있는 것 같아요. 장례식을 하면서 나도 같이 죽은 것 같은 느낌이었어요. 모든 일이 낯설지 않았어요. 과부들이 늘 하는 것을 보아 왔기 때문이라고 생각해요."

마니시에게는 과부로 사는 게 라다처럼 세상에 대해 성스런 덕을 증명하는 길인 것 같지는 않았다. 그저 자신의 나쁜 운명을 증명하는 것일 뿐이었다. 이제 여자다운 시기가 끝났다는 생각을 받아들일 수도 없었다. 그녀가 남편을 애도하는

지 아니면 과부라는 새로운 신분을 애도하는지 알기가 어려웠다. 그 두 가지가 같은 것일지도 몰랐다.

마니시는 시누이가 자기더러 버스티에 있는 어떤 남자와도 대화를 하지 말라고 주의를 주었다고 했다. 잘못하면 마니시가 두 번째 남편감을 찾는 중이라는 소문이 날 수도 있기 때문이라고 했다. 옴 프라카시가 인생의 낙오자라는 걸 누구나 알기 때문에 그 지역사회에서는 마니시가 남편의 죽음을 깊이 애도하리라 기대하지 않았다. 두 번째에는 좀 더 나은 삶을 살 수 있으리라는 기대감에 마니시가 재혼을 원할 수도 있다고 추측은 하겠지만, 그것이 그녀가 그렇게 해도 좋다는 승인은 아니었다. 첫 번째 남편이 아주 나빴더라도 두 번째 결혼이 받아들여지는 것은 아니다. 19세기까지 힌두교 여성들은 재혼이 법적으로 허용되지 않았다. 법적인 규제가 풀렸다 해도 사회적인 제재는 여전히 존재한다.

마니시는 재혼이라는 말을 불편하게 생각했다. 만일 시아주버니가 자신을 내쫓으면 기댈 곳이 필요할 것이고, 그런 때가 오면 재혼을 생각해 볼지 모른다고 했다. 그녀는 시집 가족들하고 관계가 좋았지만, 아무리 그렇더라도 남편이 죽고 없는 집에서 시아주버니가 그녀를 내쫓지 않는다는 것은 굉장히 친절한 처사라고 했다.

옴 프라카시가 죽은 뒤에 동안 마니시는 남편의 기억 가운데 무언가 좋은 점을 찾으려 애쓰는 것 같았다.

"남편은 아무 쓸모가 없는 사람이었어요, 디디. 그래도 그는 내가 결혼한 남자였어요. 아주 어릴 때부터 우리는 함께 지냈어요. 일을 끝내고 혼자 앉아 있을 때는 항상 그 사람 생각을 할 거예요."

마니시는 많은 힌두교도들이 그렇듯 해마다 남편의 기일이 되면 새들을 위한 음식을 마련할 것이라고 했다. 키르라는 쌀로 만든 푸딩을 요리한 다음, 튀긴 푸리 빵과 함께 잎으로 만든 자그마한 접시에 담는다. 그리고는 자신이 결혼했던 남자의 이름으로 신에게 바치는 공물로 그 음식을 테라스에 내놓는다. 다음 날 회색빛 스모그가 낀 새벽녘에 마니시는 테라스로 올라가 까마귀가 먹다 남은 음식을 치울 것이다.

제13장

속옷 전문점 커브스

최근까지도 브래지어는 중상류 계층만 이용했다.
라다처럼 가난한 인도 여성들은 지금도 브래지어를 착용하지 않는다.
대신 사리의 블라우스인 촐리를 꼭 맞게 맞춰 입음으로써 가슴이 받쳐지도록 한다.

지타는 결혼에 필요한 쇼핑을 하기로 했다. 어느 토요일 아침 지타는 식탁에 앉아 따뜻한 우유가 든 머그잔을 들고 사야 할 품목을 적은 목록을 보고 있었다. 지타는 한숨을 쉬며 그 목록을 내게 밀었다. "결혼 전에 할 일이 너무 많아요!" 그렇지만 얼굴에는 최근 몇 달간 보였던 걱정이나 불안감이 없었다. 사실은 앞에 놓인 쇼핑이라는 과제를 즐거운 마음으로 기대하고 있다는 생각이 들었다.

만일 그 목록이 내 것이었다면 나는 아마 틀림없이 겁을 먹었을 것이다. 지타는 2주일 간의 결혼식 기간 동안 입을 화려한 예복, 신혼여행 열흘 간 입을 의상, 시댁에서 지낼 새 생활에 필요한 혼수 일체를 준비해야 했다. 지타의 어머니는 결혼식 마지막 예식 때 입을 레흔가 촐리 고르는 걸 도와줄 예정이었다. 그렇지만 지타는 어머니가 쇼핑에 일일이 관여하는 것을 원치 않았다. 지타는 목록 중에서 허니문 의상에 둥글게 표시를 하고는 펜으로 탁탁 치며 말했다.

"어머니와 함께 속옷을 사는 것처럼 고약한 일은 아마 없을 거예요."

그녀의 어머니 푸자 쇼우리를 잠깐이나마 보았던 터라 나는 지타의 의견에 동의했다. 내성적인 데다 검소한 지타의 어머니가 델리 의상실의 란제리 판매 코너에 나타나는 것은 상상하기 어려웠다. 나는 열세 살 때 어머니와 함께 그런 곳에 처음 갔다. 다른 여자애들은 다 소녀용 브래지어를 하고 있었기 때문에 어머니를 졸라 사달라고 한 것이다. 아직 필요하지도 않은 브래지어를 입어 보는 나의 가슴을 보던 어머니의 눈길에 공연히 치욕감을 느낀 나는 어머니한테 같이 오자고 조르지 말 걸 하고 후회했다. 나는 서른한 살의 지타에게도 그런 경험은 마찬가지로 불편하리라는 걸 짐작할 수 있었다. 인도에는 모녀가 함께 유명 속옷 브랜드인 빅토리아 시크릿 상점으로 쇼핑을 가는 그런 관습은 없었다. 속옷은 은밀하고 말하기 거북한 대상이다. 섹시한 란제리라는 것도 이곳에서는 비교적 새롭게 등장한 문화였다.

사실 최근까지도 브래지어는 중상류 계층만 이용했다. 라다처럼 가난한 인도 여성들은 지금도 브래지어를 착용하지 않는다. 대신 사리의 블라우스인 촐리를 꼭 맞게 맞춰 입음으로써 가슴이 받쳐지도록 한다. 지타의 어머니는 평생 동안 오로지 두 개의 브래지어를 소유했는데 매주 손으로 조심스럽게 세탁했다. 수십 년 동안 인도에는 단 두 가지 상표밖에 없었다. 지타네 가족들은 흰색이나 베이지색으로 된 실용적인 제품인 그로버슨스 사의 파리 뷰티를 선택했다. 다분히 세속적인 상품명은 상류층 지향적인 사람들의 마음에 들었음에 틀림없다. 내가 보기에는 전혀 파리 여성의 의류 같지는 않았지만 말이다.

그러나 지타는 어머니나 할머니가 꿈꾸던 것보다 훨씬 다양한 종류의 브래지어를 접하고 있었다. 인도제 외의 것을 찾으려 노력하던 나는 아시아나 유럽의 수입 속옷을 파는 곳을 몇 군데 찾아냈다. 영국의 막스 앤 스펜서M&S가 델리 쇼핑몰 안에 지점을 열었을 때 나는 어머니께 그 소식을 전하려고 전화까지 했다. 과거에 M&S 브래지어를 착용했을 때의 기분을 나에게 처음으로 알려주신 분이기 때문에 어머니는 내가 왜 흥분하는지 충분히 이해할 수 있었다.

최근에 미국인 친구 한명이 인도인이 경영하는 속옷 전문매장으로 커브스Curves라는 곳이 있다고 알려줬다. 그 상점은 그 친구가 인도인 취향에 맞춘 대담한 옷이라고 한 속옷을 전문적으로 다루는 곳이었다. 파르바티는 내가 인도의 결혼 풍습에 너무 열심히 참여하려 한다며 콧방귀를 뀔 뿐이었지만, 나는 지타가 그곳에서 신혼여행을 위한 쇼핑을 하면 좋을 거라고 생각했다.

델리의 숙녀들이 아직 인도 브래지어 시장에 새롭게 등장한 상점을 제대로 이용하지 않고 있는 게 분명했다. 토요일 오전 우리가 도착했을 때 커브스 상점의 출입구는 한산했다. 황금시간대의 쇼핑객들은 내의인 테디나 뒷부분이 끈으로 된 팬티보다는 보석과 청바지를 구매했다. 빌딩 너머 커다란 Curves 간판을 보자 지타는 멈칫했다. 나는 속옷은 허니문을 보내는 데 있어 필수품이라고 일깨우며 지타가 돌아서지 않도록 달랬다. 앞으로 다가올 창피에 대해 마음을 모질게 먹는 듯 지타는 입을 꼭 다물었다.

초라한 유니폼을 입은 홀쭉한 경비원 초우키다르가 길에서 다른 경비원들과 함께 손으로 만 비디 담배를 피우고 있었다. 그는 대부분의 시간을 그렇게 보내는 것 같았다. 지타와 내가 가게로 다가가자 그는 입구 쪽으로 몸을 날려 계단에서 우리를 옆으로 밀어젖히고는 열성적으로 앞장서서 문을 열었다.

텅 빈 상점에는 향내와 시크교 구루드와라의 성가가 수영복과 속옷이 진열된 선반 위로 넘쳐흘러 느닷없이 경건한 기운이 감돌고 있었다. 뚱뚱한 시크교도 남자가 나섰다.

"오 반갑습니다! 안녕하세요, 안녕하세요!" 그는 악센트가 심한 영어로 외쳤다. 그는 자기소개를 했는데 나는 그 이름을 금방 잊어버렸다. 지타와 나는 그를 그냥 미스터 커브스라고 불렀다. 그에게는 과장된 허세가 있고, 인도인의 겸손한 유전인자를 갖지 않고 태어난 것 같았다. 미스터 커브스는 잽싸게 자신이 "인도의 각선미 넘치는 숙녀들을 위한 브래지어에 깊은 관심을 가지고 있다."고 했다. 그는 뒤에 나타난 자기 아내를 몸짓으로 가리켰다. 그녀는 가볍게 무릎을 굽혀 절함으로써 자신의 관능미 있는 몸매를 겸손하게 자인했다. 미스터 커브스는 손님들에게 물을 갖다 대접하라며 아내를 내보냈다.

"이런 관심을 내가 왜 갖게 되었을까요? 왜 그렇다고 생각하세요?"

우리 둘은 쑥스러워 하며 여전히 상점 입구 언저리에 머물고 있었다. 나는 지타를 쳐다보지 않으려 애썼다. 웃음을 터뜨릴까 두려워서였다.

"숙녀분들이 편안하기를 바랐기 때문입니다! 인도는 매우 거대한 나라입니다. 그러나 가슴이 큰 여성은 편안한 느낌을 갖지 못했습니다. 그런 적이 결코 한번도 없었지요! 10년 전에 나는 나만의 디자인을 만들기 시작했어요. 그리고 오늘날 델리의 숙녀들은 내 앞서가는 아이디어를 따라잡고 있습니다. 지금은 아주 많은 숙녀들이 내 속옷을 사러 옵니다. 너무 너무 많은 숙녀들이요!"

뻔한 거짓말을 들으니 지타는 어떤 생각을 하고 있을지 궁금했다.

"체격이 큰 여성을 위한 브래지어만 팝니까?" 내가 용감하게 질문했다.

"아니, 아니요, 마담. 우리는 다양한 체격의 숙녀분들을 위한 브래지어를 수입하기도 해요. 우리 가게를 둘러보시면 타일랜드, 독일, 그리고 또 다른 많은 나라들로부터 수입한 모든 형태의 섹시하고 또 섹시한 디자인들을 찾을 수 있을 겁니다. 숙녀분들은 우리 상점을 아주 사랑한답니다. 그리고 그들의 신사분들은 우리 상점을 더욱 더 사랑하고요."

그는 노골적으로 우리에게 윙크를 했다. 그의 머리는 여전히 코믹하게 좌우로 흔들렸다. 나는 지타를 살짝 훔쳐보았다. 지타는 웃음을 짓기는커녕 자기 아버지 또래의 뚱뚱한 상점 주인으로부터 벗어나기 위해 뒷걸음으로 문을 나가고 싶어 애타는 모습이었다. 우리의 외출을 헛되게 하지 않기 위해 나는 부인인 커브스 여사가 우리를 안내해 주면 좋겠다고 제안했다. 미스터 커브스는 동의했다. 그는 자리를 뜨기 전에 우리 각자에게 여자의 몸매 형태로 되어 있고 커브스라는 글씨가 돋을새김으로 적힌 플라스틱 열쇠고리를 건네주었다. 지타는 불쾌해 입을 삐죽 내밀었다. 아마도 다음 날 아침 마니시가 쓰레기통에서 그 열쇠고리를 확 집어갈 것이 분명했다.

커브스 여사는 우리를 안내했다. 지타는 뒷벽에 진열되어 있는 허리 부분이 끈으로 된 팬티인 레이스 G-스트링에 관심이 없는 듯이 보이려고 일부러 뒤로 처졌다. 우리는 임신복 진열 통로를 지났는데 커브스 여사는 신제품들이라고 우리에게 알려줬다.

"전에는 배가 불러오면 숙녀분들은 그저 옷 맞추는 상점에 가곤 했지요. 제가 바로 그렇게 했답니다. 매달 또는 두 달마다 조금씩 크게 살와르 카미즈를 맞췄어요. 이제는 여성들이 사무실에서 일을 하니까 전문직 여성답게 보일 필요가 있어요. 그들은 더 좋은 방법을 원하지요. 우리가 여기서 판매하는 허리 부분이 늘어나도록 탄력 있게 만든 바지 같은 것 말이지요."

지타는 이제 아예 설명 듣는 것을 포기했고, 우리는 속옷이 진열된 곳에 이르렀다. 새틴 거들, 레이스 G-스트링, 끈 비키니, 속이 비치는 천으로 된 브래지어 등이 걸려 있는 것을 지타는 놀란 눈으로 응시했다. 인도 대부분의 지역에서 청바지와 티셔츠 입은 것을 매우 도발적인 차림새로 간주하고 있다는 점을 감안할 때 매우 인상적인 진열이었다. 커브스 여사는 지타의 놀란 표정을 보고 공감한다는 듯 미소를 지었다.

"아시아와 프랑스 스타일 가운데 어떤 것들은 무척 야합니다. 그런데 요즘에는 인도 여성들이 성적인 감정을 불러일으키는 종류의 속옷을 원한답니다. 신혼여행에서 신랑을 깜짝 놀라게 하려고요."

나는 메흐부브와 헤나의 대담한 신혼여행 사진을 떠올리고 그녀가 짧은 청재킷 안에 어떤 속옷을 입었을까 생각했다. 커브스 여사는 앞면에 빨간 꽃무늬가 있는 팬티와 세트를 이루는 검정색 실크 뷔스티에 브래지어를 집었다. 지타는 가격표를 보고 비명을 질렀다.

"어머? 이런 자그마한 것에 여자들이 그렇게 많은 돈을 써요?"

커브스 여사는 그런 반응에 대응할 준비가 되어 있었다.

"네, 아가씨, 많은 숙녀분들이 여기 와서는 말해요. '후후! 벗으면 그만인 옷에 왜 그렇게 많은 돈을 쓴답니까?' 그렇지만 그분들의 따님들, 현대 여성들은…" 커브스 여사는 지타를 돌아보며 말했다. "그들은 영화와 뮤직 비디오에서 속옷들을 많이 보았거든요. 그들은 신혼여행 때 이런 섹시한 속옷들로 기분을 내고 싶다고 말해요."

그녀의 설득력 있는 권유는 지타의 생각에 영향을 미쳤다. 지타는 얼마간 비용이 들더라도 현대적인 여성이 되기로 작정하고 있었다. 지타는 커브스 여사한테 자신도 신혼여행을 위해 재미있는 속옷을 샀으면 한다고 말했다. 그래도 빨간 꽃이 중앙에 그려진 속옷보다는 덜 도발적인 것으로 고를 게 분명했다.

"축하드려요, 아가씨. 곧 결혼하시는가 봐요. 신혼여행은 어디로 가시나요?"

그것은 지타가 가장 좋아하는 질문이었다. 신혼여행지는 세계화하고 있는 인도의 가장 존중받는 신부라는 것을 알려주는 반박할 수 없는 증거였다. 그녀의 신랑은 고아 같은 국내의 예측가능한 곳으로 신부를 데려가려 하지 않았다. 그곳보다는 그녀가 난생 처음으로 가보는, 그리고 그녀의 두 번째 해외 여행지인 태국의 해변으로 갈 예정이었다. 태국은 델리에서 비행기로 네 시간밖에 안 걸리는 곳이지만 해외 여행은 여전히 인도 상류층 외의 사람들에게는 감히 생각할 수 없는 일이었다. 커브스 여사는 만족한 눈길로 지타를 다시 평가했다.

"정말 행운의 신부군요!"

지타는 당당하게 고개를 끄덕여 그 말을 인정했다. 그러나 상품을 둘러보며 그녀의 자신감은 다시 위축되었다.

"사실, 난 뭐가 필요한지 잘 모릅니다. 태국의 해변에서 여자들은 보통 무얼 입나요? 나한테는 미니스커트가 한두 벌 있을 뿐입니다. 더 있어야 할까요? 그리고 비키니 수영복…글쎄 그걸 입을 만큼의 용기가 나한테 있는지 저 자신도 모릅니다만. 수영하는 법을 아는 인도 여성이 있을까요?"

커브스 여사는 예비 신부들이 쇼핑하며 겪는 충격에 익숙했다.

"인도 여성이 수영하는 법을 배운 경우는 거의 없지요. 아가씨. 물론 그렇다고 해서 아가씨가 비키니를 입을 수 없다는 뜻은 아니에요. 그렇지만 많은 인도 여성들이 너무 수줍어서 노출이 심한 옷을 여러 사람들이 보는 앞에서 입지는 못합니다. 오직 내밀한 곳에서만 섹시한 옷을 입지요."

지타는 안심하는 듯했다.

"그러니까 저는 비키니는 사지 않겠어요." 지타는 커브스 여사를 곁눈질로 슬쩍 보았다. "여사님도 펀자브 사람이지요, 맞지요?" 커브스 여사는 당연히 그렇다는 듯 고개를 끄덕였다. "그러면 펀자브 지방의 전통을 아시겠네요. 새 신부는 시집으로 들어가기 전에 입던 옷을 모두 버려야 하잖아요." 커브스 여사는 다시 고개를 끄덕였다. "나는 남인도인하고 결혼할 건데도 우리 어머니는 날더러 펀자브 방식을 꼭 따라야 한다고 말씀하셔요…" 지타의 목소리는 떨렸다. 지타는 커브스 여사를 쳐다보았고 커브스 여사는 놀라서 눈썹을 치켜올렸다.

"아니, 다른 지방 사람하고 결혼하신다고요? 흠, 요즘의 현대적인 아가씨들은 정말로 다양한 연애결혼을 하는 것 같네요."

나는 커브스 여사가 주제넘게 나서는 바람에 화가 났다. 그러나 지타는 다른 사람들이 그녀의 개인생활에 끼어드는 일을 하도 당해서 익숙해진 탓인지 개의치 않는 것 같았다. 그녀는 자신이 현대적인 여자이지만 동시에 전통적인 정신도 지니고 있다는 것을 상점 여주인이 알도록 확실히 해두고 싶어 했다.

"사실 나는 연애결혼이 아니에요. 연애 반 중매 반이지요."

그날 하루가 이제는 정말 지겨워진 주제인 결혼에 대한 긴 얘기만 하다 끝나 버릴까 걱정되어 내가 화제를 바꾸며 끼어들었다.

"입던 옷을 모두 바꿔야만 하는지는 몰랐는데요."

다행히 지타는 나의 옷 이야기에 이렇게 말했다.

"그래요. 모든 걸요. 사촌들이나 우리 집에서 일하는 분들한테 다 주려고 해요. 내가 왜 쇼핑을 이렇게 많이 해야 하는지 이제 아실 거예요, 모든 걸 바꿔야 하니까요."

"누가 돈을 다 댑니까?"

"물론 우리 아버지지요. 딸이 태어나는 순간부터 인도의 아버지들이 저축을 해야 하는 이유 중 하나예요, 미란다. 아버지는 방갈로르에서 돌아오자마자 내 계좌로 돈을 이체해 보내셨어요."

돈 얘기는 숨김없이 커브스 여사에게도 전달됐다. 지타의 결혼용 의류 대금으로 들어올 돈의 금전적 가치가 다른 지방 남자와의 연애결혼에 대한 부정적인 생각을 물리친 게 분명했다. 커브스 여사는 이렇게 말했다.

"좋습니다! 속옷부터 시작하지요!"

지타는 자신의 할 일로 관심을 돌렸다.

"그래요. 한 가지 사항은 내 약혼자가 자기 취향에 대해 말한 게 있다는 거예요. 그는 실크나 붉은색은 안 된다 해요. 그런 스타일을 싫어한다는군요. 가장 좋아하는 것은 까만색 레이스라고 합니다."

커브스 여사와 나는 지타를 바라보았다. 아마 나는 커브스 여사만큼이나 깜짝 놀라는 모습이었을 것이다. 지타가 라메쉬와 매일 밤 통화를 하는데도 나는 그들의 대화가 섹스의 영역에까지 넘나들었다는 것은 전혀 생각하지 않았다.

"그가 그런 말을 했어요?"

지타는 그런 말을 한 것이 민망하다는 듯 고개를 끄덕여 보이고는 다른 진열대로 훌쩍 옮겼다. 커브스 여사의 눈썹이 다시 치켜 올라갔다.

지타의 등뒤에서 커브스 여사가 말했다. "후후, 요즘 남자들은요 결혼 전에 온갖 경험을 다 한답니다. 좀 대담한 종류를 사라고 권하고 싶군요."

어느 날 아침 레슬리의 종업원인 우샤와 아즈마트가 헬스클럽 매트리스 위에 앉아 아주 진지하게 토론을 하고 있었다. 밖에서는 세차게 비가 내리고 실내는 텅 비어 있었다. 그들은 전기를 아끼려고 형광등 하나만 켠 채 회원들이 나타나기를 기다리고 있었다. 심지어 라디오도 끈 상태였다. 내가 우산을 털며 계단을 내려가자 등을 더 켜려고 우샤가 펄쩍 일어났다. 그녀의 뭔가 죄 지은 듯한 표정이 나의 호기심을 자극했다.

"두 분 무슨 얘기를 하고 계셨어요?"

"아, 뭐 별 거 아니에요, 디디…" 우샤가 내 눈을 피하며 대답했다.

그런데 아즈마트가 팔꿈치로 우샤를 슬쩍 밀며 말했다. "우샤 디디가 섹스에 관해 설명해 주고 있었어요."

아즈마트가 영어 단어를 말하는 바람에 그들은 깔깔 대고 웃음을 터뜨렸다.

나는 앉았다. 당황함을 감추려고 한바탕 웃은 뒤에 우샤는 솔직히 털어놓았다.

"아즈마트한테 나도 결혼한 날 밤이 될 때까지 아무 것도 몰랐다고 말하고 있었어요. 내 말은 뭔가 일어날 예정이라는 것, 그리고 그것이 섹스라는 걸 알고 있었지만 어떻게 그 일이 일어나는지는 몰랐다는 뜻이에요. 남편이 가까이 왔을 때 나는 뒤로 물러났어요."

"아무도 섹스에 대해 설명해 주지 않았다는 말인가요? 학교에서도요?"

두 여자는 나의 고지식함에 웃음을 터뜨렸다.

"특히 학교에서는 아니지요! 그런 걸 가장 안 가르쳐 주는 곳이 학교지요, 디디."

아즈마트는 처음으로 생리를 했을 때의 이야기를 했다. 아즈마트는 자신이 죽는 거라고 생각했다. 무서워 움직이지도 못하고 쭈그려 앉는 변기 위에서 등을 구부리고 있는 것을 언니가 발견했다.

"나중에 어머니가 말해 줬어요. 여자가 나이가 들면서 자연스럽게 일어나는 일이라고요. 어머니는 속옷 안에다 생리대를 대라고 말했죠. 그렇지만 정확하게 설명해 주지는 않았어요. 어머니는 방금 우샤가 말한 내용을 말해 준 적이 없어요. 생리하고 섹스하고 연관이 있다는 걸요."

"나도 겪기 전에 미리 생리가 있을 거라는 사실을 알지 못했어요." 우샤가 덧붙였다. "생리가 시작되었을 때 나는 피를 보고 기절했어요." 우샤는 잠시 말을 멈췄다. "인도에서 이런 식으로 아무런 교육이 없는 것은 좋지 않아요. 나는 내 딸이 아무 것도 모르고 일을 겪게 하고 싶지 않아요. 내가 아즈마트가 잘 이해하도록 말해 주는 이유가 바로 그거예요."

헬스클럽을 몇 년간 운영하며 인도 숙녀들을 접해 온 뒤에도 레슬리는 그들이 자신의 몸에 대해 너무나 모른다는 사실에 깜짝깜짝 놀라곤 했다. 그들의 상식을 보완해 주기 위해 레슬리는 '우먼스 데이'의 보급판이라 할 힌디어 건강 잡지인 '그리히쇼브하'를 헬스클럽 용으로 정기구독했다. 신문용지에 인쇄한 그 잡지의 기사들은 위생과 안전한 섹스에 관해 도덕적인 지침들을 제공하고 있었다.

그들은 모두 피임에 관한 기사들을 읽었다고 우샤는 말했다.

"결혼한 여자들은 모두 피임에 대해 불안해해요. 우리는 너무 부끄러워 말을 꺼내지 못했어요. 그런데 한 여성이 레슬리한테 그 말을 한번 꺼낸 뒤 우리는 모두 달려들어 질문을 쏟아부었다니까요. 우리 모두가 겪는 똑같은 문제예요. 우리는 두세 명 이상의 자녀를 키울 만큼의 여유가 없어요."

"요즘은 아이를 많이 갖는 걸 좋아하지 않아요." 아즈마트가 큰소리로 주장했다. 아즈마트는 헬스클럽의 대화에서 배제되는 걸 싫어했다. 얘기 주제가 지금처럼 자신의 생활과 무관할 때에도 그랬다. 그런가 하면 우샤는 생각을 깊이 하는 편이었다. 비록 우샤는 자신의 어머니와 마찬가지로 '여자들의 의사' 한테 가본 적이 없었지만 남편한테 얘기를 꺼낼 정도로 잡지를 통해 피임에 관해 많이 알았다. 굉장한 용기가 있어야 남편한테 그런 얘기를 제기할 수 있었기에 그녀는 그 사실을 자랑스러워했다. 인도가 세계화하고 있는 시대에는 거북하지만 이런 대화를 나누는 것이 아주 중요하다고 그녀는 생각했다.

"우리 부모님은 아이를 많이 낳았어요. 그런데 이젠 세상이 바뀌었지요. 우리는 자녀를 학교에 보내 잘 살게 해 주고 싶습니다."

아즈마트가 입을 열려고 하다 우샤를 돌아보며 그녀의 허락을 받으려고 멈췄다. 우샤는 마지못해 동의하는 뜻으로 킬킬 웃었다. 그러자 아즈마트는 신이 나서 나에게로 몸을 돌렸다. "우샤 디디가 말해 줬는데요, 남편이 콘돔을 쓰겠다고 했대요. '그리히쇼브하' 잡지에는 남편들이 반드시 그래야 한다고 되어 있어요!"

우샤의 남편은 오랫동안 이곳 사람들에게 선망의 대상이었다. 그는 옷가게에서 높은 월급을 받고 있었고, 우샤가 밖에서 일하는 것에 대해 불평을 하지 않았다. 어느 해에는 우샤의 생일날 꽃을 들고 헬스클럽에 나타나기까지 했다. 발리우드 영화가 아닌 실생활에서는 들어본 적이 없는 행동이었다. 그 이후로 우샤의 남편에 대한 얘기가 나오면 피트니스 서클의 숙녀들은 그를 영어로 '베리 베리 나이스' 라고 묘사했다.

그렇지만 그가 콘돔 사용을 꺼려하지 않는다는 사실은 숙녀들 사이에 심술궂은 마음을 불러일으켰다. 우샤 남편이 힌두교도이기 때문에 그렇게 하기 쉬웠을 것이고, 이슬람교도 남자는 받아들일 수 없는 일이라고 몇몇은 말했다. 이슬람교도가 피임을 하는 것이 정당한지 아닌지에 대한 토론이 그날 아침 뜨거웠다고 아즈마트는 말했다. 한 숙녀는 이슬람에서는 부부가 '생기는 아기를 막는 것' 을 금지한다고 주장했다. 다른 숙녀는 그 규정은 인도의 생활비가 점점 올라감에 따라 인도의 이슬람교 지도자들에 의해 완화되었을지도 모른다는 의견을 냈다. 그들은 레슬리에게로 고개를 돌렸다. 그러나 그녀는 이 문제에 대해 어찌 대답해야 할지 몰라 종교 지도자에게 문의하라고 제안했다. 그러나 그들이 이맘에게 섹스에 관한 질문을 할 만큼 용기를 낸다는 것은 상상하기 어려웠다.

지타와 나는 가까운 바리스타 커피숍으로 갔다. 지타는 사람들이 커브스라는 로고를 보지 못하게 하려고 쇼핑백들을 테이블 밑으로 밀어넣고는 자리에 앉았다. 지타는 지치고 자그마해 보였다. 종업원이 오자 지타는 에너지를 얻어야겠다며 브라우니를 주문했다.

"아이 바바, 이제 겨우 시작인데! 빨리 직장을 그만둬야겠어요." 한숨을 쉬며 말하기에 내가 웃자 지타는 이렇게 덧붙였다. "정말이에요, 미란다. 주말에만 해서 언제 쇼핑을 다 마치겠어요?"

나는 인도 신부들은 꽤 수월하리라고 늘 생각했다. 결혼 문제를 직접 해결하지 않고 부모들이 음식 조달이나 꽃 주문을 다 하는 걸로 알고 있었기 때문이었다. 그런데 실상 그들은 다른 종류의 압박감에 짓눌리고 있었다. 지타의 어머니는 지타더러 새로운 가족한테 가기 전에 고향에서 함께 지낼 수 있도록 결혼 석 달 전에 파티알라로 오라고 다그쳤다. 그런데다 새 옷을 준비하는 일은 오로지 지타 책임이었다.

게다가 약혼자가 지타에게 미국식 신부처럼 보이기를 기대하고 있어서 지타는 쇼핑하기가 더욱 어려웠다. 지타도 신이 나서 거듭 말했듯이 라메쉬는 지타가 매일 청바지를 입는다면 제일 좋아할 것이라고 했다. 예비 남편은 보수적이고 지배적이었던 대학 때의 남자친구보다 진보적이었고, 지타로 하여금 그와 결혼하기로 한 것이 훌륭한 결정이었다는 확신을 갖도록 해 주었다. 그런데도 새로운 생활을 시작하며 어떻게 옷을 입어야 할지를 정하기란 쉽지 않았다.

아무리 라메쉬가 그렇게 말했어도 청바지를 입은 며느리는 그의 보수적인 남인도 가족들에게 용납되기 어렵다는 것을 지타는 알고 있었다. 인도의 어디에서건 새색시는 처음 시댁에서 몇 달 동안은 예의 바른 복장을 입는 것으로 되어 있다. 게다가 라메쉬는 어머니와 아주머니들이 매일 남인도 사리를 정식으로 차려입고 금장신구를 한다는 사실을 마지못해 털어놓았다. 지타네 집에서 어머니와 아주머니들은 사리보다 활동성이 좋고 격식을 차리지 않는 옷인 살와르 카미즈를 입을 뿐만 아니라, 무르티 집안의 가족들보다 기도나 요리에 시간을 덜 썼다. 많은 분들이 간호사나 교사라는 직업을 갖고 있기 때문이었다. 그러나 라메쉬네 친척들 가운데에는 집 바깥에서 직장을 가진 여성이 여태껏 한명도 없었다. 전통을 중시하는 가풍에 맞추려면 단정한 의복과 아내에게 어울리는 사리들로 몇 개의 옷가방을 채워야 할 판이었다.

비록 내가 보기에 지타는 일 자체보다 직장에 다니는 사람이라는 사실을 더 좋아했던 것 같지만, 그녀는 전문직 여성이라는 자신의 정체성에 긍지를 느꼈다. 지타의 야망은 그다지 크지 않았다. 그녀는 델리에서 8년간 같은 회사에서 일했고, 일을 굳이 열심히 하지도 않았고 좀 더 큰 회사로 옮겨갈 생각도 없었다. 부담스러운 업무 스케줄을 감당하고 싶지 않아서였다. 그녀에게 직장생활의 좋은 점은 멋진 옷을 입고, 아침마다 출근할 때 스테레오로 FM을 크게 틀고 델리 거리의 고약한 운전자들 사이에게 경적을 울리며 차를 운전하는 것이었다. 그리고 직장 동료와 가끔 밤 외출을 즐기는 것도 포함되었다.

지타는 늘 이렇게 혼자 사는 것과 일을 결부시켜 왔기 때문에 나는 그녀가 결혼한 다음에도 델리에 혼자 남아 하던 일을 계속하리라고는 생각지 않았다. 지타와 라메쉬 둘 다 방갈로르에 있는 가족들과 함께 사는 것을 당연하게 여겼다. 나는 지타가 결혼 후에는 다른 일자리를 구해서 일을 계속할 것이라고 생각했다. 라메쉬는 서른 넘은 여성이 남편감으로 삼고 싶어 하는 인물형으로 영화 DDLJ의 샤 룩 칸이 주연한 주인공에 가까운지도 모르겠다. 그래서 나는 지타가 방갈로르에 가면 직장을 구할 생각이 없다는 말을 했을 때 놀라움을 감출 수 없었다. 나의 반응에 실망한 지타는 한숨을 쉬었다. 확실히 지타는 자상한 해외 거주 인도인 남성을 원했지만, 힘들게 일하는 여권운동가 같은 생활은 원하지 않았다.

"남편의 가족 안으로 합류해 들어가면 그 여자는 자신의 새 생활에 적응하는 데에 초점을 맞춰야만 해요. 할 일이 많아 눈코 뜰 새 없을 거예요. 생각해 보세요. 나는 방갈로르를 겨우 한 번 방문했을 뿐입니다. 그곳의 생활에 대해 아는 게 하나도 없어요. 가족 중 누구에게라도 나를 이해시키려면 먼저 그들이 쓰는 언어부터 배워야 해요. 라메쉬는 날더러 펀자브의 어떤 전통은 보유하길 바란다고 말하지만 그의 가족은 나에게 그들의 방식대로 하기를 바랄 겁니다."

지타가 자신의 새 생활에 대해 상세히 말하는 것을 듣고 나는 결혼 후 얼마나 그녀의 생활이 변할지 새삼 깨닫게 되었다. 혼인을 위해 그렇게 많은 희생을 한다는 것은 나로서는 상상도 할 수 없는 일이었다. 우리 어머니는 아버지와 함께 살기 위해서 대학원 장학금과 미술사가로서의 경력을 포기했다. 그리고 아버지와 결혼하기 위해서 가족과 조국을 떠났다. 어머니는 늘 나의 삶에서는 그런 식으로 양보하지 않았으면 좋겠다고 분명하게 말씀하셨다. 나는 남자를 위해 내 삶의 목표를 바꾸는 것은 잘못된 일이라고 믿으며 자랐다.

어쨌건 남녀 교제와 경력 가운데 한쪽을 선택해야 한다는 것은 시대에 뒤진 베이비부머 시대나 겪는 당혹스런 일이라고 나는 확신했다. 뉴욕에 있는 내 친구들 가운데 남녀 교제를 위해 그들의 진로를 변경하려는 경우는 거의 없다. 이런 사실이 뉴욕에 살겠다고 선택한 사람들의 특성을 말하는 것인지 세대차인지는 확실히 모르겠다. 그러나 내 친구들 대부분은 나와 마찬가지로 70년대의 여성해방운동이 우리가 이런 갈등을 겪을 필요가 없게 보장해 주었다고 믿었다.

물론 그게 그렇게 간단한 문제는 아니다. 나 자신의 의식이 나의 독립심과 저널리스트라는 나의 경력에 뿌리박고 있지만, 나는 그것들이 내 삶의 전부가 되기를 원하지는 않았다. 물론 벤저민 대신 슈퍼 리포터 걸이라는 해외특파원 생활을 선택함으로써 낭만적인 커플로 살 수 있는 유일한 기회를 잃어버린 게 아닐까 나는 두려움이 내면 깊이 자리잡고 있기는 했다. 하지만 나는 그런 내 생각을 다른 사람에게 밝히기가 두려웠다.

그러나 다행히도 지타는 정체성 위기 같은 것을 겪지 않았다. 지타는 독신일 때는 전문직 여성이고, 결혼하고 나면 가정주부여야 한다는 것이 서로 모순된다고 생각하지 않았다. 내 마음 속 한구석에서는 그런 그녀를 질투했다. 언젠가 뭄바이의 한 영화평론가가 발리우드 영화 여주인공에 대해 인터뷰하며 언급한 내용을 나는 결코 잊지 못할 것이다. 여배우들이 지금은 '현대적인 여성'의 역을 연기하고 있지만, 그 주인공들도 남편이 있기 이전과 남편이 생기고 난 이후의 자아 사이에 분명한 구분이 있다고 그 여성 비평가는 말했다. 지타의 경우에 적용될 수 있는 말이었다.

"영화 속의 여성들은 사랑에 한번 빠지게 되면 그들이 직업을 가졌다는 사실을 잊어버리는 것 같아요. 일단 약혼을 하면 갑자기 노래를 부르고 쇼핑을 해요. 결혼을 하고 나면 그녀 존재의 중심은 남편과 가족이 되어 버립니다. 그런 이상은 아주 인도다운 것입니다." 그 비평가는 이렇게 말했다.

지타가 그런 이상을 영화에서 배웠을 수도 있고, 발리우드 영화가 인도 문화에 스며든 결과 그런 이상을 그리게 되었는지도 모른다. 어떤 경우이건 지타는 완벽한 인도 아내의 역을 연기하도록 준비된 완벽한 발리우드 신부였다.

제14장

펀자브의 신부

제복 입은 남자는 잔을 가득 담은 은쟁반을 높이 들고
내 옆을 지날 때 내가 뻗은 손을 피하며 지나갔다.
호텔 직원한테 숙녀에게는 술을 제공하지 말라는 지시가 내려간 걸까?

"결혼을 하고 나면 문제가 시작돼요." 라다가 소리를 높여 말했다. 라다는 조리대에서 당근을 놀라운 속도로 자르고 있었다.

딸 푸쉬파가 결혼하고 7개월이 지나며 라다의 입에서 자랑스런 사위를 칭하는 '모바일-인-차지' 라는 말이 사라졌다. 대신 시어머니와 며느리 사이의 갈등을 묘사하는 힌디어와 영어를 섞은 힝글리시 '사스-바후 텐션' 이라는 말이 등장했다. 나는 라다의 애매한 표현에 어느 정도 적응이 돼 있었는데, 이 문구는 인도의 새색시들에 관해 얘기할 때 여러 번 들은 적이 있었다.

물론 혼인으로 맺어진 새 가족과의 관계가 쉽지 않은 것은 전 세계적인 현상이다. 새롭게 가족이 된 타인과 친밀하게 지낸다는 것은 쉬울 수가 없다. 대부분 아내가 남편의 가족으로 편입돼 들어가는 인도에서는 커뮤니케이션이 제대로 되지 않고, 의견이 맞지 않는 경우가 많이 발생해 양측의 관계가 특히 위태위태하다. 도시의 중산층 부부가 따로 살기로 결정하는 경우는 인도의 수백만 가족 가운데 극소수에 불과하다. 나는 지타가 보수적인 라메쉬의 가족과 함께 살기보다는 따로 살기를 희망할지 모른다고 생각했는데, 지타는 그것은 선택의 문제가 아니라며 그런 말을 나한테조차도 입 밖에 내려 하지 않았다.

사스-바후 갈등, 즉 고부갈등에 관한 경고는 어디서나 들린다. 그 정도라면 결혼생활에 기대를 거는 인도 여성이 있기나 할지 의아할 정도로 만연해 있다. 사실 이 주제는 황금시간대의 최고 인기 드라마인 '시어머니도 한때는 며느리였기 때문에'의 줄거리이기도 하다. 세련미 없이 투박한 드라마 제목의 힌디어 두 문자 모음을 따 KSBKBT로 통하는 드라마 제목은 애처로운 느낌을 풍긴다. 이 일일연속극은 주중에 매일 새로운 에피소드를 쏟아내며 8년간 방영되었다. 라다와 그녀의 딸들은 화면 상태가 나쁜 중고 TV로 거의 한 편도 빼놓지 않고 시청했다. 그러나 푸쉬파가 시집으로 들어간 뒤 라다는 딸이 이제는 그 드라마를 볼 필요가 없다고 씁쓰름하게 농을 던졌다. 왜냐하면 딸의 삶 자체가 그 드라마와 흡사하기 때문이었다. KSBKBT는 시청자들에게 새 신부는 시집의 엄청난 집안일을 책임져야 한다고 가르친다. 그리고 푸쉬파의 사스는 바로 그런 이유 때문에 아들의 결혼을 서둘렀다. 바후야 말로 자신의 딸이 결혼해 다른 집으로 가 버린 후 이제까지 맡아 온 집안일로부터 사스를 해방시켜 줄 사람이었던 것이다.

푸쉬파가 고등학교 공부를 마저 마치고 싶어 하지 않을까 의심한 사스는 며느리를 엄히 단속할 필요가 있다고 생각했다. 사스에게는 푸쉬파가 공부를 더 하려 한다는 것은 주부로서의 의무를 회피하려는 염치없는 시도일 뿐이었다. 시어머니는 푸쉬파에게 이제는 더 이상 친정집에 일주일마다 가는 것을 허락할 수 없다고 했다. 그 일은 라다의 기분을 더욱 뒤틀리게 만들었다. 어쨌든 푸쉬파는 겨우 열일곱 살인데 친정집에 가는 것을 금하는 것은 공정치 못해 보였다. 물론 딸애를 결혼시킬 때 딸애의 운명에 대한 통제력을 넘겨준 셈이기는 했다. 이제는 우리 집 전화로 일주일에 두 차례 딸과 통화하는 걸로 만족해야만 했다.

라다는 거실의 바닥 걸레질을 마치고 내 방문을 열었다.

"디디?"

목소리가 공손한 걸로 미루어 그녀가 무얼 원하는지 알 수 있었다. 내가 거실로 나오자 라다는 촐리 안에서 종이조각을 끄집어냈다. 꽤 많이 닳은 데다 땀에 약간 젖은 종이였다. 바블루가 푸쉬파의 집전화 번호를 흘림체로 적어놓은 늘 같은 종이였다.

내가 전화 다이얼을 돌리면 라다는 마치 수화기가 살아 있는 생명체인 양 거북해하며 수화기를 받아들었다. 통화중이라는 신호음이 들리자 라다는 수화기를 눈 가까이 대고 안을 들여다보았다. 마치 도대체 왜 딸의 목소리가 들리지 않는지 그 이유를 수화기가 밝혀줄 것같이 말이다. 나는 수화기를 받아들고 다시 다이얼을 돌린 후 라다에게 건네주었다. 이번에는 라다의 얼굴이 활짝 피었고 그녀는 기쁨에 찬 목소리로 말했다. "때르릉이 울려요, 디디!"

수화기 저편에서 목소리가 들려오자 라다는 마음을 가라앉혔다. 전화기에 대고 말할 때 라다는 늘 태도가 바뀌었다. 플라스틱제 수화기는 외부 세계의 힘을 대표했다. 그것은 교육을 받지 못해 그녀가 대부분 배제당해 온 세계였다. 단순히 동네 가게에 우유를 주문할 때도 전화기를 통해서 할 때는 거래에 엄숙함이 배어들었다. 이제 라다는 나지막하고 예의를 갖춘 어투로 딸을 바꿔달라고 요청했다. 푸쉬파의 사스가 전화를 받았다는 뜻이었다. 그러다 그녀의 목소리가 정중한 음역대를 벗어나 치솟아 올라가는 것은 푸쉬파가 마침내 전화로 연결됐다는 신호이기 때문에 나는 그 자리에서 물러날 수 있었다.

나중에 라다는 내 사무실로 들어와서 내 의자 뒤에 웅크리고 앉아 내가 반응을 보일 때까지 기다렸다. 나는 헤드폰을 쓰고 일을 하고 있었고, 그녀는 자신이 들어와 있다는 것을 알리지 않았다. 라다가 얼마나 오랫동안 기다렸는지 전혀 알 수가 없었다. 전에도 여러 번 그런 일이 있었는데 늘 의자를 뒤로 돌리다 불과 몇 인치밖에 안 떨어진 곳에 쭈그리고 앉아 있는 라다를 발견하고 깜짝 놀라곤 했다.

"미안해요 디디⋯푸쉬파하고 나눈 얘기를 하고 싶어서요."

눈 밑이 불그스레한 걸로 보아 그녀가 울고 있었다는 걸 짐작할 수 있었다. 나는 그 사실을 믿고 싶지 않았다. 자제력이 강하고 빈틈이 없는 라다는 내 뒤에서 웅크리고 앉아 울었다는 것을 품위 없는 일로 여길 게 분명했다. 그래서 나는 모른 체하기로 했다.

그런데 라다는 일어나지 않았다. 의자 바로 뒤에서 발뒤꿈치 위에 쪼그리고 앉아 있었기에 나를 가둔 형국이 되었다. 나는 뒤로 몸을 기대 둘 사이의 공간을 넓히고 그녀가 말을 할 때까지 기다렸다. 갑자기 그동안 속에 갇혀 있던 말이 쏟아져 나왔다.

"푸쉬파의 사스는 매우 성급해요, 디디. 신랑은 좋은 사람이에요. 그런데 그 가족은 그렇지 않은 것 같아 걱정이에요. 사스는 푸쉬파가 혼수품을 충분히 가져오지 않았다며 항상 불평해요. 이건 공정하지 않아요! 전자제품과 가구 대신 현금을 달라고 그 여자가 요구했다고요. 나는 앞으로 몇 년 동안 빚을 갚아야 해요, 디디. 그런데도 내가 충분히 혼수를 안했다고 말해요. 아이 바그완."

정말로 푸쉬파의 사스는 카레에 소금을 너무 많이 쳤다는 등등의 이유로 푸쉬파가 마음에 들지 않을 때마다 불충분한 혼수를 가지고 트집을 잡았다. 혼수에 대한 불평 속에서 라다는 더욱 고약한 얘기를 들었다. 푸쉬파가 아내가 될 만한 수준에 못 미친다고 시어머니가 비난했다는 것이다. 정말로 라다에게 더 이상 큰 모욕은 없었다. 자기 자신보다 교육도 더 받았고, 세상 돌아가는 이치도 더 잘 아는 자녀들이야 말로 라다를 만족시키는 유일한 원천이었다.

라다는 새색시에게 힘을 주는 일은 단 한가지라고 딸한테 가르쳤다. 즉 훌륭한 품행에 의해 얻어지는 도덕적인 권위뿐이었다. 라다는 푸쉬파한테 남편의 사랑을 쟁취하는 최고의 방법은 유순하게 순종하는 것이라고 일러 주었다. 그렇게 하지 않으면 KSBKBT 드라마의 여러 에피소드에 수도 없이 나왔던 것처럼 남편은 시어머니와 연합해 자기 아내를 적대시하게 될 수도 있었다. 시집 식구들의 기대에 맞도록 자신의 방식을 조절하지 않으면 여자의 종착지는 델리 공설병원의 화상병동이 될 수도 있었다.

약혼식 사진 속에서 지타는 웃지 않는 얼굴로 쿠션 위에 균형을 잡고 앉아 있었다. 그녀의 약혼자는 그녀 옆에 예의바르게 자리 잡고 있었다. 그들 양 옆에는 마치 어느 가족이 상대 가족에게 더 돈을 썼는가를 결정할 때 쓸 증거물처럼 선물들이 높이 쌓여 있었다. 사진들을 보여주며 지타는 자랑스럽게 사리와 금장신구들이 듬뿍 쌓여 있는 것을 가리켰다. 신랑 가족은 신부에게 결혼선물을 할 의무는 없었다.

"이 남자를 찾은 게 나한테 행운이라고 하던 라다가 맞았어요. 대부분의 신부들은 시댁 쪽으로부터 아무 것도 받지 못하거든요. 비통함밖에는 아무 것도 없어요."

지타는 그즈음 자신의 운이 좋다고 느꼈다. 직장도 그만두었기 때문에 결혼 전의 기분 좋은 몽롱함 속에 취해 있었다. 열한 시간씩 수면을 취하다 보니 피부도 빛났다. 인도인을 위해 특별히 튼튼하게 제작된 노키아 휴대전화는 늘 그녀 귀에 붙어 있거나 배터리 충전을 위해 벽에 꽂혀 있었다. 지타는 하루하루를 의상실에 가거나 입던 옷과 가구를 다른 사람에게 나눠주고 청첩장 준비를 도우며 지냈다. 청첩장은 수제 종이에 빨간 색과 금빛으로 인쇄된 다섯 개의 초대카드가 들어 있어 봉투가 두터웠다. 그리고 일주일에 두 시간 정도는 마담 X에 가서 제모작업, 마사지, 피부미백처치 등을 받으며 호사를 누렸다.

어느 날 미용실에서 생기가 넘치는 모습으로 돌아온 지타는 결혼식의 기쁨을 나와 함께 나누기로 결정했다. 자신에게는 자매가 없으니 내가 신부들러리를 맡아주면 좋겠다는 것이었다. 힌두교의 결혼식에는 없는 역할이었지만 다른 현대적인 신부들처럼 서구적인 제도를 받아들이고 싶어 했다. 힌두교의 결혼에는 신부가 되는 여성에게 선물을 하기 위한 신부파티, 결혼 직전 여자들만의 파티, 결혼식장의 행진 등이 없다. 그래서 나는 지타가 들러리로서 내게 무엇을 기대하는지 모른 채 응낙했다. 지타는 자기가 생각해 놓은 역할이 있다고 했다. 기본적으로 나는 그녀의 결혼식을 빛내 줄 조수가 되어 의상, 화장, 음식 등을 도와주어야 했다. 결혼 기간 동안 '부정적인 영향을 미칠 일'로부터 그녀를 보호해 주고, 독신으로 있는 마지막 몇 개월 동안 되도록 많이 그녀 옆에 있어 주는 것이라고 지타는 설명했다.

지타가 날더러 결혼 전 3개월 동안 파티알라에 가서 함께 있어 달라고 한 게 너무나도 당연한 부탁처럼 보이는 이유는 그 역할 때문이었다. 나는 놀라지 않을 수 없었다. 나와 일하는 에디터들은 내가 결혼한다 해도 두 달씩 휴가를 줄 리가 없었다. 나는 결혼식 직전의 두 주일이 최대로 내가 약속할 수 있는 기간이라고 말했다. 지타는 실망한 나머지 코를 찡그렸다. 결혼식이 벌어지기 몇 주 전부터 친척들이 파티알라에 도착할 것이고, 편자브 사람들보다 더 축하하길 좋아하는 사람은 없으며, 결혼식은 가족이 함께 모이는 가장 큰 구실이 된다고 지타는 말했다. 그래서 내가 왜 같이 따라가 주지 않겠다고 하는지 이해하지 못했다.

친구의 결혼을 위해 두 주일을 바친다는 것은 내 기준으로 볼 때 상당히 긴 기간이고, 파르바티도 나와 같은 의견이었다. '편자브 지방의 결혼식 세상'에서 지타의 가족에 둘러싸여 신부 조수를 하고 나면 인도에 대한 나의 애정이 심각하게 위축될 것이라며 그녀는 깔깔 웃었다.

"때때로 당신 같은 페링기들은 인도를 마치 개종해 받아들일 종교인 것처럼 행동해요. 자신이 인도를 가장 헌신적으로 사랑하는 사람이라는 걸 증명할 필요는 없어요. 그냥 며칠간 결혼식에 참여하면 돼요."

파르바티는 내가 인도를 좋아하는 것에 대해 지나칠 정도로 정직하고 단호하게 지적했다. 물론 그녀의 말은 옳았다. 나는 자신의 열린 자세를 증명해 보이기라도 하듯이 인도 곳곳을 걸어서 다녔다. 마치 그렇게 하는 것이 우리 할머니가 선교활동에 열정을 바친 40년과 영국의 식민통치에 대한 보상이라도 되는 것처럼 행동했다.

파르바티는 구체적인 문제를 지적했다. 우선 나에게 혼례를 치르는 꼬박 두 주일 동안 갖춰 입을 의상이 없다는 사실을 정확하게 지적했다. 나는 편자브 지방 예식 때 필수적인 실크 사리나 세퀸 장식이 있는 살와르 카미즈가 없었다. 파르바티에게서 우아한 사리를 빌리고, 지타에게서 화려한 편자브지방 의상을 빌려 입는다 하더라도 여전히 보석 박힌 구두와 호화로운 금목걸이가 없었다. 나는 그곳에 모인 사람들 중에서 옷을 제일 못 입은 사람이 될 게 뻔했다.

인도 혼례에서는 겉으로 부를 과시하는 것 이상 중요한 게 없었다. 라다가 속한 공동체 사회에서는 이웃 사람들로부터 돈을 얻어내서 충당했고, 지타의 공동체 사회에서는 친척들이 자발적으로 봉투에 넣어 주는 루피로 감당했다. 사람들이 축의금을 니틴 쇼우리의 손바닥에 슬쩍 올려놓으면 그는 그럴 필요는 없다는 뜻으로 머리를 흔들었지만, 돈은 꼬박꼬박 챙겼다. 그는 축의금 봉투를 아내에게 전달하고는 두 손을 모아 감사를 표했다.

그에게 지타의 결혼은 이제까지 재정적으로 가장 큰 규모의 일이었다. 외지인과 결혼한다는 게 문제가 아니었다. 니틴은 항상 딸애를 위해 꿈꾸어 온 펀자브식의 풍성한 잔치를 베풀 작정이었다. 이 잔치를 그는 31년간 마음속에 그려왔다. 제복 차림의 수많은 남자들이 대형 항아리에서 퍼 담은 카레와 불길이 이글거리는 탄두리 화덕에서 갓 구워낸 '난'을 돌릴 것이다. 푸짐하고 맛있는 후식은 두고두고 파티알라에서 칭송될 것이다. 시원한 2월, 다양한 빛깔의 터번을 한 펀자브 지방 민요 가수들이 잔디밭에 다리를 포개고 앉아 사랑의 노래를 부르고, 금장신구로 장식한 친척들의 눈가에는 감동의 눈물이 흐를 것이다. 훗날 친척 아주머니들이 지타의 결혼식이 가족 역사상 최고였다고 선언하면 니틴은 겸손하게 미소 지을 것이다. 니틴은 공무원의 연금으로 이 모든 것을 성취하기는 불가능하다는 것을 알고 있었다. 그는 얻을 수 있는 현금은 모두 확보하려고 들 것이다.

내가 조수석에 올라타자 청바지를 입은 라지브의 다리는 레드 FM 방송의 음악에 맞춰 흔들리고 있었다. 라지브는 지타의 대학 친구 가운데 한명이었고, 지타는 그에게 다섯 시간 걸리는 북쪽의 파티알라로 나를 태워다 주라고 주선을 해놓았다.

"진정한 펀자브 지방 결혼식을 즐길 준비가 돼 있습니까, 미린다아? 인생을 즐길 준비가 돼 있나요?"

차라리 기차를 타고 갈 걸 하는 후회가 잠시 들었다.

친구들의 결혼식 가운데 마지막 결혼식이라 그는 특히 더 기운이 넘쳤다. 나머지 친구들은 이미 몇 년 전에 다들 결혼했고, 그들은 지타에 대해서는 포기한 상태였다. 그러나 기대도 하지 않던 펀자브 지방의 결혼식에 가게 되어 기뻤지만 동시에 지타가 선택한 상대에 대해서는 당황했다. 지타가 이렇게 오랫동안 기다리다 마침내 남인도인하고 결혼한다는 것은 웃기는 일이 아닐 수 없었다. 펀자브 남자를 고를 충분한 시간이 있었을 테고, 그랬더라면 더 좋았을 텐데 하는 생각이었다. 나는 라지브가 모한에 대해 얼마나 알고 있을까 궁금했다. 그들은 모두 친구였기 때문에 지타가 모한의 청혼을 거절한 것에 대해 라지브도 들어서 알지 않았을까 추측했다. 그러나 모한이 라지브에게 자신과 지타가 '사귀었다'는 말을 하지는 않았으리라고 나는 판단했다. 그렇게 해야 자기 자신도 깨끗이 정리되기 때문이었다.

라지브는 운전하는 내내 그들의 결혼생활이 어떻게 될지 궁금해 했다. "그 사람들은 음식도 상당히 다르고, 풍습도 꽤 다르거든요!" 당장 궁금한 것은 남인도인들이 펀자브의 결혼식에 어떤 식으로 참여할지에 관한 것이었다. 두 지방의 결혼식이 전혀 다르기 때문이었다. "남인도의 결혼식은 순수한 예배의식, 즉 '푸자' 인데 펀자브 지방의 결혼식은 기도는 10%밖에 안 되고, 나머지 90%는 순전히 즐기는 거죠! 남자 쪽 가족은 분명히 충격을 받을 겁니다." 라지브는 이렇게 말했다.

나는 지타네 가족이 남인도의 결혼 의식을 어느 정도 포함시킬까 하고 물었다. 그런데 그의 대답은 일종의 경고처럼 들렸다.

"지타는 결혼하고 나면 남은 평생 내내 남편 집안 풍습을 따라서 살아야 합니다. 결혼식이 지타에게는 펀자브식으로 지내는 마지막 기회예요. 우리들로서는 그 방갈로르인들에게 진짜 결혼식이란 게 정말로 어떻게 진행되는지 한번 보여줄 기회고요. 그 사람들이 그걸 볼 준비가 돼 있었으면 해요."

물을 끌어들여 농사를 짓는 펀자브의 평원은 인도의 밀 생산지대로 알려져 있다. 인도가 분리되면서 주가 둘로 쪼개졌을 때 파티알라는 파키스탄 쪽에서 온 피난민들로 가득 찼다. 피난민들은 늘 번영을 구가해 왔던 힌두교도 농부와 상인들이었고, 그들이 인도 쪽으로 국경을 넘어와 사업을 일으켜 세우면서 파티알라는 다시 번성하기 시작했다. 그러나 생활은 비교적 부유해졌지만, 다른 대부분의 북부 도시들처럼 분위기는 가라앉아 있었다. 먼지 많은 도로 옆에는 채소를 파는 노천 시장과 상점들의 알루미늄 판벽이 연이어 있었다. 쓰러질 것 같은 슬럼가 '버스티' 들이 도시의 전 구역에 걸쳐 퍼지며 파티알라 왕조의 궁전이 있는 곳까지 침범해 들어오고 있었다. 슬럼가에는 인도의 더 가난한 지역에서 이주해 온 노동자들이 모여들었다. 60년 전 종교 폭동을 피해 도망쳐 온 피난민들이 그랬던 것처럼 그들은 밖에서 불을 피워 조리를 하고, 비닐 방수포 아래서 잤다.

우리는 파티알라에 저녁 때 도착했고, 히말라야 산자락의 찬 공기를 온몸으로 느낄 수 있었다. 배달 소년이 자전거를 타고 지나갔는데, 모직 스카프가 머리 위를 감싸고 턱 밑에서 둥그렇게 감겨 있었다. 우리가 본 시크교도 경찰관도 터번을 쓴 위에다 똑같이 스카프를 두르고 있었다. 지타는 살와르 카미즈 위에 두터운 카디건을 걸치고, 부모님 집 바깥에 나와 우리를 맞았다. 짧은 겨울 동안 보온을 위해 임시방편으로 편하게 입는 특이한 인도 패션이었다.

쇼우리 가의 회색빛 건물은 집안에 혼사가 있음을 알리기 위해 줄에 매단 하얀색 꼬마전구들과 재스민 꽃들로 장식되어 있었다. 집안에서는 아주머니들이 은종이로 싼 캔디를 접시에 담느라 분주했다. 호리호리한 사촌들은 TV 앞에 모여 크리켓 경기를 보고 있었다. 우리는 '나마스테' 하면서 인사를 나누었고, 지타는 두 주 동안 함께 지낼 방으로 나를 데려갔다. 신부 들러리를 가까이 두고 싶어 한 심정은 알지만, 자기가 어린 시절 쓰던 침대를 가리키며 대학 친구인 안쿠와 셋이 함께 사용할 것이라고 한 말을 듣고 나는 깜짝 놀랐다.

지타는 외동딸로 태어났지만 혼자서 지낸 적이 거의 없었다. 자라는 동안 사촌과 이웃이 늘 주위에 있었다. 나하고 델리의 집에서 함께 살 때 지타가 가장 이해하기 힘든 점은 비어 있는 공간들이었다. 중산층으로 성장했음에도 지타는 라다만큼 자주 우리 집에 얼마나 더 많은 사람들이 들어와 살 수 있는지를 언급했다. 그녀는 자신의 젊음에 마지막 인사를 고하는 날 밤을 절대로 혼자서 보내고 싶지는 않았다.

실망한 모습을 지타가 눈치 채지 못하도록 나는 억지웃음을 지어보였다. 어렸을 때 나는 다른 사람과 침대는 물론이고 방도 함께 쓴 적이 없었다. 맏이로 태어난 다른 아이들과 마찬가지로 나는 성가신 여동생들이 내 공간을 침해할까 봐 치열하게 방어했다. 그래서 방 세 개짜리 주택의 융자금 충당이 아버지가 돈을 더 벌어야 하는 가장 중요한 이유였다. 나보다 몇 살 어린 일란성 쌍둥이 여동생들은 내가 함께 할 수 없는 자기들만의 유대관계가 있었다. 나는 자신한테만 집중함으로써 동생들한테서 느끼는 소외감을 줄이려고 했다. 나는 동생들한테 장난을 치고는 그 아이들이 자기들끼리 재잘거리며 떠드는 소리를 벽장에 숨어 몰래 녹음했다. 그리고는 나중에 그걸 들으며 혼자 킬킬거리고 웃었다. 나이가 들면서부터는 내 방문을 꽉 닫아놓고 음악을 쾅쾅 울려댔다.

인도로 온 것은 이런 반항적인 독립심이 더 두드러지게 드러난 행동이었다. 델리에서 나는 내 주위를 벽으로 둘러쌌다. 슈퍼 리포터 걸로 변신하겠다는 결의를 다지며 실제로 나는 긴장을 풀고 편하게 쉰다거나 친밀하게 사람을 사귀는 즐거움을 다 잊어버렸다. 벤저민 외에는 나의 감정적 공간에 들어온 사람이 아무도 없고, 그가 떠나간 후에는 그의 자리를 대신한 사람이 아무도 없었다. 인도에서 혼자 지낸 적은 거의 없지만 나는 자주 외로움을 느꼈다. 내 주위에는 항상 가정부, 통역, 운전기사 등이 있었다. 프리야는 여러 해 동안 나와 같은 집에 살며 밥도 같이 먹고, 외출도 같이 했다. 그리고 델리에 사는 동안 나는 다양한 부류의 해외주재원들과도 어울리며 저녁도 같이 먹고, 파티도 같이 다녔다.

하지만 그런 친구들은 더 열린 자세로 세상을 대하던 시기인 20대에 내가 사귄 친구들과 공유했던 깊은 감정적인 유대감을 대체해 주지 못했다. 지타나 파르바티도 마찬가지였다. 델리에 살면서 나는 자신도 모르는 사이에 내 안에서 진정한 친밀감이란 감정을 배제시켜 버렸다.

고국의 가족을 방문하면 그런 자신의 모습을 생생하게 실감했다. 부모님이나 여동생들과도 여러 해 함께 지내지 못하다 보니 후반부 몇 년 동안에는 갈수록 그들로부터 분리된 것 같은 느낌을 갖게 되었다. 지금은 부모님 집에 갈 때는 너무나 진한 가족 간의 시간에서 자신을 방어하기 위해 반드시 일거리를 가져간다. 중도 이탈자 같은 나의 위치 때문에 나는 우리가 모처럼 만나는 기회를 무슨 경연대회인 것처럼 대했다. 나는 무슨 자격지심에서인지 몰라도 가족과 함께 있으면 인도에서의 모험이 얼마나 눈부신지, 내 경력이 얼마나 훌륭하게 발전하고 있는지, 내가 얼마나 행복한지를 증명해 보여주려고 기를 썼다. 그런 정서적인 장애를 극복하고 여동생들과 빈둥거리는 법을 기억해 내려면 며칠간 뜸을 들여야만 했다.

지타는 친척들에게 감명을 줄 필요를 느끼는 것 같지 않았다. 그들이 서로간에 보이는 애정과 편안함에 나는 뜻밖에도 질투심을 느꼈다. 니자무딘에서 지타는 혼자만의 시간에 대한 나의 미국식 강박관념에 적응하려고 노력했다. 항상 미리 허락을 받고 내 방에 들어오는 것은 아니지만, 방에 들어왔을 때 내가 일하는 중이라는 말을 해도 그렇게 놀라거나 무안해하지 않았다. 이처럼 나의 까다로운 성미에도 불구하고 지타는 자기 인생에서 가장 중요한 행사의 중심에 나를 데려 왔다. 파티알라에서 자기 가족들 한가운데 있는 그녀를 보니 내가 얼마나 먼 곳에서 가족들로부터 단절된 채 살고 있는가를 깨닫게 되었다. 나는 다음 두 주 동안은 내게 아주 필요한 친밀함에 대한 공부를 하는 시간으로 삼아야겠다고 숨을 크게 들이쉬면서 스스로 다짐했다.

나의 이런 기분은 아랑곳하지 않은 채 지타는 나를 침대로 데려가서는 결혼 장신구들을 한 무더기 꺼내놓았다. 모두가 황금으로 된 목걸이, 팔지, 귀걸이들이었다. 지타는 자기가 아는 모든 가족이 이런 조상 전래의 귀금속을 안전 금고에 넣어 보관하고 있다고 했다. 인도인들은 오랫동안 높은 인플레율과 소득세율 때문에 재산을 국가에 공개하기를 꺼려했다. 결혼용 장신구를 사두는 방식으로 세무공무원의 눈을 피해 재산을 감추어 온 것이다. 인도 경제의 약 30%는 금에 묶여 있다. 금을 소유하는 것이 모든 가족 구성원이 향유할 수 있는 위험성 없는 사회 안전 대책인 것이다.

지타는 망 티카라고 부르는 이마의 머리선 장식과 코걸이를 했다. 모두 줄세공을 한 황금 장신구였다. 그것들로 장식을 하니 정말로 옛 인도 토후국의 공주 같았다. 그리고 동시에 꽤나 불편해 보이기도 했다.

"이 장신구들을 얼마나 많이 해야 돼요?"

"내가 견뎌낼 수 있는 한도 내에서 최대한으로 장식할 거예요! 가족의 귀중품을 내보일 수 있는 유일한 기회거든요. 어머니는 이 가운데 일부를 나한테 가져가라고 주실 거예요. 그렇지만 대부분은 다음 결혼식을 위해 이곳 파티알라에 보관될 겁니다."

지타의 어머니는 혼례용 금 장신구를 모조리 걸쳐야 한다고 우겼지만, 실제로 그녀는 그렇게 하겠다는 마음을 굳히지 않았다. 현대와 전통의 정체성 위기가 결혼 장신구에서도 나타난 것이었다.

라메쉬는 지타가 입을 혼례복에 대해 자기 생각을 강하게 갖고 있었다. 그녀의 외모에 대해 일일이 간섭하는 것과 마찬가지로 그는 신부가 '겹겹이 장식하는 것'은 보기 좋지 않다는 입장을 분명히 밝혔다. '더욱 미국인처럼' 차려 입으라고 신부에게 한 줄짜리 백금 목걸이를 사주기도 했다. 지타는 화장대 위에다 벨벳 천으로 안을 댄 상자에서 그 목걸이를 꺼내 놓았다. 인도의 신부가 할 장신구와는 전혀 달랐다. 디자인이 아주 단순한 데다 황금도 아니었다. 지타는 전래의 신부 치장보다는 외관을 덜 화려하게 꾸미자는 아이디어를 좋아했다. 그러면서도 지타는 어릴 때부터 꿈꾸어 왔듯이 공주님처럼 치장하고픈 마음도 있었다. 그녀의 어릴 때부터 환상은 가족들이 결혼식 동안 머리를 들 수 없을 정도로 딸들을 금으로 덮어씌워 질식시켜 죽인다고 농담을 하는 라메쉬의 생각과는 맞지 않았다.

지타는 안락의자에 누워 있었다. 살와르 바지는 걷어 올리고 다리는 드러나 있었다. 헤나 문신 전문가가 반영구 염료로 문신을 그리게 하기 위해서였다. 시아버지가 될 분이 있는 근처에서 이런 자세를 취한다는 게 창피스러웠지만 지타는 모든 걸 감수했다. 현대적인 신부가 되려면 치러야 할 대가일 뿐이었다. 이런 공개적인 미용 의례인 메흔디 파티에 참가하는 손님은 신부 측 가족의 여성들뿐이다. 양가의 남자들에게도 초청장을 보낸 사람은 바로 지타였다. 그러나 그들은 큰대자로 누운 신부와 거리를 유지하려고 조심했다. 로열 챌린지 한 잔 씩을 주문하고 서로 팔꿈치를 부딪치며 바 주위에 몰려 있었다.

그들의 부인들은 신부 주위에 모여서 헤나 전문가가 지타의 피부에서 잠시 손을 떼고 어서 자신들의 통통한 팔에 헤나 문신을 그려주기를 기다렸다. 펀자브지방의 여인들에게 메흔디 파티는 결혼식에 참가하여 받는 최고의 특전 가운데 하나다. 내가 아는 인도 여성은 거의 다 손에다 헤나 문신 하는 것을 굉장히 좋아한다. 차례가 될 때까지 시간을 보내며 부인들은 지타에게 이런저런 조언을 했다. 신부는 헤나 문신 디자인들 가운데 하나에 신랑의 이름을 넣어야 한다고 한 부인이 말했다. 침실에서 분위기를 부드럽게 하기 위해 이야기를 꺼내기 좋은 아주 오래된 전략이라고 그녀는 말했다. 나중에 첫날밤 남편과 단둘이 있을 때 신부가 신랑한테 자기 몸에서 이름을 찾아보라고 하며 분위기를 돋울 수 있다는 것이었다.

또 어떤 부인은 다른 지혜를 주었다. 메흔디 디자인이 피부에 진하게 나타난 신부가 남편을 가장 사랑한다는 거였다. 그 방면에서 가장 도움이 필요하다고 생각한 지타는 팔과 다리의 헤나 염료를 밤새 그대로 놔두겠다고 선언했다. 염료가 피부에 스며들어 그들의 결혼이 사랑으로 맺어졌다는 구체적인 증거가 될 것이라고 생각한 것이었다. 부인네들은 지타의 단호함이 마음에 든다며 고개를 끄덕였다.

나는 부인네들이 말하는 펀자브식 인도 영어를 이해하느라 애를 먹었다. 그날 밤의 내 의무는 신부가 손발을 움직이지 않도록, 즉 헤나 문신 디자인이 뭉그러지지 않도록 도와주는 것이었다. 지타는 펀자브 공주가 된 기회를 한껏 활용했다. 지타가 가렵다고 하면 나는 팔과 다리를 긁어 주었고, 뭔가 먹고 싶다고 하면 플라스틱 포크로 간식을 먹여 주었다. 목이 마르다고 하면 입에다 요구르트 음료인 라시를 부어 주었다. 지타가 다른 사람들에게 둘러싸여 있는 걸 보고 나는 마실 것을 찾아 그 자리를 살짝 빠져나왔다. 둘러보니 부인네들은 아무도 위스키 잔을 들고 있지 않았다. 그렇지만 나는 페링기이니 남자들은 술에 취하고 여자들은 바라보기만 하는 인도 결혼풍습의 관례를 깰 수도 있겠다고 생각했다.

그런데 그렇지 않은 것 같았다. 제복 입은 남자는 잔을 가득 담은 은쟁반을 높이 들고 내 옆을 지날 때 내가 뻗은 손을 피하며 지나갔다. 호텔 직원한테 숙녀에게는 술을 제공하지 말라는 지시가 내려간 걸까? 아니면 술이 마시고 싶어 자신을 잡으려고 드는 백인 여자한테 겁을 먹은 건지도 모르겠다.

지타의 식전 파티들은 내 기억 속에 뒤섞여 있다. 저녁식사는 자정이 지나서 나왔다. 북인도인들은 저녁식사를 늦게 한다고 알려져 있는데, 그런 관습은 술을 많이 마시는 파티와 혼례 때 더욱 심해진다. 남자들은 식사와 함께 술을 마시지 않는다. 따라서 음식이 등장하는 것은 그날 밤 파티가 끝나간다는 신호. 음식의 등장은 배고픈 부인네들에게는 안도감을, 위스키 잔을 내려놓아야 하는 남자들에게는 아쉬움을 불러일으킨다. 매일 밤마다 저녁식사 전에는 여러 시간 동안 의무적으로 사람들이 한데 어울리고 춤을 추어야 했다.

무리들을 바라보며 서 있던 어느 날 나는 나를 무척 반기면서 영어를 몹시 써보고 싶어 하는 지타의 친척 여자와 대화를 나누게 되었다.

"이렇게 사리를 입으니 톱클래스로 보입니다!"

나는 그녀의 풍만한 가슴 위에 걸려 있는 엄청난 황금 목걸이들에 신경이 쓰였다.

"아, 감사합니다. 빌린 옷이에요."

그녀는 내 뒷모습을 보려고 나를 한 바퀴 빙 둘러봤다.

"최고급 사리네요. 외국인 여성도 이런 사리를 입으면 아주 멋있어 보이는군요. 당신도 결혼은 하셨겠군요."

나는 대화를 끝내고 싶어 "네." 하고 짧게 답했다. 그런데 행운이 따라주지 않았다.

"그런데 남자는 어디 있어요?"

남편은 지금 인도에 살고 있지 않다고 말했더니 그녀는 머리를 가로저으며 말을 이었다. "모두들 혼자 사네요. 당신네 미국 여자들은 인도인들 하고 정말 달라요. 우리는 아침밥을 혼자 먹기만 해도 슬퍼요. 미국에 사는 내 사촌이 그러는데 당신네들은 TV 앞에서 저녁을 먹는다면서요!"

그녀는 머리를 계속 절레절레 흔들며 다른 데로 갔다. 혼자 있는 시간은 그리 오래 가지 못했다. 어떤 남자 친척이 나에게로 비틀거리며 다가왔다. "무도장에서 당신을 보고 있었어요. 발리우드 영화에 나오는 춤동작을 좀 더 배울 필요가 있겠어요. 그러면 훨씬 더 좋아 보일 겁니다."

"맞습니다, 아저씨. 저한테는 개선할 부분이 분명히 있어요."

"그런데 부시에 대해서는 어떻게 생각해요?"

"네? 뭐라고 말씀하셨지요?" 나는 그가 미국 정치 이야기로 건너뛴 것을 눈치 채지 못하고 이렇게 물었다.

"당신네 대통령은 파키스탄 문제에서 우리를 도와줘야 해요. 많은 테러리스트들이 거기에 있다고요! 부시는 인도 친구지요?"

나는 지타가 무도장에 등장하는 걸 봐야겠다면서 뒤로 물러났다. 지타가 좋아하는 발리우드 음악 '볼레 추디야'가 시작되고 있었다. 조금 높게 마련된 단 가까이에 있는 지타를 볼 수 있었다. 드센 부인들 한 무리가 라메쉬를 지타와 함께 무대에 올라가게 하려고 애를 쓰고 있었다. 신부가 춤을 춘다면 신랑하고 추고 싶어 할 거라고 여자들은 주장했다.

"이 음악에는 춤을 출 수 없어요. 저는 발리우드 음악을 전혀 모릅니다." 라메쉬의 간청하는 소리가 들렸다. 라메쉬는 사람들 속에서 나를 발견하고는 내 방향으로 크게 소리쳤다. "저는 미국 힙합 음악에 맞춰 춤을 춘다고요!"

그 말은 오히려 아주머니들을 더욱 신나게 만들었다.

"힙합! 힙합! 그게 뭐지요!" 그들은 외쳤다.

나는 큰소리로 말할 의도가 전혀 없었다. 라메쉬의 미국인 친구가 아무도 결혼식에 참가하지 않았기 때문에 힙합이 뭔지 설명해 줄 사람 또한 아무도 없었다. 지타는 라메쉬가 친구가 한명도 안 와서 기분이 몹시 상해 있다고 했는데, 나는 그게 차라리 잘됐다는 생각이 들었다. 부인네들이 그에게 창피를 주려고 하는 것 같았기 때문이었다. 노래에 맞춰 뻣뻣하게 앞뒤로 발을 끌며 허둥대면서 라메쉬는 가장 극성스런 부인네를 계속 경계하며 사람들 사이를 바라보았다. 또다시 그 여자는 무도장으로 달려 들어가 신랑신부 두 사람이 더 가까워지도록 밀어붙였다. 다른 여자들은 큰소리로 우우 하고 외쳤다. "더 가까이! 나중을 위해 연습하는 거예요!"

그날 밤 위스키를 마신 사람은 남편들이 아니라 그 부인네들이라는 생각이 들 정도였다.

펀자브 지방의 결혼식에서는 부적절한 행동도 어느 정도까지는 받아들여진다는 것을 나는 배우고 있었다. 신부 측 여자 친척들은 실제로 신랑을 희롱하고, 성적인 용기를 발휘해 보라고 신랑을 다그칠 준비가 되어 있었다. 라메쉬와 그의 친척들이 접해 온 남인도의 경건한 결혼식에서는 볼 수 없는 풍경이었다. 라메쉬의 누나가 무도장에서 벌어지는 춤과 노래를 바라보고 있는 게 눈에 띄었다. 시끌벅적한 사람들 속에서 그녀의 얼굴은 아무런 표정 없이 창백했다. 누나 부부는 술을 절대로 입에 대지 않는 사람들이었고, 그들의 결혼식에는 음주가무가 전혀 없었다. 그 누나는 결혼식 날 절대로 웃음을 짓지 않았을 것이다.

그러나 펀자브 지방의 결혼식이라 해도 마냥 떠들썩한 건 아니다. 역시 정해진 한계가 있다. 지타는 너무 많이, 또한 너무 크게 웃지 않으려 애를 썼다. 자기 어머니가 말한 웃는 원숭이 얘기를 의식하고 있는 게 틀림없었다. 부인네들은 수십 년 동안 훌륭한 아내임을 증명한 후라 우스꽝스러운 행동을 할 권리를 획득했겠지만 그들은 어디까지가 한계인지 선을 그을 줄 알았다. 사진사가 지타가 춤추는 모습을 찍으려 하자 그들은 사진사를 얼른 쫓아버렸다. 공식적인 사진 촬영 때 나는 부인네들이 지타한테 그만 웃으라고 간청하는 것을 들었다. "얘야, 제발 신부처럼 보이도록 노력하려무나. 사진사 앞에선 조금이라도 수줍은 표정을 지어야 해!"

그날 밤 우리는 늦게 집으로 돌아왔다. 서로 사리를 벗겨주는 데 한없이 시간이 걸렸다. 이렇게 입고 벗는 데 걸리는 시간이야말로 젊은 인도 여성들 사이에서 사리를 일상복으로 안 입는 이유 가운데 하나였다. 그런데 잠 잘 준비가 다 되었는데도 지타는 자려 하지 않았다. 미혼으로 보내는 마지막 밤이었고, 마지막으로 우리가 보는 앞에서 혼례복을 한 번 더 입어 봐야겠다고 우겼다. 지타는 다른 방에 있는 사촌 여동생들을 불렀고, 그들은 침대 위 내 옆자리로 와서 털썩 하고 앉았다.

지타가 신부용 의상을 입고 벌이는 패션쇼는 파티알라에서 지내는 매일 밤 거의 정기적으로 벌어졌다. 지타는 새 옷가방들을 딸깍 하고 열었는데, 내가 보기에 지타는 그 딸깍 소리를 좋아했다. 지타는 신혼여행용 의상을 가방에서 꺼냈고 우리 앞에서 모델이 되었다. 지타는 자신이 물건을 제대로 골라 샀는지, 어떤 걸 어떤 것하고 맞춰 입을지 전전긍긍했다. 그러고는 옷을 개어 제각각 있던 가방에 도로 넣었다. 지타는 옷을 입어 보는 것만큼 옷을 다시 꾸려 넣는 것도 즐기는 게 분명했다.

지타의 결혼식날 눈을 뜨니 근심이 가득한 푸자 쇼우리의 얼굴이 보였다. 나는 세 명이 한 침대에 끼여 간밤에 제대로 잠을 못잔 탓에 온몸이 뻐근해 신음소리를 냈다. 지타는 내 옆에 앉아 있었는데, 그녀의 몸이 아드레날린으로 긴장돼 있는 걸 느낄 수 있었다. 지타의 어머니는 침대 곁에 서서 뜨거운 우유를 담은 머그 잔을 감싸 쥐고 있었다. 그녀는 예전에는 신부가 약혼 기간 내내 혼자서 집을 나서는 게 금지돼 있었다는 말을 거의 매일 되풀이했다. 지타는 짜증스런 손짓으로 어머니를 쫓아 버렸다. 지타는 전통의 어떤 면은 기꺼이 받아들이지만 전통적인 규칙이 자신이 몸치장을 위한 시간까지 방해할 때는 전통을 받아들이려 하지 않았다. 오늘은 가장 중요한 미용이 있는 날이었다. 지타는 그날 있는 기도의식들 사이에 미용실 약속을 두 건이나 예약해 놓은 상태였다. 결혼 의식은 푸자리가 점성학적으로 상서로운 시각이라고 생각한 다음날 새벽 3시에 시작되기 때문에 시간은 넉넉했다.

지타의 어머니는 나에게로 몸을 돌려 떨리는 힌디어로 말했다. "지타와 함께 가겠다고 약속해 줘요. 다른 어떤 날보다도 특히 오늘은 신부가 눈에서 벗어나지 않도록 꼭 좀 지켜주세요."

나는 하루 종일 지타와 함께 있겠다고 약속했다. 동시에 나는 잠시라도 펀자브 지방의 혼례에서 벗어나 미용실에서 책 속에 빠져들 수 있으리라는 생각에 위안을 받았다.

우리가 돌아왔을 때 지타의 여자 친척들은 추라 의식을 하기 위해 다들 모여 있었다. 부인네들은 파스텔 색조의 살와르 카미즈를 갖춰 입고 거실 바닥에 다리를 포개고 앉아 펀자브 지방의 애절한 민요를 부르고 있었다.

흰색의 빳빳한 쿠르타를 입은 가족 푸자리는 방 한가운데에 신단을 설치하고 있었다. 그는 자그마한 불을 피우고 금잔화꽃, 코코넛 조각 같은 공물들을 늘어놓았다. 지타는 스카프인 두파타를 머리 위로 당겨쓰고 불 주위에 모인 여인들과 합류했다.

지타의 삼촌이 앞으로 나아가 성직자에게 자홍색과 흰색의 전통적인 결혼 팔찌를 담은 상자를 보여주었다. 흰색 팔찌는 예전에는 상아로 만들었지만 지금은 상아로 만드는 게 금지되어 있기 때문에 동물 뼈로 만든다. 성직자가 기도문을 읊조리는 동안 아저씨는 팔찌들을 버터밀크 그릇 안에 담가 정화했다. 지타의 삼촌은 팔찌들을 지타의 팔에 끼었다. 한 팔에 21개씩 모두 42개의 붉고 흰 추라 팔찌가 팔에 다 끼워지자 여인들의 노래는 점점 올라가 구슬피 울부짖는 소리로 바뀌었다.

"우리 딸이 우리를 떠나가네…다시는 집에 오지 못하리."

지타의 얼굴에 두껍게 칠해진 화장을 보니 내 피부가 다 근질근질했다. 나는 지타를 일부러 안 보려고 애를 썼다. 혼례 의식에 대비해 머리를 다듬고 화장을 하고 의상을 갖춰 입느라 우리는 미용실에서 최소한 네댓 시간 정도를 보냈다. 형광등 불빛과 머리 손질하는 데 쓰이는 화학약품, 지타 휴대전화의 요란한 신호음 등으로 인해 내 머리는 쿵쾅쿵쾅 하고 울렸다. 미용사들이 내 머리카락을 바짝 잡아당기고 모아서 위로 올리는 스타일로 만든 것을 보고 나는 눈이 휘둥그레졌다. 지타가 너무 진하게 화장을 한 것 같지 않느냐고 한 번 더 묻자 나는 완벽한 인도 신부의 모습이라고 잘라 말했다. 같은 질문에 시달리지 않으려 일부러 그렇게 말했는데, 지타는 내 뜻을 눈치 채고 입을 다물었다. 한차례 화장이 끝나자 지타는 매니저를 불러달라고 했다.

"새 신랑은 내가 전통적인 신부처럼 보이는 걸 원치 않아요. 그는 이런 모습을 좋아하지 않아요!"

매니저는 묵묵히 듣고만 있었다. 그는 파운데이션, 볼 화장, 녹색 아이 섀도를 하지 않으면 결혼하는 신부로 보이지 않는다는 기본적인 말을 했다. 대여섯 번이나 화장의 강도를 연하게 바꾸려 해 봤지만 지타의 얼굴은 여전히 배우 얼굴처럼 화려했다. 결국 지타가 졌고, 우리는 결혼식에 늦었다. 신부는 이를 드러내고 웃지 않았다.

마음이 급해진 지타는 주차장에 기다리고 있는 아버지 자동차의 창에다 대고 소리를 질렀다. 가족의 운전기사인 산제이는 운전석에서 웅크리고 자고 있고, 자동차의 창은 그의 입김으로 흐려져 있었다. 그는 깜짝 놀라 잠에서 깼고 문의 잠금장치를 서둘러 풀면서 입 밖으로 흘러나온 침을 닦았다. 그는 우리가 몇 차례나 꾸미고 다시 고쳐 꾸미는 몇 시간 동안 내내 우리를 기다리고 있었다. 나는 그가 밥이나 먹었는지 궁금했다. 산제이는 자기가 갖고 있는 두 장의 폴리에스테르 셔츠 가운데 하나를 입고 있었다. 수백 번 빨아 입었을 그 셔츠의 깃은 낡아서 실이 드러나 있었다. 그의 어머니는 매일 번갈아가며 셔츠를 빨 거라고 나는 생각했다. 매일 아침 그가 사용하는 값싼 샌들우드 비누의 향이 자동차 가죽시트에 배어 있었다.

산제이는 깔끔하고 공손해 지타 아버지가 좋아하는 사람이었지만 그날 밤은 신부의 맘에 들게 처신하지 못했다. 그는 백미러를 통해 화려하게 변신한 주인집 딸을 계속 훔쳐보았다. 그의 관심은 신부의 초조감만 증폭시켰다. 교통체증에 밀려 속도가 느려지자 지타는 산제이 좌석의 뒷부분을 두드리며 다른 길을 찾아보라고 소리를 질렀다. 무거운 팔찌들이 마구 짤그랑댔다.

"디디 마담, 다른 길은 없어요. 같은 시간에 여러 개 또 여러 개의 결혼식이 있어요. 모든 손님들이 밀려들고 있어요." 그는 독학으로 배운 영어로 힘없이 항변했다.

맞는 말이었다. 파티알라의 도로는 결혼식 하객들이 많아 이곳저곳이 막히고 있었다. 힌두교 점성술사들이 이번 가을과 겨울을 결혼하기에 상서로운 때로 꼽았기 때문에 많은 가족들이 서둘러 결혼식을 준비한 것이었다. 타임스 오브 인디아 보도에 의하면 겨울철 어떤 날 하루 동안 델리 한 지역에서만 거의 1만 쌍에 이르는 커플들이 결혼식을 올렸다. 지타는 산제이가 복잡한 길에서 헤어나지 못하자 한숨을 쉬고는 휴대전화를 걸기 시작했다. 마침내 라메쉬의 사촌과 통화가 되었는데 신랑 측 일행들도 지타와 마찬가지로 결혼식장에 가까이 가지 못하고 있었다.

신랑은 북인도의 결혼 절차인 바라앗 행진을 하느라 걸어서 더 천천히 길을 돌아가고 있었다. 폭죽과 취주악단을 갖춘 신랑의 바라앗 행렬로 도시의 도로가 자주 막혔는데, 겨울철 결혼시즌에 교통체증이 더욱 심해지는 이유이기도 하다. 라메쉬 측 하객들은 램프 왈라들에 의해 에워싸여 보호를 받으며 걸었다. 램프 왈라란 조명과 음악을 계속 켤 수 있게 해 주는 디젤 발전기에 붙어 있는 조명등을 들고 가는 비쩍 마른 소년들 무리를 말한다. 행렬의 끝자락에서는 라메쉬가 북인도 신랑처럼 당당한 모습으로 흰색 암말을 타고 행진하고 있었다. 흰색 암말은 혼례를 위해 빌린 말이었다. 사실 라메쉬는 비참한 기분이었다. 행렬의 요란한 소리에 귀가 먹먹했고, 펀자브식 결혼 풍습에 따르기 위해 쓴 정교하게 만든 머리 장식과 베일이 앞을 가려 시야도 제대로 확보되지 않았다. 남인도에서는 신랑이 말을 타는 일은 거의 없을 뿐만 아니라, 결혼식 치장을 위해 머리에다 이런 걸 쓰지도 않는다.

무르티 가의 가족과 하객들은 이런 의식을 발리우드 영화에서나 보았을 뿐이지만 적응하려고 애를 썼다. 그들은 팔을 머리 위로 높이 올리고 추는 펀자브 지방 브항그라 스타일의 춤도 따라 추려고 애를 썼다. 그러나 2월의 차가운 공기는 그들의 열기를 수그러들게 했다. 펀자브 평원에 스며드는 한밤의 냉기에 익숙하지 않은 따뜻한 방갈로르 지방 사람들이었던 것이다.

차안에서 지타는 레흔가 촐리에 장식된 술 때문에 안절부절못했다. 완벽한 흰색 드레스를 찾는 미국의 신부들처럼 지타 모녀는 만족스런 의상을 찾아 다섯 개의 도시에 있는 의상실들을 훑고 다녔다. 마침내 선택한 의상은 수를 놓고 세퀸을 달아 좀 무거운 밝은 핑크색 옷이었다. 옷을 입기만 해도 살이 빠지겠다고 지타는 농담을 했는데, 지금은 그런 유머를 할 처지가 아니었다.

"제에~바알~ 서둘러요, 산제이!" 자동차가 꼼짝 없이 길에 갇혀 있자 지타는 끝없이 졸랐다.

"마담, 어떻게 할 방법이 없어요!" 백미러에 비친 그의 얼굴은 일그러져 있었다. 지타는 화가 나서 나에게로 몸을 돌려 차를 탄 이래로 처음으로 나를 직접 바라봤다. 우리는 이제 가까워져 있었다. 차 안의 분위기는 밖에서 들리는 취주악단, 폭죽, 자동차 경적 소리와는 사뭇 달랐다. 즐거운 축하 소리는 지타를 더 괴롭혔다. 지타의 목소리는 떨렸고, 어둑한 차 안에서 지타의 얼굴은 희미하게 보일 뿐이었다.

"이 결혼식들은 펀자브 사람들끼리 하는 결혼일 거예요. 펀자브 지방의 결혼은 원래 이렇게 요란하거든요, 미란다. 전통적인 중매결혼이 그렇게 오랜 세월 동안 유지되어 오는 데에는 이유가 있어요. 일곱 번의 생에 걸쳐 어떤 사람과 함께 하려면 공통점이 많을수록 좋잖아요."

지타는 이제 웃으려고 하지 않았다. 전에 지타는 환생을 해가며 혼인을 맺는다는 이야기를 참 아름답게 생각한다는 말을 했다. 그런데 지금 자기 자신의 결혼을 앞두고는 일곱 번의 생을 함께 한다는 말에 겁이 나는 것 같았다.

"미란다, 만일 내가 상사를 사랑한다면 어떻게 하죠?"

나는 놀라서 몸을 앞으로 벌떡 일으켜 세웠다.

"뭐라고요? 아미트를? 그 유부남을요?"

지타는 슬프게 고개를 끄덕였다. 마치 반박할 수 없는 진실을 인정한다는 듯이. 나는 놀라 눈을 크게 떴다. 도저히 믿을 수가 없었다. 왜 지타는 여러 해 동안 알아 온 사람을 사랑한다는 선언을 결혼식을 불과 몇 시간 남겨둔 시점까지 기다렸다 하는 것일까? 지타와 아미트의 관계는 몇몇 사람의 입방아에 오른 적이 있었다. 나는 지금 같은 상황에서 지타가 아미트와의 일을 입에 담은 것은 자신의 걱정스런 마음을 아미트에게 전가시켜 보려는 심산이라는 생각이 들었다. 아미트는 그녀가 만나고 싶으면 언제든 만날 수 있었던 몇 안 되는 사람 가운데 하나였다. 나는 단호하게 말했다.

"지타는 그 사람이 멋지다고 생각했어요. 그건 사랑과 달라요."

"사랑은 아니에요. 그런데 생각해 보세요. 그 사람과 결혼했다면 아마 훨씬 쉬웠을 거예요. 아미트는 펀자브 사람이에요. 우리는 자동적으로 많은 공통점을 갖고 있어요. 라메쉬한테 맞추기 위해 나는 무지하게 노력해야만 해요. 그리고 사실 우리는 이미 불균형 상태예요. 그는 나를 사랑하는데, 나는 확신이 서지 않고 있거든요."

나는 그녀가 하는 말이 너무 터무니없어 무시하고 싶었지만, 마음 한구석에서는 그녀의 말에 공감이 갔다. 결혼에 대한 그녀의 생각에는 단순히 친밀한 관계를 맺고 전통을 존중한다는 것 외에 다른 무엇인가가 있었다. 그래서 지타가 갖는 걱정의 뿌리에는 나름대로 어떤 근거가 있었고, 나는 그런 그녀의 마음이 이해가 되었다. 나와 지타 두 사람 모두 발리우드 영화의 영향으로 사랑과 결혼에 대해 지나치게 로맨틱한 생각을 지니고 있다는 것을 나는 알았다. 지타도 나와 똑같이 '나를 회원으로 받아들이는 클럽에는 가입하고 싶지 않다' 는 증후군을 앓고 있었다. 나는 진지하게 사귀거나 결혼할 채비를 성실하게 갖춘 남자들은 떠나보내고 대신 정서장애자. 일중독자, 방랑자들과 불운한 연애를 하며 10년 이상을 허비했다. 지타 역시 부모님이 추천하는 펀자브의 결혼 후보들한테서는 흠을 들춰내며 나처럼 십년을 허비했다. 그것이 우리 둘 다 발리우드 영화의 현실도피에 빠진 이유였다.

이제는 그 점에 대해 곰곰이 되새겨 볼 시간이 없었다. 우리는 지타의 사촌들이 무리지어 기다리고 있는 주차장에 차를 세웠다. 그들은 차로 모여들었고, 그들이 우리 차문을 열기도 전에 비명을 지르는 소리를 들었다.

"맙소사! 영영 못 오는 줄 알았어요!"

"지타, 정말 완벽한 인형이에요!"

"화장도 그렇게 진하지 않구만. 왜 그렇게 생각해요!"

그들 뒤의 결혼식장은 야간 경기가 벌어지는 축구장처럼 환하게 불이 켜져 있고, 흥분과 발전기의 가스가 가득 넘쳤다. 사촌들은 지타를 리셉션 건물로 급히 데려갔고, 나는 내 사리를 밟지 않으려 신경 쓰며 뒤를 따라갔다. 사촌들은 우리를 신부대기실 같은 방에 앉혀 놓고는 신랑이 문 앞에 도착할 때까지 꼼짝하지 말라고 지타에게 지시했다. 그들은 창이 없고 벽에는 온통 거울이 붙어 있는 방에 우리를 놔두고는 다시 급히 달려 나갔다. 지타는 한쪽 거울 앞에 앉아 신부로 변한 자신의 모습을 바라보았다.

그때 문이 열리고 풍만한 몸매에 보석으로 장식한 부인네들이 신부한테로 달려들었다. 그들은 지타의 화려한 핑크빛 머리 스카프를 당기고는 후후 하며 그녀의 인형 같은 모습을 칭찬했다. 평소에 칭찬받는 것보다 더 좋아하는 게 없던 지타는 화장의 가면 밑에서 돌처럼 굳어 있었다.

"아, 불쌍하게도 너무 떨고 있네." 부인네들은 서로 마주보며 이렇게 말했다.

신랑의 바라앗이 도착하고 있다는 소식에 숨도 쉴 수 없이 흥분한 사촌들이 달려 들어왔다. 모든 숙녀들은 입구로 행렬을 맞으러 나갔다. 찬드니가 내 손을 잡아끌며 말했다.

"오늘 저녁 이것이 우리의 가장 중요한 의무예요. 신랑이 들어오기 전에 될 수 있는 대로 많은 돈을 받아내는 게 우리 여자들이 할 일이거든요. 아주 오래된 펀자브 풍습이랍니다."

유쾌한 풍습처럼 들리지는 않았다. 나는 신부가 식장에 들어설 때까지 곁에 꼭 붙어 있겠다는 약속을 신부의 어머니한테 했다고 항변했다. 그러나 그들은 이 일이 다른 어떤 일보다도 우선한다고 우기면서 나를 끌고 나갔다. 뒤돌아보니 지타는 여전히 거울 속을 응시하고 있었다.

찬드니와 나는 긴 대나무로 만든 격자 울타리 아래 서 있는 다른 여자들과 합류했다. 붉은 카펫이 입구에서부터 결혼식 중앙 무대까지 깔려 있고, 신랑을 환영하는 장미꽃잎이 뿌려져 있었다. 그렇지만 모여 선 여성들은 환영하는 일은 안중에도 없고, 신랑으로부터 가장 잘 돈을 우려낼 수 있는 전략을 짜느라 야단법석이었다. 펀자브 지방 결혼식에서 돈을 우려내는 것은 신부 측의 권리였다. 첫날밤에 신부 측 하객들이 돈을 요구할 수 있는 대목이 몇 번 있는데, 바라앗의 도착이 바로 그 첫 번째 기회였다. 결혼식 푸자가 집행되는 동안에는 신부 측 무리가 신랑의 신발을 감추고 신랑들러리에게 구두를 돌려받으려면 돈을 내라고 강요한다. 어떤 때는 신혼방 출입구를 아예 막아 가엾은 신랑이 신부를 안으로 데리고 들어가기 전에 다시 또 돈을 내게 만든다. 모두 재미를 위해 벌어지는 일이지만 나는 펀자브 결혼식에 적응하는 것에 자신이 없다고 하던 라메쉬가 걱정이 되었다.

나는 입구에 있는 군중들 앞까지 갔다. 라메쉬는 우스꽝스런 머리장식과 베일을 쓰고 암말을 탄 채 기다리고 있었다. 똑같이 핑크빛 터번을 쓴 양가의 아버지들은 영접의식을 집행하고 있었다. 두 사람은 상대에게 화환을 씌우고, 포옹을 하고, 악수를 했으며 악수 중간에 사진사들을 위해 정치인들처럼 잠시 멈춰 포즈를 취하기도 했다. 여자들은 라메쉬의 매형인 사티쉬와 거래하는 데 열중하고 있었다. 나는 그가 북부지방에서 대학에 다닐 때 펀자브 방식의 거래 방법을 배웠노라고 유창한 힌디어로 큰소리치는 것을 들었다.

"어쨌든, 우리를 지나가려면 모든 기술을 다 동원해야 될 걸요!" 지타 친구 님 랏이 날카롭게 소리를 질렀다.

그녀는 열아홉 살인데 자기 자신의 결혼을 기다리고 있었고, 지타의 결혼식에서 자칭 펀자브 문화 지킴이라고 선언한 사람들 가운데 한명이었다. 님랏이 자기 말에 찬성해 주는 여자들에게 향하려고 몸을 돌릴 때 님랏의 검은 머리칼이 사티쉬의 얼굴을 가로질러 휙 움직였다.

"들어오고 싶으면 돈을 내야만 해요! 그게 싫으면 신랑을 방갈로르로 돌려보낼 수 있어요!" 여자들은 노래를 불렀다.

님랏이 요구액을 말했다. 20만 루피, 즉 수천 달러나 되는 돈이었다. 사티쉬는 새파래졌다. 나는 그가 그렇게 많은 현금을 건네야 할 줄은 생각도 못했다고 거세게 항의하는 소리를 들었다. 그는 여자들과 한 시간이나 흥정을 했지만 많은 양보를 얻어내지는 못했다. 우리가 처음 만났을 때 지타가 해 준 지혜로운 말이 생각났다. 거래를 하는 데 있어 인도 여자들만큼 막강한 상대는 없다는 말이었다. 신랑 측 일행은 위스키의 취기가 사라짐에 따라 안절부절못하기 시작했다. 입구로 돌진해야만 한다는 불만의 소리도 들렸다. 마침내 지타의 아저씨들 가운데 한 분이 큰 걸음으로 나타났다. 가족들 간에 상당한 존경을 받는 노인이었다. 그는 님랏에게 손가락을 흔들었다.

"부끄러운 줄 알아라! 이분들은 우리 문화권이 아니라는 걸 모르는 거야? 우리 손님들이야. 어서 안으로 들여!"

그가 문을 당겨 열자 라메쉬의 하객들이 줄지어 들어오기 시작했다. 모두들 처음에는 쭈뼛거렸지만 곧 자신만만해진 모습으로 들어왔다. 지타 측 여인들은 금세 적대적인 문지기에서 나마스테를 표하기 위해 손을 모아들고 예의 바른 안내원으로 변신했다. 그렇지만 님랏은 분을 참을 수가 없었다. 사티쉬가 팔을 머리 위로 쳐들고 승리의 브항그라 춤을 추며 들어서자 님랏은 분개하여 이렇게 소리쳤다. "답답한 남인도인들은 결혼식을 어떻게 하는지 통 몰라. 신랑의 신발을 훔칠 시간이 되면 난 내 몫을 받아낼 거야."

나는 신발 훔치기 대목에서는 거리를 두어야겠다고 속으로 다짐했다.

나는 신부대기실로 향했다. 겁을 먹고 있을 지타의 얼굴이 떠올랐고 그녀가 아직 그곳에 있어 주었으면 하고 희망을 가졌다. 지타가 벌써 높은 단 위에 올라 있는 것을 보자 나는 지타에 대한 걱정으로 가슴이 쿵쾅거렸다. 이제는 멀리서밖에는 지타를 다시 볼 수 없다는 것을 알았기 때문이다. 지타는 이튿날 아침에 방갈로르로 떠날 예정이었다.

결혼식이 벌어지는 잔디밭에는 실크 사리와 쿠르타를 입은 사람들이 빽빽하게 들어찼다. 신혼부부를 축하하려는 하객들이 줄줄이 서 있었다. 지타를 보려고 군중 사이로 미끄러지듯 빠져나갔지만 내가 알아볼 만한 지타는 그곳에 없었다. 지타는 핑크빛과 황금빛의 마분지로 만든 종이 조각품 같았고, 지나치게 큰 옥좌에 왕자님과 나란히 앉아 있는 아기 공주였다.

모두 기진맥진한 새벽 시간에 푸자리가 지타가 입고 있는 사리의 끝을 라메쉬의 쿠르타에 묶었다. 그들은 함께 성스런 불 주위를 일곱 바퀴 돌았다. 라메쉬는 지타가 그의 아내임을 상징하는 붉은 색 신두르를 지타의 가리마에 칠했다. 해가 뜨기 직전 지타는 가마에 올랐다. 가마는 두 개의 막대 위에 얹혀 있는 지붕이 있는 들것으로 이디스 할머니가 카슈미르에서 찍은 옛 사진에서 본 것과 같았다.

고용한 남자 네 명이 가마를 마치 관처럼 어깨에 메고 지타를 대기하고 있는 자동차로 모셔갔다. 슬픈 행렬이 그 뒤를 따랐다. 지타의 부모는 두 사람 다 울고 있었다. 파티알라에 머무는 동안 신부가 떠날 때의 모습도 펀자브 지방의 의례에 포함된다고 나는 여러 번 들었다. 마침내 결혼식 종료가 선포되었다. 인도 일부 지방에서는 신랑의 가족이 신부에게 이름을 새로 지어주기도 한다. 다른 어떤 신부들과 달리 지타는 자주는 아니더라도 당연히 고향을 방문할 수 있을 것이다. 지금부터 지타는 명절을 남편의 가족과 함께 보낼 것이다.

지타가 작별인사를 하러 걸어 나왔을 때 나는 지타도 엄청나게 어깨를 들썩거리며 펑펑 울고 있는 것을 보았다. 지타는 아버지에게 꽉 들러붙었다. 신랑이 그녀를 아버지의 팔에서 떼어내려 애쓸 때 나는 차마 바라보지 못하고 고개를 돌려야만 했다. 우리 어머니가 영화를 볼 때 슬픈 장면에서 그렇게 하셨듯이. 마침내 라메쉬는 신부를 차로 인도했다. 붉은 장미로 장식한 하얀 색 자동차였다. 마치 전혀 즐겁지 않은 마당에 난데없이 너무나 부적절한 치장을 한 것 같았다. 지타는 좌석에 엎드려 있었고, 라메쉬가 운전기사에게 손짓을 했다. 그들이 주차장을 돌아나갈 때 나는 뒤창을 통해 신랑의 얼굴을 얼핏 보았다. 그는 걱정 때문에 압도되어 두 눈이 휘둥그레진 모습이었다. 이제 자기들 두 사람만 남았다는 사실을 막 깨달은 듯한 표정이었다.

제15장

아기를 기다리는 사람들

우리가 외로웠던 시절 서로 위안이 되었던 착하고 연약한 자그마한 도시 여성이
내 앞에 있었다. 여러 해 전 델리에서 처음 만나 서로 위안을 주고받은
이 여성의 말을 듣고 있으니 마음이 아팠다.

부인과 의사의 사리가 그녀의 배 부분을 가로질러 팔랑팔랑 나부꼈다. 의사의 촐리 블라우스는 가슴께가 깊이 파여 있었다. 닥터 카푸르의 진료실에 앉으며 나는 좋은 느낌을 받았다. 검사대도 깨끗했다. 검사대 위에는 두루마리로 된 종이 재질의 테이블 덮개가 덮여 있었는데 환자가 바뀔 때마다 덮개를 교환하는 게 분명했다. 예방을 위한 위생조치인데 인도의 병원들이 당연히 그렇게 실행하리라고 여기면 안 된다는 걸 나는 배워 알고 있었다. 마침내 현대적인 의식을 가진 부인과 의사를 찾아냈다는 사실에 잠시나마 안도감을 느꼈다. 이런 행운은 드문 일이었다.

"결혼하셨나요?" 여의사가 물었다.

형식적으로 물은 질문이 아니었다. 닥터 카푸르는 나의 성생활이 활발한지, 그리고 섹스 대상이 여럿인지를 알고 싶은 거였다. 인도에서 '결혼'은 공식적으로 섹스를 암시하는 말이다. 피트니스 서클 말고 섹스라는 단어를 써도 되는 곳은 병원이라고 생각했는데, 부인과 진료실에서조차도 에둘러 말한다. 내가 여러

해 동안 검진을 미룬 이유도 바로 이런 것 때문이었다. 내 성생활 문제를 도덕적 차원까지 접근해 다루려는 의사를 마주하기가 싫었기 때문이다.

나는 그 질문을 주의 깊게 검토했다. 나는 결혼했는가? 글쎄, 그건 누가 질문했느냐에 따라 답이 다를 수 있었다. 우리 집 가사 도우미들은 내가 결혼한 걸로 알고 있다. 헬스클럽 여자들과 니자무딘에 있는 나머지 사람들도 그렇게 알고 있다. 그 일에 대해 거짓말을 해야 한다는 게 불쾌했지만 나는 그 꾸며낸 이야기를 그대로 유지했다. 그 사람들한테 내가 '이제 이혼했다'고 말하는 것은 내가 그동안 덮어서 가리려 노력해 온 남자친구가 있다는 본래의 부도덕한 행위보다 더 고약할 게 분명하기 때문이었다. 나는 사실 벤저민과 결혼하지 않을 것이라는 말을 지타에게 털어놓으려고 한 적이 있었지만, 그녀 자신이 몇 달 동안 좋은 사람을 만나 결혼을 결정하느라 정신없이 바쁘게 보낸 터라 내가 그 남자와 헤어졌다는 비밀을 털어놓는 게 적절한 것 같지 않았다. 파티알라에서 지타가 내 자신의 결혼식에 대비해 자기 결혼식을 주목해서 봐두라는 농담을 했을 때도 나는 그 말을 바로잡아 주지 않았다.

나는 갑자기 거짓말을 계속 유지한다는 게 비겁하다는 생각이 들었다. 부인과 의사가 나의 실제적인 성생활에 대해 놀라 눈썹을 치켜 올리더라도 그건 내가 신경 쓸 일이 아니다. 나는 분명히 훌륭한 처녀도 정숙한 인도인 아내도 아니었다. 또한 나는 특별히 그런 사람이 되기를 원하지도 않았다. 만일 내가 그녀에 의해 도덕적인 판단의 대상이 된다고 느낀다 해도 그것을 모두 인도라는 환경 탓으로 돌릴 수 있을지는 확신이 서지 않았다. 어쩌면 내가 오래 지속될 관계를 맺는 노력을 하지 않고, 이기적인 선택을 하고 있는 게 아니냐는 걱정만 더 커질지도 모른다. 의사는 당연히 이런 질문들을 던질지도 모르겠다. "왜 스스로 선택한 삶을 부끄러워하지요?" "독립적인 여성이나 결혼한 숙녀 둘 가운데 어떤 사람이 되려고 합니까?"

나는 마음을 추슬렀다. 나는 피임에 대해 말하고 싶었다. 그래서 닥터 카푸르의 질문 의도에 맞춰 결혼했다고 대답하기로 결정했다. 여의사의 다음 질문 역시 예상치 못한 것이었다.

"애니 이슈?"(이슈가 있나요?)

나는 깜짝 놀라 눈을 치켜뜨고는 내 목소리에 냉소가 깃들여 있기를 내심 바라며 물었다. "어떤 종류의 이슈를 말씀하시는 건가요?"

의사는 놀란 얼굴로 나를 바라보았다.

"내 말은 생산을 하신 경험이 있냐고요? 아이 말입니다!"

아이를 낳는다는 말을 옛날 영국식으로 표현했던 것이었다. '이슈' issue 라는 단어에는 '자녀'라는 뜻이 물론 있다. 그리고 그것은 결혼했다는 주장 다음에 당연히 따라올 자연스런 질문이었다. 나는 바보가 된 기분이었다. 나는 남편과 서로 다른 나라에 떨어져 살고 있어서 아직 자식을 양육할 준비가 되어 있지 않은 처지라고 말했다. 그렇지만 닥터 카푸르는 의자에서 몸을 더욱 반듯이 하더니 의심스러운 눈빛으로 나를 쳐다보았다. 지타가 맞선 자리에서 라메쉬의 누나 마네카로부터 질문을 받을 때의 기분이 이랬을 거라는 상상이 되었다.

"여기 보니 서른이 넘으셨군요. 자녀를 갖고 싶지 않으세요? 얼마 안 있으면 너무 늦은 나이가 됩니다."

나에게는 아직도 많은 시간이 남아 있다고 생각해 온 사실과 갑자기 마주치고 말았다. 그러나 그녀는 내가 미처 뭐라고 입을 열기도 전에 혼잣말로 출산의 좋은 점을 말했다.

"잘 아시겠지만, 어떤 여자도 아기가 없이는 완전할 수 없어요. 당신도 알게 될 거예요. 저를 보세요. 나는 현대적인 직장 여성입니다. 남편은 내가 하루 종일 집에 머물면서 가정을 꾸리고 요리를 하고 지내지 않아도 되게 해 줘요. 그렇지만 아이들이 없다면 나는 행복할 수 없을 거예요. 여기 우리 아이들 사진 좀 보세요. 얼마나 사랑스러운지 아시겠지요?"

그녀는 휴대전화를 들고 자기 아이들 사진을 순차적으로 올리며 보여주기 시작했다. 나는 어서 그녀가 진찰용 환자 차트로 주제를 옮겨가 주기를 바랐다. 닥터 카푸르한테 나도 사실 자녀를 원한다는 말을 거듭 확인시켜 주지 않았기 때문에 그녀가 보기에 나는 생각을 바꿔 줄 필요가 있는 사람이 분명했다. 남들이 나를 아이를 증오하는 노처녀로 인식한 일은 아직 없었다. 물론 나의 델리 친구들이 나를 보고 길고양이 두 마리와 함께 사는 미친 노처녀라는 농담을 하기는 했다. 그리고 간혹 마흔 살 생일을 서른 살 생일 때와 똑같이 맞이하게 되지 않을까 하는 걱정도 들었다.

　나는 항상 내 자신이 원하는 속도에 맞춰 얼마든지 나의 미래를 만들어 갈 수 있다고 믿어 왔고, 그것은 독립심 강한 지식인 부모가 남겨 준 축복인 동시에 저주였다. 모험을 실컷 한 후에도 나 자신에 대해 생각할 시간이 충분할 거라고 나는 생각했다. 미국에 있는 내 친구들도 마찬가지일 것이라고 나는 생각했다. 그런데 이제는 내가 사람들의 정상적인 형태의 삶으로부터 너무 멀리 떨어져 있다 보니, 그들이 진정으로 무슨 생각을 하고 사는지 모르겠다는 의문이 들었다. 결국 '서로 합의한 관계'라는 나의 아이디어는 3년에 걸친 비非일부일처제 실험이었다. 아기를 갖는다든가 집을 장만한다든가 하는 어른이 되는 일을 생각하는 내 여자친구들은 그런 속마음을 내게 털어놓지 않았다.

　내가 평소 꿈꾸어 온 대로라면 이런 상황에서 나는 기꺼이 내 주장을 내세워 나는 아기가 내 인생 목표에 애초에 없다는 말을 해 주었어야 했다. 닥터 카푸르가 아무리 완벽하게 균형 잡힌 삶을 성취한 것을 행복의 조건으로 생각하더라도, 나는 경구피임약과 자궁내 피임기구 가운데 어느 쪽이 더 좋을지를 상의하러 왔노라고, 그녀가 보여 준 자녀 사진들은 내게 아무런 영향도 미치지 못한다고 분명하게 말했어야 했다. 그런데 나는 사진 속의 아이들을 보며 듣기 좋은 말로 얼버무리고 말았다. '나의 모성 본능을 얼마나 더 증명해 보이라는 거야?' 속으로는 씁쓸하게 이런 생각을 하면서. 그녀가 진찰을 끝낼 때까지 내가 할 수 있는 것은 그게 전부였다.

　나는 이런 류의 경험담을 위스키를 마시며 파르바티한테 말하거나, 가족을 만나러 귀국해 저녁 먹는 자리에서 꺼내놓기도 했다. 인도에서 겪은 문화적 오해에 관한 우스운 일화들은 금방 퍼져나간다. 그런 이야기들은 사람들 사이에 웃음을 불러일으켰고, 사람들로 하여금 해외에서 살며 형성된 나라는 인간에 대해 좋게 생각하게 만드는 추가적인 보너스도 갖고 있었다. 나는 인도 사회의 보수적인 분위기 속에서 내가 저지른 실수들을 내가 과거에 속한 사회와는 크게 다른 문화 속으로 적응해 들어가기 위해 얼마나 많은 노력을 하고 있는지 보여주는 증거로 제시했다. 이런 이야기들은 또한 내가 희미하게 알고 있던 다른 목적에도 도움이 되었다. 즉 델리에서 종종 발견하게 되는 나 자신의 실제 모습과 내가 추구하는 나 자신의 모습을 구분하는 데 도움이 된 것이다. 나는 인도에서 신중하게 행동하고, 우정관계도 조심스럽게 유지하느라고 최선을 다했다. 그렇지만 내 이야기들 속에서 나는 항상 실제 자신보다 훌륭한 모습이었다. 델리에서 드러난 고약한 나의 화신 '디만다' 가 이야기 속에서 등장하는 법은 없었다.

하지만 진료실에서 나오면서 나는 이 특별한 경험은 내가 겪은 이야기 목록에 넣기 어렵겠다고 생각했다. 만일 파르바티한테 얘기하면 보수적인 의사가 생각하는 것에 뭐 그렇게 신경을 쓰냐고 웃어넘길 게 뻔했다. 어머니한테도 말하고 싶지 않았다. 닥터 카푸르의 의견에 동조할 것이기 때문이었다. 내가 벤저민과 헤어지고 난 후에 어머니는 관계를 깨지 않고서도 자신의 독립성을 유지하는 게 가능하다는 말을 노골적으로 내게 하기 시작했다. 어머니는 '미저러블 젠' 이라는 여자를 몰랐지만, 그런 실제 모델을 모르더라도 내가 외롭고 드센 여자로 변할까 봐 걱정은 얼마든지 할 수 있었다.

나 스스로도 의문이 들었지만, 나는 무시하고 살기로 했다. 슈퍼 리포터 걸 모드로 살면서 요즈음도 나는 '서로 합의한 관계' 를 맺을 준비가 전혀 되어 있지 않다는 생각이 든다. 여자 친구들이 어떻게 지내냐고 물으면 나는 장난스럽게 웃으며 카불에서 많은 시간을 보낸다는 답을 해 준다. 해외특파원 친구들 사이에서 카불에서 시간을 보낸다는 말은 곧 아프가니스탄에서 찾을 수 있는 유일한 타입의 남자들, 다시 말해 허세 부리는 사람이나 방랑자들과 낭만적인 모험을 한다는 뜻으로 통했다. 우리는 카불에 파티 하러 간다는 말을 하는데 그건 농담이 아니다.

미군 침공 이후 몇 년 동안 그 나라에는 모험을 즐기려고 모여든 젊은 외국인들이 넘쳤다. 보안요원, 언론인, 그리고 우리가 냉소적으로 '민주주의 쓰레기들' 이라고 부르는 유엔 관련 직원들이었다. 그들은 경비가 엄중한 구역에서 극심한 긴장상태에서 일을 하며 아시아의 다른 어떤 지역에서도 벌어지지 않는 방식으로 긴장을 푼다. 물론 한 친구가 지적했듯이 전후의 베트남이나 캄보디아는 제외하고 하는 말이다. 아프가니스탄 헌법 아래에서 술은 불법이지만 전쟁 초기 몇 년 간의 대혼란 속에서 모두들 그 규정을 무시했다. 전투와 재건을 하러 너무 많은 외국인들이 쏟아져 들어오자 아프가니스탄은 모든 종류의 위반 행위들을 눈감아 주었다. 여러 해 동안 사람들은 하이네켄 캔맥주를 카불 시내 거리의 긴 수염에 이슬람 기도 모자를 쓴 행상들로부터 살 수 있었다.

　나는 아프가니스탄에서 상당히 조심하는 편이었다. 비록 여러 번 군부대를 따라 동행취재를 갔어도 전투지역에는 따라 가지 않았다. 그러나 카불에서 위험을 피하는 것은 가능한 일이 아니다. 내가 내 삶에서 배제하고 싶지 않은 작은 위험들 가운데 하나는 라트모스피어에서 저녁을 보내는 일이었다. 프랑스인이 주인이고, 실외 풀에서 벌어지는 심야의 술 파티로 악명 높은 그 레스토랑은 폭도들이 노리는 완벽한 목표 대상이었다. 라트모스피어의 폭파 대비용 방벽 뒷면에 있는 통로에서 기다리고 있을 때 만일 나쁜 마음먹은 사람이 차를 타고 지나간다면 머리에 두른 스카프도 별 도움이 되지 않을 것이다. 구내로 들어오는 입구의 느릿느릿한 무장 경비원은 무기가 없나 우리 몸을 위 아래로 툭툭 건드리고, 우리 가운데 아프간 사람이 없는지 확인하기 위해 여권을 검사하며 나름대로 즐거운 시간을 보내고 있는 것 같았다. 아프간 사람들은 술이 나오는 곳에 출입할 수 없다.

　술집 안은 정말 멋진 푸른 정원이 펼쳐져 있어 안에 들어서는 순간 분쟁지역의 스트레스가 마법처럼 사라지도록 설계된 것 같았다. 안락의자와 그물침대가 곳곳에 배치되어 있고, TV에서는 축구 경기가 벌어지고 유럽풍 경음악이 흐르고 있었다. 겨울철에 해당하는 달이 되면 손님들은 레드와인 잔을 들고 불구덩이 주위로 모여들고, 여름밤에는 남녀 커플들이 수영장 안에 들어가 시시덕거렸다. 메뉴로는 거위 간 요리와 바다가재 소스를 친 생선요리가 있었다. 그 요리들의 재료는 힌두쿠시로부터 수백 마일 떨어진 곳에서 생산되는데, 아주 특별하고도 복잡한 공급체계가 요구되는 것들이었다. 프랑스인 주인이 델리나 뭄바이의 레스토랑에서 본 어떤 와인보다 훌륭한 와인을 두루 구비하는 것은 유엔과 나토의 비행기 덕분이었다.

　아프간 사람들은 라트모스피어에서 즐길 수 없기 때문에 대부분의 아프간 사람들은 그곳을 불법행위의 소굴로 상상했다. 외국인들은 이미 아프간 사람들로부터 악행을 저지르는 사람들이라는 평판을 받고 있었다. 나의 통역사인 나지브는 여러 사람 앞에서 백인 여성들이 옷을 벗은 채 일광욕 하는 걸 이웃사람이 보았다고 작은 소리로 말했다. 그는 미국 사람들이 숙소에서 정기적으로 섹스파티를 벌인다는 말도 들었다고 했다. 아프가니스탄에서는 모든 외국인을 '미국 사람'이라고 부른다. 카불에는 1차세계대전과 2차세계대전 사이의 '포효하는 광란의 20년대' Roaring Twenties와 같은 제어할 수 없는 분방함이 넘쳤다.

도시에는 '차이니즈 레스토랑'이라는 악명 높은 매음굴이 있는데, 주로 안보 관련 사업을 하는 미국계 업자들이 드나드는 곳이었다. 나는 섹스파티 소문이 사실인지 아닌지는 모르지만, 카불에 있는 모든 외국인이 서로 서로 같이 자는 것같이 보였다. 광란의 파티, 격렬한 연애, 파경에 이른 결혼, 공항에서 벌어지는 요란한 이별 장면이 늘 이야깃거리가 되었다.

카불에서 두 달 정도 취재한 후 나는 나 자신이 더욱 시트콤 드라마 같은 로맨스에 빠지기 쉬운 사람임을 알게 되었다. 최근에 나는 인도 사람들이 쓰는 어구를 적용한다면 '먼저 끓기만 하고 따스함은 전혀 남아 있지 않은' 연애에 빠져 있었다. 예한은 인도계 혈통을 가졌고 나를 굴복시킬 정도로 아주 건방진 매력을 지닌 남자였다. 처음 만났을 때 그는 카불에서 아프간 경제발전계획 관련 일을 2년 정도 하고 있었다. 그는 온순하고, 내가 그곳에서 만난 다른 남자들보다 덜 격렬해 보였다.

두 사람 모두 교전지에서 벌이는 무분별한 불장난 이상의 관계라는 점을 확실히 해두고 싶어 했다. 카불에 있는 그의 게스트하우스에서 몇 주를 같이 보낸 뒤 예한과 나는 모두 부모님께 상대방에 대해 말했다. 나는 그의 눈에 비친 나 자신의 이미지를 사랑했다. 그는 나의 조소적인 언급을 재미있게, 나의 야망을 의미심장하게 받아들였다. 그는 나를 사랑스럽고 섬세하고 귀엽다고 묘사했다. 내가 생각해도 그것은 나에게 맞는 찬사는 아니었다.

칭찬은 오래 가지 않았다. 내가 델리로 돌아온 후에 예한은 두세 번 델리를 방문했다. 올 때마다 그의 진면목이 조금씩 드러났다. 내가 그에 대해 아는 것은 우리가 만나던 곳의 격앙된 환경에 의해 과장되어 경탄을 불러일으켰던 것이다. 이제 그는 지배적이고 편협해 보였고, 나에게 말할 때 그의 목소리가 귀에 거슬렸다. 아니면 그가 떠나가기 때문에 있지도 않은 결함을 내가 창조해낸 것인지도 몰랐다.

그에 대해 내가 잘못 알고 있을지 모른다는 생각보다 더 고약한 것은 그의 평가 속에서 나 자신의 모습이 무너져 내리는 것을 확인하는 것이었다. 두 번째 방문이 끝나갈 무렵 그는 저녁식사를 하며 뭔가 날카롭게 말했다. 그리고 나를 쳐다보는데 이전의 부드러움은 어디론가 다 사라졌다는 것을 알 수 있었다. 우리 모두 스스로를 속여 왔다는 사실이 무섭도록 분명해졌다. 나도 놀랄 정도로 내가 갑자기 너무 심하게 울음을 터뜨린 나머지 우리는 파스타 요리를 포기하고 식당에서 나와야만 했다. 웨이터는 놀라고 당황했는데 그의 얼굴은 내 남자친구보다 훨씬 더 동정어린 표정이었던 게 기억난다.

닥터 카푸르의 진료실에서 나와 K.K.가 기다리는 차에 오르면서 나는 차문을 내 무릎에 대고 쾅 하고 잘못 닫아 심한 타박상을 입었다. 내가 거칠게 힌디어로 욕설을 퍼붓자 내 폭력적인 목소리에 놀란 K.K.는 나를 흘긋 쳐다보았다. 가끔 그가 백미러를 통해 나를 바라볼 때 나는 그가 내 영혼 속까지 볼 수 있다는 느낌을 받았다. 내 안의 추하고 절망적인 부분을 꿰뚫어 보는 것 같았다.

"괜찮아요, 미스 미란다?"

내가 좋아하는 운전기사에게조차 나는 웃음을 지어보일 수 없었다.

"아니에요, K.K. 집으로 곧장 가요."

인도의 결혼생활에서 자손을 보아야 한다는 압박감은 빼놓을 수 없는 요소다. 푸쉬파의 사스는 결혼 일주년이 지났는데도 며느리에게 임신 소식이 없다는 사실에 실망에 빠졌다. 남편이 일 년 가운데 11개월을 다른 주에서 지내고 있고, 푸쉬파 자신은 아직 열아홉 살이라 앞으로 임신할 시기가 무척 긴데도, 빨리 후손을 봐야 한다는 사스의 조바심은 예외가 아니었다.

피트니스 서클에서 우샤는 자기 시어머니는 결혼하고 고작 사흘이 지나면서부터 임신에 대한 기대감을 내비치기 시작했다고 말했다.

"처음에는 그저 이렇게 말하곤 했어요. '내 손자가 너처럼 피부가 희었으면 좋겠구나.' 칭찬처럼 들리지만 나는 그런 말을 듣고 겁이 났어요." 껄끄러운 이야기를 할 때는 늘 그렇듯이 우샤는 신경질적으로 웃은 다음 말을 계속했다. "그렇지만 그건 아무 것도 아니었어요, 디디. 석 달이 지나도 내가 여전히 임신이 안 되자 사스는 험악해지기 시작했어요. 사스는 내 남편 앞에서 한탄을 했어요. '나한테 손자를 낳아주려 하지 않는 여자랑 결혼을 하다니 네 팔자가 왜 이리 기구하냐!' 물론 시어머니 말은 나한테도 들렸고, 시어머니도 그걸 알고 있었지요. 좁은 공간에서 함께 지냈거든요!"

우샤의 사스가 자신이 기대하는 후손을 손자로 성별을 특별히 밝힌 것은 우연한 일이 아니었다. 발리우드 영화 '조다 악바르'에는 '결혼은 후계자가 있어야만 완성된다.'는 말이 나온다. 최근까지도 인도 법률에는 여성이 상속받을 수 있는 재산이 제한돼 있었다. 지금도 가족들은 거의 대부분 재산을 아들에게 물려준다. 고령자 가운데 대다수의 사람들이 연금을 받지 못하는 나라에서 아들은 일종의 사회보장제도를 뜻한다. 연로한 부모님을 부양하는 것은 아들의 의무로 간주되기 때문이다. 그리고 물론 아들을 가진 가족은 지참금을 지불하는 게 아니라 지참금을 받는다.

인도의 아들 선호 사상은 사실 딸을 꺼리는 것으로 더욱 더 잘 드러난다. 최근의 인구조사 자료에 의하면 전국적으로 남자아이 1천 명당 여자아이는 927명꼴이었다. 인도는 여아 낙태가 성행하는 중심지이고 이상하게 들리겠지만 현대기술에 그 책임이 있다. 1980년대에 초음파 진단 기술이 도입되었을 때 의사들은 사설진료소를 인도의 시골 전 지역에 개설하고 태아 성별 검사를 한다고 광고했다. 그것은 아들을 바라는 오래된 열망에 대한 기적적인 해결책이었다. 저소득층인 시골 사람들은 의사에게 찾아가 돈을 내고, 태아 성감별을 한 다음 만일 여아이면 낙태시키라는 권고를 받았다.

우샤는 임신이 된 후 성별 검사를 거부함으로써 사스를 또 화나게 했다. 그녀는 헬스클럽에 있는 그리히쇼브하 잡지를 많이 읽은 결과 자신의 어머니가 그랬던 것처럼 아들을 갖겠다는 희망에서 아이를 계속 낳는다는 것이 그다지 권할 만한 일이 아님을 알고 있었다. 그리고 여자아기를 낙태시킨다는 생각도 받아들일 수 없다고 했다. 다행히 그녀의 '아주 아주 훌륭한' 남편이 아이를 성별에 관계없이 낳아야 한다는 데 동의했다. 그래도 여전히 우샤는 간호사가 딸이라고 알려주는 말을 들었을 때 한 가닥 슬픔이 느껴졌다고 고백했다.

"아들이 더 낫다고 생각해서가 아니에요, 디디. 사스가 나를 더 괴롭힐 것이라는 걸 알았기 때문이었어요. 그리고 실제로 그랬어요. 병원을 나서기도 전에 사스는 손자를 안겨주는 게 내 의무라는 걸 다시 주지시켰어요. '내 아들이 노년에 자신을 돌봐 줄 아들이 있다는 걸 알기 전에는 나는 맘 편히 죽을 수가 없다.' 사스는 이런 식으로 말했어요."

우샤는 사스의 하소연을 그냥 흘려들으려고 노력했다. 그러다 둘째 아이가 아들임이 밝혀지자 그녀는 신께 감사드리려고 병원에서부터 오토 릭샤를 타고 곧장 사원으로 갔다. 그녀가 전화를 걸어 온 아침에 나는 피트니스 서클에 있었다. 헬스센터는 흥분의 함성으로 가득찼다. 레드 FM의 음악소리를 압도할 정도로 큰 소리였다. 헬스센터의 숙녀들은 남녀는 동등하다고 진지하게 주장하곤 했지만, 남자 아이의 탄생에 더 큰 기쁨을 느끼는 것은 문화적으로 어쩔 수 없는 것 같았다. 우샤가 우리들 몇몇에게 축하의 차를 마시러 오라고 초청했기 때문에 아즈마트는 특히 더 좋아했다. 아즈마트는 바닥 청소를 하면서 오빠가 신랑감 구해 주기만을 기다리고 있는 중이라 피트니스 서클을 벗어나 사람들과 어울릴 일이 생기면 무엇이든 좋아했다.

"전에는 우샤가 우리를 집에 초청할 수 없었어요. 사스가 성격이 고약했거든요." 아즈마트는 내게 이렇게 말했다. "그 여자는 우샤가 바깥에서 일하는 걸 좋아하지 않아요. 우리같이 일하는 여자들이 나쁜 물을 들인다고 생각해요. 그런데 지금 우샤네 사스는 축하의 뜻으로 온 동네 사람들한테 달콤한 과자를 나눠주고 있답니다. 우리를 집으로 초청하는 걸 보면 너무 좋아 정신이 나간 게 틀림없어요."

지타는 남인도를 몹시 싫어했다. 시댁으로 옮겨간 지 6개월이 되었다. 살이 찌고 얼굴에는 뾰루지도 나 있었다. 니자무딘의 친정집에 앉자마자 지타가 제일 먼저 한 말은 체중이 15파운드(약 7킬로그램)나 늘었다는 것이었다. 외양이 변한 것을 설명할 필요가 있다는 말인 듯했다.

"정말 델리가 그리웠어요, 미란다. 그리고 아마 믿어지지 않겠지만 글쎄 내가 라다가 만들어 주는 음식에 향수병까지 걸렸다니까요. 라다가 쓰는 칠리와 기름에 늘 불평을 했는데, 그런 건 내가 지금 먹어야만 하는 음식들에 비하면 아무 것도 아니랍니다. 남인도 음식은 어쩌나 맵고 기름진지 먹기만 하면 배탈이 나요."

지타는 무르티 집안의 요리 때문에 자신의 몸이 안 좋아지고 체중도 늘었다고 했다. 그렇지만 잠시 같이 시간을 보낸 나는 반드시 그 탓만은 아니라고 생각했다. 지타가 몹시 우울해 보였기 때문이다.

지타는 몇 년 동안이나 떠나 있었던 것처럼 거실을 둘러보았다. 고양이 한 마리가 어슬렁거리고 들어왔다가 지타를 빤히 쳐다보았다. 지타가 손을 내밀자 고양이는 뒤로 돌아 인도의 길고양이가 보일 수 있는 최대한의 기품을 뽐내며 걸어 나가 버렸다. 지타는 마음이 상한 것 같았다. 나 역시 변한 지타의 모습에 적응하려 애를 쓰고 있었다. 힘이 넘치던 펀자브 친구가 이제는 머리를 깔끔하게 뒤로 당겨 빗고 단정한 살와르 카미즈를 입은 살찌고 부드러운 모습으로 바뀌어 있었다. 이제 미니스커트와는 영원히 안녕인 것 같았다. 그녀가 커브스 가게에서 구입한 옷들을 입어 보기나 했는지 궁금했지만 감히 물어보지는 못했다. 신혼여행은 편안하게 얘기를 나눌 주제가 아니었다. 라메쉬는 태국으로 가려던 여행을 취소해야만 했다. 그의 부친이 여행비가 너무 비싸다고 선언했기 때문이었다. 그래서 그들은 대신 한결 일반화 된 여행지인 고아로 신혼여행을 갔다.

지타와 나란히 소파에 앉아 나는 우리 둘의 친교가 우연히 한 공간에서 같이 살았다는 것 말고는 무엇에 기반을 두었을까 곰곰 생각해 보았다. 우리의 우정은 그보다 훨씬 더 중요한 관계로 발전했다는 것을 나는 안다. 그래서 아마도 우리가 친구가 된 이유 자체는 사실 아무 것도 아니었다. 지리적인 위치와 생활방식이 달라진 지금은 우리 둘 사이의 다른 점이 우리 둘 사이의 결속력을 압도할 정도로 훨씬 컸다.

적합한 말할 거리를 생각해 내느라고 애를 쓰던 나는 지타의 팔에 여전히 혼례용 팔찌가 장식돼 있는 것을 보았다.

"아직 추라를 하고 있네요. 시댁 식구들이 당신을 공주님처럼 대접하고 있겠지요?"

지타는 나를 그저 멍하니 돌아보았다.

"뭐, 그래요. 아무 일도 못하게 해요. 나는 그 집안에서 그냥 공주 같아요."

새 가정에서 응석받이처럼 대접받는다는 것은 새신부로서는 대성공임에 틀림없는 일이다. 그러나 그 말에 이어 기대했던 의기양양한 내용과는 전혀 다른 이야기가 지타의 입에서 나왔다.

"난 거기서 별로 편하게 지내지 않아요. 그 사람들은 계속 나를 외부인처럼 집안일에 끼어들지 못하게 해요. 잘 대해주느라 아무 것에도 참여시키지 않는 식이에요. 방갈로르는 내가 아는 것과는 너무 달라요, 우리 나라 안에서 페링기가 된 기분이에요."

사스와 바후의 갈등에 관한 TV 드라마 KSBKBT('시어머니도 한때는 며느리였기 때문에')를 통해 나도 알게 되었지만 시어머니는 새로 들어온 며느리를 여러 가지 방법을 동원해 괴롭힌다. 그 드라마를 보면 갈등의 대부분은 부엌과 연관돼 있다. 푸쉬파의 사스처럼 때때로 시집 식구들은 새 바후를 집안일 하는 노예처럼 부려먹지만, 반대의 경우에는 마치 부엌이 신성한 영역인 것처럼 며느리의 부엌 접근을 제한하는 방법으로 새색시를 소외시킨다. 지타가 새로 맞이한 생활은 후자의 경우에 해당됐다. 무르티 가문에서는 음식을 요리하는 일은 안정되게 자리가 잡힌 여성들만이 누릴 수 있는 영예였다. 라메쉬의 어머니, 할머니, 그리고 아주머니들이 부엌의 공간을 두고 경쟁했으며, 가끔 라메쉬의 형수에게 접근이 허락됐다. 라메쉬의 형수는 시집에 들어온 지 이미 여러 해가 지났기 때문에 그나마 가능했다. 그들은 전통적인 음식으로 돌아가며 뷔페를 차렸다. 모든 음식이 겨자씨와 풋고추를 넣어 눈물이 날 정도로 매웠다. 아침 식사 때도 예외는 없었다. 이들리라고 부르는 남인도의 쌀 케이크는 얼얼할 정도로 매운 스튜와 함께 나왔다.

시집으로 들어가고 몇 개월이 지난 뒤 지타는 시어머니에게 펀자브 요리를 만들게 허락해 달라고 부탁했다. 남편한테 요리를 직접 만들어 주는 게 가장 큰 영광이라는 말을 덧붙였다. 요리를 하게 해달라고 조르는 지타를 상상하기란 나로서는 참 어려운 일이지만, 가사 일은 결혼생활을 몇 달간 하면서 그녀에게 새로운 의미를 지니게 되었다. 라메쉬의 가족이 지타가 만든 순한 맛의 감자 카레와 로티를 칭찬했다는 말을 할 때 지타는 몹시 의기양양해 보였다. 하지만 그녀의 사스는 이런 일은 정례적인 게 아니라고 분명하게 못을 박았다.

"내가 부엌에 들어설 때는 팽팽한 긴장감이 있어요. 소유욕 같은 것이라 할까요. 마치 내가 그들의 영역을 침범하는 것 같아요. 그래서 그 사람들이 부엌정치라고 하나 봐요." 지타는 한숨을 푹 쉬며 이렇게 한탄했다. "아이 요레 라마찬드라."

나는 남인도의 감탄사를 듣고 웃었다.

"방갈로르에서 귀동냥으로 익힌 말이에요?"

"그래요, 라메쉬네 가족들은 모두 이 표현을 써요. 북부지방에서 우리가 '아이 바바' 하듯이요. 내가 적응하려고 얼마나 최선을 다하고 있는지 아시겠지요? 나는 그들이 쓰는 야릇한 어구까지도 따라 하잖아요."

요리 전쟁에서 지타가 얻은 것도 있었다. 라메쉬가 특별히 모친한테 좀 덜 매운 카레를 지타를 위해 만들어 달라고 요청했고, 어머니는 선선히 그러마고 응했다.

"그렇지만 지금은 모두 중단됐어요. 나는 그분들이 푸념하는 걸 들었지만, 그 점에 대해 미안해 할 짬도 없이 음식은 도로 옛 맛으로 돌아가 버렸어요. 우리 시어머니는 내가 단지 새로 시집 와서 힘든 것일 뿐이라고 생각하고 있어요. 그들이 먹는 것에 내가 익숙해져야만 한다고 생각하는 거지요." 지타는 카미즈를 넓적다리 위로 당겨 내리며 말을 계속했다. "정말 나는 적응하려고 노력하고 있어요. 증거가 더 있다니까요. 결혼하고 여섯 달밖에 안됐는데 이렇게 살찐 가정주부 모습이 됐잖아요!"

지타는 델리로 가서 소화기 전문의의 진단을 받을 계획이었다. 그녀는 방갈로르의 음식 때문에 생긴 문제는 북부 의사가 더 잘 알 것이라고 생각했다. 그리고 의사의 소견서를 받아오는 것을 포함해 세심하게 계획을 짰다.

"시어머니께 보여드릴 처방전을 의사한테서 받아올 생각이에요. 그렇게 되면 그들이 먹는 음식이 내 몸에 좋지 않다는 걸 증명할 수 있을 거예요. 시댁 여인들이 내 말에 진지하게 귀를 기울여 주면 좋겠어요."

지타는 소파 위로 축 늘어졌다. 얼굴에 지친 기색이 완연했다. 그런 모습의 지타를 보며 나는 당혹감을 느꼈다. 외면상으로 지타는 발리우드 영화의 꿈을 실현한 듯 보였다. 지타에게는 그녀를 아끼는 남편, 그리고 그녀의 편안함과 안전을 위해 애쓰는 가족이 있었다. 지타는 파티알라에 있는 가족을 만나러 가면 자신의 새 생활에 대해 자랑할 게 분명했다. 그렇지만 지타는 상대적으로 사소한 문제처럼 보이는 무르티 가의 음식을 병적으로 문제 삼았다. 결혼식 전날 밤 갑자기 사랑하고 있다고 선언했던 옛 직장 상사나, 라메쉬를 사랑하게 되지 않을 것에 대한 두려움에 관해서는 한 마디도 언급하지 않았다. 생각해 보니 지타는 여기 온 후 남편에 대해서도 거의 언급을 하지 않았다. 중매결혼의 현실에 대해 정신적 갈등을 느끼고 있는 게 분명했다.

저녁식사 동안 이야기를 주고받으며 나는 지타가 새 가정에서 응석받이 대우를 받는가 하면, 깨지기 쉬운 값비싼 자기그릇처럼 조심스레 다루어지고 있다는 느낌을 받았다. 라메쉬의 부친 케샤바는 외부 세계의 위험으로부터 며느리를 지켜주려고 애썼다. 케샤바는 가족의 운전기사가 대동하더라도 누군가 집적거릴지 모른다며, 지타가 혼자 쇼핑하러 나가는 것을 싫어했다.

"시아버지는 지타가 델리에서 8년 동안 살았다는 걸 아시잖아요, 그렇죠?"

"물론이죠. 나는 스스로 내 몸은 간수할 수 있다고 늘 말씀드려요. 여러 해 동안 내 일은 내가 해 왔다고 말이죠. 그래도 그분은 이제 나의 안전은 당신의 책임이라고 말한답니다."

지타는 시아버지의 그런 태도를 그가 자신을 꽤 예쁘게 아껴 주는 증거로 묘사하려고 애를 썼다.

"실제로는 정말로 기분 좋고 편해요. 누군가 다른 사람이 나를 지켜 주기 때문에 내가 편안하게 지낼 수 있는 거잖아요. 내가 시집으로 들어가자 곧바로 시아버지는 나보고 자신의 호칭을 친자녀들과 똑같이 '압파'라고 부르라고 했어요. 내가 델리로 가게 해 달라고 졸랐을 때 결국 나를 보내 준 것도 압파였어요. 라메쉬를 쉬게 해 줄 수는 없었지만, 나 혼자 여기 오게 해 줬어요. 그분은 다른 며느리들보다 나를 더 신임한다는 걸 알 수 있어요."

지타는 무르티 집안의 여인들과 시간을 보냈지만 여자들끼리의 긴밀한 유대에 관한 상황은 설명하지 않았다. 지타는 하는 일 없이 지루하게 보내는 여자들이 가득한 집안에서 살았다. 그들은 모두 가장의 관심을 끌기 위해 경쟁했다. 아침이면 라메쉬, 그의 형, 그의 부친이 무르티 매뉴팩처링 사무실로 출근하고, 여자들은 남자들이 식사하러 귀가할 때까지 요리, 청소, 기도의 일과를 시작한다. 가사 일이 금지된 지타는 수면, 식사, 기도 등 활동이 더욱 더 제한됐다.

"꿈에 그리던 생활 아닌가요?" 내가 씩 웃으며 물었다.

지타는 머리를 가로저었다. 지타가 아는 언어는 거의 한마디도 하지 않는 데다 호의적이지도 않은 여자들한테 둘러싸여 강제적으로 휴식을 해야 하는 생활을 즐긴다는 것은 불가능한 일이었다. 칸나다어는 배우기가 어렵다고 지타는 말했다.

"라메쉬가 항상 내 말을 통역해 줘요. 그가 출근하고 나면 나는 그 사람들이 하는 말이나 농담을 거의 알아들을 수가 없어요. 우리는 푸자에 같이 참여하는데, 라메쉬 어머니는 우리가 어떤 말로 기도해도 상관없다고 늘 말해요. 어떤 때는 '기도가 너무 길어요! 지루해 죽겠어!' 하고 소리를 지르고 싶어요. 정말 평생 이처럼 기도를 많이 해 본 적이 없어요. 여자들은 아침에 푸자 방으로 가서 세 시간 동안 의식에 참여해요. 그러고 나서 식사를 준비하기 위해 잠시 중단해요. 그리고 식사 후에 다시 푸자 방으로 돌아가요. 옛날 인도와 똑같아요. 푸자가 그 사람들의 유일한 낙인 것처럼, 그리고 TV는 집에 아예 없는 것처럼 지내거든요."

몇 달 전에 그녀는 라메쉬에게 더 이상 못 견디겠다며 방갈로르에서 일자리를 찾아보게 해달라고 간청했다. 직장에 다시 나갈 수 있고 없고를 결정하는 권한은 라메쉬가 아니라 시아버지한테 있었다. 케샤바는 라메쉬에게 며느리한테는 자기 원하는 대로 할 자유가 있다고 말했다. 그러나 왜 그럴 필요가 없는데 집 밖에서 일을 하는 불편함을 감내하려고 하는지 이해가 안 된다고 덧붙였다. 그리고 존경받는 기업을 가진 가족이 새 며느리가 밖에서 직장에 다니도록 하는 게 얼마나 수치스러운 일인지 지타가 아직 모른다는 뜻을 내비쳤다.

"새 아이가 밖에 나가서 일을 하도록 시키면 사람들은 당연히 우리가 형편이 어려워 그렇게 한다고 생각할 거다. 새 아이가 굳이 일을 하고 싶다면, 집 안에서 할 만한 일거리를 내가 찾아보마."

며칠 뒤 케샤바는 며느리의 지루함을 해소시키는 데 도움이 될 제안을 했다. 방갈로르의 교통 체증을 헤쳐 나가거나, 아침 9시부터 저녁 5시까지 계속 일하지 않아도 될 방법이 있다고 했다. 바로 자택 아래층에 있는 재택 사무실에서 일하라고 했다. 무르티 매뉴팩처링의 회계로 케샤바를 도우면 된다는 것이었다.

그 얘기를 할 무렵 지타는 모든 상황을 체념하고 받아들이는 듯했다. 지금 그녀가 할 수 있는 한 최선의 선택인 것 같았다.

"그것은 내가 바란 것과 똑같지는 않아요. 하지만 최소한 이렇게 하면 압파와 밀접하게 이어질 수 있다는 생각이 들었어요. 또 다른 효과도 있었어요. 다른 여인들이 나와 시아버지 사이가 더 가깝다는 것에 질투를 느끼고 있어요. 그 여자들 입장은 이해가 되지만 나는 상관 안 해요! 최소한 시아버지는 나를 이해하고, 내가 하루 종일 기도만 하면서 가만히 앉아 시간을 보내는 걸 좋아하지 않는다는 걸 아시니까요."

지타는 델리를 떠나기 전에 두 가지 희망사항을 갖고 있었다. 자신이 생각하기에 최고로 편안한 음식인, 쌀과 렌즈콩으로 만든 부드러운 맛의 키츠디를 요리해 달라고 라다에게 부탁했다. 그리고 지타는 저녁 식사 전에 로디 가든으로 산보를 가고 싶다고 했다. 그곳에 도착하니 늦은 오후의 비가 한바탕 지나간 뒤라 공원의 빛깔은 한껏 선명했다. 광채를 발하는 잔디의 초록빛을 보고도 지타는 나처럼 신나 하지 않았다. 그녀는 걸음이 느렸고 나도 보조를 맞추느라 천천히 걸음을 옮겼다. 지타는 그날 밤 파티알라 행 기차를 탈 예정이었고, 새로운 생활이 있는 곳으로 돌아가기 전에 그곳에서 가족들과 일주일을 지낼 것이다. 지타는 차마 입 밖에 낼 수는 없었지만 델리를 떠나고 싶지 않았다.

결혼 후의 생활에 대해 자신이 상상한 대로 모든 것이 쉬우리라고 기대했던 것 같았다. 분명한 건 이제 자신의 건강과 안전을 스스로 책임지지 않아도 된다는 점이었다. 남편과 시아버지가 여행 계획을 짜고 옷을 사주었다. 그렇지만 다른 일들은 좀 복잡했다. 새 가정에서 명랑하고 충실한 바후 역할을 하는 데는 끊임없는 노력이 필요했다. 아직 그들에게 받아들여지지 않고 있다는 사실에 절망했고, 무엇보다도 그곳 생활이 지루했다. 지타는 델리에서의 생활을 자유롭고 신나게 보낸 이상적인 시절로 기억할 것이다. 충분히 이해가 됐다.

"라메쉬는 수시로 이렇게 해요." 지타가 불쑥 말했다. "아무도 보는 사람이 없으면 수시로 내 볼에다 키스를 하고 손을 끌어 잡아당겨요."

"멋진데요!" 나는 이렇게 맞장구를 쳐주었다.

"웃기는 짓이에요. 운전기사가 우리를 볼지도 모르는데 차 안에서도 그렇게 하고, 아주머니들이 바로 옆방에서 요리를 하고 있는데 앉아서 TV를 보다가도 그래요. 다른 사람이 볼까 봐 늘 걱정이 돼요. 그렇지만 라메쉬는 못 참겠다는 거예요. 그는 시도때도 없이 내게 사랑한다는 말을 해요. 내가 응답을 하건 말건 가리지 않아요. 그리고 항상 사람들한테 우리는 연애결혼을 했다고 말한답니다."

어느 날 라메쉬가 나한테 키스하는 걸 할머니가 보았어요. 원 세상에! 나는 얼마나 놀랐는지 몰라요. 말리카 셰라와트가 나오는 야한 키스는 아니었지만 그래도 너무 당황스러웠어요."

영화배우 말리카처럼 도발적인 빨간색 미니스커트를 입은 지타가 보수적인 남인도 시할머니 앞에서 남편과 프렌치키스를 하는 장면이 떠올랐다. 내가 그런 일을 당하면 어떤 기분일까 상상해 보았다. 발가벗은 몸으로 남자 친구 아버지한테 들킬 때 기분이 그런 것일지 모르겠다는 생각이 들었다.

"아즈지는 하루 종일 푸자만 하며 지내는 품위 있는 브라만 과부 할머니예요. 라메쉬가 나한테 키스하는 장면을 할머니한테 들켰을 때 나는 정말 죽고 싶었다니까요! 그런데 할머니가 뭐라고 한 줄 아세요? '키스하게 내버려 두려무나! 그렇지 않으면 네가 어떻게 우리한테 아기를 낳아 주겠니?' 이런 말을 했어요."

아기를 가지라는 가족의 압력이 이미 지타에게 시작되었다는 말이었다. 하지만 손주를 기다리는 할머니의 등장으로 이야기는 더 재미있어졌다. 세계 어디를 막론하고 신혼부부라면 이런 일을 한두 번씩은 겪을 것이다. 하지만 인도에서는 출산에 대한 사회적 기대감이 유난히 극성스럽다. 미국에 있는 내 결혼한 친구들도 시부모가 아기 이름을 뭐라고 지을까라든가, 어디가 좋은 학군이라던데 같은 이야기로 슬쩍 속내를 비친다는 말을 한다. 그런 이야기는 지타의 경우에 비하면 아무 것도 아니었다. 지타는 이제 아즈지와 다른 집안 여자들이 그 주제를 입에 달고 산다고 했다.

"아즈지는 노골적으로 '네가 할 일은 아기를 낳는 것뿐이다. 아기를 낳으면 모든 일을 우리가 돌봐주마.' 라고 해요. 그러면 나도 그런 것은 잘 안다고 해요. 나도 대가족에서 자랐고, 나를 키운 건 우리 할머니거든요. '이 집에는 여자들이 많으니 우리가 아기 기저귀도 다 갈아 줄 거야!' 아즈지는 툭하면 이런 말을 해요. 이런 식이면 내가 아이를 낳더라도 아기 얼굴이나 볼 수 있을지 모르겠다는 생각이 들어요."

"계획을 다 짜놓은 것 같네요."

"그래요. 사람들은 내가 얼른 임신하기를 바라는 것 같아요. 내 나이가 다른 보통 새색시들보다 나이가 더 많다는 이유도 있을 거예요. 하지만 나는 이제 겨우 결혼 6개월 된 새댁이고, 아직도 결혼 추라를 끼고 있단 말이에요. 제기랄! 그런데 이 집 여자들은 내가 결혼한 지 천년만년이라도 된 것처럼 생각해요. 그리고 나도 사실은 걱정이 돼요. 이제 내 나이 서른둘이 돼요. 누가 생각해도 이제 쉽지 않은 나이가 된 거에요."

지타가 다른 보통 인도 여성들보다 늦게 결혼한 것에 대해 후회 비슷한 말을 하는 걸 내가 들은 건 처음이었다. 닥터 카푸르한테서 내가 들은 이야기로 미루어 짐작해 보면 지타의 말도 일리가 있었다. 지타에게는 아이를 갖는 게 선택의 문제가 아니었다. 그녀는 아이를 낳아야 비로소 온전한 여성이 된다는 생각을 항상 갖고 있었다. 결혼을 늦게 한 탓에 그녀의 삶에서 출산의 가능성을 빼앗긴다면, 그건 생각만 해도 가슴 아픈 일이었다.

"좋은 남자를 찾느라 너무 많은 시간을 허비했는지도 모르겠어요. 혹시라도 잘못된 선택을 할까 봐 내가 얼마나 겁을 냈는지 기억하시지요?"

"라메쉬를 보면 기다린 보람이 있는 게 분명해요. 그 집 식구들과 조금 문제가 있다고 하더라도 결혼은 아주 잘 했어요, 지타."

"그건 맞아요. 사실, 다른 사람들도 그러지만 우리 어머니는 내 결혼은 기다릴 만한 가치가 있었다고 말하세요. 어머니는 여러 해 동안 신랑감을 찾으라고 나를 들들 볶았는데, 이제는 내 여자 사촌들한테 대학 졸업하자마자 곧바로 결혼할 필요는 없다는 말까지 하신단 말이에요."

"그것 봐요, 지타는 인도 결혼혁명의 최전선에 서 있는 거예요. 글로벌화 된 미래 결혼을 선두에서 이끌어 나가고 있다고요!"

지타는 파르바티에게나 어울릴 법한 쓸쓸한 미소를 지어 보였다.

"그럴지도 모르죠. 그렇지만 내가 아이를 가지기에는 너무 나이 들었다는 걸 알았을 때도 우리 어머니가 그런 생각을 계속 할지는 모르겠네요. 오늘 저녁 파티알라에 도착하면 어머니가 제일 먼저 물으실 게 바로 임신 문제일거예요. 아직 임신 소식이 없다는 말을 들으면 당장 내 나이가 너무 많아서 그렇다는 생각을 하고 걱정을 태산같이 할 거예요. 아직 본격적으로 아이를 갖겠다는 생각을 한 적이 없다는 말을 해도 아무런 위안이 안 될 거예요. 엄마한테 이 일을 어떻게 설명해야 할지 모르겠어요."

지타는 잠시 뜸을 들이더니 싱긋 웃으며 이렇게 덧붙였다. "어머니는 아마 숙모들한테 곧장 전화를 걸어 사촌들 빨리 결혼시키라고 말하실 거예요!"

우리가 외로웠던 시절 서로 위안이 되었던 착하고 연약한 자그마한 도시 여성이 내 앞에 있었다. 여러 해 전 델리에서 처음 만나 서로 위안을 주고받은 이 여성의 말을 듣고 있으니 마음이 아팠다. 어느새 날이 저물어 사방이 어스레했다. 신비한 느낌을 주는 보랏빛이 감도는 일광을 받아 사방의 덤불이 보랏빛으로 빛나고 있었다. 나는 미소를 지으며 마음만 먹으면 언제든지 아기를 가질 수 있을 거라고 웅얼거리듯 위로의 말을 해 주었다.

"나도 그렇게 되었으면 좋겠어요. 시아버지 압파는 인도에서는 가족이 전부라는 말을 항상 해요. 그 말을 입에 달고 있기 때문에 나는 부담을 느낄 수밖에 없어요. 사람들은 인도인은 누구나 아기를 다 잘 낳는다고 생각해요. 인구는 폭발 일보 전인데도 말이에요. 아이를 못 낳으면 인도에서는 아무 쓸모도 없는 사람이 되요."

지타는 걸음을 빨리 했다. 나뭇가지에서는 잉꼬들이 저녁을 맞아 부산하게 움직이고 있고, 지타는 기차 시간에 늦으면 안 되었다.

제16장

아웃 오브 인디아

만일 인도가 남자라면 나는 상당히 건강치 못한 관계를 맺었을 것이다.
인도는 나를 압도했고, 나를 격노케 했다. 때때로 좌절을 겪은 무더운 날
나는 인도가 나에게서 피를 빨아먹는다고 느꼈다. 그렇지만 아침에는 인도 곁에서 잠을 깨며,
나는 새로 사랑에 빠지고 곧바로 사랑의 끝을 내는 여자가 되었다.

일요일 아침의 적막을 깨며 자동차 경적 소리가 온 동네에 울렸다. 나는 그 소리가 내가 사는 집 밖에 서 있는 택시에서 나는 것을 알고 기가 막혔다. 운전기사는 랑기트였다. K.K.는 지금 자기 고향으로 휴가를 갔고, 나는 K.K. 대신 랑기트에게 일을 맡겨 놓고 있었다. 그에게서는 시도 때도 없이 값싼 아락주 술냄새가 났다. 게다가 그는 인도의 관료인 바부들이 즐겨 타는 차이자 K.K.가 나한테 형편없는 차라고 가르쳐 준 흰색 앰배서더 자동차를 운전했다. 그의 차는 1948년 처음 출시된 것인 양 몹시 덜거덕거렸다.

삐걱거리는 소리가 나는 출입문을 밀어 여는데 랑기트가 보였다. 조금 전에 나를 어서 내려오라고 그렇게 서두르던 그가 지금은 자동차 앞유리 앞에 마련해 놓은 자그마한 신단에 경의를 표하고 있었다. 나는 허리에 손을 댄 채 길거리에 그냥 서 있었다. 달리기를 하려고 로디 가든까지 데려다 달라고 택시를 부른 내가 잘못했다는 후회가 들었다. 그렇지만 택시를 부르지 않았다면 운동을 하러

공원까지 가는 도중에 거지와 자동차들로부터 이리저리 몸을 피하느라 있는 힘을 다 쓰고 말지 모를 일이었다. 짜증나는 일이지만 술 덜 깬 랑기트가 아침 기도를 마칠 때까지 기다렸다 출발하는 수밖에 없었다. 그는 조금만 기다리라고 손짓을 해 보이고는 몸을 기울여 경건한 자세로 계기반에 붙여놓은 플라스틱 힌두교 신들 주위로 길고 가느다란 향을 들고 빙빙 돌렸다. 몇 분 동안 기도문을 읊조린 다음 그는 향을 비벼 끄고는 포켓 속에 도로 넣었다.

차에 올라타자 향에서 난 연기가 그의 몸에서 풍기는 술 냄새와 뒤섞여 속이 메스꺼웠다. 다른 택시를 부를 걸 하는 후회가 들었지만, 사실 안전 운전에 대한 나의 기준은 파르바티와 프레스 클럽에 처음 간 날 밤부터 많이 낮춰져 있었다. 도로 한가운데로 차를 몰고 나갈 때 백미러에 비친 랑기트의 눈은 초점도 안 맞고 흐리멍덩했다. 신들이 그의 경건한 기도소리를 들었기를 바랄 수밖에 없었다. 최소한 일요일 이른 아침이라 로디 로드에 그다지 차가 많지 않을 것이라고 나는 혼자 생각했다. 그렇더라도 우리가 취할 수 있는 모든 방어책을 취해야만 했다.

랑기트가 빨간 신호등이 켜졌는데도 정신없이 차를 몰아가는 바람에 나는 경악을 하며 소리를 질렀다. 밤에는 교통신호를 더욱 무시하는 게 한 가지 특징이었다. 그러나 밝은 시간에도 도로는 위험하기 그지없었다. 그는 백미러로 유감스럽다는 눈빛을 보냈는데, 마치 술이 덜 깬 경건한 아침의 몽롱함을 깨운 데 대한 유감표명인 것 같았다. 바로 그때 내 얼굴이 앞좌석에 쾅 부딪혔고, 타이어 밑에서 뭔가 우두둑 부서지는 소리와 끼익 하는 브레이크 소리가 들렸다.

우리는 우리 차에 무엇이 치였는지 알아내려고 주위를 둘러보았다. 한참 후에 자동차 옆에서 빼빼 마른 십대 소년이 찌그러진 자전거 잔해를 끌어당기며 몸을 일으키는 게 보였다. 소년한테서는 피가 많이 흘렀다. 그 소년이 도대체 어디서 오고 있었는지 나는 도무지 알 수 없었다. 어쨌든 그 소년이 일어서는 것을 보고 나는 안도의 숨을 내쉬었다. 랑기트의 얼굴에도 안도하는 빛이 잠시 비쳤는데, 그것은 곧 분노로 바뀌었다. 그는 차창을 내리더니 고함을 쳤다. "야, 보헨 초데. 이 바보야. 자전거를 도대체 어떻게 타는 거야? 어디로 가는지 앞을 잘 보고 다녀야지!"

갑자기 주객이 전도되면서 가해자가 큰소리를 쳤고, 사고의 피해자는 절망한 나머지 어서 현장에서 도망치고 싶어 했다. 소년은 앰배서더 자동차의 바퀴에 낀 자전거를 빼내려고 자전거에 매달려 있었다. 소년의 눈이 차창을 통해 내 눈과 마주쳤다. 두 눈에는 공포가 가득 했다. 소년다운 그의 입매를 보니 라다의 아들 바블루가 떠올랐다. 내 마음 속에서 슬픔이 피어올랐다. 팔다리가 어딘가 부러진 데다 집안의 자전거까지 망가진 슬럼가에 사는 소년은 자기를 친 남자한테 겁을 먹고 있었다. 그가 택시 운전기사이기 때문이었다. 랑기트는 자전거를 탄 소년보다 자동적으로 더 높은 신분이었던 것이다.

고함소리가 우리 뒤에서 터지는 걸 듣고 뒤를 돌아다보니 여러 대의 차가 교차로 한가운데로 몰려와 정지하고 있었다. 운전기사들이 뛰어 내렸다. 나는 잠시 그들이 자전거 옆의 소년에게로 가는 걸로 생각했다. 그러나 군중의 응징이 뒤따랐다. 그들은 랑기트에게로, 그리고 나에게로 오고 있었다.

랑기트는 전에 보지 못한 속도로 재빨리 차창을 올렸지만 충분히 빠르지는 못했다. 한 남자가 주먹을 틈으로 밀어 넣고 창을 열었다.

"아직 어린애한테 어떻게 그럴 수가 있어?" 그들이 외쳤다.

"이 보헨 초데야! 빨간 불인데도 네놈이 지나갔잖아, 거지 똥싸개 같은 놈아."

큰 몸집의 시크교도가 야구방망이를 들고 택시로 오는 걸 보는 순간 나는 문을 열고 택시에서 뛰어내렸고, 격분한 운전기사들이 떼 지어 따라오지 않기를 간절히 기도하며 로디 로드를 달려 공원 쪽으로 향했다. 다행히도 나는 달리기용 운동화를 신은 상태였다.

인도에서 나는 군중과 관련된 악몽에 거듭 시달렸다. 나는 특별히 편집증적인 사람이 아닌데도 어떤 이유에서인지 델리에서는 있을 법하지도 않은 사건을 걱정하며 지냈다. 내가 살았던 다른 어떤 지역에서보다도 친밀감을 갖게 된 다음에도 그랬다. 원숭이 떼의 습격이나 시장에서 터지는 폭발사고, 폭동보다도 내가 더 겁내는 것은 군중 속에 갇혀 죽도록 얻어맞는 것이었다. 남아시아에서는 흥에 겨워 모인 군중들까지도 군중 그 자체의 무서운 생명력이 있다. 나는 신문에 사람들이 짓밟혀 죽거나 질식해 죽는 끔찍한 사건 기사가 실리면 자세히 읽지 않으려 했지만, 그래도 어쩔 수 없이 읽게 되는 경우가 있었다. 순례자들로 꽉 찬 열차 안에서 질식해 죽거나, 거리에 뛰쳐나와 정치적인 승리를 광적으로 축하하는 남자들의 무리 속에 갇혀 죽는 것을 상상하곤 했다. 쉽게 일어날 법한 일이 아닌데도 그런 걱정은 나를 계속 괴롭혔다.

공원을 두세 바퀴 돌고 집으로 조깅을 하며 돌아왔는데 사고가 난 흔적은 전혀 보이지 않았다. 이제 도로에는 더 많은 차들이 달리고 있었다. 나중에 나는 택시 대기소에 전화를 했는데 K.K.의 동생은 랑기트가 상당히 심하게 두들겨 맞았다고 얘기했다. 나는 랑기트에게 미안한 마음이 들었다. 그래서 군중한테 얻어맞을 현장에 홀로 운전기사를 남겨두고 떠난 것을 사과했다. 그렇지만 더 신경이 쓰이는 것은 그 자전거 타던 소년이 어떻게 되었는지를 모르는 것이었다. 다른 운전기사들이 그 소년을 보호해 주었을까, 소년이 도망을 갔을까, 심하게 부상을 당하지는 않았을까? 만일 심하게 다쳤다면 그 소년에게는 여러 가지로 불리한 상황이 이어질 터였다. 자전거를 타던 델리의 소년은 병원에 갈 형편이 못 될 것이기 때문이었다.

파르바티라면 아마도 취했을 조치를 할 만큼 내가 용감했더라면 얼마나 좋았을까? 파르바티도 경찰에 전화했을 것 같지는 않았다. 경찰은 대개 힘 있는 쪽 편을 들면서 양쪽 모두에게 벌금을 매길 것이기 때문이었다. 십대 소년에게 랑기트가 고함을 친 것처럼 그들은 권력자 집단처럼 행동할 가능성이 높았다. 파르바티라면 랑기트에게 욕설을 퍼붓고, 군중이 달려들어 그를 때리도록 부추겼을지 모른다는 상상도 했다. 그 다음에 그녀는 릭샤를 불러 십대 소년을 개인 병원으로 데리고 가 진료비를 물어 주었을 것이라는 확신이 들었다.

한참이 지나도록 나는 그 사건에 대해 파르바티에게 얘기를 하지 못했다. 너무 부끄러웠기 때문이었다. 그런데 다행히도 파르바티는 그때 내가 내 입장에서 취할 수 있는 유일한 행동을 한 것 같다고 안심시켜 주었다.

"내 말은 당신이 외국인인 걸 안 순간 무슨 일이 벌어질지는 아무도 모르는 거거든요. 외국인이라는 사실 때문에 사람들이 더 격분했을 수도 있으니까요. 당신이 그들 편이라는 걸 설명도 하기 전에 당신한테 덤벼들 수도 있었지요."

앰배서더 뒷좌석에 페링기임이 분명한 내가 앉아 있었다는 게 그 운전기사들의 분노를 더 크게 만들었을지 아닐지는 잘 모르겠다. 나는 그들 중 누군가 내 뒤를 따라오는지 확인하려고 뒤를 돌아보지도 않았다. 그러나 파르바티의 얘기를 들으니 그럴 가능성이 더욱 높아졌다. 그 사건 이후 나는 인도와 나와의 관계를 새로운 시각으로 가늠해 보게 되었다. 여기서 나의 전체 계획이 심각하게 타격을 입을 수도 있었다. 내가 도움을 줄 수 있어야 할 상황에서 만일 내가 페링기이기 때문에 꼼짝달싹 못하고, 어떤 일도 불가능하다면 내 삶은 잘못된 것이다. 나는 이 나라 사람이 아니고, 곤란한 상황에 처했을 때 최상의 해결책은 도망치는 것뿐인 게 분명했다.

나는 해외특파원이 되어 인도와 광범위하게 연결되고 싶었고, 실제로 그렇게 되었다. 그러나 그날처럼 운이 나쁜 날에는 그 연결이 제한적이고 피상적이라고 느껴졌다. 나의 인도 친구들은 나를 그들의 삶 가까이로 끌어들였고 이 나라를 이해하게 도와주었다. 그러나 아무리 우리 집 가사 도우미들에게 후하게 급여를 주어도, 아무리 많은 인도 신화를 외워도, 아무리 인도 남자 친구가 많아도 나는 항상 아웃사이더였다. 조긴더나 다른 니자무딘 주민들과 아무리 진정 어린 인사를 주고받아도 내가 그 지역과 깊은 유대를 맺은 것으로 간주되는 일은 거의 없었다.

델리 거리에서 만나는 정말로 비참한 사람들에 대해 상당히 둔감해지면서도 나는 뭔가 그들을 위해 할 수 있기를 열망했다. 내 쓰레기를 치우도록 불가촉천민을 고용하고, 헬 코너에 기부금을 내는 것만으로는 충족되지 않는 열망이었다. 스케이트보드에 몸을 실은 거지에게 루피 동전을 던져줄 때는 수지 이모가 늘 말하던 잘난 '레이디 먹'이 되는 것 같은 기분이 들었다. 가난한 군중들에게 구호품을 나눠주는 빅토리아여왕 시대의 공작부인 같은 내 모습은 그다지 기분 좋은 게 아니었다. 미국에서 무료 급식 시설에서 일한다 해도 비슷한 느낌이었겠지만, 최소한 그곳에서는 식민주의 침입자 같은 느낌은 없었을 것이다.

인도에서 행하는 많은 것들이 내가 만족할 정도로 정직해 보이거나 오래 지속되지 않았다. 어린 시절 많이 옮겨 다닌 결과 나는 거의 어느 곳에서나 잘 적응할 수 있으리라는 높은 기대감을 갖게 되었다. 사람과의 관계도 내가 노력만 하면 그곳이 어디이건 그들과 유대감을 형성하고 편안함을 느끼게 될 거라고 나는 믿었다. 물론 내가 인도에 오기 전에 살았던, 여러 문화가 병존하는 다문화적인 서구 도시들과 인도는 상황이 몹시 다르다. 그런데도 나는 너무나 천진난만하게도 인도에서도 그러리라고 생각했다.

델리는 의심할 여지없이 세계화로 향해가는 인도의 수도다. 그러나 런던이나, 뉴욕, 심지어 베이징과도 거의 공통점이 없고, 앞으로도 그럴 것 같다. 수천 가지 다른 언어와 문화가 섞여 있으면서도 인도는 놀랄 정도로 강한 통일감을 갖고 있다. 아무리 많은 미국 기업들이 방갈로르에 콜센터를 개설해도 그게 바뀔 것 같지는 않다. 인도의 십대들은 맥도널드에서 스낵을 먹은 후에도 쌀밥과 로티 빵을 먹을 것이다. 인도가 미국 드라마 '섹스 앤 더 시티'에 빠져든 현상 같은 것을 취재할 때마다 지타는 늘 나에게 이렇게 일깨워주곤 했다. "인도는 영원히 인도로 남아 있을 거예요, 미란다. 우리를 그렇게 걱정할 필요 없어요."

인도는 외부 세계의 영향이 균일하게 받아들여지는 곳이 아니다. 부유함을 과시하는 게 용납되지 않는 사회주의 국가였던 게 그다지 오래 전이 아니다. 지금은 십대들은 인도 케이블 방송을 통해 방송되는 미국의 HBO 프로그램 앞에 달라붙어 있는데, 변화하는 경제로부터 아직 아무런 혜택을 누리지 못하는 사람의 수는 그보다 몇 십 배나 더 많다. 반짝이는 표면 아래에서 당장이라도 터질듯 부글부글 끓고 있는 분노가 명백히 감지되고 있다. 그런 현상은 인도 같은 숙명론적인 분위기가 지배적인 나라에서는 특히 더 두드러져 보인다. 로디 로드에서 야구방망이를 휘두르는 시크교도들의 화난 행동은 아마도 인도 도시의 경제 불균형 때문에 비롯되었을 거라고 나는 생각했다.

그 택시 사건이 있은 후 몇 달 동안 인도에서 선교사 활동을 한 할머니 생각이 자꾸 떠올랐다. 그날 아침 나는 공포에 질려 멤사히브처럼 처신했다. 할머니는 늘 아첨을 받았을 것이고, 인도인들과는 다른 존재로, 그들과 거리를 둔 채 광포한 인도의 군중 속에 섞여들지 않았을 것이다.

인도가 독립하고 60여 년이 지났지만 나의 백인 '고라' 피부는 지금도 인도에서 복잡한 감정을 불러일으킨다. 백인의 하얀 피부색은 가끔 적의를 불러일으키기도 하지만, 나의 창백한 피부색은 대부분의 경우 특별대접을 받게 해 주었다. 호텔의 포터나 식당 웨이터는 나를 보는 순간 몸을 반듯이 하며 존경하는 태도를 취했다. 기자로서 대충 편하게 옷을 입고 있을 때도 그랬다. 쿠르타를 입은 인도 정치인이나 금사로 장식된 실크 사리를 입은 델리의 숙녀들을 대할 때와 똑같이 굽신거리며 나를 대해 주었다. 피트니스 서클에서도 우샤는 내가 도착하면 내가 애용하는 트레드밀에서 다른 숙녀들을 쉬이 하며 쫓아냈다. 그렇게 하지 말라고 내가 몇 번이나 말했는데도 그랬다. 나는 우샤를 내 친구로 생각했지만, 인도의 혜택 받지 못하는 계층의 사람들은 페링기를 진정한 동료나 한패로 받아들일 수 없었다.

나는 이미 지타나 파르바티와의 우정이 한계에 달했다는 느낌을 갖고 있었다. 모든 우정은 우리가 변화하고 성장함에 따라 바뀌듯이 어떤 면에서 그것은 자연스러운 현상이었다. 그렇지만 그 과정에서 문화적 차이점이 상당한 역할을 했다고 나는 확신했다. 만일 파르바티가 델리의 낯선 타인들이 내리는 판단으로부터 자신을 방어하기 위해 뻔뻔한 여자가 되었다면 그녀 또한 친구들에게 접근하기 어려운 존재가 되었을 것이다. 그녀의 깔깔대는 웃음에는 귀에 거슬리는 울림이 있었다. 인도에서 살려면 어떻게 해야 하는지에 대한 파르바티의 생각에 맞추려는 나의 끈기는 점점 약해졌고, 그녀를 신뢰하려는 마음도 줄어들었다.

지타는 시댁으로 옮겨간 뒤로 거의 만나기가 어려웠다. 그리고 그녀의 생활은 너무나 급속히 변하고 있어 내가 따라잡기 힘들 정도였다. 어쩌다 전화로 통화하게 되면 우리 둘 다 서로에 대한 감정을 연장하려고 애를 쓰는 것 같은 느낌이었다. 나는 지타가 결혼생활 때문에 희생하는 모든 것이 걱정되지 않을 수 없었고, 결국 우리는 일상생활이나 관심에서 아무런 공통점도 갖게 되지 않을 것이라고 생각했다. 지타 입장에서는 내가 어서 철이 들어 고국으로 돌아가 결혼을 하려 들지 않는지 이해하지 못했다.

인도를 떠나는 결정을 가장 어렵게 만든 것은 라다에게 그 소식을 어떻게 전하느냐 하는 문제였다. 내가 델리를 떠나는 것은 불가피한 일인데도 그것이 라다에게는 '배신'으로 받아들여질 것이기 때문이었다. 라다와는 모든 게 사사롭게 얽혀 있었다. 그녀는 다른 세상에 대해서는 상상조차 하지 않고 지내 왔다. 떠나기 전에 라다에게 새 일자리를 찾아주고 싶었지만 운이 따라주지 않았다. 라다에게 간신히 내가 미국으로 돌아갈 예정이라는 말을 꺼냈을 무렵 나는 이미 짐을 꾸리기 시작했고, 라다 역시 의심쩍은 마음을 이미 하고 있었다.

더 이상 데리고 있을 수 없게 된 집안의 일꾼들을 어떻게 내보내야 하는지는 해외 근무자들이 어쩔 수 없이 겪게 되는 어려움이다. 가장 이상적인 경우는 후임 페링기에게 인계할 수 있게 되는 것이다. 내가 아는 어떤 기자는 델리를 떠난 후에도 자기 후임자가 영국에서 도착할 때까지 여러 달 동안 가사 보조인들에게 급여를 지급했다. 불행하게도 내 집으로 이사 들어올 커플한테 태도는 건방진데다 문맹인 라다를 계속 채용하라고 설득하지 못했다. 그리고 나는 라다의 영원한 후원자가 될 생각이 없었다. 이디스 할머니의 흉내를 내고 싶지도 않았다.

내 앞의 다른 많은 멤사히브들처럼 나도 인도 고용원들과 맺어진 업무적인 관계에 감정적인 관계가 뒤섞였다. 나는 라다의 날카로운 의견 표현과 신랄한 유머, 그리고 그녀의 멜로드라마 같은 인생사를 그리워할 것이다. 그리고 연금도 없는 불확실한 미래에 그녀를 방치해 두고 떠난다는 사실에 죄의식을 느꼈다. '아웃 오브 아프리카'에서 이삭 디네센은 지금의 케냐인 영국령 동아프리카에 있는 커피농장의 일꾼들과 강한 유대 관계를 맺었다. 특히 그녀의 요리사로 일한, 교육을 제대로 받지 못한 소년 카만테와는 정이 많이 들었다. 디네센은 그곳을 떠나기 전에 다른 일자리를 찾아주지 못했고, 소년은 그 후 수년간 가슴 아픈 편지를 보냈다. "존경하는 멤사히브, 당신의 옛 일꾼들은 지금 가난합니다." 그녀와 지냈던 세월을 그리워한다고 말하지만 그에게 필요한 것은 그녀가 그를 일꾼으로 써 주는 것이었다. 편지에는 두 가지 감정이 한데 뒤엉켜 있었다.

떠난다는 말을 라다에게 하고 며칠 뒤 라다는 만일 두 가지 중에 하나를 택해야 한다면 자신은 나보다는 돈을 더 그리워 할 거라고 분명히 밝혔다. 내가 떠나기 전의 몇 주 동안 라다는 집안을 이리저리 거닐며 자기한테 남겨주기를 바라는 물건들을 지목했다. 마치 나는 죽어가는 할머니이고, 자신은 어리석고 솔직한 손녀딸인 것같이 행동했다. 라다는 내 '이별 선물'을 작은 딸의 혼수로 쓰려한다고 노골적으로 암시했다. 나는 작별할 때의 보너스에 대해 말한 적이 없었지만, 말하고 안 하고는 관계없이 일이 그렇게 진행되었다.

내 마음 한 구석에서는 라다가 사태를 그런 거래 관계로 회복해 놓아서 안도감이 느껴졌다. 우리 사이의 우정, 만일 그런 게 있었다면, 그 우정은 나에게 너무나 혼란스럽게 뒤엉킨 것이라 나는 도무지 어떻게 다룰지 알 수 없는 상태였다. 라다가 낯선 페링기 남자와 내가 아침식사를 하는 모습을 본 이후로 지난 몇 달동안 나는 그녀에게 편안하지 않았다. 이 새로운 남자인 테드와 뭔가 애정관계가 진행 중이라는 사실을 눈치 챘는지 아닌지는 확실치 않았다. 그가 벤저민이 아니라는 걸 깨닫지 못했을 수도 있었다. 왜냐하면 라다의 눈에는 모든 페링기들의 생김새가 똑같았기 때문이었다.

그렇지만 나는 그녀의 도덕적 판단을 과다하게 두려워했고, 위험을 감수하고 싶지 않았다. 그래서 처음 테드를 만났을 때 나는 내 가상의 남편이 니자무딘에 상당히 많이 각인돼 있다고 설명하느라 애쓰며 그를 내 집 근처에 오지 못하게했다. 우리 집 도우미의 세상에 대한 도덕관에 맞추기 위해 내 삶의 방식을 바꾸려 한다고 밝히는 것은 꽤 어리석은 짓이었다. 테드는 인도인 일꾼과의 관계에서 야기되는 예상 외의 복잡한 사정에 익숙하지 않았다. 그는 델리에 살지 않았다. 어떤 경제회의에서 처음 만났을 때 그는 업무차 이곳에 와서 몇 주일째 지내고 있었다. 나는 인터뷰를 할 수 있을지 그에게 물었고, 그는 동의하면서 자기도 해외주재원들이 델리에서 어떻게 지내는지 더 알고 싶다며 나를 저녁식사에 초대했다.

나는 업무상 저녁식사를 하는 자리에서 불편한 침묵을 피하는 내 나름의 전술로 세심하게 이야기 주제를 미리 생각해 두었다. 그렇지만 인도 수출품에 대한 무역장벽에 관해 준비해 간 질문은 꺼내지 못했다. 사실 우리는 식사 중에 업무에 관한 얘기는 거의 하지 못했다. 내가 처음으로 시계를 들여다본 때는 자정을 훌쩍 넘긴 시각이었다. 곧 우리는 나의 또 다른 분별없는 연애관계 중 하나로 발전했다. 즉석에서 끌리고, 충동적으로 결정하고, 장기적인 것에 대해서는 아무런 생각을 하지 않는 그런 연애였다. 우리는 델리에서 며칠간 함께 지냈는데 주로 그가 묵은 5성급 호텔에서였다. 일시적 기분으로 테드는 여행일정을 연장했고 우리는 바라나시로 여행을 떠났다.

그러나 이번에는 무모한 모험이라 여겨지지 않았다. 테드는 나와 다른 성장 배경을 가졌고, 그때까지 나의 연예생활을 대부분 규정지어 온, 허세 부리는 사람들과는 분명 달랐다. 장래 계획을 물어보았더니 그는 막연하게 생각하거나 조심스러워하지 않았다. 그는 미국 남부의 인간관계가 긴밀하게 짜인 지역사회 출신이었고, 그가 아는 사람들에게 성실성과 친절을 기대하는 것 같았다. 그는 세상이 자신이 원하는 대로 될 거라고 놀라울 정도로 확신하고 있었다.

그가 미국으로 돌아가기 전날 밤 우리는 예외적으로 내 집에서 지냈다. 내가 사는 곳을 그에게 보여주고 싶었던 것이다. 나는 미국 수준에서 보면 결코 호화로운 곳이 아니라는 것을 미처 깨닫지 못했다. 내 사치스런 거처에 놀라는 인도인 친구들에게 그만큼 익숙해져 있었던 것이다. 아름다운 대나무 가구 세트를 들여놓았지만 테드의 눈에는 가구를 제대로 갖추지 못하고 사는 것으로 보였다. 라다가 티 하나 없이 청소를 하지만 위생적이고 에어컨이 돌아가는 깔끔한 미국 생활공간에 비하면 누추해 보였다.

아침에 테드는 잠을 잘 자지 못했다고 고백했다. 나는 주위가 어수선한 것에 상관없이 밤새 잠을 잘 잘 수 있게 되었다는 걸 깨달았다. 지친 거지가 도로 한가운데의 분리대 녹지에서도 꼬꾸라져 잠들 듯이 나는 시트 아래서 매트리스가 따끔따끔하게 찌르는 것에도 익숙해져 있었다. 12월의 습기를 상쇄시키는 히터의 옅은 온기에 의존하는 것에도 익숙해져 있었다. 테드가 밤새 괴이하다는 생각에 잠을 못 이룬 경비원 초우키다르의 호루라기 소리는 이제 나한테는 더 이상 들리지 않았다.

나는 라다가 열쇠를 꽂고 돌리는 소리를 듣게 될까 걱정이 돼 일찍 일어났다. 라다가 걸어 들어왔을 때 우리는 커피와 오믈렛을 먹고 있었다. 나는 즐거운 목소리이기를 희망하면서 라다에게 인사를 했다. "오, 안녕! 내 친구가 아침을 먹으러 왔어요." 라다는 이성 앞에서 늘 하듯 재빨리 두파타를 머리로 끌어당기고는 수줍게 '나마스테' 하고 고개를 약간 숙여 인사했다. 테드가 밤새 같이 있었다고 라다가 생각했을 것 같지는 않았다.

라다는 금세 무언가 다른 것 때문에 마음이 산란해졌다. 아마도 부엌에서 나는 계란 냄새 때문이었을 것이다. 라다는 오믈렛 팬에다 과장된 몸짓으로 코를 킁킁댔고, 책망하는 눈길을 내게 보냈다. 마치 내가 돼지고기 구이를 남겨놓은 것 같았다. 그녀가 그것 하나에만 불만을 갖는 것에 마음이 놓여 내가 팬을 닦겠다고 말했다. 라다는 "당신이 하는 게 옳아요!" 하는 눈길을 던지고는 비질을 하기 시작했다.

라다가 우리 주위를 돌며 비질을 하는 동안 테드는 식민지 총독처럼 식탁에 앉아 있었는데, 몹시 불편하게 보였다. 우리는 쌓여 있는 신문 더미를 넘기고 있었다. 한참 후 나는 참고 있는 웃음소리를 들었고, 테드의 시선을 쫓아 라다가 구석에 모아놓은 먼지와 고양이털 뭉치를 쳐다보았다. 그 쓰레기 더미 위에서는 파란색 콘돔 포장재가 흔들리고 있었다.

내가 원치 않는 방식으로 내 생활을 바꾸지 않으면 나는 결코 라다로부터 도덕적으로 승인을 받지 못할 것이다. 라다가 이끄는 방식에 맞추려 내가 아무리 노력하더라도 결코 성공하지 못할 것이라는 것을 나는 안다. 그렇지만 라다가 꼿꼿하게 허리를 펴고, 자신의 작은 세계로 걸어가는 것을 지켜보면 자부심과 원칙에 의거한 행동이 어떤 것인지에 대해 뭔가 배우게 된다. 나는 라다가 나로 하여금 나 자신에 대해 중요한 것을 깨닫게 도와주었다고 느낀다. 그것이 정확하게 무엇인지는 모르겠다. 아마도 이름을 붙일 수 없는 것인지도 모르겠다.

몇 달치 급여를 마지막 보너스로 줄 계획이라고 분명히 밝힌 다음부터 라다는 다시 애정을 갖고 나를 대하기 시작했다. 내가 델리를 떠나기 전에 여러 주 동안 우리는 마니시와 우리 집에서 일어났던 재미있는 일들을 회상하며 부엌 언저리에 서 있곤 했다. 고양이 한 마리가 '불가촉 고양이'임을 증명하듯 변기의 시트를 발톱으로 할퀴어 벗겨 놓은 걸 라다가 발견했던 일, 내가 벽에 기댈 때 도마뱀붙이가 내 머리카락 속으로 날쌔게 도망치는 것을 마니시가 보았고, 내가 내 두 피를 미친 듯이 긁어대는 바람에 도마뱀붙이를 공중으로 날린 일 등이 생각났다. 그 이야기들은 내가 동생들과 추억에 잠기는 것과 같은 종류의 우스꽝스러운 이야기, 친숙함과 애정이 깃든 이야기들이었다.

그들 중 누구도 나에게 미국에 돌아가면 어떻게 살지에 대해 묻지 않았다. 라다나 마니시는 그곳에 돌아가면 어떤 상황인지 전혀 모르기 때문이었을 것이다. 혹은 미래란 과거와 마찬가지로 라다와 마니시에게는 전혀 관계가 없는 막연한 것이기 때문이었을 것이다. 나 역시 내가 떠난 후에 그들이 어떻게 지낼지 상상하고 싶지 않았다. 나의 미약한 도움이 없어서 그들이 더 살기가 어려워진다고 생각하는 것은 견디기 힘들었다.

떠나는 데 보탬이 될까 해서 나는 '아웃 오브 아프리카'를 자꾸 읽었다. 덴마크로 돌아가기 위해 자신의 의지와는 반대로 떠나야만 했던, 영국령 동부 아프리카를 떠나던 마지막 날들에 디네센은 그곳이 마치 아름다움을 맘껏 보여주려는 듯이 자신과 거리를 두는 것같이 느꼈다. "그때까지 나는 그곳의 일부였다. 가뭄이 드는 것은 나에게 열이 나는 것 같았고, 평원에 피어나는 꽃은 나의 새 드레스 같았다."

디네센은 자신이 다시는 아프리카로 돌아오지 않을 것을 알고 있었다. 그래서 그 위에 자신의 흔적을 남기고 싶었다. 마치 그곳이 자신의 것이라고 주장하는 것처럼.

"만일 내가 아프리카의 노래를 안다면, 그리고 기린의 노래와, 등을 대고 누운 아프리카의 달, 벌판의 쟁기를 안다면, 커피 따는 농부들의 땀에 젖은 얼굴을 안다면 아프리카는 내 노래를 알까? 평원 위의 공기는 내가 알고 있는 빛깔로 흔들릴까? 아이들은 내 이름이 들어 있는 놀이를 만들어낼까?"

만일 인도가 남자라면 나는 상당히 건강치 못한 관계를 맺었을 것이다. 인도는 나를 압도했고, 나를 격노케 했다. 때때로 좌절을 겪은 무더운 날 나는 인도가 나에게서 피를 빨아먹는다고 느꼈다. 그렇지만 아침에는 인도 곁에서 잠을 깨며,

나는 새로 사랑에 빠지고 곧바로 사랑에 끝을 내는 여자가 되었다. 나는 밝게 빛나는 하얀 광선속에서 눈을 깜박이며 아주 조용하게 누워 있곤 했다. 나는 라다가 집안에서 움직이는 소리를 들을 수 있었고, 그녀가 나를 방해하지 않기를 기도하곤 했다. 나는 바깥의 소음이 내 위로 밀려오게 내버려두기를 좋아한다. 그것이 마치 내 꿈의 일부인 것처럼. 만약 내가 완벽하게 가만히 누워 있으면 그것이 그날 하루 종일 나와 함께 하리라고 나는 상상했다.

전에는 내 귀에 이상하게 들렸던 사원의 북소리와 릭샤 달리는 소리가 이제는 고향의 소리처럼 들린다. 먼지투성이 토마토와 자그마하고 딱딱한 레몬을 갖고 다니는 야채장수 람이 깊숙한 목소리로 '사브지이!' 하고 외친다. 그는 수레에 구아바와 망고를 싣고 다니는 소년 행상들을 몰아내려고 애를 쓴다. 니자무딘역에서 열차가 끼익 하며 정지하는 소리, 우리 집 창문에서 날개를 퍼덕이고 꾸꾸꾸 하며 우는 비둘기 소리, 이 모든 소리가 나의 일부가 된 것 같았다. 델리에서 나는 나 자신으로 성숙했다. 아무리 내가 소속되려는 생각이 없었더라도 이 도시는 타인인 나를 받아들였다. 수백만의 가난한 인도 외지인들을 받아들인 것처럼. 그리고 나를 델리의 리듬 한 부분으로 만들었다. 이제 나는 내가 매일 덜거덕거리고 내는 소리, 즉 나 자신의 냄새와 숨소리, 희망, 그리고 생각이 도시의 콧노래 속에 포함된 것처럼 느낀다. 그것이 내가 인도에 가장 가까이 다가간 형태일 것이고, 그것으로 충분했다.

K.K.가 나를 태우러 한밤중에 왔다. 머리는 헝클어지고 입술은 언청이인 남자가 밴 자동차를 타고 K.K.를 따라 왔다. 나는 대나무 가구를 팔고 내 물건들을 사람들에게 나눠주었다. 그래도 미국으로 가져갈 책과 살와르 카미즈 의상이 캔버스천으로 된 인도 군대용 배낭 열두 개에 담겨 있었다. 고양이들은 항공사가 승인한 금속 우리에 들어 있었다. 울어대는 소리로 미루어 고양이들은 풍요의 나라로 이사 가는 게 행복하지 않은 것 같았다. 그렇지만 나는 영화 '티파니에서 아침을'의 여주인공 할리 골라이틀리처럼 고양이들을 택시 밖으로 던질 생각은 없었다. 나는 내 뒤에 아무 것도 남기지 않을 작정이었다.

두 대의 밴 자동차에 짐을 실을 때 동네 초우키다르들이 야간 순찰을 돌다 말고 활기 없이 우리를 바라보았다. 어떤 종류의 활동이건, 비록 새벽 세 시라 해도 사람들의 시선을 끈다고 나는 생각했다. 몇 년 동안 야간순찰대원들이 니자무딘의 밤거리에서 방망이를 두드리고 호루라기를 부는 소리를 여러 해 동안 들었는데 이제 처음으로 방범대원을 직접 가까이에서 마주치니 이상했다. 그들 세 사람 모두 키가 크고 몸이 호리호리했고, 얼굴은 진지하고 회색 제복에다 모자는 옆으로 돌려쓰고 있었다. 나는 그 얼굴들을 기억하려고 애쓰다 중요한 일이 아니라고 고쳐 생각했다. 이제는 떠날 시간이니까.

K.K.의 차에 오르는데 라다의 남편이 한때 니자무딘에서 초우키다르로 일했다는 게 생각났다. 그가 뇌염에 걸리기 전이었고, 지금 내가 우리 동네라고 생각하는 이곳으로 이사를 오기 전이었다. 결국 이들 야간순찰대원들 역시 죽거나 이사 갈 것이고, 새로운 방범대원들이 그 자리를 메울 것이다. 집주인은 내 이름이 새겨진 황동판을 떼어낼 것이고, 라다는 일거리를 줄 다른 집을 찾을 것이다. 더운 계절이 곧 다가오고, 릭샤 운전사들은 손님들에게 악담을 퍼부을 것이다. 그리고 여전히 까마귀들은 나무 위의 원숭이들을 괴롭힐 것이다. 어느 곳에서도 어린이들은 내 이름이 들어간 놀이를 만들어내지 않을 것이다.

에필로그

니자무딘을 떠나고 2년이 지난 어느 날 나는 자전거를 타고 재활용품을 수거하는 한지 왈라가 자신이 왔음을 알리느라고 길게 "한지이이!" 하고 외치는 소리에 잠이 깼다. 세상에 이런 일이 또 있을까 싶게 내가 전에 살던 집은 세입자가 없어 비어 있었고, 집주인은 나에게 몇 주 동안 묵으라고 허락해 주었다. 그런 우연은 내가 마치 유령처럼 과거 속으로 표류해 다니는 것 같은 느낌을 더욱 강화시켜 주었다. 니자무딘의 시장에는 구두장이와 전기공이 여전히 자기 노점에서 영업을 하고 있었다. 내가 도착한 첫날 그 옆을 지나가자 다림질 왈라는 그녀의 간이침대 차르포이에 올라앉은 채 지나가는 서양 여자가 나인지 아니면 다른 페링기인지 분간을 못한 채 빤히 바라보았다. 그녀는 이가 더 많이 빠져 입술이 잇몸 쪽으로 말려들어가 있었다. 그녀의 딸은 여전히 대나무처럼 말랐고, 이제는 다림질을 책임질 정도로 나이 들어 있었다. 딸은 남성용 흰색 면 셔츠를 다림질하느라 석탄을 채워 넣은 다리미에다 자기 몸을 기울여 체중을 싣고 있었다. 하얀 김이 픽픽 방패막처럼 솟아올랐다. 뒤에는 여러 가지 빛깔의 옷이 한더미 쌓여 있어 해가 기울 때까지 얼마나 많은 일을 해야 하는지 알 수 있었다.

　시장의 공기는 얼마 전에 내린 비에 씻겨 내려온 하수 냄새로 탁했다. 거기에는 길거리 노점에서 끓인 병아리콩 스튜와 갓 구운 차파티 냄새도 섞여 있었다. 그 노점 옆에는 릭샤 운전기사들이 아락주로 인한 숙취를 해장하느라 급하게 아침식사를 꿀떡꿀떡 삼키듯 먹고 있었다. 늑골이 드러나고 눈에 정기가 하나도 없는 개 한 마리가 너무나 기운이 빠져 옆에 와 구걸도 못하고 그늘진 곳에서 숨을 헐떡이고 있었다. 세상의 모든 것이 그대로 있었다. 피트니스 서클의 간판이 사라지고, 문은 철사로 된 자물쇠로 막혀 있는 것만 빼고 그랬다. 나는 피트니스 서클을 보러 갔다. 자물쇠는 얇은 천으로 둘러싸여 있고 그 위에 우스꽝스럽게도 밀랍 봉인이 되어 있었다. 마치 그렇게 하면 꿰뚫을 수 없다고 믿는 듯한 그 표시는 델리 관료들이 그렇게 해놓은 게 분명했다.

최근 시당국은 거의 지켜지지 않는 건물 관리 규약을 확립하려고 강력한 조치를 취하고 있었다. 다른 많은 소규모 사업체와 마찬가지로 레슬리는 지하 공간에서 헬스클럽을 운영할 영업허가를 받지 않은 상태였지만 특별히 그 점을 걱정하지 않았다. 여태까지 인도 정부는 지속적으로 규약을 실행할 인력도 의지도 없었고 도시 건물에 대한 규정도 애매했다. 허점이나 뇌물이 통할 기회도 많았다. 그렇지만 어느 날 아무 통보도 없이 시의 관리가 헬스클럽에 나타나 내부 시설을 폐쇄하겠다고 통보했다.

피트니스 서클이 없어지자 헬스클럽에 나오던 숙녀들과 연락할 방법도 끊어졌다. 아무도 휴대전화를 갖고 있지 않았다. 그런 상황은 라다나 마니시도 마찬가지였다. 인도는 급속도로 경제가 발전하고 있지만 내가 살던 동네의 친구들에게는 과학기술이나 안정된 생활의 혜택을 가져다주지 못했다. 실제로는 급변하는 저임금 경제 체제 속에서 그들의 생활은 오히려 변화로부터 한 세대 이전 시기보다 더욱 상처입기 쉬운 상태가 되었다. 이제 새로운 호텔과 쇼핑몰이 들어서기 위해 빈민가의 집들이 철거되는 것은 일상사가 되었다. 사회적으로, 그리고 경제적으로 지위가 향상된 사람들은 전문 가사 보조원과 쓰레기처리 시스템을 갖춘 새 건물로 옮겨가면서 예전의 일꾼들을 해고했다.

나는 그들을 찾아 니자무딘을 헤매며 며칠을 보냈다. 나는 전에 마니시가 일하고 있다고 들은 집 바깥에서 남 몰래 기다렸으며, 마니야의 간이침대에 앉아 라다가 나타나기를 기다렸고, 아즈마트와 마주치기를 희망하며 이슬람교도들의 버스티 주변에서 어슬렁거렸다. 마침내 아즈마트의 오빠 메흐부브를 길에서 보앉다. 그는 가족의 휴대전화 번호를 주었고, 나는 아즈마트와 통화가 될 때까지 계속 전화를 걸었다. 아즈마트는 헬스클럽의 전 회원과 다시 만난다는 것에 상당히 들뜬 것 같았고, 차 마시는 데 적합한 옷으로 갈아입고 곧 나에게로 오겠다고 약속했다.

아즈마트의 의상 취향이 여전한 것을 보고 나는 안도감을 느꼈다. 아즈마트는 소매에 구슬 장식이 달린 강렬한 핑크빛 살와르 카미즈를 입고 있었다. 아즈마트는 과장된 몸짓으로 나에게 손수건을 선물로 주었다. 자기 이름과 오렌지빛 꽃을 직접 그려 넣은 손수건이었다. "이제 나를 잊지 않을 거예요." 아즈마트는 피트니스 서클이 너무 그리워 그 건물 옆을 지나갈 수 없을 정도라고 말했다. 헬스클럽 숙녀들에 대한 그녀의 성실함은 놀라울 정도였다. 만일 아즈마트가 나와 같은 환경에 속해 있는 사람이라면 지금쯤 아마 대학 동창회 회장으로 활약하고 있을 것이다.

"피트니스 서클이 닫히자 나는 급여를 받지 못하게 되었어요. 그렇지만 그건 최악이 아니었어요. 가장 괴로운 일은 모든 숙녀들이 어떻게 지내는지 소식을 따라잡기가 너무 힘들어졌다는 거예요. 이제는 며칠씩 기다려야 다 알게 된다니까요. 정말 화나요."

그렇지만 그녀는 내가 소식이 궁금해 묻는 숙녀들 모두에 관한 온갖 소식을 다 알고 있었다. 아즈마트는 그 여자들하고 다시 시간을 같이 보내고 있었다. 레슬리가 자기 집 거실에서 에어로빅 교실을 열기 시작했기 때문이었다. 교실이 비좁아 레슬리는 모두가 들어올 수 있도록 가구를 앞마당에다 내놓았다. 레슬리는 우샤에게 도움을 요청했고, 그들은 일주일에 두 차례씩 거실에서 운동 교실을 운영하고 있었다.

"시간 때울 일이 생겨서 기분 좋아요." 아즈마트는 말했다. "난 아직 결혼을 하지 못했거든요, 디디. 즉 그냥 앉아 보내는 시간이 많다는 뜻이에요. 아직 좋은 남자가 오지 않았어요."

그녀에게 온 유일한 후보자는 배에서 일하는 남자였다. 그는 서로 아는 친구를 통해 관심이 있다고 알려왔지만 메흐부브는 그 사람이 한번에 길게는 일 년씩이나 집을 비워야 하고, 그 사람에 관해 말해 줄 가족이 없다는 사실을 알고 나서 퇴짜를 놔 버렸다. 그리고 나서 좋은 남자가 마침내 왔는데 아즈마트의 언니 레흐멧에게가 아니라 이제 겨우 열여덟 살인 동생 쿠쉬부에게 온 것이었다.

아즈마트는 제부 후보가 될 남자를 '보이'라고 불렀다. 미혼의 남자를 칭하는 말이었다. 그렇지만 쿠쉬부에게 구혼하려는 남자는 나이가 아즈마트보다 최소한 열다섯 살이나 많았다. 그 남자의 가족은 그의 정확한 나이에 대해 비밀스러운 태도를 취했는데, 그 이유는 아마 정확한 나이를 모르거나, 아니면 나이를 감추고 싶은 것 가운데 하나였을 것이다. 레슬리는 원인이 후자일 것으로 추정했다. 그런 약점, 그리고 언니들보다 쿠쉬부를 먼저 출가시키면 언니들의 혼담이 심각하게 영향을 받을 수 있음에도 불구하고 메흐부브는 자기네로서는 수락할 만한 유일한 구혼을 거절할 생각이 없었다. 아즈마트는 그 결정에 호의적이었다. "동생은 우리보다 예쁘고 어리니 짝을 찾기가 훨씬 쉬운 거예요."

나는 아즈마트가 불만을 품지 않는 것에 다시 감명을 받았다. 아즈마트는 정말로 성품이 곱다고 나는 생각했다. 실제로 그녀는 굉장히 훌륭한 신붓감이었다. 그렇지만 아즈마트는 자신이 그런 존재라고 생각하는 것 같지 않았다. 지난해에 결혼에 중대한 결격사유가 되는 병을 앓았다고 아즈마트는 말했다.

"내 얼굴에 검은 점들 보이지요? 자궁 때문에 생긴 거예요. 미백 크림을 구해서 바르지만 아직도 점이 없어지지 않아요."

헬스클럽의 숙녀들과 건강에 관해 얘기할 때는 그들이 쓰는 어휘에 주의를 기울여야 한다는 점을 나는 잊고 있었다. 낱낱의 표현들에서 상황을 종합하려면 노력을 해야 했다. 마침내 나는 어느 정도 파악을 했다. 아즈마트는 여러 주일 동안 고열에 시달리다가 그 동네의 동종요법전문가를 찾아갔다. 그는 아즈마트에게 아이를 가지지 못할 거라고 말했다.

"눈앞이 캄캄했어요." 아즈마트는 정신적으로 육체적으로 다 그랬다고 말하는 것 같았다. 불임이라는 말이 새어나가면 그녀는 결코 결혼을 못 할 것이다. 헬스클럽 회원 한명이 아즈마트를 진짜 의사한테 데리고 갔다. 의사는 초음파검사를 해보더니 동종요법사의 말이 맞다고 말했다. 자궁에 낭종이 있어서 자궁을 떼어내야만 한다고 했다. 의사는 그 안에 결혼해 임신을 하게 되기를 바라며 수술을 일 년 연장해 주기로 했다. 아주 잘 되는 경우 아즈마트는 자녀 한명만을 갖게 된다고 그 의사는 말했다. 이제까지 남편감 구하는 일이 지체되는 걸로 보아 그렇게만 되어도 다행한 일이었다.

의학적인 판정이 지나치게 극단적이었지만 인도 부인과 의사의 말을 반박할 수는 없었다. 우리 동네 보건 전문가인 레슬리에게 그 말을 하자 레슬리는 어떻게 해 보려는 노력을 포기했다고 했다. 너무 좌절감을 느낀다는 것이었다. 대신 인도 여성에게 닥칠 수 있는 최악의 위기에 대응하는 아즈마트의 긍정적인 태도에 초점을 맞추려 한다고 레슬리는 말했다.

"아즈마트는 아플 때에도 농담을 했어요. 운동을 안 하면서도 체중을 줄인다는 식으로요. 아즈마트는 인생관이 반듯해요. 2년 전엔가 내가 몹시 침체되어 있을 때 글쎄 나한테 이렇게 말하더군요. 내가 이웃 사람들을 도와줬으니 앞으로 만사가 잘될 거라고요. 아즈마트가 믿는 만큼 이루어질지 아닐지는 상관없어요. 그렇지만 나는 아즈마트한테는 모든 일이 순조롭게 다 이루어지기를 바란답니다."

라다와 만나게 되기까지는 일주일이 더 걸렸다. 나는 라다가 나에게 스스러워하며 선뜻 나서지 않고 있다고 확신했다. 내가 떠난 것에 대해 여전히 화가 나 있거나, 아니면 이제 더 이상 내가 필요하지 않다는 걸 증명하려고 애쓰다 보니 그러는 것 같았다. 나는 조긴더와 배달 소년 세 명에게 내 말을 전해 달라고 부탁을 했고, 마침내 라다는 그중 한 사람한테 나를 만나겠다고 말했다. 9월 대낮의 뜨거운 열기 속에서 라다와 마니야는 골목길의 차르포이에 다리를 포개고 앉아 있었다. 내가 다가가자 그들은 다정한 눈길을 보내왔다. 마니야의 아들은 여전히 공원에서 크리켓을 하고 있었는데, 전보다 더 큰 막대를 크리켓 배트로 쓰고 있었다.

"정말 오랜만이에요, 디디. 다시 오실 줄은 생각도 못했어요." 라다와 마니야

둘 다 미소를 짓고 있었고 나름대로 즐거워 보였다. 내가 앉을 때 라다는 몹시 거친 목소리로 말했다. "당신이 떠난 후 두 가지 일을 해야만 했어요, 디디. 급여가 좋지 않았거든요."

라다는 내가 다시 옛집으로 돌아오는지를 알고 싶어 했다. 내가 델리에 영구히 머물지 않을 거라고 말하자 라다는 자기한테 시간이 몇 분밖에 없다고 했다. "다시 만나서 기뻐요. 그렇지만 앉아서 얘기할 짬은 없어요." 바블루와 수즐라가 점심 해 주기를 기다리고 있다는 거였다.

라다는 가족에 대한 주요 소식을 재빨리 알려주겠다고 했다. 우선 푸쉬파가 아직 임신을 못했다는 얘기를 했다. 나는 라다가 전해 주는 소식을 전에도 늘 그랬듯이 엄숙하게 귀 기울여 들었다.

"푸쉬파는 계속 노력하고 있는데 그런데 아직도 아이가 안 생겼어요." 옆에서 마니야가 곁들였다.

안 생기는 손자 때문에 잠시 침묵하던 라다의 얼굴이 밝아졌다. 바블루는 이제 2년제 대학을 거의 마쳤다고 라다는 말했다. 그리고 바블루를 내 집으로 보내 나를 만나 보게 하겠다고 했다.

길에서 바블루를 만났더라면 아마도 몰라봤을 것이다. 바블루는 매일 한 끼씩 더 먹고 있는 것 같았고 혈색이 좋았다. 유행을 좇는 발리우드 영화 주인공처럼 아랫입술과 턱 사이에는 소울 패치 수염을 길렀고, 출세지향적인 중산층들이 흔히 입는 옷차림을 하고 있었다. 가슴 주머니에 잘 알려지지 않은 회사의 로고가 들어 있는 버튼다운 깃이 달린, 인도제 디자인 복제 셔츠와 타이트한 청바지를 입고 있었다. 내가 한때 그에게 영어를 가르칠 때 사용했던 테이블에 앉을 때 그는 값싸고 강렬한 향수 냄새를 온 실내에 풍겼고 나는 재채기를 했다. 내가 전에 늘 바블루와 연관지었던 팜 오일로 만든 머릿기름 냄새는 이제 나지 않았다.

바블루는 여러 가지 물건으로 이상스럽게 구성된 선물을 가지고 왔다. 그가 "매우 좋은 브랜드라고 생각해요, 마담."이라고 말한 인도제 습윤크림, 인도 회사의 로고가 찍힌 연필꽂이, 꼰 실로 묶은 상자에 든 달콤한 과자였다. 종이 포장지 밖으로 기름이 배어나왔고 귀퉁이는 검게 변해 있었다.

"바블루는 요즘 잘 지내지요?"

"네 마담, 아주 좋습니다."

그는 내가 대화를 이끌어가기를 기다리며 나를 쳐다보았다.

나는 인도의 등명제인 디왈리 축제 선물로 라다에게 주려고 마련한 사리를 바블루에게 주면서 이제 나를 '마담'이라고 부르지 말라고 했다. 이제는 더 이상 그의 선생님이 아니니까 그렇게 말했는데 사실 어리석은 발언이었다. 내 이름이나 '디디' 또는 아주머니 같은 다른 호칭은 아주 스스럼없는 관계에서나 쓸 호칭이라 자기 어머니를 5년간이나 고용했던 페링기에게 쓰기는 무리였다. 그는 공손하게 미소를 지었다.

그렇지만 일단 분위기에 익숙해지자 바블루는 2년 전보다 훨씬 편안해했다. 그의 영어는 꽤 유창해져 있었다. 언어에 익숙해지자 수업에서도 뛰어난 실력을 발휘했고, 영어를 평상시에 쓰는 중산층 친구들과도 사귀게 되었다. 슬럼가 사람들이 즐겨 입는 스타일인 슬럼컷 청바지만 아니라면 그는 중산층 청년으로 보였다. 졸업하면 어딘가로 가서 MBA 학위를 취득하고 싶다고 바블루는 말했다. 해외로 유학 갈 꿈을 지닌 그는 여권 신청도 고려하고 있었다. 그 계획을 어떻게 실행하면 좋을지 내가 조언해 주었으면 하고 바랐다.

한 세대라는 짧은 기간에 성취하기는 불가능한 비약 같았다. 라다는 지도에서 인도가 어디 있는지 짚어낼 줄도 몰랐다. 사실 지도가 뭔지도 몰랐다. 바블루가 내 이메일 주소를 요청했을 때 나는 너무 놀란 나머지 잠시 아무 말도 꺼내지 못했을 정도였다. 나는 주소를 적어 그에게 주었다. 바블루는 자기가 인터넷 카페에서 일상적으로 "이메일과 구글을 한다"고 말하며 흥미로운 표정을 지어 보였다. 그는 자기 노트를 챙기며 문득 생각난 듯이 이렇게 물었다. "제 GF 사진 보여드릴까요?"

나는 그 말이 무슨 뜻인지 이해할 수 없었다. 그는 아주 당당히 그것은 걸프렌드의 약자라고 설명했다.

"누구 여자 친구?"

바블루는 아무렇지 않은 일이라는 듯 입술 밑의 수염을 슥 쓰다듬었다.

"제 GF예요! 같은 대학에 다니는데 브라만이에요."

그는 자기 휴대전화 화면에 여자 친구 사진을 찾아내 띄웠다. 그녀는 잘 맞는 무릎길이의 현대적인 살와르 카미즈를 입고 있었다. 나는 적절한 말로 그녀를 칭찬했고 바블루는 기분이 좋아 보였다.

"언젠가 한번 만나주시면 좋겠습니다. 내 여자친구는 마담을 만나보고 싶어 해요. 그렇지만 우리 어머니한테는 저한테 GF가 있다는 걸 말씀하지 마세요. 그렇게 해 주실 거죠?"

그러겠다고 나는 말했고 그 여성과 결혼할 계획인지 묻고 싶은 걸 참느라 애를 썼다. 나는 우리 사이의 비밀을 손상하고 싶지 않았다. 성인이 된 바블루는 그가 만난 유일한 페링기인 나와 관계를 이어가고 싶었고, 그를 통해 자신이 세계화된 시민임을 증명하고 싶었다. 그는 문맹인 어머니와 옛 인도의 제한적인 방식들에서 벗어나고 싶어 했다.

나는 결혼에 대해 물을 수 없었다. 비하리 족 아주머니라면 물었을 "그 여성의 순결을 지켜줄 것인가?" 같은 질문도 할 수 없었다. 바블루에게는 그런 질문을 할 아주머니들이 이미 충분히 많지만, 학업을 먼저 마치기로 한 것에 대해 칭찬해 줄 사람은 그다지 많지 않다고 나는 생각했다. 그는 열심히 공부해 어머니가 늘 바라던 작업을 얻을 수 있게 되었다. 바블루는 자기 여동생에게 고등학교를 마치기 전에는 결코 푸쉬파처럼 결혼하게 내버려 두지 않겠다고 약속했다는 얘기를 했다. 어쨌든 자기 GF가 상위 카스트라고 조심스럽게 언급한 걸로 보아 나는 아주머니들의 질문에 대한 그의 답을 알 것 같았다. 당연히 그는 그 여자와 결혼할 계획이었다.

"머리를 그냥 내버려두기로 했어요!" 나를 맞아 얼싸안으며 파르바티가 말했다. 짙은 검은 색의 머리 위에 하얗게 가루가 뿌려진 것 같은 모습은 몹시 놀라웠다. 인도에서는 파르바티보다 나이가 든 사람은 남녀를 불문하고 흰 머리를 감추기 위해 염색을 한다. 그렇게 하지 않는 것은 실제로 정치적인 의사표시였다.

"나는 오랫동안 염색을 해 왔지만 서른다섯 살이 되면 본래 모습 그대로 지내겠다는 말을 늘 해 왔어요. 생일 축하 방법으로는 좀 우울하지만요, 그렇지 않아요?"

나는 차에 올라탔다. 비제이는 특유의 의례적인 악수를 하려고 조수석에서 뒤로 몸을 돌렸다.

"파르바티의 흰머리에는 유용한 기능이 있답니다. 시장에서 돈을 빼앗으려고 달려드는 날치기들과 마주쳐 소리를 치면 그들은 미친 여자라고 생각하고 잽싸게 도망간다고요. 고함을 쳐도 못 들은 척하고 그냥 내빼지요."

파르바티는 시동을 걸면서 백미러를 통해 기가 막힌다는 듯 눈을 굴렸다. 파르바티가 직장에서 관리직으로 승진한 이래로 비제이는 파르바티가 주위의 사람들에게 명령을 내리고, 지위와 능력을 나타내는 '파워 사리'를 입는다며 놀린다고 파르바티는 말했다.

"매일 사리를 입는 건 고통스러워요. 그렇지만 그렇게 입었을 때 얻는 존경을 생각하면 입을 만하다고 마음먹었어요. 그렇지만 내 상사는 내 흰머리를 별로 좋아하지 않아요. 아마 다시 염색을 해야 할 거예요. 만일 그럴 필요가 있게 되면 그래야겠지요. 자 술 한잔 하며 내 계획이 뭔지 말해줄게요."

프레스클럽은 내가 기억했던 것보다 깔끔해 보였다. TV 특파원의 숫자가 급증해 신입회원도 늘었다고 비제이는 말했다. 기자들은 젊고, 잘 생기고 매너도 좋았다. 비제이의 친구들처럼 입이 거칠거나 술고래가 아니었다. 여자 회원도 많아졌다. 숙녀용 옥외 화장실에 문 잠금 장치도 생기고, 수세식 기능도 작동하도록 한층 수준이 높아졌다.

클럽 뜰에 나와 앉으니 공기 중의 먼지 때문에 눈이 따갑고 목이 아팠다. 고작 2년간 미국에 있었다고 델리의 공기에 적응 못할 정도로 예민해졌다는 것에 나는 웃음이 나왔다. 파르바티는 지난 2년간 공기오염이 훨씬 심해졌다고 말했다. 도시의 낮은 지평선 위로는 어디나 기중기가 뻗쳐 있었다. 끊임없이 업무지구와 도시 외곽이 확장되고 있었고, 소득 증가에 따라 도로에는 자동차와 스쿠터 대수도 늘었다.

"끔찍해요. 밤에 코를 풀면 새까매요. 목은 늘 아프고요." 파르바티가 말했다.

오염이 심해지는데도 프레스클럽에서는 실외 플라스틱 테이블 위에 흰색 식탁보를 씌우기로 했다는 게 이상했다. 음료회사들이 클럽 신입회원들의 환심을 사기 위해 벌인 홍보행사에서 그렇게 하기 시작했다고 파르바티는 말했다. 스미르노프 사가 프레스클럽에서 영업을 시작한 것을 보니 세월이 확실히 변했다고 나는 생각했다. 인도에서 생산된 맥주나 위스키가 아닌 것을 마시는 고객을 전에는 본 적이 없었다.

스미르노프 판매대에 있던 스무 살 남짓한 통통한 청년이 우리 쪽으로 왔다. 콜센터에서 익힌 게 분명한 미국식 영어로 칵테일을 권했다. 파르바티는 손을 확 흔들어 거절했다. "여기 있는 분들은 그런 시시한 건 안 마십니다." 그 말에 청년은 물러갔다. 파르바티는 자기 단골 웨이터이자 중국식 인민복을 입은 데브를 불러 우리가 마실 시그램스 블렌더스 프라이드와 비제이가 마실 로열 챌린지를 주문했다.

비제이는 술잔을 손에 들고 다른 친구들과 인사를 나누러 갔다. 파르바티는 프레스클럽에서 위스키를 마실 때 늘 그랬듯이 나에게 몸을 기울였다.

"미란다, 난 여기서 늙어 가고 싶지 않아요. 새로 생긴 돈들이 이 도시를 바꿔놓고 있어요. 보드카를 마시며 젠체하는 이 사람들 좀 보세요. 그리고 더 고약한 점도 많아요. 델리는 항상 공격적인 곳이긴 했어요. 그런데 경범죄가 급증하고 있어요. 분노도 엄청나요. 이제 더 이상 이곳은 안전하지 않아요. 얼마 전에는 남자들이 가득 탄 차가 고속도로에서 내 차를 따라왔는데 나는 무슨 일이든 벌어질 수 있다는 생각이 들었어요."

파르바티는 최근 자신이 태어난 곳으로부터 멀지 않은 히말라야 산자락에 값이 저렴한 부지를 구입할 수 있을 정도의 돈을 벌었다고 말했다. 이제는 그곳에 집 지을 돈을 모아 비제이와 함께 직장을 은퇴하고 영원히 델리를 떠나고 싶다고 했다.

"마을 외곽의 외진 곳이라 우리만 호젓하게 지낼 수 있을 것이라 믿어요."

델리가 아닌 곳에 있는 파르바티를 상상하기란 쉽지 않았다. 델리를 그리워하게 되지 않을지 물어보았더니 파르바티는 날카로운 눈길로 나를 바라보았다.

"델리는 사실 마을 수준에 지나지 않아요, 미란다. 도시인 듯 보이지만 시골 마을의 단점을 다 지니고 있어요. 이곳에서 익명의 존재로 지낼 수 있다는 생각은 허튼 생각이지요. 그건 당신도 아실 거예요. 니자무딘에 사는 사람은 누구나 당신에 관한 걸 전부 다 알아요. 우리가 할 수 있는 건 떠나는 것뿐이랍니다. 과거로부터 도망하는 유일한 방법이지요. 나는 비제이가 사람들한테 자기 아내라든가 아내의 아이에 대해 감추며 사는 걸 원치 않아요. 그건 정말 피곤한 일이니까요."

그때 비제이가 테이블로 돌아왔는데 대머리를 감추기 위해 머리를 올려 빗고 옷을 세심하게 갖춰 입은 조금 나이가 더 많은 남자를 대동하고 왔다. 그는 어릴 때 소아마비를 앓았는지 다리를 약간 절었다.

"파르바티, 미란다, 이분은 딜립–지, 아시다시피 존경받는 선배 기자십니다."

비제이가 소개하자 신사는 허리를 펴고, 손은 나마스테 자세를 취했다.

"비제이의 신부를 마침내 만나게 되어 기쁩니다. 반갑습니다, 반가워요."

그는 정통 힌디어를 말했으며 약간 취해 있었다. 파르바티는 그에게 플라스틱 의자를 권했다. 그렇지만 딜립은 앉으려 하지 않았다. 그는 파르바티한테 찬사를 쏟으며 사교적인 멋부림을 맘껏 연장하고 싶어 했다. 내 힌디어 실력은 좀 줄었지만 파르바티를 '존경하는 신부'라고 부르는 것은 확실히 알아들었다. 파르바티의 얼굴에 놀라는 빛이 있는 걸 보아 내 해석은 정확한 것 같았다.

파르바티의 기분은 좋았고, 이 신사가 자신에게 기대하는 역할을 기꺼이 맡아서 할 의도가 있었다. 그렇지만 딜립–지가 그녀의 손에 상징적인 축의금인 101 루피를 쥐어주려 하자 그녀의 인내심은 한계에 달했다. 그는 '새색시에게 행운을 가져다 주는 돈'이라며 우겼다. 비제이는 말을 멈추고 두 손으로 머리를 감쌌다. 파르바티는 돈을 식탁보 위에 올려놓고는 내게 말했다. "자, 가요. 화장실에 좀 가야겠어요."

나는 그 자리를 떠나게 되어 기뻤다. 힌디어를 알아들으려고 애쓰다 보니 머리가 지끈거렸다. 우리는 여성용 화장실 앞에 섰다. 그곳에는 보리수나무의 가지가 낮게 드리워져 있고, 잎들이 사막의 먼지처럼 뜰을 덮고 있었다.

"정말 우스꽝스러워요. 그 사람이 말하는 것 들었어요? 그 늙은이는 나를 비제이의 새색시로 생각해요. 어이없어, 내 머리에는 흰머리가 잔뜩 났는데."

"왜 그 사람이 당신네들을 갓 결혼한 부부로 생각한 걸까요?"

"나도 몰라요! 비제이하고 나하고 같이 있는 걸 전에 못 봤으니까 그냥 추측한 것 같아요. 그 사람은 술에 취했고 지나치게 흥분해 있어요. 나는 상냥하게 대하려고 애를 썼지만, 맙소사, 그 사람이 말하는 미사여구 들으셨지요? 토할 것 같았어요."

"분위기에 맞춰 잘 응대하는 능력에 난 정말 감명 받았어요. 남의 말을 그렇게 잘 들어주는 모습 본 기억이 없는 걸요." 나는 파르바티에게 이렇게 말했다.

"맞아요. 나 스스로도 놀랐다니까요. 내가 훌륭한 아내처럼 그 사람한테 요리를 만들어 주겠다고 약속하는 말 들었어요? 너무 웃겨요! 그렇지만 그 사람이 그 돈을 주려 할 때 너무 당황스러웠어요. 비제이는 다른 여자랑 결혼한 상태잖아요. 우우, 그 자리로 돌아갈 수가 없네요. 아마 비제이가 그 멍청한 사람한테 우리가 결혼한 사이가 아니라는 걸 알리려면 남은 용기를 모두 긁어모아야 할 거예요. 여기 잠시 앉아 있도록 합시다."

비록 그곳이 냄새나는 화장실 옆이고 갈색으로 변한 풀밭이긴 하지만 프레스 클럽의 뜰에서 넓게 드리운 나무 그늘에서 편히 쉬자는 것은 참 멋진 생각이었다. 나는 코로 숨을 들이쉬지 않으려고 노력하면서 부처는 비하르에 있는 보리수 아래서 깨우침을 얻었다는 사실을 상기했다. 불교를 생각하다 보니 파르바티가 지난 2년간 많이 원숙해졌다는 걸 깨닫게 되었다. 바깥의 교통 소음을 들으며 앉아 있는 동안 파르바티가 마음의 평정을 되찾은 것 같았다. 파르바티가 나를 바라보는데 날카롭던 그녀 눈이 누그러져 있었다.

"좀 얄궂지 않아요? 삼십 대인데도 이런 일이 생기네요. 정신 나간 보수주의자들이 넘치는 이 도시로 돌아오는 건 분명 기이한 일이예요."

나는 웃었다. 파르바티는 이런 상황은 자신이 선택한 삶에서는 불가피하게 일어난다는 걸 알고 있었다. 파르바티는 시골 처녀의 평이한 운명을 거부했고, 그 대신 그녀가 얻은 것은 정말로 그렇게 고약했다.

나는 가족에 의해 규정되는 삶이 그렇게 끔찍하지 않았다. 남자 친구와 같은 나라에 산다는 생각이 한때는 두렵게 느껴졌지만 이제는 바뀌었다. 델리를 떠나면서 나는 새 남자친구와 같은 나라 정도가 아니라 같은 아파트로 옮겨왔다. 테드의 책꽂이에 내 책을 섞어 꽂으며 나는 굉장한 친밀감을 느꼈다.

'만일 누구 책인지 잊어버리면 어떡하지?' 라는 생각까지 했던 기억이 난다.

이제 나는 그의 가족의 일부가 되었다. 가끔 나에게 준비된 것보다 더 큰 책임감을 느끼곤 하지만, 그것은 내게 너무도 가벼운 짐처럼 느껴졌다. 결혼하기 전에 우리는 테드의 보수적인 남부 도시에서 크리스마스를 함께 보냈다. 마치 인도가 그랬던 것처럼 나에게는 외국처럼 낯선 곳이었다. 나는 크리스마스 만찬에 먹을 민스파이를 만들었다. 우리 어머니가 늘 크리스마스 때 마련하던 음식이었다. 테드의 어머니는 나를 위해 크리스마스 양말을 떠서 벽난로 선반에 다른 가족들 것과 함께 걸어놓으셨다. 그것을 보니 자랑스럽고 고마워 눈물이 나올 것 같았다.

후기

책에 나오는 여성들은 내가 그들의 삶을 소재로 글을 쓰려고 마음먹기 오래 전부터 나의 친구들이었다. 내가 기자이기 때문이 아니라 친구이기 때문에 그들은 모든 비밀을 다 털어놓을 정도로 나를 신뢰했다. 지타와 파르바티는 내가 책을 쓰려는 계획을 듣고 좀 불편한 기색을 보였고, 나는 그 마음을 이해할 수 있었다. 그 두 사람과, 아즈마트, 마니시, 라다, 그리고 우샤에게 가장 큰 감사를 드린다. 그들의 이야기가 민감한 내용이고, 그들의 삶이 유동적이기 때문에 나는 지타와 파르바티의 이름을 바꾸어 썼고, 지타를 보호하기 위해 그녀의 신분이 드러날 세세한 사항 몇 가지를 변경했다. 다른 사람 몇몇도 이름을 바꾸었다.